普通高等院校材料工程类规划教材

水泥熟料煅烧过程与操作

主编　田文富　李丽霞
主审　隋良志

中国建材工业出版社

图书在版编目（CIP）数据

水泥熟料煅烧过程与操作/田文富，李丽霞主编.
—北京：中国建材工业出版社，2015.9
普通高等院校材料工程类规划教材
ISBN 978-7-5160-1255-0

Ⅰ.①水…　Ⅱ.①田…　②李…　Ⅲ.①水泥-熟料烧
结-高等职业教育-教材　Ⅳ.①TQ172.6

中国版本图书馆 CIP 数据核字（2015）第 155851 号

内 容 简 介

　　本书是高职高专材料工程技术专业的教学用书，对水泥预分解窑煅烧技术与操作进行了比较全面、系统的介绍，内容包括预分解窑系统的工艺原理、主要设备的类型、结构、工作原理、技术参数、操作方法、常见故障及其处理方法、热工测量及标定实例等。本书尤其针对当前节能与环保的发展要求，阐述了水泥窑余热发电的先进技术以及国内先进实例和水泥预分解窑协同处置城市生活垃圾。在结构上采用"任务简介""知识目标""能力目标"和"复习思考题"的模式，便于学生更好地学习、掌握其核心内容。

　　本书可作为从事水泥生产的工程技术人员和技术工人的学习用书，可用于各个层次的成人教育教学，及在职员工岗位技术培训和技术等级晋升考前辅导教学，还可作为高等院校相关专业师生的教学参考读物。

水泥熟料煅烧过程与操作
主编　田文富　李丽霞

出版发行：中国建材工业出版社
地　　址：北京市海淀区三里河路 1 号
邮　　编：100044
经　　销：全国各地新华书店
印　　刷：北京鑫正大印刷有限公司
开　　本：787mm×1092mm　1/16
印　　张：21.5
字　　数：546 千字
版　　次：2015 年 9 月第 1 版
印　　次：2015 年 9 月第 1 次
定　　价：49.80 元

前　　言

本教材根据高职高专教育的特点与要求，结合材料工程技术专业方向的人才培养目标，针对先进的新型干法水泥生产技术，以"专业服务行业、课程服从岗位、教学符合实际"的专业教学改革理念，为满足高职院校硅酸盐工程专业、材料工程技术专业及建材行业职业技能培训等专业的职业技术教育教学的要求，满足新型干法水泥企业的用人需求，尤其是对中控操作员的需求，编者组织编写了这本教材。

本教材依据"中国建设教育协会2012—2014年高等教育科学研究课题（项目名称：《水泥熟料煅烧过程与操作》课程项目化教学改革的研究）"编写而成。从水泥中控操作员的实际工作过程入手，以职业岗位工作内容为基础，以职业技能培养为核心，以工学结合为原则，遵循职业能力培养的基本规律，重新整合、优化教学内容，比较详细地介绍了新型干法水泥企业的生产工艺流程、主要设备、主要控制参数、正常开车及停车、正常操作控制、常见生产故障及处理等方面的知识技能。本教材主要体现了如下几个特点：

（1）行业企业专家指导，使教学内容和企业实际更加吻合，体现了工学结合的特色，以行动为导向的任务驱动模式编写教材，具有很好的实用性；

（2）每一任务都有任务简介、知识目标及能力目标，便于学生学习；

（3）对传统教材的内容体系进行优化整合，内容新颖，重点突出，具有很好的适用性；

（4）课程由生产准备、正常煅烧操作、煅烧过程异常情况与故障处理等形成八个项目，25个任务的课程内容体系，突出可操作性；

（5）本教材附有5套模拟试题，受篇幅限制，这部分试题及参考答案放在中国建材工业出版社网站上，供读者免费下载。

本教材由黑龙江建筑职业技术学院的田文富、河北建材职业技术学院的李丽霞任主编，山西职业技术学院的姚通稳、高建荣、焦晓飞任副主编。具体分工为：田文富编写项目四中的任务1至任务5、项目六中的任务1、附录及全书统稿；李丽霞编写项目三；姚通稳编写项目八；高建荣编写项目四中的任务6和项目六中的任务2；焦晓飞编写项目七；绵阳职业技术学院胡家林编写项目二；河北建材职业技术学院张向红编写项目一和项目五；伯努力（北京）仿真技术有限公司的许加达编写项目四中的任务7。

本教材由黑龙江建筑职业技术学院隋良志教授主审。

在本教材的编写过程中，得到了哈尔滨北方水泥有限公司、伊春北方水泥有限公司、佳木斯北方水泥有限公司等单位有关水泥专家指导，编者参考了行业专家学者和兄弟院校同仁的著作和论文，在此特向他们表示诚挚的感谢！

鉴于编者水平有限、时间仓促，错误和不妥之处在所难免，敬请读者、水泥业界的专家及同仁批评指正。

编者
2015 年 7 月

目　　录

项目一 预分解窑水泥熟料的形成

内容简介： 本项目主要介绍了水泥熟料煅烧窑的演变，预分解窑煅烧技术，硅酸盐水泥熟料的形成过程及其计算等。

学习目标： 了解熟料煅烧技术发展历程，熟悉熟料煅烧工艺流程，掌握预分解窑生产工艺流程及特点，掌握水泥熟料的形成过程，熟悉水泥熟料形成热的计算过程。

任务1 预分解窑煅烧技术的应用

任务简介： 本任务主要介绍了熟料煅烧技术的发展历程；熟料煅烧工艺流程及其特点；预分解窑生产工艺流程及煅烧技术特点。

知识目标： 了解熟料煅烧技术的发展历程；熟悉各种熟料煅烧工艺流程及其特点；掌握预分解窑生产工艺流程及煅烧技术特点。

能力目标： 能熟练表述熟料煅烧技术的发展历程；能正确论述各种熟料煅烧流程及其特点；能正确表达预分解窑生产工艺流程及煅烧技术特点。

一、熟料煅烧技术概述

（一）熟料煅烧技术发展历程

水泥自1824年诞生以来，其生产工艺过程历经多次变革。作为水泥熟料煅烧工艺的核心设备，水泥窑先后经历了立窑、干法回转窑、湿法回转窑、立波尔窑、悬浮预热窑、预分解窑的演变。在这些发展过程中，水泥烧成系统越来越优化，为社会的发展做出了巨大的贡献。

远在19世纪初期，人们烧制水泥熟料是在间歇式的土立窑中进行的。土立窑采用的是一种原始的煅烧方法，即人工加料、人工卸料，间歇煅烧，热耗高、产量低，质量难以保证。土立窑的最大缺点是物料在窑内除了自己下降外，不能做其他任何运动，因而煅烧不良。

1877年，英国人克兰普同取得了回转窑烧制水泥熟料的专利权。1885年，第一台回转窑在英国泰晤士河朗森建成投产。1888年，在回转窑下加设了一个回转圆筒，可以冷却熟料，并预热空气以助燃烧，这便是单筒冷却机的创始。为了使窑容能适应熟料烧成的需要，1893年，出现了扩大燃烧带的窑，即干法中空窑。这种干法中空窑排出的废气温度高达700~900℃，造成很大的热量浪费。1898年，第一次在24m长的干法回转窑窑尾装设了余热锅炉，以利用从窑内排出的废气余热，其后得到了推广。

为了使生料的成分更均匀，1905年出现了湿法生产。湿法生产是在原料磨内把生料磨成料浆，把搅拌均匀的料浆喂入窑内煅烧。在此之后，土立窑得到了改进，喂料和卸料实现了机械化，尤其是转动的卸料箅子，使物料在立窑内能有适当的运动，大大改善了煅烧状况，这就是1910年发明的机械化立窑。在湿法窑上，1911年德国水泥化学家库尔首创在窑的尾端悬挂链条。1930年以后，还出现了扩大分解带和烧成带的哑铃型窑。

1

湿法的优点是所磨制的含水 35％左右的料浆能较均匀地调和，但是因为料浆含水，增加了热耗。为了克服这一缺点，20 世纪初及其以后的数十年间，研究试验过各种办法，如：加长回转窑的长度，在窑内悬挂链条或热交换器，在窑尾加装料浆过滤器或料浆蒸发机等，都取得了不同的效果。

1928 年，出现了立波尔窑。这种窑的煅烧过程是将生料粉加上 12％～14％的水制成球粒，球粒首先在窑尾装设的回转篦子上受到窑的废气的预热，然后进入回转窑煅烧成为熟料。由于料球已经受到预热，发生部分分解，因而节约了热耗，使每千克熟料的热耗只需要 1000～1100kcal。从实质上说，立波尔窑的回转篦子就是"窑外分解"技术的开始。立波尔窑是德国人立列普于 1928 年发明的，以后由德国波利休斯公司制造，故名"立波尔窑"。

1950 年，德国成功研制悬浮预热器窑。这种窑在窑尾装设了旋风筒，生料在旋风筒内先受到由窑尾排出来的废气的预热，使 40％左右的碳酸钙先行分解，然后进入窑内。这就能降低熟料的热耗，并使回转窑的产量大为增加。悬浮预热器窑因制造公司所采用的不同形式而分别称为"洪堡窑"和"多波窑"。

悬浮预热器窑传到美国之后，由于原料含碱量较高，旋风筒和管道内容易产生粘结和堵塞，并且也使熟料中的碱量增高，因而这种窑在美国停用了十多年。后来，由于采用了"旁道放风"的方法，即从旁道放出 10％～20％的气体，才使这种窑能处理高碱原料。

在悬浮预热器窑系统中，也可以采用两级旋风和一个三钵立筒来组成，这种立筒预热器窑较易适应含碱量较高的生料。

"窑外分解"是 20 世纪 70 年代的新技术。这种系统是在悬浮预热的旋风筒下部加装一个"分解炉"，在旋风预热器中，已经分解了 40％碳酸盐的生料，在分解炉内再进行分解，使生料中 90％的碳酸盐分解，然后再进入回转窑烧成水泥熟料。这种系统不仅可使热耗降低到 750～800kcal/kg，而且大大增加了回转窑的单位容积产量。一般说来，它的产量为悬浮预热器窑产量的两倍以上。因而它具有很大的优越性，为干法生产开辟了广阔的前景。

（二）熟料煅烧工艺流程

水泥熟料煅烧工艺根据窑型不同主要有回转窑和立窑两种煅烧系统。

1. 回转窑煅烧系统流程

最早的回转窑煅烧系统只有一台回转窑和送煤设备，后来为适应工业规模生产的需要，组成了比较完善的基本流程，如图 1-1 所示。该流程主要由回转窑、冷却机、喷煤管以及驱动气体流动的风机和烟囱所组成。

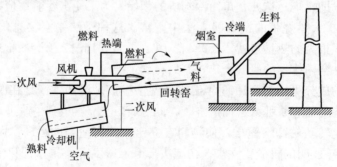

图 1-1　回转窑煅烧系统的基本流程

由于窑筒体倾斜放置且在不断回转，使自窑冷端（习惯称"窑尾"）烟室处喂入的生料，连续向热端（窑头）运动，在窑内不断被高温逆向流动的烟气所加热而烧成熟料。最后经过窑头罩下端落入冷却机中，经空气冷却后排出。燃料（主要是煤粉，也可用油或天然气）由一次空气经喷煤管送入窑头，经冷却机来的空气被预热（吸收热熟料显热）到 $400\sim800℃$ 左右，由窑头进入窑内供助燃用，这部分热风被称为二次风。煤粉燃烧生成的烟气，其温度一般比熟料烧成温度高 $200\sim300℃$ 即 $1650\sim1750℃$，从窑头向窑尾方向流动。在流动过程中，一方面满足烧成反应温度即 $1450℃$ 物料温度的要求和温度分布的要求，同时又不断将热量传给生料，供预热和分解需要。因而气体本身温度和组成都在改变，最后经烟室由烟囱排出。系统中气体流动，早期只用烟囱，后来改用窑头鼓风机和窑尾排风机联合驱动，因而强化了生产。

由于生料制备有干法与湿法之分，因此回转窑可以采取的煅烧方法也有区别。随着技术的发展，湿法窑煅烧方法已经淘汰。因此，这里不准备对上述所有煅烧系统进行全面阐述，仅就在近代生产技术上有代表性的干法回转窑煅烧系统作不同深度的介绍。

2. 干法回转窑煅烧系统

干法回转窑煅烧系统有：干法中空长窑；或装有窑内热交换器如链条、耐火格子砖等；干法短窑带余热锅炉；干法短窑与料球加热机组合的立波尔窑；干法短窑与悬浮预热器、预分解炉组合的 SP 窑和 NSP 窑，又称新型干法窑。

（1）中空干法回转窑系统

中空窑是干法窑中最原始的一种形式，筒体内除砌有窑衬外，没有装设任何热交换装置，其生产流程如图 1-2 所示。

普通干法回转窑装备落后，自动化程度低，产量低（一般仅为 $4.4\sim5.0t/h$），窑内传热效率差，高温废气的热损失大，热耗高（大多高于 $6000kJ/kg$），由于均化效果差导致生料成分波动大，熟料质量差且不稳定，废气温度高，生产过程中扬尘点较多，粉尘污染大。

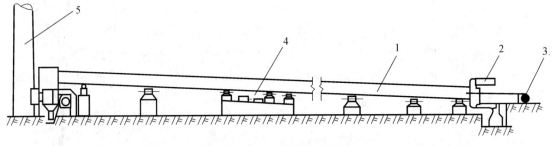

图 1-2　中空式回转窑流程图

1—回转窑；2—多筒式冷却机；3—鼓风机；4—传动装置；5—烟囱

（2）带余热锅炉的回转窑

由于中空窑内物料与气流接触面积很小，所以传热效率很低，废气温度很高，热损失很大。为回收废气中的热量，在窑尾后面设置余热锅炉进行发电，这种窑称为带余热锅炉的回转窑。其生产流程如图 1-3 所示。

（3）立波尔窑

立波尔窑是 1928 年发明的，它是在回转窑尾部连接一台回转式炉篦子加热机。将生料粉在成球设备上加工成球，喂入加热机。生料随着篦板向窑尾方向运动，料层被出窑高温

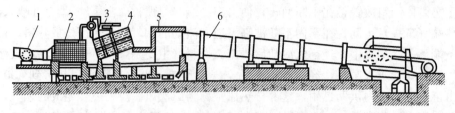

图 1-3　带余热锅炉的回转窑流程图

1—排风机；2—省煤器；3—蒸汽过热器；4—锅炉；5—烟室；6—回转窑

（约1000℃）废气穿透时不断被加热、干燥和部分分解。物料通过加热机的时间约12～16min。由加热机入窑的生料的平均温度可达700～800℃，加热机排出废气温度为100℃。由于料球层的过滤作用，废气含尘量很低，且含有一定的水蒸气，是适合电收尘要求的理想条件。从热经济角度看，立波尔窑是回转窑干法生产的重大发展，其热耗比原来降低50％以上。立波尔窑的生产流程如图1-4所示。

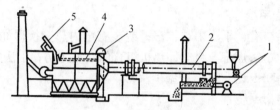

图 1-4　立波尔窑流程图

1—鼓风机；2—回转窑；3—提升机；4—加热机；5—成球盘

（4）带悬浮预热器的干法窑系统

悬浮预热器窑是由一组悬浮式生料预热器和干法短窑（$L/D < 20$）组合而成，故简称 SP（Suspension Preheater）窑，其代表性流程如图1-5所示。

受流态化技术发展的启发，将生料粉送入相互串联的一组换热单元中，在稀相气固悬浮状态下，进行反复有效的热交换，以充分回收窑尾烟气的热量。这一构思，经过实验由 F. Muller 发明，1951年洪堡（Humbdlt）公司率先在 Φ2.5m×40m 干法立波尔窑上改造成四级旋风筒串联的预热器窑。投入运行后使窑的日产量由121t提高到195t（提高61.1％），热耗由6860kJ/kg降到4400kJ/kg（降低约36％）。1965年又出现了立筒式预热器（Shaft Preheater），即在立式圆筒内设置若干缩口，使料粉在变速气流中进行气固悬浮换热。立筒预热器热回收效果不及旋风预热器，但它具有结构简单、操作可靠、对原料适应性强、投资较省等特点。

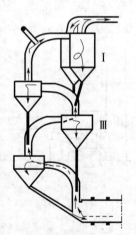

图 1-5　悬浮预热器窑流程图

悬浮预热器窑尤其是旋风预热器窑以其增产降耗的显著优点，被认为是熟料煅烧技术的一次重大革新。在解决生料均化及操作上的难题（主要预热器会结皮堵塞）后，旋风预热器窑得到了迅速发展，窑系统也日趋大型化，直径由原来3m左右扩大到6m，日产熟料近5000t。目前，大型预热器窑有数百台，预热器的结构形式也多种多样。经过不断完善，旋风预热器的采用，可使干法短窑产量提高到一倍以上，热耗降低30％～50％，从而使许多国家干、湿法生产的相对比重发生了显著变化。

（5）带预分解炉的干法窑系统

带预热器和分解炉的窑，简称 NSP 窑。该系统是在带预热器的窑上再加设一个分解炉，在分解炉内再烧一把火，使经过分解炉的生料粉中的碳酸钙绝大部分得到分解，因此可较大幅度地提高窑的产量。其流程示意如图 1-6 所示。

系统中旋风筒级数序号，国内习惯由上而下排列并用 C_i 来表示。图中 C_4 来的热生料粉被加入到分解炉中，吸热分解后随气流携至 C_5，气固分离，已分解生料粉入窑。此料分解率控制在 90％ 左右。气体由 C_5 排气管送入 C_4 中。生料在分解炉内分解所需的热量，主要由加入分解炉的煤粉燃烧提供。分解炉所需助燃空气由冷却机用管道送来，称三次风，温度在 700～850℃ 左右。窑头与分解炉两处用煤的比例通常为 0.4∶0.6 或 0.6∶0.4 之间。窑尾废气可以通过分解炉也可只通过预热器，具体根据设计意图而定。

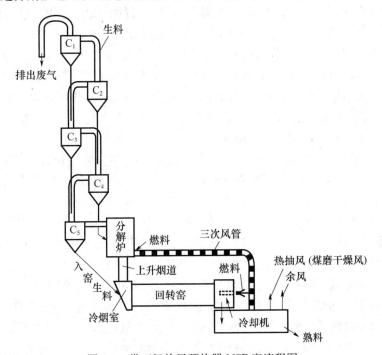

图 1-6　带五级旋风预热器 NSP 窑流程图

预热预分解窑系统的出现，使回转窑的热负荷大大降低，产量大幅度提高，因而使窑单机大型化又向前推进了一大步，达到接近 10000t/（日·台）的水平。SP 窑与 NSP 窑是在干法窑的基础上发展起来的，因此统称为新型干法窑。

二、预分解窑煅烧技术

预分解窑也称窑外分解窑，是 20 世纪 70 年代发展起来的一种煅烧工艺设备。由于生料预热和分解阶段需要吸收大量的热量，借鉴悬浮预热器利用稀相气固悬浮换热的成功经验，启发了将生料的预热和分解过程移至窑外以流态化方式来完成的技术新构思。但仅利用窑尾烟气中的热焓，不能满足碳酸盐分解需要的全部热量，因此，必须在窑外另辟第二热源，进而提出了在悬浮预热器和回转窑之间，加装一个专门的分解炉，并且要求燃料燃烧供热和分解反应吸热在炉内同步进行的设计意图。1971 年日本首先实现这一设想。这一煅烧新技术的出现，立即在世界范围内引起强烈的反响，并很快得到推广应用，被誉为煅烧技术的一次重大革命，其发展之迅速，影响之深远是水泥生产技术史上所罕见的。

（一）预分解窑技术的发展

自 20 世纪 70 年代初期日本石川岛公司（IHI）发明预分解窑以来，预分解窑技术发展经历了四个发展阶段。

第一阶段：20 世纪 70 年代初期至中期，为预分解技术诞生和发展阶段。

1971 年日本 IHI 公司与秩父公司共同开发出第一台 SF 窑，标志着预分解技术的诞生。该系统是在一台 $\Phi3.9m \times 51.37m$ 的立波尔窑上改建的，拆除了立波尔窑的加热机，加装了四个串联的旋风筒式预热器和一台 FF（Flash-Furnace）型分解炉（又称 SF 型）。该窑投产后，产量提高了 1.5 倍，而热耗仅 3182kJ/kg 熟料。之后，日本各种类型的预分解窑相继出现，如三菱公司的 MFC 炉（1971 年）、小野田水泥公司的 RSP 炉（1972 年）、川崎与宇部水泥公司共同开发的 KSV 炉（1974 年）等。以后陆续出现了史密斯（F. L. Smith）公司的 SLC 炉、伯力休斯（Polisius）公司的 Prepol 炉、KHD 公司的 Pyrroclon 炉等。

在此期间，分解炉都是以重油为燃料，分解炉的热力强度高，炉容偏小，大多依靠单纯的旋流、喷腾、流态化等效应来完成气固分散、混合、燃烧、换热等过程。因此，分解炉的功能对中、低质燃料的适应性较差。尽管如此，预分解窑与其他各种干法窑相比所表现出的良好性能，深受用户青睐，发展十分迅速。

我国从 1971 年开始研究预分解技术，先是以油为燃料，第一台日产 350t 熟料的烧油 SF 窑外分解试验生产线于 1976 年在吉林石岭水泥厂建成。随后转入以煤为燃料的各种类型预分解窑的研制、开发和建设。

在本阶段中，悬浮预热窑的发展优势逐渐被预分解窑所代替。但是，必须认识到悬浮预热窑是预分解窑的母体，预分解窑是悬浮预热窑发展的更高阶段。至今各种新型悬浮预热窑在预分解窑发展的同时，仍在继续发展完善，发挥着重要作用。

第二阶段：20 世纪 70 年代中、后期，为预分解技术完善、提高阶段。

1973 年国际石油危机之后，油源短缺，价格上涨，许多预分解窑被迫以煤代油，致使许多原来以石油为燃料研发的分解炉难以适应。通过总结改进，各种第二代、第三代分解炉应运而生，例如 N-SF 炉、CFF 炉、N-MFC 炉等即为典型代表。这些改进型或新型分解炉，为适应燃煤需要，不仅增大了炉容，在结构上也有很大的改进。为了提高燃尽率，延长物料在炉内的停留时间，许多分解炉结构采用了旋流-喷腾、流态化-悬浮或双喷腾等叠加效应，以改善和提高分解炉的功效。

在此期间，我国许多科研、设计单位再吸取国际各种预分解窑设计和生产经验的基础上，成功研制以煤为燃料的各种类型预分解窑，如邳县水泥厂、新疆水泥厂日产 700t 水泥熟料的 RSP 窑，辽宁本溪水泥厂日产 1200t 熟料的 KSV 窑。

第三阶段：20 世纪 80 年代至 90 年代中期，为悬浮预热和预分解技术日臻成熟、全面提高阶段。

随着生产经验的积累和预分解技术的提高，更为重要的是，为了降低综合能耗和生产成本，提高竞争能力，自 20 世纪 80 年代开始，由第二阶段的单纯对分解炉炉型和结构的改进，发展成为对预分解窑全系统的整体改进和开发阶段。其中包括旋风筒、换热管道、分解炉、回转窑、冷却机（简称筒、管、炉、窑、机）以及与之配套的耐火、耐热、隔热、耐磨材料的制造技术、自控技术、环保设施等的整体改进和开发。开发了新型分解炉、高效低损旋风筒、新型高效冷却机、两支点短窑等一系列先进技术装备。单位熟料热耗已经达到3000kJ/kg熟料以下，水泥窑的热效率提高到60％。在环保、电耗、生产规模以及余热、废渣、工业垃圾综合利用等方面，均已达到相当高的水平。

在此期间，为了加速科技进步，赶超国际先进水平，国内陆续引进了一批日产2000～4000t熟料的大型预分解窑生产线成套装备。同时又对日产2000t熟料的大型预分解窑生产线，20世纪80年代中期组织引进了16项单机设计、制造技术，建设了双阳水泥厂，有组织地对一些有代表性的大型窑生产线进行了全面的技术分析与评议以及反求工程的研究，组织了新型预热器与分解炉的开发研究、水泥悬浮预热与预分解技术的理论研究、煤粉燃烧装置的研究等科技攻关，为消化吸收引进技术和发展创新有我国自己特色的预分解窑系统打下了坚实的基础。各个设计研究单位已经比较熟练地掌握了悬浮预热和预分解技术，各自研制开发了具有中国特色的预分解窑系统，建成了双阳、搓头、浩良河、滇西、东关、山东水泥厂等不同类型和规模的预分解窑生产线，并且出口到马来西亚、泰国等国的生产线均已取得"达标、生产"的优异成绩，各项技术经济指标也比较先进。

伴随着悬浮预热和预分解技术日臻成熟，预分解窑旋风筒、换热管道、分解炉、回转窑、篦冷机以及挤压粉磨，和同它们配套的耐热、耐磨、耐火、隔热材料，自动控制，环保技术等全面发展和提高，使新型干法水泥生产的各项技术经济指标得到进一步优化。

第四阶段：20世纪90年代中期至今，为水泥工业向"生态环境材料型"产业迈进阶段。

随着人类社会对保护地球环境，实现可持续发展迫切性认识的迅速提高，发达国家水泥工业在工艺、装备进一步优化和实行"清洁生产"的同时，开始向"生态环境材料型"产业转型。实现"生态环境材料型"水泥产业有五大标志：一是产品质量提高，满足高性能混凝土的耐久性要求；二是尽力降低熟料热耗及水泥综合电耗，节省一次资源和能源；三是大力采用替代性原料和燃料，提高替代率；四是实行"清洁生产"，三废自净化；五是降解利用其他工业产生的废渣、废料、生活垃圾及有毒、有害的危险废弃物，为社会造福。

生产工艺得到进一步优化，环境负荷进一步降低，并且成功研发降解利用各种替代原、燃料及废弃物技术，以新型干法生产为切入点和支柱，水泥工业向水泥生态环境材料型产业转型。

（二）预分解窑生产工艺流程

预分解窑系统由旋风预热器、分解炉、回转窑和冷却机系统组成，其基本流程如图1-7所示。

以带四级旋风预热器的预分解窑系统为例。从物料的走向来看，生料粉经提升设备提升，喂入到连接C_1和C_2旋风筒的气体管道，被上升的热烟气分散，悬浮于热烟气中，同时进行热交换，然后被热烟气带进C_1旋风筒，在C_1旋风筒内旋转产生离心力，生料粉在离心力和重力的作用下与烟气分离，沉降到锥体而后落入连接C_2、C_3旋风筒之间的气流管道内，又被此处上升的热烟气分散并悬浮于热烟气中进行第二次热交换，被热烟气带进C_2旋风筒，与烟气分离后生料进入C_3、C_4旋风筒之间的烟气管道，与烟气换热并带入C_3筒，生料在C_3筒与烟气分离后进入分解炉，在分解炉内吸收燃料燃烧放出的热量，碳酸盐开始受热分解，并随气流进入C_4筒，已完成大部分碳酸盐分解的生料与气流在C_4筒分离后经下料管喂入回转窑，在回转窑内煅烧成熟料经冷却机冷却后卸出。

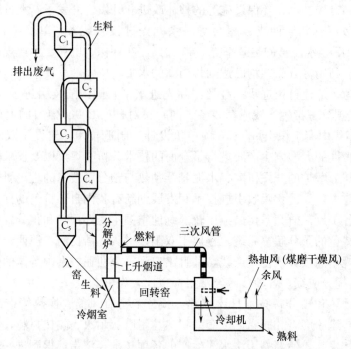

图 1-7　一个典型的新型干法水泥回转窑系统流程图

气流的流向与物料走向正好相反，在冷却机中被熟料预热的空气，一部分从窑头入窑作为窑的二次风供窑内燃料燃烧；一部分经三次风管引入分解炉供分解炉内燃料燃烧，出窑的高温废气通过窑尾上升烟道进入分解炉，分解炉排出的气体携带生料粉进入 C_4 筒，与料粉分离后依次再进入 C_3、C_2、C_1 旋风筒预热生料，在 C_1 旋风筒与生料分离，排出预热器。

（三）预分解技术的特点

传统水泥熟料煅烧方法，生料的预热、分解和烧成过程均在窑内完成。回转窑作为烧成设备，由于它能够提供断面温度分布均匀的温度场，并能保证物料在高温下有足够的停留时间，尚能满足要求。但作为传热、传质设备则不理想，对需要热量较大的预热、分解过程很不适应。这主要是由于窑内物料堆积在窑底部，气流从物料的表面流过，气流与物料的接触面积很小，传热效率很低。同时窑内分解带的物料处于堆积状态，料层内分解的 CO_2 向气流扩散的面积很小，阻力大、速度慢，并且料层内部颗粒被 CO_2 气膜包裹，CO_2 的分压大，分解要求温度高，这就增加了石灰石分解的困难，降低了分解的速度。

悬浮预热、窑外分解技术的突破，从根本上改变了物料的预热、分解过程的传热状态，将窑内的物料堆积状态的预热和分解过程，分别移到悬浮预热器和分解炉内进行。由于物料悬浮在气流中，与气流的接触面积大幅度增加，因此传热极快、效率高，同时物料在悬浮态下均匀混合，燃料燃烧热及时传给物料，使之迅速分解。因此传热、传质均很迅速，大幅度提高了生产效率和热效率。

与其他类型水泥窑相比，窑外分解窑有以下特点：

在结构方面，预分解窑是在悬浮预热器窑的基础上，在悬浮预热器与回转窑之间增设一个分解炉，承担了原来在回转窑内进行的碳酸盐分解任务。

在热工方面，分解炉是预分解窑系统的"第二热源"，将传统回转窑从窑头加入全部燃料的做法，改变为少部分从窑头加入，大部分从分解炉加入，从而改善了窑系统内的热工布局，大大地减轻了回转窑内耐火衬料的热负荷，延长了回转窑的寿命。

在工艺方面，将熟料煅烧工艺过程中耗热最多的碳酸盐分解的吸热过程移至分解炉内进行，由于燃料与生料粉混合均匀，燃料燃烧的放热过程与生料的碳酸盐分解过程在悬浮状态或流态化状态下极其迅速地进行，使燃烧、换热及碳酸盐分解过程都得到优化，更加适应熟料煅烧的工艺特点。

预分解窑是继悬浮预热器窑发明后的又一次重大技术创新，具备一系列优异性能，成为水泥生产的主导技术和发展方向。预分解窑的优点主要表现在以下几个方面：

（1）单机生产能力大，窑的单位容积产量高。一般预分解窑单位容积产量为悬浮预热器窑的 2～2.5 倍，为湿法窑的 6.2～7.2 倍。

（2）窑衬寿命长，运转率高。由于回转窑内热负荷减轻，延长了窑衬寿命和运转周期，耐火材料单位耗量减少。

（3）单位熟料热耗较低。由于它利用了先进的传热原理，热效率高，而且它的余热利用充分，使得预分解窑的单位熟料热耗大幅降低。

（4）有利于低质燃料的利用。由于分解炉内分解反应对温度要求较低，可利用低质燃料或可燃废弃物作燃料。

（5）对含碱、氯、硫等有害成分的原料和燃料适应性强。因大部分碱、氯、硫在窑内较高温度下挥发，通过窑内的气体比悬浮预热器窑约减少一半，烟气中有害成分富集浓度大，当采用旁路放风时，对碱、氯、硫等有害成分的原料和燃料适应性强，可生产低碱水泥。

（6）NO_x 生成量减少，对环境污染小。由于 50%～60% 的燃料从窑内移至温度较低的分解炉内燃烧，许多类型的分解炉还设有脱 NO_x 喷嘴，可减少 NO_x 生成量，减少对环境的污染。

（7）生产规模大，在相同生产能力下，窑的规格减小，因而占地少，设备制造安装容易，单位产品设备投资、基建费用低。

（8）自动化程度高，操作稳定。

预分解窑具有突出优点，但也存在以下缺点：

（1）预分解窑虽然对含碱、氯、硫等有害成分的原料和燃料适应性较强，但当原料中碱、氯、硫等有害成分含量高而未采取相应措施，或当窑尾烟气及炉气温度控制不当时，也易产生结皮，严重时可能出现堵塞现象。如果采用旁路放风，则将使热耗增加，并需增加排风、收尘等设备，同时收下的高碱粉尘较难处理。

（2）由于自动化程度高，整个系统的控制参数较多，各参数间要求紧密准确的配合，因此，对技术管理水平要求较高。

（3）与其他窑型相比，分解炉、预热器系统的流体阻力较大，电耗较高。

复习思考题

1. 为什么要在旋风预热器和回转窑之间加设一个分解炉？
2. 与其他类型水泥窑相比，窑外分解窑具有什么特点？
3. 窑外分解窑有哪些主要优缺点？
4. 什么是窑外分解技术？试述窑外分解窑的工艺流程？
5. 熟料煅烧工艺有哪些？

任务 2　水泥熟料的形成

任务简介: 本任务主要讲授硅酸盐水泥熟料的形成过程、水泥熟料形成热及其计算。

知识目标: 掌握生料煅烧成熟料所经历的六个过程;掌握影响熟料矿物形成的因素;熟悉熟料形成的热耗计算过程。

能力目标: 具备正确分析影响熟料烧成反应的因素的能力;能熟练表述生料变熟料的六个过程及影响熟料矿物形成的因素。

一、水泥熟料的形成过程

水泥生料入窑后,在加热煅烧过程发生一系列的物理化学变化,最后形成熟料。硅酸盐水泥熟料的形成过程,实际上是石灰石、硅铝质原料等经过加热,发生一系列的物理化学变化,形成硅酸三钙(C_3S)、硅酸二钙(C_2S)、铝酸三钙(C_3A)、铁铝酸四钙(C_4AF)等矿物的过程。整个过程主要包括自由水的蒸发、黏土质原料脱水、碳酸盐分解、固相反应、熟料烧成和熟料冷却等六个阶段。

(一) 自由水的蒸发

无论是干法、半干法、还是湿法生产,入窑生料都含有一定量的自由水分。当生料温度加热到 $100 \sim 150℃$ 时,生料自由水分全部被排出,这一过程也称为干燥过程。它是一个吸热过程,1kg 水蒸发热高达 2257kJ。新型干法水泥生料水分小于 1%,此过程在预热器内瞬间即可完成。

(二) 黏土质原料脱水

黏土质原料主要由含水硅酸铝所组成,其中二氧化硅和氧化铝的比例波动于 $2:1 \sim 4:1$ 之间。当生料烘干后,被继续加热,温度上升较快,当温度升到 $450℃$ 时,黏土质原料中的主要组成高岭石($Al_2O_3 \cdot 2SiO_2 \cdot 2H_2O$)发生脱水反应,其化学反应式为:

$$Al_2O_3 \cdot 2SiO_2 \cdot 2H_2O \longrightarrow \underset{(无定形)}{Al_2O_3} + \underset{(无定形)}{2SiO_2} + 2H_2O\uparrow$$

高岭石进行脱水分解反应时,在失去化学结合水的同时,本身结构也受到破坏,变成游离的无定形的 Al_2O_3 和 SiO_2,其具有较高的化学活性,为下一步与氧化钙反应创造了有利条件。

(三) 碳酸盐分解

脱水后的物料,温度继续升至 $600℃$ 以上时,生料中的碳酸盐开始分解,主要是石灰石中的碳酸钙和原料中夹杂的碳酸镁进行分解,并放出二氧化碳,其反应式如下:

$$MgCO_3 \Longrightarrow MgO + CO_2\uparrow$$

$$CaCO_3 \Longrightarrow CaO + CO_2\uparrow$$

$CaCO_3$ 是生料中的主要成分,分解吸收的热量约占干法窑热耗的一半以上,分解时间和分解率都将影响熟料的烧成,因此 $CaCO_3$ 的分解是熟料煅烧中的重要过程之一。

图 1-8 是一颗正在分解的 $CaCO_3$ 颗粒。颗粒表面首先受热,达到分解温度后进行分解,排出 CO_2。随着过程的进行,表层变为 CaO,分解反应面逐渐向颗粒内部推进。颗粒内部

的分解反应可分为下列五个过程：

（1）气流向颗粒表面的传热过程；

（2）热量由表面以传导方式向分解面传递的过程；

（3）碳酸钙在一定温度下，吸收热量，进行分解放出 CO_2 的化学过程；

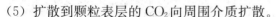

图 1-8 正在分解的 $CaCO_3$ 颗粒

（4）分解放出的 CO_2 穿过 CaO 层向表层扩散的过程；

（5）扩散到颗粒表层的 CO_2 向周围介质扩散。

这五个过程，四个是物理过程，一个是化学反应过程。各个过程的阻力不同。碳酸钙的分解速度受控于其中最慢的一个过程。

$CaCO_3$ 的分解与温度、颗粒粒径、生料悬浮分散程度、气体中 CO_2 的含量、原料的性质等因素有关。

碳酸盐分解是吸热反应，因此温度升高使分解速度加快。实验表明，温度每增 50℃，分解速度约增加一倍，分解时间约可以缩短 50%。当物料温度升到 900℃ 或稍高于 900℃ 后，$CaCO_3$ 的分解将迅速进行，分解时间缩短。但应注意温度过高，将增加废气温度和热耗，预热器和分解炉结皮、堵塞的可能性亦增加。

生料细度也是影响碳酸盐分解的重要因素。生料颗粒粒径越小，比表面积越大，传热面积增大，分解速度加快；生料颗粒均匀，粗颗粒少，也可加速碳酸盐的分解。因此，适当提高生料的粉磨细度和生料的均匀性有利于碳酸盐的分解。

生料悬浮分散差，相对地增大了颗粒尺寸，减少了传热面积，降低了碳酸钙的分解速度。因此，生料悬浮分散程度是决定分解速度的一个非常重要的因素。这也是在悬浮预热器和窑外分解窑分解炉内的碳酸钙分解速度较在其他干法回转窑内快的主要原因之一。

碳酸盐分解是可逆反应，受系统温度和周围介质中 CO_2 的分压影响较大。如果将碳酸盐的反应放在密闭的容器中于一定温度下进行时，随着碳酸钙的不断分解，周围介质中 CO_2 的分压不断增加，分解速度将逐渐变慢，直到反应停止。因此加强窑内通风，减小窑内 CO_2 压力，及时将 CO_2 气体排出，有利于 $CaCO_3$ 的分解。实验表明，废气中 CO_2 含量每减少 2%，约可使分解时间缩短 10%，当窑内通风不畅，CO_2 不能及时被排出，废气中 CO_2 含量增加，会延长碳酸盐的分解时间，因此窑内通风对 $CaCO_3$ 的分解起着重要作用。

碳酸盐的分解还受石灰质性质和硅铝质原料性质的影响。

以最常见的石灰石为例。当石灰石中伴生有其他矿物和杂质时一般具有降低分解温度的作用，这是由于石灰石中的 SiO_2、Al_2O_3、Fe_2O_3 等增强了方解石 $CaCO_3$ 的分解活力所致，但各种不同的伴生矿物和杂质对分解的影响是有差异的。方解石晶体越小，所形成的 CaO 缺陷结构的浓度越大，反应性越好，相对分解速度越高。一般来说，石灰石分解的活化能在 $125.6 \sim 251.2 kJ/mol$ 之间，当伴生有杂质、晶体细小时，其活化能将降低，一般在 $190 kJ/mol$ 以下。石灰石分解活化能越低，CaO 的化合作用越强，$\beta\text{-}C_2S$ 等的形成速度越快。

如果硅铝质原料的主导矿物是高岭石，由于其活性大，在 800℃ 下能和氧化钙或直接与碳酸钙进行固相反应，生成低钙矿物，可以促进碳酸钙的分解过程。反之，如果黏土主导矿物是活性差的蒙脱石和伊利石，则 $CaCO_3$ 的分解速度就慢。

（四）固相反应

在水泥熟料的形成过程中，从碳酸盐开始分解起，物料中便出现了性质活泼的游离氧化钙，它与生料中的 SiO_2、Fe_2O_3 和 Al_2O_3 等氧化物进行固相反应，其反应速度随着温度的升高而加快。水泥熟料中的各种矿物是经过多次固相反应形成的，反应过程大致如下：

800～900℃时

$$CaO + Al_2O_3 \longrightarrow CaO \cdot Al_2O_3 \quad (CA)$$
$$CaO + Fe_2O_3 \longrightarrow CaO \cdot Fe_2O_3 \quad (CF)$$

900～1100℃时

$$2CaO + SiO_2 \longrightarrow 2CaO \cdot SiO_2 \quad (C_2S)$$
$$7(CaO \cdot Al_2O_3) + 5CaO \longrightarrow 12CaO \cdot 7Al_2O_3 \quad (C_{12}A_7)$$
$$CaO \cdot Fe_2O_3 + CaO \longrightarrow 2CaO \cdot Fe_2O_3 \quad (C_2F)$$

1100～1300℃时

$$12CaO \cdot 7Al_2O_3 + 9CaO \longrightarrow 7(3CaO \cdot Al_2O_3) \quad (C_3A)$$
$$7(2CaO \cdot Fe_2O_3) + 2CaO + 12CaO \cdot 7Al_2O_3 \longrightarrow 7(4CaO \cdot Al_2O_3 \cdot Fe_2O_3) \quad (C_4AF)$$

以上反应在进行时放出一定的热量，因此，又称为放热反应。

（五）熟料的烧成

固相反应生成了水泥熟料中的 C_4AF、C_3A、C_2S 等矿物。但是，水泥熟料中的主要矿物 C_3S 要在液相中才能大量形成。当物料温度升高到近 1300℃时，C_3A、C_4AF、R_2O 等熔剂矿物会变成液相，大部分 C_2S 和 CaO 很快被高温熔融的液相所溶解，这种溶解于液相中的 C_2S 和 CaO 进行反应而生成 C_3S。

$$2CaO \cdot SiO_2 + CaO \longrightarrow 3CaO \cdot SiO_2 \quad (C_3S)$$

实践证明，C_3S 的生成，在配合料适当、生料成分稳定的条件下，与烧成温度和反应时间有关，C_3S 的生成温度范围一般为 1300～1450～1300℃，它是决定水泥熟料质量的关键，若温度有保证，则生成的液相量较多且黏度较小，有利于 C_3S 的形成，熟料质量较好；反之，生成 C_3S 较少，熟料质量则差。一般情况下，1450℃以上 C_3S 形成非常迅速，此温度称为熟料的烧成温度，因此水泥熟料的燃烧设备必须能使物料达到这一温度。此外，C_3S 的形成还要有一定的反应时间（一般需要 15～25min），煅烧设备应保证物料在此高温下保持这一时间。C_3S 形成需要的反应热甚微，因此主要热量消耗应使物料达到烧成温度。温度过高会使液相量过多、黏度过小，给煅烧操作带来困难，如结大块、结圈、烧流等，同时也使煅烧设备容易损坏，在正常温度下液相量一般控制在 20%～30%为宜。

当熟料烧成后，温度开始下降，C_3S 的生成速度也不断减慢，温度降到 1300℃以下时，液相开始凝固，C_3S 的生成反应结束，若此时凝固体中含有少量未化合的 CaO 则称为游离氧化钙，习惯上以 "f-CaO" 符号表示，温度继续下降时进入熟料的冷却阶段。

（六）熟料的冷却

水泥熟料烧成后，就要进行冷却。在熟料冷却过程中，将有一部分熔剂矿物（C_3A 和 C_4AF）形成晶体析出，另一部分因冷却速度较快来不及析晶而呈玻璃态存在。C_3S 在高温下是一种不稳定的化合物，在 1250℃时，容易分解，所以要求熟料自 1300℃以下要进行快冷，使 C_3S 来不及分解，越过 1250℃以后，C_3S 就比较稳定了。对于 1000℃以下的熟料，也是以快速冷却为好，这是因为熟料中的 C_2S 有 α、α'、β、γ 四种结晶型态，温度及冷却速度对 C_2S 的晶型转化有很大影响。

高温下的 α-C_2S 缓慢冷却时，会发生下列晶型转化：

$$\alpha\text{-}C_2S \xrightarrow{(1420\pm5)℃} \alpha'\text{-}C_2S \xrightarrow{630\sim680℃} \beta\text{-}C_2S \xrightarrow{<500℃} \gamma\text{-}C_2S$$

密度 $3.04g/cm^3$　　　　密度 $3.04g/cm^3$　　　　密度 $3.28g/cm^3$　　　　密度 $2.97g/cm^3$

由上看出，在高温熟料中只存在 α-C_2S，若冷却速度缓慢，则发生一系列的晶型转变，最后变为 γ-C_2S，在由 β-C_2S 转化为 γ-C_2S 时，由于密度减小使体积增大 10% 左右，从而导致熟料块的体积膨胀，变成粉末状，在生产中叫做"粉化"现象。粉化后的产物 γ-C_2S 与水进行水化反应时，几乎没有水硬性，因而会使水泥熟料的强度降低。为了防止这种有害的晶型转化，要求熟料快速冷却，使其来不及转化。除此之外，熟料快冷还有下列优点：

（1）防止 C_3S 晶体长大或熟料矿物完全变成晶体。有关资料表明，晶体粗大的 C_3S 会使熟料的强度降低；若熟料中的矿物完全变成晶体就难以粉磨。

（2）急冷时 MgO 凝结于玻璃体中或以细小的晶体析出，可以减轻水泥凝结硬化后由于方镁石晶体不易水化而后缓慢水化出现体积膨胀，造成水泥的安定性不良。

（3）急冷时 C_3A 的晶体较少，水泥不会出现快凝现象并有利于抗硫酸盐性能的提高。

（4）急冷时可使水泥熟料中产生应力，从而增大了熟料的易磨性。

熟料冷却还可以回收熟料出窑带出的部分热量，降低熟料热耗，提高热利用率。预分解窑冷却带短，出窑熟料温度在 1300℃ 以上，新型篦冷机使熟料得到骤冷，有助于保持硅酸盐矿物的高温相，防止晶型转变，提高其水化活性，可避免在铝率高的情况下发生转熔反应，即：

$$L（液相）+C_3S \longrightarrow C_3A+C_2S$$

二、水泥熟料的形成热及其计算

熟料形成热（熟料形成热效应），是指在一定生产条件下，用某一基准温度（一般是 0℃ 或 20℃）的干燥物料在没有任何物料损失和热量损失的条件下，制成 1kg 同温度的熟料所需要的热量。也就是用一定成分的干物料生产一定成分的熟料进行物理化学变化所需要的热量。因此，它是熟料形成在理论上消耗的热量，它仅与原、燃料的品种、性质及熟料的化学成分与矿物组成、生产条件等因素有关。

由熟料的形成过程看出，水泥生料加热过程中发生的一系列物理化学变化，各反应过程的温度与热效应见表 1-1。生料煅烧时在 1000℃ 以下的变化主要是吸热反应，而在 1000℃ 以上则是放热反应。因此煅烧的整个过程，大量热量消耗在生料的预热和分解上，特别是碳酸钙的分解上，而在形成熟料矿物时只要保持一定的温度和时间，使其化学反应完全。所以，保证生料的预热，特别是碳酸钙的完全分解对熟料的形成具有重要意义。

表 1-1　水泥煅烧过程的物理化学变化及热效应

温度（℃）	阶段	物理化学变化	热效应
100	干燥	物理水蒸发	吸热 2250kJ/kg-水
450	预热	黏土质原料放出结晶水	吸热 932kJ/kg-高岭石
600	预热	碳酸镁分解	吸热 1420kJ/kg-$MgCO_3$
900	分解	黏土质原料中无定形物质转变为晶体	放热 260～285kJ/kg-脱水高岭石
900	分解	碳酸钙分解	吸热 1220kJ/kg-$CaCO_3$
900～1200	固相反应	固相反应生成矿物	放热 420～500kJ/kg
1250～1280	固相反应	生成部分液相	吸热 109kJ/kg
1300～1450～1300	液相反应	液相反应 $C_2S+CaO \longrightarrow C_3S$	微吸热 8.6kJ/kg-C_3S

（一）水泥熟料形成热的计算方法

熟料形成热的计算方法很多，有理论计算方法，也有经验公式计算法。在理论计算方面，我国过去多采用苏联郝道劳夫提出的公式，它是根据生料和熟料的成分来计算熟料形成热，但是在实际生产中，生料成分和熟料成分往往并不对应，在计算中常常出现偏差，同时对矿渣或粉煤灰配料用起来比较麻烦。我国《水泥回转窑热平衡、热效率、综合能耗计算方法》（JC/T 730—2007）中所采用的方法是按照熟料成分、煤灰成分与煤灰掺入量直接计算出煅烧 1kg 熟料的干物料消耗量，然后再计算形成 1kg 熟料的理论热消耗量。若采用普通原料（石灰石、黏土、铁粉）配料，以煤粉为燃料，其具体计算方法如下：

确定计算基准，一般物料取 1kg 熟料，温度取 0℃，并给出如下数据：①熟料的化学成分；②煤的工业分析及煤灰的化学成分；③熟料单位煤耗，对于设计计算要根据生产条件确定，对于热工标定计算通过测定而得。

1. 生成 1kg 熟料干物料消耗量的计算

1）煤灰的掺入量

$$m_A = \frac{m^r A_{ar} a}{100} \tag{1-1}$$

式中　m_A——生成 1kg 熟料，煤灰的掺入量，kg/kg；

　　　m^r——1kg 熟料的耗煤量，kg/kg；

　　　A_{ar}——煤灰分的收到基含量，%；

　　　a——煤灰掺入的百分比，%。

2）生料中碳酸钙的消耗量

$$m^r_{CaCO_3} = \frac{CaO^k - CaO^A m_A}{100} \times \frac{M_{CaCO_3}}{M_{CaO}} \tag{1-2}$$

式中　$m^r_{CaCO_3}$——生成 1kg 熟料碳酸钙的消耗量，kg/kg；

　　　CaO^k——熟料中氧化钙的含量，%；

　　　CaO^A——煤灰中氧化钙的含量，%；

M_{CaCO_3}、M_{CaO}——分别为碳酸钙、氧化钙的分子量；

　　　m_A——见式（1-1）。

3）生料中碳酸镁的消耗量

$$m^r_{MgCO_3} = \frac{MgO^k - MgO^A m_A}{100} \cdot \frac{M_{MgCO_3}}{M_{MgO}} \tag{1-3}$$

式中　$m^r_{MgCO_3}$——生成 1kg 熟料碳酸镁的消耗量，kg/kg；

　　　MgO^k——熟料中氧化镁的含量，%；

　　　MgO^A——煤灰中氧化镁的含量，%；

M_{MgCO_3}、M_{MgO}——分别为碳酸镁、氧化镁的分子量；

　　　m_A——见式（1-1）。

4）生料中高岭石的消耗量

$$m^r_{AS_2H_2} = \frac{Al_2O_3^k - Al_2O_3^A m_A}{100} \times \frac{M_{AS_2H_2}}{M_{Al_2O_3}} \tag{1-4}$$

式中　　$m^r_{AS_2H_2}$——生成 1kg 熟料高岭石的消耗量，kg/kg；

$Al_2O_3^k$——熟料中三氧化二铝的含量，%；

$Al_2O_3^A$——煤灰中三氧化二铝的含量，%；

$M_{AS_2H_2}$、$M_{Al_2O_3}$——分别为高岭石和三氧化二铝的分子量；

m_A——见式（1-1）。

5）生料中 CO_2 的消耗量

$$m_{CO_2}^r = m_{CaCO_3}^r \frac{M_{CO_2}}{M_{CaCO_3}} + m_{MgCO_3}^r \frac{M_{CO_2}}{M_{MgCO_3}} \tag{1-5}$$

式中　　$m_{CO_2}^r$——生成 1kg 熟料 CO_2 的消耗量，kg/kg；

$m_{CaCO_3}^r$、$m_{MgCO_3}^r$——分别见式（1-2）、式（1-3）；

M_{CO_2}——二氧化碳的分子量；

M_{CaCO_3}、M_{MgCO_3}——分别为碳酸镁及碳酸钙的分子量。

6）生料中化合水的消耗量

$$m_{H_2O}^r = m_{AS_2H_2}^r \frac{2M_{H_2O}}{M_{AS_2H_2}} \tag{1-6}$$

式中　　$m_{H_2O}^r$——生料中化合水的含量，kg/kg；

M_{H_2O}——水的分子量；

$m_{AS_2H_2}^r$、$M_{AS_2H_2}$——见式（1-4）。

7）生成 1kg 熟料干生料的消耗量

$$m_r^d = 1 + m_{CO_2}^r + m_{H_2O}^r \tag{1-7}$$

式中　　m_r^d——生成 1kg 熟料干生料的消耗量，kg/kg；

$m_{CO_2}^r$、$m_{H_2O}^r$——分别见式（1-5）、式（1-6）。

若采用矿渣或粉煤灰配料时，在计算各成分含量时还要分别将熟料各成分中减去来自矿渣或粉煤灰中各相应的成分含量；若采用液体或气体燃料时，则可将各项公式中 m_A 作为零代入。

2．形成 1kg 熟料吸收热量的计算

1）干物料从 0℃加热到 450℃时吸收的热量

$$q_1 = m_r^d \times c_r^d \times (450 - 0) \tag{1-8}$$

式中　q_1——干物料从 0℃加热到 450℃时吸收的热量，kJ/kg；

m_r^d——见式（1-7）；

c_r^d——干物料在 0～450℃时的比热容，一般为 1.058kJ/（kg·℃）。

2）高岭石脱水吸收热量

$$q_2 = m_{H_2O}^r \times 6690 \tag{1-9}$$

式中　q_2——高岭石脱水吸收的热量，kJ/kg；

$m_{H_2O}^r$——见式（1-6）；

6690——高岭石脱水热效应，kJ/kg。

3）脱水后物料由 450℃加热到 900℃时吸收的热量

$$q_3 = (m_r^d - m_{H_2O}^r) \times c_m \times (900 - 450) \tag{1-10}$$

式中　q_3——脱水后物料升温到 900℃吸收的热量，kJ/kg；

m_r^d、$m_{H_2O}^r$——分别见式（1-7）、式（1-6）；

c_m——脱水后物料在 450～900℃之间的平均比热容，一般为 1.184kJ/（kg·℃）。

4) 碳酸盐分解吸收热量

$$q_4 = m_{CaCO_3}^r \times 1660 + m_{MgCO_3}^r \times 1420 \qquad (1\text{-}11)$$

式中　　　q_4——碳酸盐分解吸收热量，kJ/kg；

$m_{CaCO_3}^r$、$m_{MgCO_3}^r$——分别见式（1-2）、式（1-3）；

　　1660——碳酸钙分解热效应，kJ/kg；

　　1420——碳酸镁分解热效应，kJ/kg。

5) 物料由 900℃加热到 1400℃时吸收热量

$$q_5 = (m_r^d - m_{H_2O}^r - m_{CO_2}^r) \times c_m \times (1400 - 900) \qquad (1\text{-}12)$$

式中　　　q_5——分解后的物料由 900℃加热到 1400℃时吸收的热量，kJ/kg；

m_r^d、$m_{H_2O}^r$、$m_{CO_2}^r$——分别见式（1-7）、式（1-6）、式（1-5）；

　　c_m——物料在 900～1400℃时的比热容，一般为 1.033kJ/（kg·℃）。

6) 形成液相吸收热量

$$q_6 = 109 \text{kJ/kg} \qquad (1\text{-}13)$$

3. 形成 1kg 熟料放热量的计算

1) 黏土脱水后无定形物质转变为晶体放出热量

$$q_1' = m_{AS_2H_2}^r g \frac{M_{AS_2}}{M_{AS_2H_2}} \times 301 = m_{AS_2H_2}^r \times 301 \times 0.86 \qquad (1\text{-}14)$$

式中　q_1'——黏土脱水后无定形物质结晶放热，kJ/kg；

　$m_{AS_2H_2}^r$——见式（1-4）；

　0.86——脱水高岭石（$Al_2O_3 \cdot 2SiO_2$）和高岭石（$Al_2O_3 \cdot 2SiO_2 \cdot 2H_2O$）分子量之比；

　301——脱水高岭石的结晶热，kJ/kg。

2) 熟料矿物形成放出热量

熟料矿物形成放热与各矿物的含量有关，其矿物含量可根据熟料的化学组成由下式进行计算：

$$C_3S = 4.07CaO^k - 7.6SiO_2^k - 6.72Al_2O_3^k - 1.43Fe_2O_3^k$$
$$C_2S = 8.6SiO_2^k + 5.07 Al_2O_3^k + 1.07Fe_2O_3^k - 3.07CaO^k$$
$$C_3A = 2.65Al_2O_3^k - 1.69 Fe_2O_3^k$$
$$C_4AF = 3.04Fe_2O_3^k \quad (P > 0.24)$$

式中　C_3S、C_2S、C_3A、C_4AF——分别为熟料各种矿物的含量，%；

CaO^k、SiO_2^k、$Al_2O_3^k$、$Fe_2O_3^k$——分别为熟料中各化学成分含量，%。

熟料各矿物形成热效应：

$$C_3S \text{——} 465 \text{kJ/kg}; \quad C_2S \text{——} 610 \text{kJ/kg};$$
$$C_3A \text{——} 88 \text{kJ/kg}; \quad C_4AF \text{——} 105 \text{kJ/kg}$$

熟料矿物形成放热等于各矿物形成热效应乘以各矿物含量之和。

$$q_2' = (C_3S \times 465 + C_2S \times 610 + C_3A \times 88 + C_4AF \times 105)/100 \qquad (1\text{-}15)$$

3) 熟料由 1400℃冷却到 0℃放出的热量

$$q_3' = m^k c^k (1400 - 0) \qquad (1\text{-}16)$$

式中　q_3'——熟料冷却放热量，kJ/kg；

　m^k——熟料量，$m^k = 1 \text{kg}$；

　c^k——熟料在 0～1400℃时的平均比热容，一般 $c^k = 1.092 \text{kJ/（kg·℃）}$。

4）碳酸盐分解出的 CO_2 由 900℃冷却到 0℃放出热量

$$q_4' = m_{CO_2}^r c_{CO_2} (900-0) \qquad (1-17)$$

式中　q_4'——CO_2 冷却放出热量比，kJ/kg；

$m_{CO_2}^r$——见式（1-5）；

c_{CO_2}——CO_2 在 0～900℃时的平均比热容，$c_{CO_2}=1.071$kJ/（kg·℃）。

5）水蒸气由 450℃冷却到 0℃时放出热量

$$q_5' = m_{H_2O}^r [c_{H_2O} (450-0) + 2490] \qquad (1-18)$$

式中　q_5'——水蒸气冷却放热，kJ/kg；

$m_{H_2O}^r$——见式（1-6）；

c_{H_2O}——水蒸气在 0～450℃时的平均比热容，$c_{H_2O}=1.966$kJ/（kg·℃）；

2490——0℃时水的汽化潜热，kJ/kg。

4. 熟料形成热

$$q^0 = q - q' = (q_1 + \cdots + q_6) - (q_1' + \cdots + q_5') \qquad (1-19)$$

式中　q^0——形成 1kg 熟料理论热耗量，kJ/kg；

q——熟料形成过程中吸收热量之和，kJ/kg；

q'——熟料形成过程中放出热量之和，kJ/kg。

上述计算比较麻烦，可用下列简易公式进行计算：

$$q = 109 + 30.04CaO^k + 6.48Al_2O_3^k + 30.32MgO^k - 17.12SiO_2^k - 1.58Fe_2O_3^k -$$
$$m_A (30.24CaO^A + 30.32MgO^A + 1.58Al_2O_3^A)$$

$$(1-20)$$

式中符号含义同前。

（二）水泥熟料形成热计算举例

某水泥工业窑，以普通原料配料，以煤粉为燃料，试计算所生产熟料形成热。煤的收到基灰分含量 $A_{ar}=20.03\%$，煤的收到基低位发热量 $Q_{net,ar}=27000$kJ/kg，熟料的单位热耗 4180kJ/kg，熟料及煤灰的化学成分见表 1-2。

表 1-2　熟料及煤灰的化学成分

物料＼成分	SiO_2	Al_2O_3	Fe_2O_3	CaO	MgO	其他	合计
熟料	22.01	5.94	4.62	64.93	2.00	0.50	100.00
煤灰	48.12	43.87	3.24	2.97	1.23	0.57	100.00

计算基准：1kg 熟料，温度 0℃。

1. 计算生成 1kg 熟料干生料消耗量

1）计算煤灰掺入量：

$$m_A = \frac{4180 \times 20.03 \times 1}{27000} \times \frac{1}{100} = 0.03 \quad kg/kg$$

2）计算生料中碳酸钙含量：

$$m_{CaCO_3}^r = \frac{64.93 - 0.03 \times 2.97}{100} \times \frac{100}{56} = 1.16 \quad kg/kg$$

3）计算生料中碳酸镁含量：

$$m_{MgCO_3}^r = \frac{2.00 - 0.03 \times 1.23}{100} \times \frac{84.33}{40.32} = 0.04 \quad kg/kg$$

4）计算生料中高岭石含量：

$$m_{AS_2H_2}^r = \frac{5.94 - 0.03 \times 43.87}{100} \times \frac{258}{102} = 0.11 \quad kg/kg$$

5）计算生料中 CO_2 含量：

$$m_{CO_2}^r = 1.16 \times \frac{44}{100} + 0.04 \times \frac{44}{84.3} = 0.531 \quad kg/kg$$

6）计算生料中结晶水含量：

$$m_{H_2O}^r = 0.11 \times \frac{36}{258} = 0.015 \quad kg/kg$$

7）计算干生料消耗量：

$$m_r^d = 1 + 0.531 + 0.015 = 1.546 \quad kg/kg$$

2. 计算熟料形成过程中吸收热量

1）干物料从 0℃ 加热到 450℃ 时吸收热量：

$$q_1 = 1.546 \times 1.058 \times (450 - 0) = 736.05 \quad kJ/kg$$

2）黏土脱水吸收热量：

$$q_2 = 0.015 \times 6690 = 100.35 \quad kJ/kg$$

3）脱水后物料由 450℃ 加热到 900℃ 时吸收热量：

$$q_3 = (1.546 - 0.015) \times 1.184 \times (900 - 450) = 815.72 \quad kJ/kg$$

4）碳酸盐分解吸收热量：

$$q_4 = 1.16 \times 1660 + 0.04 \times 1420 = 1982.40 \quad kJ/kg$$

5）分解后物料由 900℃ 加热到 1400℃ 时吸收热量：

$$q_5 = (1.546 - 0.015 - 0.531) \times 1.033 \times (1400 - 900) = 516.50 \quad kJ/kg$$

6）形成液相吸收热量：

$$q_6 = 109 \quad kJ/kg$$

总吸收热量 $q = 736.05 + 100.35 + 815.72 + 1982.40 + 516.50 + 109 = 4260.02 \quad kJ/kg$

3. 计算熟料形成过程中放出的热量

1）熟料矿物含量：

$$C_3S = (4.07 \times 64.93 - 7.6 \times 22.01 - 6.72 \times 5.94 - 1.43 \times 4.62) \times \frac{1}{100} = 50.47\%$$

$$C_2S = (8.6 \times 22.01 + 5.07 \times 5.94 + 1.07 \times 4.62 - 3.07 \times 64.93) \times \frac{1}{100} = 25.01\%$$

$$C_3A = (2.65 \times 5.94 - 1.69 \times 4.62) \times \frac{1}{100} = 7.93\%$$

$$C_4AF = (3.04 \times 4.62) \times \frac{1}{100} = 14.04\%$$

2）熟料矿物形成热量：

$$q_1' = (50.47 \times 465 + 25.01 \times 610 + 7.93 \times 88 + 14.04 \times 105) \times \frac{1}{100} = 408.96 \quad kJ/kg$$

3）黏土脱水后无定形物质结晶放热：

$$q'_2 = 0.11 \times 0.86 \times 301 = 28.47 \quad kJ/kg$$

4）熟料由 1400℃冷却到 0℃放热：

$$q'_3 = 1 \times 1.092 \times (1400 - 0) = 1528.80 \quad kJ/kg$$

5）CO_2 由 900℃冷却到 0℃放出热量：

$$q'_4 = 0.53 \times 1.071 \times (900 - 0) = 510.87 \quad kJ/kg$$

6）水蒸气由 450℃冷却到 0℃放出热量：

$$q'_5 = 0.015 \times (1.966 \times 450 + 2490) = 50.62 \quad kJ/kg$$

总放出量 $q' = 408.96 + 28.47 + 1528.80 + 510.87 + 50.62 = 2527.72 \quad kJ/kg$

4. 熟料形成热

$$q^0 = q - q' = 4260.02 - 2527.72 = 1732.30 \quad kJ/kg$$

将以上计算结果归纳列于表 1-3 中。

表 1-3　熟料形成热计算结果

吸收热量	kJ/kg	%	放出热量	kJ/kg	%
干物料由 0℃加热到 450℃吸热	736.05	17.3	熟料矿物形成放热	408.96	16.1
黏土脱水吸热	100.35	2.4	黏土无定形物质结晶放热	28.47	1.1
脱水后物料由 450℃加热到 900℃吸热	815.72	19.2	熟料由 1400℃冷至 0℃放热	1528.80	60.5
碳酸盐分解吸热	1982.40	46.5	CO_2 由 900℃冷至 0℃放热	510.87	20.2
物料由 900℃加热到 1400℃吸热	516.50	12.0	水蒸气由 450℃冷至 0℃放热	50.62	2.0
形成液相吸热	109	2.6	合计	2527.72	100
合　　计	4260.02	100	$q^0 = 4260.02 - 2527.72 = 1732.30$		

若用简易公式（1-20）计算该熟料的形成热，则

$$q^0 = 109 + 30.04 \times 64.93 + 6.48 \times 5.94 + 30.32 \times 2.00 - 17.12 \times 22.01 -$$
$$1.58 \times 4.62 - 0.03 (30.24 \times 2.97 + 30.32 \times 1.23 + 1.58 \times 43.87)$$
$$= 1768.63 \quad kJ/kg$$

可见简易公式与理论计算结果基本一致。采用普通原料配料，熟料形成热一般约在 1730～1770kJ/kg 之间；若采用矿渣或粉煤灰配料则熟料形成热相差较大。

由表 1-3 可以看出，水泥熟料形成过程吸收热量以碳酸盐分解吸收热量最多，约占总吸收热量的一半左右，甚至高于熟料的总形成热。

复习思考题

1. 叙述水泥生料在加热煅烧过程中发生的主要变化。

2. 窑热损失产生的原因及处理方法。

3. 为什么石灰石粒度越小，碳酸钙分解速度越快？

4. 简述 C_3S 的生成条件。

5. 碳酸盐的分解反应有什么特点？影响分解速度的主要因素有哪些？

6. 熟料快速冷却的目的是什么？

7. 什么是熟料形成热？生成 1kg 熟料的理论热耗一般是多少？

项目二　预分解窑煤粉的制备

内容简介： 预分解窑系统离不开燃料，大多数水泥企业采用煤粉。本项目主要介绍煤的种类和性质、水泥工业用煤质量要求、煤粉生产工艺、煤粉系统操作控制、煤磨系统安全及煤粉制备生产案例等。

学习目标： 通过本项目的学习，掌握新型干法水泥企业中煤粉制备工艺、煤粉系统操作控制及煤磨系统安全等。

任务1　煤粉制备技术与设备的应用

任务简介： 某水泥厂拟建一条日产 5000t 的水泥熟料生产线，预热器级数为 5 级（双列），此时需生产满足要求的煤粉供烧成系统燃烧；现在由你作为此项目的负责人来完成煤粉的制备。在充分学习水泥烧成系统用煤知识的基础上合理选择煤粉制备工艺，选择合理的制备参数、煤粉指标，并最终根据生产需要制备出煅烧用煤粉。

知识目标： 掌握水泥工业用燃料的种类、性能和选择方法；熟悉煤粉燃烧的影响因素；掌握煤粉水分、细度及系统温度的控制；掌握煤粉制备工艺过程；了解煤粉的安全生产要点。

能力目标： 具备正确选择水泥煅烧用燃料的能力；并能依据原煤工业分析结果评定所选原煤是否适合熟料系统煅烧及原因；具备基本操作、控制煤粉系统的能力，并保证系统的安全运行；能制备出合格的煅烧用煤粉。

一、预分解窑用煤

水泥工业需要消耗大量的燃料。燃料按其物理状态的不同可分为固体燃料、液体燃料和气体燃料三种。我国水泥工业目前一般采用固体燃料——煤；煤主要由植物遗体经生物化学作用，埋藏后再经地质作用转变而成，俗称煤炭。

（一）煤的种类和性质

煤可分为无烟煤、烟煤和褐煤。回转窑一般使用烟煤（立窑采用无烟煤或焦煤末）。

1. 无烟煤

无烟煤又叫硬煤、白煤，是一种碳化程度最高的煤。无烟煤的干燥无灰基挥发分含量小于 10％，密度大、硬度大、燃点高、燃烧时不冒烟；无烟煤固定碳含量高，一般含碳量在90％以上；其收到基低热值一般为 20900～29700kJ/kg（5000～7000kcal/kg）。有时把挥发物含量特大的称为半无烟煤；特小的称为高无烟煤。

无烟煤结构致密坚硬，有金属光泽；以脂摩擦不致染污，断口成介壳状，燃烧时火焰短而少烟。不结焦、密度较大，着火温度为 600～700℃，燃烧火焰短；无烟煤的挥发分与水分较烟煤更低，且析出温度更高，因此更难起火及燃烧；是立窑煅烧水泥熟料的主要燃料。

在新型干法回转窑窑头燃烧器上使用无烟煤需要保证如下条件：

1）煤粉能达到足够的符合要求的细度，以保证燃烧和火焰形成；

2）控制可靠稳定的煤粉喂料；

3）燃烧器的一次风必须具有足够的推动力并可调节；

4）燃烧器必须能够在燃烧带产生有充分内部循环空气的火焰，以保证无烟煤尽快点燃；

5）在启动冷窑或窑况不正常时利用烟煤或燃油辅助燃烧。

2. 烟煤

烟煤是碳化程度低于无烟煤而高于褐煤的煤。其特点是挥发分产率范围宽，单独炼焦时从不结焦到强结焦均有，燃烧时有烟。该种煤含碳量为 $75\%\sim90\%$，不含游离的腐殖酸；大多数具有粘结性，发热量较高；密度约 $1.2\sim1.5g/cm^3$，热值约 $20900\sim31400kJ/kg$ $(5000\sim7500kcal/kg)$，干燥基挥发分含量为 $15\%\sim40\%$。挥发分含量中等的称为中烟煤；较低的称为次烟煤。

烟煤结构致密，较为坚硬，密度较大，外观呈灰黑色至黑色，粉末从棕色到黑色；由有光泽的和无光泽的部分互相集合成层状，沥青、油脂、玻璃、金属、金刚等光泽均有，具明显的条带状、凸镜状构造；着火温度为 $400\sim500℃$，是回转窑煅烧水泥熟料的主要燃料。

3. 褐煤

褐煤又名柴煤，碳化程度介于泥炭与烟煤之间，为棕褐色、无光泽的低级煤；剖面上可以清楚地看出原来木质的痕迹，是泥炭经成岩作用形成的腐殖煤。褐煤水分大、挥发分高、密度小、发热量低，含有可溶于碱液内的腐殖酸；褐煤全水分一般可达 $20\%\sim50\%$，挥发分 $15\%\sim30\%$，易风化碎裂，易氧化自燃。由于它富含挥发分，所以易于燃烧并冒烟。热值为 $8374\sim1884kJ/kg$。

褐煤中氧含量高达 $15\%\sim30\%$，化学反应性强，热稳定性差，块煤加热时破碎严重，存放在空气中很容易风化变质，碎裂成小块甚至粉末状，使热值更加降低，灰熔点也普遍较低，水泥行业很少用。但是，在目前全球能源日趋紧张的形势下，褐煤的经济价值及其相关加工生产技术又重新被世界能源界所重视。我国作为一个能源消费大国，应该引起足够的重视，积极开发褐煤提质干燥技术为我国经济发展服务。

（二）水泥工业用煤质量要求

评价水泥工业用煤主要有如下指标，见表 2-1。

表 2-1　水泥工业用煤分析指标

项目	水分（%）	灰分（%）	挥发分（%）	硫分（%）	发热量（kJ/kg）
符号表示	M	A	V	S	Q

发热量指单位质量的煤完全燃烧时所产生的热量，主要分为高位发热量和低位发热量。煤的高位发热量减去水的汽化热即是低位发热量；它反映煤炭的应用效果，受外界因素影响比较大，如水分等。发热量的常用单位为 kcal/kg，换算关系是：$1cal=4.18J$。

挥发分指煤在高温和隔绝空气的条件下加热时，所排出的气体和液体状态的产物。挥发分的主要成分为甲烷、氢及其他碳氢化合物等。随着煤炭变质程度的增加，煤炭的挥发分降低，它是鉴别煤炭类别和质量的重要标准之一。

灰分（煤灰）几乎全部来源于煤中矿物质，但是煤在燃烧时，矿物质大部分被氧化、分解，并失去结晶水；煤灰的组成和含量与煤中的矿物质的组成和含量差别很大。一般所说的煤的灰分实际就是煤灰产率，来源可分三种：原生矿物质、次生矿物质、外来矿物质。

水分由外在水分和内在水分构成（此处未考虑结晶水），外在水分指在煤开采、运输和洗选过程中润湿在煤外表大毛细孔（$\phi > 0.1\mu m$）中的水。在空气中可以风干或经 45%～50% 干燥就可以烘掉失去外在水分的煤称为风干煤。内在水分为吸附或凝聚在煤粒内部毛细孔（$\phi < 0.1\mu m$）中的水，将风干煤加热到 105～110℃ 时所失去的水分。失去内在水分的煤称为绝对干燥煤或干煤。

硫分通常以有机硫和无机硫两种形态存在，煤中各种形态硫分的总和称为全硫（SQ）。有机硫主要是来自成煤植物中的蛋白质和微生物的蛋白质，无机硫分为硫铁矿和硫酸盐两种，也有微量元素硫。

水泥工业用煤质量要求见表 2-2，可依据表中要求进行煤的选择。

表 2-2　水泥工业用煤质量要求

窑型	灰分（%）	挥发分（%）	硫（%）	低位发热量（kJ/kg）
预分解窑	≤28	22～32	≤3	≥21740
立波尔窑	≤25	18～80	—	≥23000
机立窑	≤35	≤15	—	≥18800
湿法窑	≤28	18～30	—	≥21740

在企业中用一种煤不能满足上述要求，可考虑几种煤搭配使用（即所谓配煤）；在选择煤种配煤时，应尽量考虑企业生产实际情况进行搭配。通常配煤应首先保证热值稳定，确保最基本的煅烧，在此基础上再根据实际情况进行比例微调（控制挥发分、硫含量）。

回转窑用煤的热值越大，灰分含量越低，越有利于达到要求的火焰温度和需要的热量，在相同条件下，使用高热值煤，单位熟料热耗较低。

挥发分过低，着火缓慢，形成的"黑火头"过长，且焦炭粒子较致密，燃烧缓慢，使火焰拉长，降低了火焰温度，对熟料质量不利；挥发分过高（>30%）的煤喷入窑内后，挥发分很快分解燃烧，形成的"黑火头"短，且分离出来的焦炭粒子多孔，因此焦炭燃烧较快，使火焰过短、热力过分集中，损坏窑衬，物料在高温带停留时间过短，对煅烧不利，且煤的挥发分过高时，在进行烘干和粉磨时，会有一部分挥发分逸出，造成热损失，易发生爆炸。

二、煤粉制备

（一）煤粉生产工艺

水泥企业煤粉制备系统有两种选择方案，即风扫钢球磨煤粉系统和立式磨煤粉系统。

1. 风扫钢球磨煤粉系统

（1）风扫钢球磨煤粉系统生产过程

风扫钢球磨煤粉制备流程如图 2-1 所示。

原煤计量后进入到磨机的进料装置中，温度为 300℃ 左右的热风通过进风管进入进料装置，含有水分的原煤在此处就开始进行热交换；当原煤进入风扫钢球磨机的烘干仓时，由于烘干仓内设有特制的扬料板将原煤扬起，使得原煤在此处进行强烈的热交换而得到烘干，烘干后的煤块通过设有扬料板的双层隔仓板进入粉磨仓。粉磨仓内装有研磨体（钢球），煤块

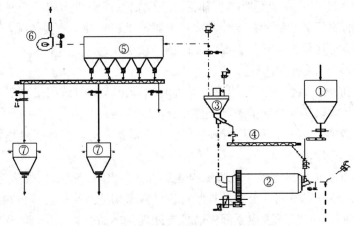

图 2-1　风扫钢球磨煤粉制备流程图

1—原煤仓；2—风扫钢球磨；3—选粉机；4—返料螺旋；5—防爆袋收尘器；6—风机；7—煤粉仓

在此仓内被粉碎、研磨成煤粉。在煤块被粉碎的同时，由风机经过磨机的出料装置将已粉碎的煤粉及气体一同带出磨机进入选粉机，选粉后较粗的颗粒会经过返料螺旋返回到磨内进行再次粉磨；合格煤粉经防爆袋收尘器收集，送到煤粉仓中，再由转子秤计量后分别送到窑头和窑尾。

（2）风扫钢球磨运用特点

风扫钢球磨最突出的优点是煤种适应性广，运行安全可靠，维修较方便。其对磨制煤种的可磨性指数和磨损指数没有任何限制，可磨制包括褐煤在内的所有煤种，特别适合于磨制无烟煤及磨损指数 $K_e > 3.5$ 的煤种。无烟煤煤粉着火温度高，要求煤粉细，而且制粉系统设计要求热风送粉，采用其他类型磨煤机都难以达到燃烧要求的煤粉细度；另外，磨损指数 $K_e > 3.5$ 的煤种，粉磨时对金属的磨损大，研磨件的寿命低，采用风扫钢球磨时虽然钢球磨损大，但钢球装卸和运行中补充都方便，钢球磨损对正常运行影响甚微。

风扫钢球磨及其系统缺点：诸如系统复杂、运行电耗高、制粉管道长、部件多、占地面积大、占用空间大、耗钢多、磨损大、噪声大、爆炸事故多等。

（3）风扫钢球磨操作及维护

风扫钢球磨系统在新建水泥企业中运用得越来越少，此处仅简要介绍其操作及维护。

1）风扫钢球磨机及其附属设备的启动

① 风扫钢球磨机滑履轴承、主轴承的高低压润滑装置及传动装置的润滑系统，冷却系统；

② 收尘器及其出料输送设备；

③ 风扫钢球磨机出料输送设备；

④ 喂料系统；

⑤ 风扫钢球磨机正常运转后停止高压启动装置。

2）维护注意事项

① 要密切注意滑履轴承托瓦温度的变化，进料端滑履托瓦夹板的磨损和断裂情况，及时更换，定期检查大齿圈、中空轴等重要零件连接螺栓的拧紧情况；

② 要经常检查滑履轴承、主轴承、减速器和电动机的润滑系统运行情况和供油情况，要注意补充润滑油；冬季加油或换油时，应将加油热至 25℃ 左右，对已变质和不干净的润滑油一律不准使用；

③ 刚安装投入使用的或新更换的主轴瓦，在风扫钢球磨机运转一个月后，应将润滑油全部排出，清洗油池，更换新油；要经常检查滑履轴承、主轴承密封情况，注意刮油板的工作是否正常；两端密封是否良好，必要时予以调节或更换；

④ 经常检查冷却系统是否畅通；

⑤ 注意检查进出料装置的密封情况，发现磨损严重或密封效果受到影响时，应及时予以调整、更换或者采取其他处理措施，要注意补充润滑脂；

⑥ 注意各种仪表、信号、照明及控制系统是否灵敏完整；注意因热膨胀而可能产生的零件变形、膨胀、温升；

⑦ 要注意检查衬板连接螺栓、地脚螺栓等是否存在松动、折断、脱落等现象；新更换、安装或检查后，运转一定时间后要重新拧紧；要经常密切注意磨机各部位在运转中是否有异常振动、噪声等现象，一旦发现应立即停磨检查处理。

为了及时发现问题，消除故障，以保证风扫钢球磨机正常运转，要定期进行预防性的停磨检查；对稀油站、减速器、电动机等按有关技术文件执行。

2. 立式磨煤粉系统

风扫钢球磨煤粉系统在中国水泥行业一直被广泛采用，主要因其操作简单、运行稳定、生产可靠和对原煤的适应性强等优点；但单位电耗高，系统电耗在 27～29kW/t 煤，噪声大于 100dB，占地面积大；20 世纪 80 年代以来国际上的发展趋势是立式磨，特别是大型化工艺线上很少再采用风扫钢球磨，二者的对比见表 2-3。

表 2-3　煤粉制备系统立式磨和风扫钢球磨方案对比

生产线规模（t/d）	10000	煤粉产量（t/h）	75
原始条件	煤质 HGI＝60，水分＜12%；煤粉 $R80\mu m$＝12%，水分＜1%		
粉磨系统	立式磨	风扫钢球磨	
主要设备型号规格功率消耗	①辊磨 TRMC30.3 盘径：3.0m 功率：950/1120kW ②内部选粉机 TRS3000 风量：200000m³/h 功率：55/110kW ③主排风机 风量：220000m³/h 全压：11.5kPa 功率：700/1000kW	①风扫钢球磨 Φ4.6mm×7.5m＋3.5m 功率：2000/2250kW ②选粉机 TLS2600C 功率：55/90kW 风量：150000m³/h ③主排风机 风量：165000m³/h 全压：8.0kPa 功率：400/560kW	
系统总功率（kW）	1705/2230	2455/2900	
单位电耗［（kW·h）/t］	22.7	32.7	

（1）立式磨煤粉系统生产过程

立式磨煤粉制备流程如图 2-2 所示。

原煤从原煤堆场通过格子筛网过筛后落到大倾角皮带输送机上，经电磁除铁器除铁后，皮带输送机把原煤送入原煤仓进行储存。待制粉系统均已启动后，打开原煤仓底部棒阀，启动密封计量胶带给煤机，原煤进入立式煤磨进行烘干、粉磨及选粉。由热风炉出来的热风或水泥生产线废气，在系统风机的抽引下，进入立式煤磨，与磨内被粉磨的原煤进行充分热交

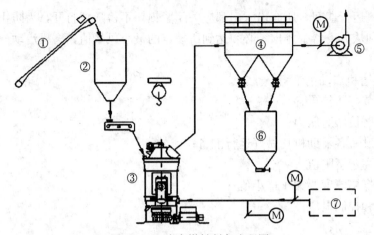

图 2-2 立式磨煤粉制备流程图

1—皮带输送机；2—原煤仓；3—立式煤磨；4—防爆气箱脉冲袋收尘器；5—风机；6—煤粉仓；7—热源

换后，带起煤粉在分离器处进行选粉，细度不合格的粗煤粉重新落到磨盘上进行粉磨，合格的煤粉随气流进入防爆气箱脉冲收尘器被收集下来，经过分格轮卸入煤粉仓。原煤中的杂物，如部分煤矸石、金属块等，通过风环、吐渣口排出磨外。

（2）立式磨运用特点

煤粉制备系统中使用立式煤磨主要有如下特点：

① 适用煤种范围宽，较低磨蚀性无烟煤、次烟煤、烟煤、水分较低的褐煤等均可磨制；

② 工艺流程简单、占地面积小、建筑面积小，可露天布置。立式煤磨集破碎、粉磨、烘干、选粉、输送五道工序于一体，工艺简单、布局紧凑，占地面积约为球磨机系统的 $60\%\sim70\%$，建筑面积约为球磨机系统的 $50\%\sim60\%$，可露天布置，节省土建投资；

③ 单位电耗低，粉磨效率高，粉磨能耗低。粉磨电耗与同规模产量的传统风扫球磨机相比，节电 $20\%\sim40\%$，特别在原煤水分较大的情况下，节电幅度更大；

④ 耐磨件寿命长，一般可达 $7000\sim12000h$ 以上；

⑤ 运行期间能力和细度稳定，耐磨件磨损后期产量仅下降 5%，细度无变化；

⑥ 噪声低（$<85dB$），扬尘少，操作环境清洁。立式磨的噪声仅为 $80\sim85dB$，比球磨机低 $20\sim25dB$，系统在负压下工作，无粉尘飞扬，操作环境清洁；

⑦ 对原煤中"三块"（铁块、矸石块、木块）有良好的适应性；对大块物料的啮入性能好，入磨物料粒度大，可达磨辊直径的 5%，入料粒度可达 $50\sim80mm$；

⑧ 烘干能力大。立式煤磨采用风扫式操作，通过调节入磨风温和风量，可粉磨烘干水分高达 20% 的原煤，特别在水泥生产线上，煤磨的烘干热源一般来自篦冷机废气（约 $200℃$），采用风扫球磨机烘干能力有限，而采用立式煤磨则可以用大风量来解决其高水分烘干的要求。

（3）立式煤磨操作及维护

立式煤磨操作及维护应严格遵守有关操作规定和说明，防止煤粉起火、爆炸。立式煤磨机检修时，必须停机并关闭磨机入口、出口阀门；检修和安装调试中应特别注意，主驱动装置应处于关闭状态，防止误启动。立式煤磨运行中，应确保关闭惰性气体通入管道上的阀门。不允许杂物如金属物、石块或粗粒物料等异物进磨机，保证清洗布、绳索、电线等不得进磨机，因为这些异物不但会使分离器堵塞使其功能失灵，还会使煤粉存积而引起着火。

立式煤磨机运行期间，所有出入门都应关闭紧锁，不得随意打开，为防止输粉管道积粉及保证煤粉顺利从分离器中排出，必须达到所规定的最小风量值，磨机启动前，磨盘上备有一定的煤量。

1）立式煤磨机启动前准备

① 电动机装好防护罩；

② 调节好磨机碾磨压力；

③ 立式煤磨机各辅助机均做好运行准备；

④ 煤仓位高于下限值；

⑤ 给煤机煤层厚度要大于最小值；

⑥ 有操作和控制电压；

⑦ 主风机已开动；

⑧ 立式煤磨机密封风机在运行；

⑨ 研磨区惰性气体系统，阀门处于关闭状态；

⑩ 立式煤磨机润滑油站、液压站供油正常；

⑪ 磨辊、减速机油池、米歇尔轴承、液压装置都应有足够的油量；

⑫ 分离器出口温度、润滑油及液压系统的温度控制装置正常；

⑬ 分离器油位正常。

立式煤磨机启动和运行检查分为磨机启动和正常运行。立式煤磨机可用自动启动程序控制启动。手动启动程序做好磨机启动准备，同时以最低速度启动给煤机（注意：磨机内无物料时不能启动磨机）。

2）立式煤磨机运行期间的检查

① 磨机噪声。每小时检查一次磨机是否有不正常噪声；

② 振动。每小时检查一次磨机是否有不正常振动；

③ 密封风系统。持续检查密封风压力；

④ 液压站。运行每 500h 检查一次油位。

3）立式煤磨机停机程序

① 立式煤磨机主电动机切断后，油冷却器将冷却减速机 12h；

② 手动切断密封风机，但这种操作只有在一次风机关闭 1h 后才能进行；

③ 每一次启动、停机及紧急跳停过程均有一个"汽化"过程；

④ 冷风调节器保持一定开度。

立式煤磨机停机通过"停机程序"来实现。在立式煤磨机停机前，应将给煤机调到最小给煤量，同时降低分离器温度。冷风挡板打开，热风挡板关闭，在分离器温度很低的情况下，关闭给煤机，进一步降低分离器温度，物料排空后磨机停机。每次停机期间，检查并清除废料箱中的废料。

4）快速停机条件

① 分离器温度超过最大值；

② 煤磨机一次风量低于最小值；

③ 煤仓料位低于最小值；

④ 煤磨机防护；

⑤ 给煤机的防护。

5）紧急停机条件

① 分离器温度超过最大值；

② 磨机一次风量低于最小值；

③ 给煤机闸门没打开；

④ 安全系统控制动力故障；

⑤ 一次风机故障。

如果磨内 O_2（体积分数）＞14％，则应通足够的惰性气体。煤粉的挥发分、细度、含粉气体的浓度、干燥度和温度的增加会加大煤粉自燃的可能性。如果磨内煤粉着火或突燃，会引起分离器出口温度升高，当达到允许的最高温度时，应采取紧急停机措施。立式煤磨机的重新启动说明故障原因已消除及重新开机准备就绪后才能重新开机，将给煤机调至额定启动速度。

6）维护事项

设备每次运转前应该仔细检查各零部件有没有松动磨损现象，如若发现应该及时更换，不能在机器出现故障的情况下强行运作机器；其次，经常在容易磨损的部位涂抹润滑油也是一种有效的保养方法，能减轻立式磨在强压力下严重磨损的可能；除此之外，还应注意以下维护情况：

① 煤及煤粉如果外溢应及时处理，查看车间内整洁情况，确保无煤粉堆积现象；

② 设备是否有因为摩擦等原因引起的设备发热情况，各防爆阀、防爆门是否正常；

③ 车间内有无明火，不准在车间内吸烟，不准在没采取防范措施的情况下在车间内进行气割、气焊、电焊等，并做好消防设施的准备及维护；

④ 如果窑停止喂煤，则及时停止煤粉仓锥部的助流是否充氧，如果充氧则关闭手动阀；

⑤ 不论在停机或设备运转时，都应注意随时清扫，保持本系统内的清洁；定期清洁机器很重要，防止过多的油渍、灰尘在机器内部堆积，保持机器清洁可以让机器轻松运转，优化使用效果，清扫前应洒水，然后再扫，避免煤粉飞扬；

⑥ 长时间停机后开机前的安全检查：检查煤粉仓、袋收尘易堵塞部位及输送设备内部有无煤粉或杂物，车间内是否有煤或煤粉堆积；

⑦ 短时间停机后开机前的安全检查：检查输送设备内部有无煤粉或杂物；

⑧ 排气：开机前，应先启动排风机，将袋收尘及各管道中可能产生的易燃易爆气体全部排出；

⑨ 定期检查压缩空气系统，分水滤气器要经常放水，油雾要定期加油，压强超范围时调整压阀，电磁滑阀故障应及时排除或更换，气缸漏气应及时更换修理，管路漏气应立即堵漏或更换零件；

⑩ 做好常规维护保养，电磁阀、气缸每年（或定期）清洗加油保养一次，并及时更换；

⑪ 收尘器运行中发现烟囱冒灰应首先检查滤袋有否破损，并及时更换。

（4）立式磨煤磨系统选型

立式磨煤磨系统具体设备在选择时考虑的因素很多，但在实际中，从工艺角度应考虑如下几个因素：

1）磨煤机产量

磨煤机产量决定了磨煤机的规格，应正确确定系统所需煤量。磨煤机规格选择过大，会增加设备的一次性投资，并造成磨煤机长期在低负荷状态下运行，影响运行经济性。具体选型时应注意下列问题：

① 考虑到实际煤种的变化，一般应留有 10％左右的富余能力；

② 按煤种选型，确定适当的校核煤种，以最不利条件下能力满足系统基本要求为原则；

③ 考虑耐磨件磨损后的能力下降 5％，与磨煤机富余能力一并考虑；

④ 磨机正常能力计算为入磨原煤量。如考核煤粉量，应考虑原煤水分的蒸发量。

2）系统温度

系统温度应适应对原煤的干燥能力，高挥发分煤种会涉及系统的安全性。确定系统温度时应注意以下问题：

① 入口风温度应满足对原煤的干燥要求，立磨磨煤机正常情况下入口最高风温为 400℃，当原煤水分较高，磨煤机入口风温超过 400℃时，应通知制造厂；

② 立磨磨煤机运行温度控制，主要控制磨煤机出口温度；出口最高温度，烟煤为 90～95℃，对挥发分高的褐煤不应超过 70℃，出口最低温度应超过露点 10℃；

③ 当采用挥发分、水分较高的烟煤和褐煤时，可干燥至煤的固有水分，可明显降低热风温度。

3）耐磨件寿命

正常情况下耐磨件寿命应在 7000h 以上。因此选型时应尽量准确地预计耐磨件的磨损寿命。当耐磨件寿命低于 4000h 时，不宜选用立磨煤机。

4）煤粉分离器

煤粉细度主要根据煤的着火特性来决定，煤的着火特性取决于它的干燥无灰基挥发分，有时也由特殊工艺性来决定。实际应用中应尽量选择较粗的煤粉细度。当煤粉细度≥15％时，可采用静态分离器，该分离器因没有转动部件，运行可靠性高；当煤粉细度≤12％时，应采用动态或动静态分离器。

（二）煤粉系统操作控制

在煤粉制备中，主要操作控制指标有热值、水分、细度及温度等，热值除烘干损耗外基本由煤本身热值高低决定，所以此处只针对影响生产较大的水分、细度及温度等三个方面进行探讨。

1. 水分

通常煤粉的水分控制指标为：烟煤煤粉合理水分应控制在 0.5％～1.5％之间，最适宜控制在 0.5％～1.0％之间；对于无烟煤煤粉应控制在 0.5％～1.0％之间，最适宜控制在 0.5％～0.8％之间。质量越差的煤粉越应偏低控制，对煤粉的正常燃烧越有利。生产中为保证出磨水分达标，应根据喂料量、差压、出入口温度和磨机振动等因素的变化情况，通过调整各风机挡板及其他挡板开度，保证磨机出口温度在合适范围内。煤粉中的水分在燃烧时生成水蒸气，其在燃烧中的作用目前存在争议。

第一种观点：完全干燥的煤难以着火；认为燃料燃烧时，碳与氧不能直接进行反应，而首先是与活泼的 OH⁻ 反应，生成 CO 与 CO_2。持这种观点者认为，煤粉中含有少量水分（1％～1.5％）对燃烧有利，分解后能增加碳的氧化反应速率；因为固定碳的燃烧温度要远高于100℃，因此，水先于固定碳受热蒸发，极少量的水分遇到炽热的空气后，会发生水煤气反应，即产生 H_2 和 CO，它们极易燃烧，所放出的热远大于反应所吸收的热。

第二种观点：煤粉中水分含量越少越好；水蒸气燃烧时进入火焰，会降低燃烧效率，增加燃料消耗量。这是因为水蒸气进入火焰，必然消耗一部分热量使水蒸气升至火焰的温度；同时在煤粉中的水分含量较高时，由于温度降低则不会发生水煤气反应，且变成的水蒸气阻止了固定碳与氧的接触。

除上述两种观点之外，在企业中还会有一种情况，在煤粉制备时原煤水分很高，导致煤粉水分烘干时无法降低达到生产要求的情况，企业认为既然煤粉的水分烘干不容易又易产生危险，不如采用降低细度的方法来补偿水分过多对燃烧速度产生的不利影响；但此种克服煤粉水分高的方法在研究人员的分析中是不可取的。原因在于：

1）煤粉变细只是增加煤粉中固定碳与空气接触的面积与机会，并利用煤粉中的挥发分与空气中的氧燃烧形成的热，进一步为固定碳燃烧创造条件。

2）磨细的煤粉只能使水分更易受热而蒸发，固定碳的燃烧反而变得更加困难，使煤粉的燃烧速度大大减慢。也就是说，水分含量较高的煤粉磨细，不但不可能发挥有利于固定碳燃烧的积极效果，相反却起反作用。

因此，煤粉水分高的企业应更多从煤的种类搭配、煤磨系统换热改造及现场管理方面找原因，而不是简单考虑降低煤粉的细度。

2. 细度

煤粉细度对磨煤机电耗影响很大，对煤粉被点燃的难易程度也有很大影响。无论对哪一种磨煤机，煤粉越粗，磨煤和输粉电耗也就越低，金属的单位磨损也越小。煤粉越细，粒度越均匀，越容易点燃，燃烧越完全。为保证细度达标，在磨煤机操作中，可通过调整选粉机转速、喂料量和系统通风量来加以控制，若出现物料过粗，可增大选粉机转速、降低系统的通风量、减少喂料量等方法来控制，若出现物料过细，可用与上述相反的方法进行调节。

煤粉细度在影响燃烧中的具体表现：细度是决定火焰长度非常重要的因素。煤粉通过燃烧器输送和分布在回转窑中，燃烧器主要是保持火焰的理想长度和合适的气体流场。火焰的长度对于新型干法窑来讲十分重要，火焰如果过短，煤的潜热只能在较小体积内释放出来，火焰的温度就会在局部变得很高，相反，如果火焰长度加长，温度就会下降。火焰长度靠燃烧器的推动力进行控制；只要求单个煤粒子的燃尽时间小于其在火焰中的停留时间即可，而燃尽时间又与煤粉细度直接相关。所以细度对燃烧过程有很大影响。

综合制粉和燃烧的要求，存在最经济的煤粉细度，即制粉和燃烧总损耗最小时的煤粉细度。其与以下三个因素有关：

1）与煤种有关。其中以燃煤挥发分的影响最大；煤粉越细，表面积越大，越容易着火，燃烧迅速，形成的火焰短；反之，煤粉过粗，燃烧所需时间长，形成的火焰过长，对燃烧不利，不易燃烧完全。由于无烟煤挥发分含量低，燃烧着火温度高，且燃烧过程中其焦炭粒子较致密，不利于氧气和燃烧产物 CO、CO_2 的扩散和热量的传导，故其燃烧速度慢，燃尽时间长。影响煤的燃尽时间的因素主要有炭粒的空隙率（取决于煤的种类）、炭粒粒径、燃烧环境的氧含量和环境温度等。烟煤和无烟煤挥发分含量不同，其燃点及煤粉正常燃烧所需的细度也不同。煤粉越粗，其着火温度与燃尽温度就越高，而且无烟煤细度的变化对其着火温度、燃尽温度、燃尽时间的影响比烟煤更敏感。

因此，如果目标是让无烟煤与烟煤保持相同的火焰长度，那么就必须对煤粉的燃尽时间进行补偿，最简单的做法就是将无烟煤磨得比烟煤更细一些。燃煤挥发分的影响是现在水泥企业在确定煤粉细度时考虑最多的因素。

2）与磨煤机和分离器的型式有关。它们决定煤粉颗粒的均匀程度，如果煤粉颗粒均匀，则可允许煤粉粗些；这在现在水泥企业中关注较少。

3）与燃烧方式和设备容积热负荷有关。决定煤粉燃烧的经济性，如窑内燃烧温度高或煤粉停留时间长（容积热负荷低）时，可允许煤粉粗些；本身设备因素影响在现在水泥企业中也关注较少。

对于回转窑煤粉细度可以从以下公式选取：

$$R_{0.08} = (1 - 0.01A - 0.011M) \times 0.5V \tag{2-1}$$

$$R_{0.08} \leqslant (0.9 - 0.01A)(A + 0.5V) \tag{2-2}$$

式中　V——煤的挥发分，%；

　　　A——煤的灰分，%；

　　　M——煤的水分，%。

3. 温度

在煤磨系统控制中，温度既影响质量又关乎安全。在此部分将从磨煤机、袋收尘器、煤粉仓及煤粉燃烧爆炸等四个方面进行学习。

1）磨煤机出入口温度

磨煤机出入口温度对保证煤粉水分合格和磨煤机稳定具有重要作用。出口温度主要通过调整喂料量、热风挡板和冷风挡板来控制，磨煤机入口温度主要通过调整热风挡板和冷风挡板来控制。

在严格控制磨煤机出入口温度时，应与窑操加强联系，根据窑况、篦冷机风温、风量变化，及时调整热风与冷风的配比。当窑内烧结较好时，篦冷机风温高，可适当减小热风用量；窑内烧结较差时，篦冷机风温低，可适当加大热风用量。当窑跨料或跑生料或跨窑皮时，篦冷机层压升高，风量偏低，风温升高；此时根据窑工况及二次风温的变化，及时加大冷风挡板，减小热风挡板，控制好磨入口温度。当窑飞砂料较多时，窑头废气比热容下降，显热高，要注意磨出口温度的变化。

2）袋收尘器温度

当进口风温太高时，要适量降低磨出口风温；袋收尘进口风温太低时，有结露和糊袋危险，应适当提高出口风温。正常情况下出口风温略低于进口风温，若高于进口风温且持续上升，判断为袋收尘内袋子烧着，应迅速停止主排风机，关死袋收尘进出口阀门，采取灭火措施。保持袋收尘出口风温不要太低，以防袋收尘结露和糊袋。

3）煤粉仓锥部温度

仓中积存的煤粉与空气中的氧气长期接触氧化时会发热使温度升高，温度升高又会加剧煤粉的进一步氧化，在散热不良时会使氧化过程不断加剧，最后使温度达到煤的燃点而引起煤粉燃烧（自燃）。此时出现异常持续升温，应通知现场检查，注意一般情况下不要给仓锥部充压缩空气，以减轻煤粉氧化。

4）煤粉燃烧爆炸

在煤粉制粉系统中，煤粉是由输送煤粉的气体和煤粉混合成的云雾状的混合物，它一旦遇到火花或温度升高就会使火源扩大而产生数倍大气压的大气压力，从而造成煤粉的爆炸。

造成煤粉爆炸的主要原因：

① 煤粉混合物的温度高易爆炸，低于一定温度则无爆炸危险；

② 挥发分高的煤粉容易发生爆炸，挥发分低的不易发生；

③ 煤粉在空气中的浓度为 $1.2\sim2.0\mathrm{kg/m^3}$ 时，爆炸性最大，大于或小于该浓度时，爆炸的可能性小；

④ 煤粉越细，与空气接触的面积越大，就越容易爆炸和自燃；

⑤ 输送煤粉的空气中，氧气所占比例小于15％时，煤粉不会爆炸；

⑥ 气粉混合物在管内流速要适当，过低容易造成煤粉的沉积，过高又会引起静电火花，易爆炸，故一般应在 $16\sim30\mathrm{m/s}$ 范围内。

运行工况不稳定，如起停制粉系统或断煤，煤粉燃烧（自燃）和爆炸的可能性较大，所以运行人员应加强监督调整均匀给煤，防止堵煤断煤，以保证制粉系统正常运行。

表 2-4 是某企业为保证正常生产所设定的温度控制参数。

表 2-4　某企业煤磨系统温度控制相关参数

序号	测点名称	正常控制范围	报警值	中控室功能
1	入煤磨混合气体风温	150～300℃		指示
2	出煤磨气体风温	65～85℃	85℃	指示、报警
3	袋收尘器进口温度	50～70℃	75℃	指示、报警
4	袋收尘器出口温度	50～70℃	75℃	指示、报警
5	袋除尘器灰斗煤粉温度	<70℃	70℃	指示、报警
6	分解炉煤粉仓煤粉温度	<70℃	70℃	指示、报警
7	窑头煤粉仓煤粉温度	<70℃	70℃	指示、报警

（三）煤磨系统安全保障

1. 相关规范

煤的干燥无灰基挥发分 V_{daf} 在 30％～40％时为易爆炸性煤种，煤的干燥无灰基挥发分 $V_{daf}>40$％时为强爆炸性煤种。中国 MT/T 714—1997《煤粉生产防爆安全技术规范》中对厂房的结构与布局做出明确规定：

① 按 GB 50016《建筑设计防火规范》中乙类火灾危险建筑设计；

② 通风应良好，地板及内墙面应平整、光滑，应避免可能积煤粉的部位，难以避免的部位应便于清扫；

③ 宜为单层建筑，屋顶宜用轻型结构；

④ 如为多层结构时，宜采用框架结构；不能使用这种结构的地方，必须设置足够面积的泄爆口；

⑤ 如果将窗口或其他开孔作为泄爆口，必须保证其在爆炸发生时能有效地进行泄爆；

⑥ 工作区必须有足够数目的疏散路线，其数目和位置由设计部门确定，主管部门批准；疏散路线必须设置明显的路标和事故照明。

按照德国 TRD 413《粉磨固体燃料的制粉系统的防爆规范》，强爆炸性煤种必须考虑防爆问题。在具体应用中，当煤粉细度过细时，按易爆炸性煤种或强爆炸性煤种来考虑防爆问题。制粉系统防爆措施主要如下：

① 采用抗爆型磨煤机，磨煤机壳体抗爆等级为 0.35MPa，可承受最大强度的煤粉爆炸压力（非抗爆型磨煤机壳体抗爆等级为 0.1MPa）；

② 粉磨强爆炸性煤种的磨煤机应设置冷却风装置，当遇到磨内煤粉着火有爆炸危险时可迅速将磨煤机高温部件冷却至 80℃ 以下；

③ 采用防爆炸性制粉系统控制模式，即在磨煤机启动、运行及停机时启动防爆控制方式，制粉系统控制参数也应采用防爆型参数；

④ 设置惰性气体消防系统。惰性气体可采用蒸汽、氮气、二氧化碳等作为消防气体，但不能直接用水来灭火，因为可能损坏磨内部件。

按要求在磨煤机分离器或给煤机部位设置防爆门。磨煤机制粉系统的防爆问题直接涉及人员和设备的安全，应高度重视。

2. 安全措施

为保证生产安全，要防止原煤及煤粉的自燃着火与爆炸，要注意以下几点：

① 煤及煤粉不要长期堆放，要尽快使用，不要让带有油污的棉纱等混入煤及煤粉中；

② 煤磨出口气体温度经常保持在 75～85℃，不得超过 85℃；

③ 煤磨排风机、袋除尘器排风机紧急停机时，应严密监视磨机出口、各管道、除尘器等的温度不得超过设定的报警值；若上述温度有上升趋势时，必须采取措施，如喷 CO_2 气体等；

④ 系统运转前、运转中及正常停机后、紧急停机后都要做安全检查；

⑤ 车间各楼层必须配备足够数量的灭火器、消防筒等消防设施，所有消防设施都要根据安全规范，定期检查和维护，保证在必要时能正常使用；

⑥ 煤粉制备车间严禁烟火。

在处理企业问题时，技术人员要把握好技术关，管理人员要加大车间精细化管理力度，强调平时巡检工作，要求现场和中控的密切配合将故障影响减小到最低范围。

复习思考题

1. 回转窑为什么用烟煤？
2. 回转窑使用无烟煤的注意事项？
3. 立式磨煤粉系统工艺运用特点？
4. 立式磨煤粉系统工艺过程？
5. 立式磨煤粉系统操作及维护事项？
6. 煤磨系统温度控制注意事项？
7. 煤粉细度控制注意事项？
8. 如何防止煤粉自燃？
9. 煤粉生产中安全注意事项？
10. 如何评价回转窑煤粉质量？

项目三　预分解窑煅烧系统的描述

内容简介: 本项目的主要任务是对预分解窑系统主要设备(预热器、分解炉、回转窑、篦冷机、燃烧器、增湿塔)的结构、性能特点及工作过程等进行描述;为熟料煅烧操作做好知识准备。

学习目标: 了解熟料煅烧技术的发展历程;熟悉熟料煅烧工艺;掌握预分解窑系统主要设备(预热器、分解炉、回转窑、篦冷机、燃烧器、增湿塔)的结构、性能特点及工作过程。

预分解窑也称窑外分解窑,就是在悬浮预热器和回转窑之间加一个分解炉,由于预分解窑具有优良的性能,因此在全世界范围内得到迅速推广。目前预分解窑已不是一个单项设备,而是由悬浮预热器、分解炉、回转窑、篦冷机等组成的一个预分解窑系统。

本项目就预分解窑及相配套的几个主要设备及生产工艺逐一进行介绍。

任务1　旋风预热器的应用

任务简介: 本任务描述旋风式悬浮预热器的工作原理;悬浮预热器的结构、性能及特点;影响旋风筒气固分离效率的主要因素;影响旋风预热器换热效率的主要因素。

知识目标: 了解悬浮预热器的发展概况,熟悉悬浮预热器的结构及特性,能结合预热器的工作过程进行操作控制。

能力目标: 能分析旋风预热器的换热及分离物料功能,使预热器的作用得以充分发挥。

一、预热器的发展

从干法中空回转窑排放出去的废气,温度一般在900℃左右,也就是说每生产1kg熟料大约要从废气中带走2093kJ的热量,比生产1kg熟料的理论热量1675kJ还要大。如何利用这些热能,各国都在积极采取措施,因此在20世纪50年代,世界上出现了带悬浮预热器的回转窑。由于悬浮预热器能充分利用回转窑排出的炽热气体加热生料,使之进行预热及部分碳酸盐分解,然后进入回转窑内继续加热分解,完成熟料烧成任务。正因为它具有热效率高等优点,因而得以迅速推广,并发展成各种不同的形式,如多波尔型悬浮预热器、米亚格型悬浮预热器、维达格型悬浮预热器、ZAB型立筒预热器、普列洛夫型立筒预热器等,如图3-1至图3-5所示。

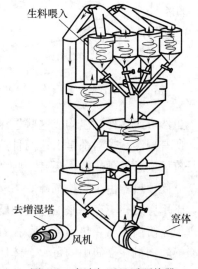

图3-1　多波尔型悬浮预热器

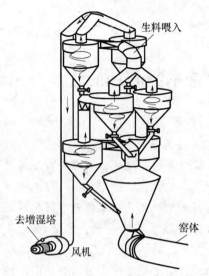

图 3-2 米亚格型悬浮预热器

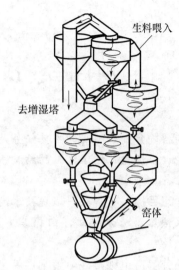

图 3-3 维达格型悬浮预热器

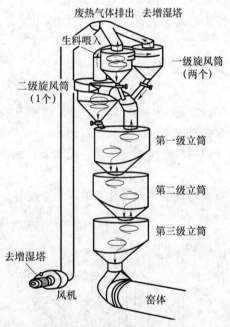

图 3-4 ZAB 型立筒预热器

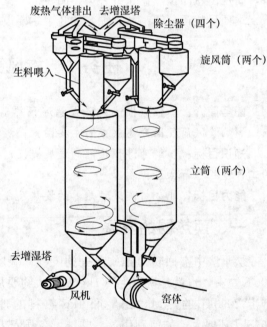

图 3-5 普列洛夫型立筒预热器

虽然形式多样，但构成这些悬浮预热器的单元不外乎是旋风筒及立筒两种。因此也可以说，所有悬浮预热器都是由这两种热交换单元设备中的一种单独组成或混合组成。我国基本上是旋风型悬浮预热器，还有一些 20 世纪 70、80 年代自己设计的立筒型悬浮预热器。

立筒预热器由于结构简单，气体通风阻力小，适合含碱、氯、硫高的生料，不容易堵塞，不用旁路；不存在胀缩连接问题，漏风量少；立筒是自承重结构，因此土建投资费用较小。但立筒预热器在热工方面存在着很大缺点：在立筒预热器中，物料与气流主要进行逆流热交换，物料在立筒中的每一个钵体内既有分散又有聚合，如此反复循环，满足热交换和逆流运动，由于立筒本身分离效率较低，故一般还在上部串联装设旋风筒，而且立筒预热器由于物料分散不好，因此热效率远低于旋风预热器，故后来在国际市场上，立筒预热器逐渐被淘汰。我国目前以立筒为主的预热器窑为 20 世纪 70、80 年代建设，当时技术水平较低，致使窑的产质量不高，在窑外预分解技术相当发达的今天，通过技术改造可使立筒预热器窑提高产量，降低能耗，增加企业效益。但由于旋风预热器同各种预分解系统相结合表现出的优越性能，使以立筒预热器同预分解技术相结合的预热分解系统难以与之抗衡，因而技术改造的方案基本上都是弱化或淘汰立筒，强化或更换为带分解炉的旋风预热器系统，因此本书只讨论旋风型悬浮预热器。

二、旋风预热器的作用

悬浮预热技术是在水泥中空窑的尾部（生料喂入端）装设悬浮预热器（也称旋风预热器），使出窑废热气体在预热器内通过，同时使入窑的低温生料粉分散于废热气流之中，在悬浮状态下进行热交换，使物料得到迅速加热升温后再入窑煅烧的一项技术。它是把生料的预热和部分分解由预热器来完成，代替回转窑部分功能，达到缩短回转窑长度，同时使窑内以堆积状态进行的气料换热过程移到预热器内，在悬浮状态下进行，使生料能够同窑内排出的炽热气流充分混合，增大了气料接触面积，使传热速度加快，热交换效率提高，从而达到提高窑系统生产效率，降低熟料烧成热耗的目的。

图 3-6 为预热器单级换热极限，若将 $t_{m0}=40℃$ 的 0.5kg 物料喂入预热器，与 $t_{g0}=1000℃$ 的 1kg 气体进行热交换，物料与气体的热容之比为 0.95，出预热器物料温度为 t_m，气体温度为 t_g。根据热力学定律，则有 $0.95×0.5×（t_m-40）=1×（1000-t_g）$。

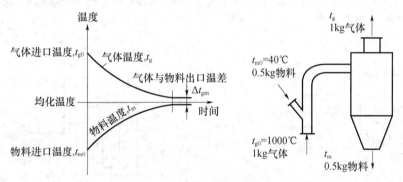

图 3-6　预热器单级换热极限

假定物料与气体之间进行最大限度热交换后，均达到极限温度，即 $t_m=t_g$，计算可得 $t_m=t_g=690℃$，此时相应回收的热量为 337kJ/kg 气体，仅占废气总热量的 31%。可见，一次换热是达不到充分回收废气余热的目的，必须进行多次换热，即预热器要多级串联。

三、旋风预热器的结构

旋风预热器是由旋风筒及上、下两级旋风筒的连接管道所构成。对于旋风预热器中单个旋风筒本体来讲，它的功能及结构如图 3-7 所示。它由圆柱体、圆锥体、进口管道、出口管道、内筒及下料管等部分组成。连接管道又叫换热管道，其上部与上级旋风筒进口管道连接，下部与下级旋风筒出口管道相连接；中间适当部位有上级旋风筒的下料管与之连接；在上级旋风筒下料管内的适当部位装有锁风阀；在上级旋风筒下料管最下部与换热管道的连接部位还设有撒料装置。

旋风预热器的功能在于使物料在炽热的气流中的分散、均布、气固换热和分离，其性能优劣主要表现在是否具有较高的换热效率、分离效率、较低的阻力和良好的密封性能等。对于单个旋风筒来讲，主要是考虑流体阻力和分离效率。

（一）旋风筒的结构

旋风筒的设计应主要考虑如何获得较高的分离效率和较低的压力损失。旋风筒的压损主要由四部分组成：①进、出口局部阻力损失；②进口气流与旋转气流冲撞产生的能量损失；③旋转向下的气流在锥部折返向上的局部阻力损失；④沿筒内壁的摩擦阻力损失。随着对旋风筒深入研究，低压损旋风筒压力降不断降低，有可能将断面风速提高到 $5\sim7m/s$，从而使旋风筒内径缩小 $13\%\sim20\%$，使得旋风筒外形缩小，重量降低，整个预热器塔降低，建筑面积缩小，降低投资费用。

各级旋风筒分离效率的要求不同，最上一级 C_1 旋风筒作为控制整个窑尾系统收尘效率的关键级，要求分离效率达到 $\eta_1 > 95\%$。最下一级旋风筒作为提高热效率的关键级，主要承担将已分解的高温物料及时分离并送入窑内，以减少高温物料的再循环，因此，对最下一级旋风筒 C_5 的分离效率要求较高。理论和实践表明，高温级旋风筒分离效率越高，C_1 旋风筒出口温度越低，系统热效率越高。中间级在保证一定分离效率的同时，可以采取一些降阻措施，实现系统的高效低阻，各级旋风筒分离效率配置应为 $\eta_1 > \eta_5 > \eta_{2,3,4}$。

理论分析及科学实验均说明：影响旋风筒流体阻力及分离效率主要有两大因素，一是旋风筒的几何结构，二是流体本身的物理性能。悬浮预热器的旋风筒，所处理的含尘气流的物理性能大致确定，现对旋风筒结构设计及影响其性能的主要技术参数的选取进行分析。图 3-8 为旋风筒尺寸示意图。

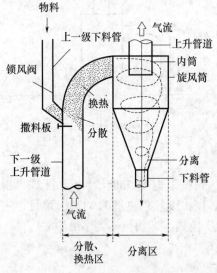

图 3-7　旋风筒换热单元功能结构示意图

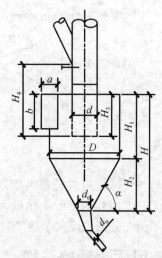

图 3-8　旋风筒尺寸示意图

D—旋风筒内径；H—旋风筒总高度；H_1—圆筒部分高度；
H_2—圆锥部分高度；H_4—喂料位置喂料口下部至内管下端；
H_5—内筒高度；a—进风口宽度；b—进风口高度

（1）旋风筒的直径

圆柱体直径有多种计算方式，一般根据旋风筒假想截面风速计算，即：

$$D = 2 \times \sqrt{\frac{Q}{\pi V_A}} \tag{3-1}$$

式中　D——旋风筒圆柱体直径；

　　　Q——旋风筒内气体流量；

　　　V_A——假想截面风速，选 $5\sim6m/s$ 较为稳妥。

（2）旋风筒高度

旋风筒高度系指包括圆柱体高度和圆锥体高度的总高度。旋风筒高度增加，分离效率提高。

① 圆柱体高度 H_1：圆柱体高度是旋风筒的重要参数，它的高低关系到生料粉是否有足够的沉降时间。一般来说，其他尺寸不变的情况下，圆柱体高度增加，气固分离效率提高。

② 圆锥体高度 H_2：圆锥体结构在旋风筒中的作用有三个。第一是它可以有效地将靠外向下的旋转气流转变为靠轴心的向上旋转的核心流，它可使圆柱体长度大为减少；第二它也是含尘气流气固相最后分离的地方，它的结构直接影响已沉降的粉尘是否会被上升旋转气流再次带走，从而降低分离效率；第三是圆锥体的倾斜度有利于中心排灰。

实验表明，当旋风筒的直径不变时，增大圆锥体长度 H_2，能提高分离效率。不同类型的旋风筒圆锥体长度，可根据不同需要，通过它与旋风筒的直径相对比例关系来确定。一般旋风筒圆锥体均高于本身的圆柱体，但 LP 型低压损旋风筒，其 H_1 均大于 H_2。

圆锥体结构尺寸，由旋风筒直径（D）和排灰口直径 d_e 及锥边仰角（α）决定，其关系为：

$$\tan\alpha=\frac{2H_2}{D-d_e} \tag{3-2}$$

如果排灰口直径和锥边仰角太大，排灰口及下料管中物料填充率低，易产生漏风，引起二次飞扬；反之，引起排灰不畅，甚至发生粘结堵塞。α 值一般在 $65°\sim75°$ 之间，d_e/D 可在 $0.1\sim0.15$ 之间，H_2/D 在 $0.9\sim1.2$ 之间选用。

实际上，旋风筒的设计一般是根据一些规律性的数据来指导设计。不同型式旋风筒的 H/D 与 H_1/H_2 比值见表 3-1。

表 3-1　不同型式预热器旋风筒 H/D 及 H_1/H_2 值

预热器型式		洪堡、石川岛	多波尔、三菱重工	维达格、川崎重工	神户制钢、天津院	史密斯
C_1筒	H/D	2.87	2.49	2.40	2.59	2.45
	H_1/H_2	1.91	0.42	0.76	0.63	0.50
C_2筒	H/D	1.82	1.73	1.89	1.81	1.78
	H_1/H_2	0.66	0.60	0.55	0.56	0.83

旋风筒的种类根据 $\dfrac{H}{D}$ 可分为：$\dfrac{H}{D}>2$，高型旋风筒；$\dfrac{H}{D}<2$，低型旋风筒；$\dfrac{H}{D}=2$，过渡型旋风筒。

根据 $\dfrac{H_1}{H_2}$ 可分为：圆柱形旋风筒，$\dfrac{H_1}{H_2}>1$；圆锥形旋风筒，$\dfrac{H_1}{H_2}<1$；过渡型旋风筒，$\dfrac{H_1}{H_2}=1$。

高型旋风筒直径较小，含尘气流停留时间长，分离效率高，尤其是高型旋风筒中圆锥体较长的圆锥形旋风筒的分离效率较高，常用于预热器的最上一级，以减少预热器排出气体中的粉尘量。

（3）进口形式、尺寸、进气方式

旋风筒进风口结构，一般为矩形，长宽比（b/a）在 2 左右，最上级（C_1）圆筒部分较长，一般在 $(2\sim2.5)D$，其他级在 $(1.5\sim1.8)D$ 之内。新型低压损旋风筒的进风口有菱形和无边形，其目的主要是引导入筒的气流向下偏斜运动，减少阻力。

新型旋风筒进口一般采用斜坡面形式，以免造成粉尘堆积而引起"塌料"。旋风筒进口风速（V_i）一般在 $18\sim20m/s$ 之间。在一定范围内提高进口风速会提高分离效率，但过高会引起二次飞扬加剧，分离效率降低。实验表明，在实际生产中，进口风速对压损的影响远大于对分离效率的影响，因此在影响分离效率和进口不致产生过多物料沉积的前提下，适当降低进口风速，可作为有效的降阻措施之一。

旋风筒气流进口方式有蜗壳式和直入式两种，气流内缘与圆柱体相切称为蜗壳式；进口气流外缘与圆柱体相切称为直入式。具体如图 3-9 所示。

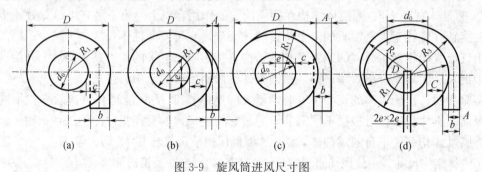

图 3-9　旋风筒进风尺寸图

(a) 直入式（0°）；(b) 蜗壳式（90°）；(c) 蜗壳式（180°）；(d) 蜗壳式（270°）

蜗壳式由于气流进入旋风筒之后，通道逐渐变窄，有利于减小颗粒向筒壁移动的距离，增加气流通向排气管的距离，避免短路，提高分离效率，同时具有处理风量大、压损小等优点，采用较多。蜗壳式进口分别为 90°、180°、270° 三种。

（4）排气管尺寸与插入深度

排气管的结构尺寸对旋风筒的流体阻力及分离效率至关重要，设计不当，在排气管的下端会使已沉降下来的料粒被带走，而降低分离效率。一般认为排气管的管径减小，带走的粉料减少，分离效率提高，但阻力增大。排气管尺寸是按气流出口速度计算的，一般来说 $V_{出}$ 大于 $10m/s$，在有良好的撒料装置时，不会发生短路，新型旋风筒 $V_{出}$ 一般在 $15\sim20m/s$ 之间。降低出口风速也是较为普遍的措施，特别是大蜗壳旋风筒为增大其出口内筒提供了可能。

内筒插入深度对分离效率和阻力有很大影响，降低内筒插入深度，可降低阻力，但插入过浅会明显影响收尘效率。内筒插入越深，阻力越大，分离效率越高。一般内筒插入深度分为以下三种情况：①插入深度达到进气管中心附近；②与排气管径相等；③达到进气管外缘以下。

为了降低旋风筒阻力，有效措施是增大内筒直径，降低内筒插入深度，国外公司预热器内筒与筒径之比 d/D 已提高到 $0.6\sim0.7$。试验表明，当 d/D 大于 0.6 时，分离效率显著下降，因此国内一般取 $0.45\sim0.6$，以保证适当的出口风速。与此同时，要对上级旋风筒的下料位置和撒料装置作适当调整，防止物料短路。

近年来，有的厂家开发了分块浇注组合式内筒和高温陶瓷挂片式内筒，企业多数采用耐热铸钢挂片结构内筒，寿命较长。最下级旋风筒安装此类型内筒后，分离效率可提高 $5\%\sim10\%$，系统出口气流温度降低约 $25℃$。

（二）新型旋风筒的结构

川崎重工采用螺旋形进口，增加进口螺旋角及进口断面积，降低进口阻力。采用卧式旋风筒，降低旋风筒高度，以降低整个预热塔架的高度，从而降低系统投资。川崎低压损旋风筒如图 3-10 所示。

宇部公司将进风口断面加大，进风管螺旋角加大到 270°，将出风内筒做成靴形，扩大内筒面积，减少旋风筒内旋流风通过筒内壁与内筒之间的面积，减少与进风的撞击，并设置弯曲导流装置，如图 3-11 所示。

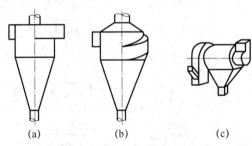

图 3-10　川崎低压损旋风筒

（a）传统旋风筒；（b）螺旋形进口旋风筒；（c）水平旋风筒

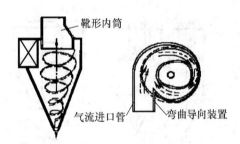

图 3-11　宇部低压损旋风筒

伯力休斯公司将旋风筒进口及顶盖倾斜，内筒偏心布置，缩短内筒的插入深度，使气流平缓进入筒内，减少回流，减少了同进口气流相撞形成的局部涡流，使 6 级预热器压力损失仅 3000Pa，如图 3-12 所示。

洪堡公司的低压损旋风筒，如图 3-13 所示，顶部 C_1 旋风筒的筒体是细而高的双旋风筒，目的是为了提高分离效率。而 $C_2 \sim C_5$ 是矮胖型旋风筒，是为了达到更低压力损失。旋风筒的改进主要有如下几个方面：

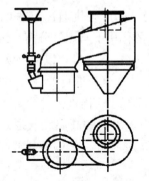

图 3-12　伯力休斯低压损旋风筒

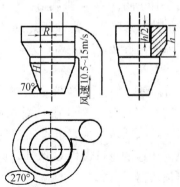

图 3-13　洪堡新旋风筒

1）进口风管螺旋角加大至 270°，使含尘气流平稳地导入旋风筒，气流沿筒壁高速旋转，提高了分离效率。

2）加大进口风管截面积，并且处于内筒外侧，使气体不会冲向内筒造成阻力增大。

3）由于旋风筒壁是蜗壳状，逐渐向内筒靠近，气流不会受到阻碍。

4）内筒的高度是进口风管高度的 1/2，同时进风螺旋下部设计成锥形，与内筒下端平齐，使含尘气流不会直接进入内筒，分离效率不受影响。

5）旋风筒的锥体部分设计成为内筒直径的 2 倍，斜度为 70°，增大了旋风筒出口尺寸，使卸料通畅，防止堵塞。

FLS 的低压损、高分离效率的旋风筒，如图 3-14 所示。FLS 旋风筒的优点是消除内部平面，防止内部积灰，也消除了物料对内壁的冲刷。新旋风筒直径降低了 25%，使整个预热器系统投资降到最低。

NC 型高效低压损旋风筒如图 3-15 所示。它采用多心大蜗壳、短柱体、等角变高过渡连接、偏锥防堵结构、内加挂片式内筒、导流板、整流器、尾涡隔离技术等，使旋风筒单体具有低阻耗（550～650Pa）、高分离效率（C_2～C_5：86%～92%；C_1：95%以上）、低返混度、良好的防结拱堵塞性能和空间布置性能。

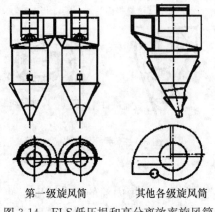

图 3-14　FLS 低压损和高分离效率旋风筒

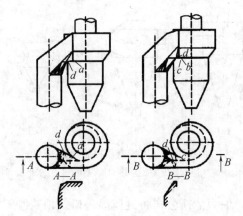

图 3-15　NC 型旋风筒

四、旋风预热器的工作

下面以四级串联旋风筒为例介绍预热器的工作过程，第一级为双旋风筒，其余为单旋风筒，如图 3-16 所示。生料粉从第一级悬浮预热器（C_1）和二级悬浮预热器（C_2）两级旋风筒之间的换热管道喂入，悬浮于热烟气中，同时进行热交换，然后被热烟气带进 C_1 双旋风筒，在旋风筒内旋转，产生离心力，生料粉在离心力和重力的作用下与烟气分离，沉降到锥体而后落入 C_2 与 C_3 之间的换热管道，又悬浮于烟气中进行第二次热交换，以后顺次进入 C_3 与 C_4 之间的换热管道，依次完成换热，最后进入窑尾废气上升管道，进行最后一次热交换，被烟气带进 C_4 旋风筒，物料在 C_4 旋风筒内与热废气分离，沉降到 C_4 筒锥体部分，最后由锥体下部斜管喂入回转窑内，继续碳酸钙的分解并煅烧成熟料。出窑的高温废气通过窑尾与 C_4 级旋风筒相连的管道进入 C_4 级筒，顺次再进入 C_3、C_2、C_1 旋风筒，在 C_1 旋风筒与生料分离，排出预热器。

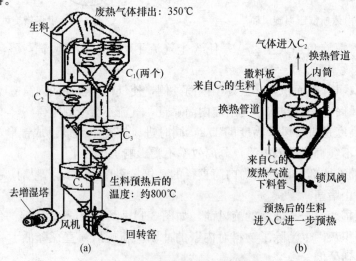

图 3-16　旋风预热器工作过程示意图

（a）四级预热器窑流程图；（b）第三级预热器（C_3）放大图

悬浮预热器是充分利用回转窑和分解炉排出的废气余热加热生料，通过气、固之间的换热和旋风筒的分离作用，使生料预热及部分碳酸盐分解。旋风预热器每一级换热单元由旋风筒和换热管道组成，单个旋风筒的工作原理与旋风收尘器相似，只不过旋风收尘器不具备换热功能，仅具备较高的气固分离效率，而预热器旋风筒则具有一定的换热作用，只要保持其给定的气固分离效率即可，为了最大限度提高气固间的换热效率，实现整个煅烧系统的优质、高产、低消耗，每级预热单元必须同时具备气固分散均匀、换热迅速和高效分离三个功能。

（一）物料分散

喂入预热器管道中的生料，在高速上升气流的冲击下，物料折转向上随气流运动，同时被分散。物料下落点到转向处的距离（悬浮距离）及物料被分散的程度取决于气流速度、物料性质、气固比、设备结构等。因此，为使物料在上升管道内均匀迅速地分散、悬浮，应注意下列问题：

1）选择合理的喂料位置。为了充分利用上升管道的长度，延长物料与气体的热交换时间，喂料点应选择靠近进风管的起始端，即下一级旋风筒出风内筒的起始端。但必须以加入的物料能够充分悬浮、不直接落入下一级预热器短路为前提。一般情况下，喂料点距进风管起始端应有1m以上的距离，它与来料落差、来料均匀性、物料性质、管道内气流速度、设备结构等有关。

2）选择适当的管道风速。要保证物料能够悬浮于气流中，必须有足够的风速，一般要求料粉悬浮区的风速为16～22m/s。为加强气流的冲击悬浮能力，可在悬浮区局部缩小管径或加插板（扬料板），使气体局部加速，增大气体动能。

3）合理控制生料细度。实验研究发现，悬浮在气流中的生料粉，大部分以凝聚态的"灰花"（粒径在300～600μm，个别达1000μm）游浮运动着，"灰花"在气流中的分散是一个由外及里逐步剪切剥离的过程。生料越细，颗粒间吸附力越大，凝聚倾向越明显，"灰花"数量越多；生料越粗，"灰花"数量减少，但传热速率减小。

4）喂料的均匀性。要保证喂料均匀，要求来料管的翻板阀（一般采用重锤阀）灵活、严密；来料多时，它能起到一定的阻滞缓冲作用；来料少时，它能起到密封作用，防止系统内部漏风。

5）旋风筒的结构。旋风筒的结构对物料的分散程度也有很大影响，如旋风筒的锥体角度、布置高度等对来料落差及来料均匀性有很大影响。

6）在喂料口加装撒料装置。早期设计的预热器下料管无撒料装置，物料分散差，热效率低，经常发生物料短路，热损失增加，热耗高。为了提高物料分散效果，在预热器下料管口下部的适当位置设置撒料板，如图3-17所示。当物料喂入上升管道下冲时，首先撞击在撒料板上被冲散并折向，再由气流进一步冲散悬浮。

撒料板有的水平安装，有的倾斜30°或45°，板宽约等于料管直径。板插入管道内的长度约等于料管直径或管道有效内径的1/4。生产实践证明：各种撒料板都有分散物料的作用，热效率有所提高。但是，由于撒料板伸入管道内，减小了管道有效面积，增加了管道阻力而引起系统阻力加大，据实际测定约增加490～980Pa；同时撒料板长时间承受高温气流作用，容易磨损、热变形和热腐蚀，使用寿命较短。

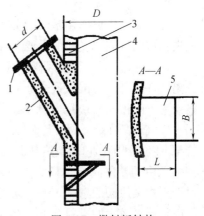

图3-17　撒料板结构

1—料管接管；2—浇注料；3—衬砌；

4—管道；5—撒料板

41

为了进一步提高物料分散效果，降低阻力，延长撒料装置的使用寿命，又开发了撒料箱。由于撒料箱安装在管道外部，不减小管道面积，不增加系统阻力，底板不直接受热气流的腐蚀，材料耐热性能要求不高，热变形和磨损不大，使用寿命长，同时撒料箱底面宽度不受管道直径的限制，可适当放宽，扩大物料分散面，与热气流接触面积加大，换热效果好。图 3-18 是丹麦史密斯公司的撒料箱结构图。在撒料箱底面安装一块凸弧形底板，并且与水平成 20°角，底板与箱体用两组铰链螺栓固定。撒料箱圆形进料口轴线与水平成 60°角，出料口为方形。

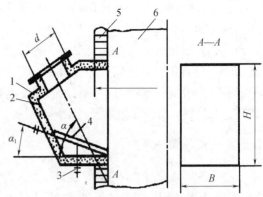

图 3-18　史密斯公司撒料箱
1—撒料箱；2—浇注料；3—铰链螺链组；
4—凸弧形底板；5—衬砌；6—管道

（二）气固间换热

气固间的热交换 80% 以上是在入口管道内进行的，热交换方式以对流换热为主。当粉料直径 $d_p = 100\mu m$ 时换热时间只需 $0.02 \sim 0.04s$，相应换热距离仅 $0.2 \sim 0.4m$。因此，气固之间的换热主要在进口管道内瞬间完成，即粉料在转向被加速的起始区段内完成换热。

根据传热学定律，物料与气体之间的换热速率可以用下式表达：

$$Q = k \cdot \Delta t \cdot F \qquad (3-3)$$

式中　Q——气固间的换热速率，W；

　　　k——气固间的综合传热系数，W/（$m^2 \cdot ℃$）；

　　　Δt——气固间的平均温差，℃；

　　　F——气固间的传热（接触）面积，m^2。

在预热器内，气固间的综合传热系数约在 $0.8 \sim 1.4$W/（$m^2 \cdot ℃$）之间，气固间的平均温差 Δt 开始时在 $200 \sim 300℃$，平衡时趋于 $20 \sim 30℃$；影响换热速率的主要因素是接触面积 F，当料粉充分分散于气流中时，其换热面积比处于结团或堆积状态时增大上千倍。

（三）气固分离

旋风筒的主要作用是气固分离。提高旋风筒的分离效率是减少生料粉内外循环、降低热损失和加强气固热交换的重要条件。影响旋风筒分离效率的主要因素有：

1）旋风筒下料管锁风阀漏风，将引起分离出的物料二次飞扬，漏风越大，扬尘越严重，分离效率越低。当漏风量≤1.85% 时，分离效率降低得比较缓慢；当漏风量≥1.85% 时，分离效率下降得比较快；当漏风量＞8% 时，分离效率降为零。

锁风阀又称翻板阀，其作用既保持下料均匀畅通，又起密封作用。它装在上级旋风筒下料管与下级旋风筒出口的换热管道入料口之间的适当部位。锁风阀必须结构合理，轻便灵活。

常用的锁风阀有单板式、双板式。图 3-19 为单板阀结构图，图 3-20 为双板阀结构图。对于板式锁风阀的选用，一般来说在倾斜式或料流量较小的下料管上，多采用单板阀；垂直的或料流量较大的下料管上，多装设双板阀。

对锁风阀的结构要求主要有：

① 阀体及内部零件坚固、耐热，避免过热引起变形损坏。

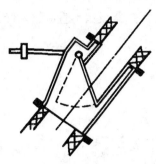

图 3-19　单板式锁风阀结构图

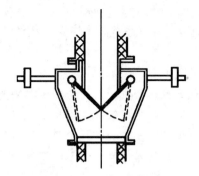

图 3-20　双板式锁风阀结构图

② 阀板摆动轻巧灵活，重锤易于调整，既要避免阀板开、闭动作过大，又要防止料流发生脉冲，做到下料均匀。一般阀板前端部开有圆形或弧形孔洞使部分物料由此流下。

③ 阀体具有良好的气密性，阀板形状规整，与管内壁接触严密，同时要杜绝任何连接法兰或轴承间隙的漏风。

④ 支撑阀板转轴的轴承，包括滚动、滑动轴承等要密封良好，防止灰尘渗入。

⑤ 阀体便于检查、拆装，零件要易于更换。

2）旋风筒的直径及高度。在其他条件相同时，筒体直径小，分离效率高；增加筒体高度，分离效率提高。

3）旋风筒进风口的型式及尺寸。气流应以切向进入旋风筒，减少涡流干扰；进风口宜采用矩形，进风口尺寸应使进口风速在 16~22m/s 之间，最好在 18~20m/s 之间。

4）内筒尺寸及插入深度。内筒直径小，插入深，分离效率高。

5）物料颗粒大小、气固比（含尘浓度）及操作的稳定性等，都会影响分离效率。

五、影响预热器热效率的因素

（1）预热器分离效率 η 对换热效率的影响

分离效率的大小对预热器的换热效率有显著影响。研究表明：预热器的分离效率与换热效率呈一次线性关系。

（2）各级旋风筒分离效率对换热效率的影响

对于多级串联的预热器，各级旋风筒分离效率对换热效率的影响程度是不同的，徐德龙教授等通过对两级串联的预热器的研究表明：提高上一级预热器的分离效率对提高换热效率的作用比提高下一级预热器的分离效率要大，因此，保持最上级预热器有较高的分离效率是合理的。

（3）固气比对换热效率的影响

随着固气比的增大，一方面气固之间换热量增加，另一方面又会使由预热器入窑的物料温度降低，增加窑内热负荷，因此存在一个最佳固气比。实际生产过程中，预分解窑的固气比一般在 1.0 左右，因此提高固气比有利于提高热效率。在一般情况下，尽量减少设备散热，严格密封堵漏，降低热耗，均有利于提高固气比，从而提高热效率。

（4）预热器级数对换热效率的影响

预热器级数越多，其热效率越高。相同条件下，两级预热器比一级的热效率提高约26%。但随着级数的增多，其热效率提高的幅度逐渐降低，如预热器由四级增加到五级，单

位熟料热耗下降 $126\sim167kJ/kg$，由五级增加到六级，单位熟料热耗仅下降 $42\sim84kJ/kg$。预热器级数增加，系统阻力增大，从经济效益角度考虑，预热器级数不宜超过六级。

复习思考题

1. 悬浮预热器中气固间传热速率快是否是由于传热系数大的缘故？
2. 悬浮预热器的级数是否越多越好？
3. 旋风预热器与旋风收尘器有何不同？
4. 悬浮预热器内生料由上向下运动，窑尾烟气则由下向上运动，因而气固间的换热为逆流换热，这种说法对吗？
5. 如何强化生料在旋风预热器换热管道内的分散与悬浮？
6. 旋风预热器由哪些主要部件组成？
7. 如何提高旋风筒气固分离效率？
8. 如何提高旋风预热器的换热效率？

任务 2 分解炉的应用

任务简介：了解预分解技术，熟悉几种常见类型的分解炉结构及性能特点，为操作控制打下基础。

知识目标：掌握几种常见类型的分解炉结构及性能特点，熟悉分解炉的热工特性。

能力目标：能对几种常见分解炉的结构和特点进行描述，掌握其工作过程。

预分解技术（也称窑外分解技术）是在悬浮预热窑的基础上发展起来的新型干法水泥生产技术，是当代最先进的水泥生产方法。它是在悬浮预热器和回转窑之间增加一个新的设备——分解炉，将经过悬浮预热后的水泥生料，在达到碳酸盐分解温度之前进入到分解炉内，与进入到炉内的燃料混合，使燃料燃烧的放热过程与生料的碳酸盐分解的吸热过程，在分解炉内以悬浮态或流化状态下迅速进行，使入窑生料的分解率提高到 90% 以上。将原来在回转窑内进行的碳酸盐分解任务，移到分解炉内进行；燃料大部分从分解炉内加入，少部分由窑头加入，减轻了窑内煅烧带的热负荷，延长了衬料寿命，有利于生产大型化；由于燃料与生料粉混合均匀，燃料燃烧产生的热及时传递给物料，使燃烧、换热及碳酸盐分解过程都得到优化。

一、分解炉的作用

分解炉是预分解系统的核心设备，在其中要完成燃烧、分解以及气固两相的分散、换热、传质、输送等一系列过程，并且伴有物料浓度、颗粒粒径的变化。对分解炉来说，物料的分散是前提，燃料的燃烧是关键，碳酸盐的分解是目的。它作为一种高温多相反应器，承担着烧成所需的约 60% 的燃料燃烧和 90% 以上的碳酸钙分解任务，其性能直接影响烧成系统的产量、质量及热耗、电耗。分解炉内燃料与生料粉都是以悬浮状态存在，使燃烧与换热同时进行，生料与燃料在炉内充分地分散、混合和均布，使得燃料能在炉内迅速完全燃烧，并把燃烧热及时传递给物料，生料中的碳酸盐组分能迅速吸热、分解，放出的二氧化碳能及时排除。由于气固相之间的接触表面较之在回转窑内要增大上千倍，因而分解炉内燃烧、换热和分解均在高效率下完成。由于分解炉技术的出现，将碳酸钙分解过程移至回转窑外进行，所以回转窑的长度大大缩短，热耗明显降低，产量却大大提高。

虽然分解炉的种类很多，各具特色，但对分解炉的要求却是相同的：

（1）对燃料的适应性强，要保证燃料在分解炉内能充分燃烧。受燃料供应和来源的影响，燃料成分和燃烧活性会有波动，同时煤粉细度和系统的操作也会有一定的波动。因此，分解炉要有一定的适应上述波动的能力。

（2）入窑物料的表观分解率应达到 90％以上，入窑分解率对熟料烧成系统的产量和稳定性至关重要。

（3）物料和燃料在分解炉内的分散性要好，分解炉内流场应均匀。对分解炉来说，其内部流场分布是否合理将直接影响分解炉的技术性能。流场的不均匀将会导致其他物理场的不均匀，如压力场、浓度场、温度场的不均匀，甚至造成分解炉内部存在强烈的回流区，导致局部堆料和局部高温过热等问题，给操作和控制带来许多难以逾越的技术问题。

另外，为了避免因燃烧和反应的不均匀性造成的局部过热问题，除分解炉结构设计合理外，分解炉用燃烧器的结构形式、喷煤嘴数量以及其合理布局也是相当重要的研究课题。如何使燃料在炉内合理分布、混合、扩散和燃烧，是保证炉膛内温度分布均匀的关键。

（4）物料和气体在分解炉内停留时间之比要大。优化结构，提高料气停留时间比值。在炉内物料及均布状况良好的前提下，分解炉内料气停留时间比值的大小反映了分解炉空间利用率的高低。该值越高，说明在相同分解炉容积、相同热工条件下物料和煤粉在分解炉内的有效滞留时间越长，化学反应及煤粉燃烧反应的完成程度就会越高，也就越有利于改善整个预分解系统的热工状况，降低系统各部位温度及熟料烧成热耗，从而提高熟料产量。

（5）压力损失要小。若系统压降过大，会使熟料烧成系统的电耗提高，影响系统的整体指标。理想的状况是三次风入口至分解炉出口间的压降与窑气入口至炉出口间的压降，应基本匹配或相差较小，在生产实际中略加调节即可使三次风与窑内风量平衡，从而降低系统压降。但为了燃用难燃的无烟煤，许多国内外大公司都设计了预燃室，使得系统的阻力有所增加。

（6）炉体结构简单，易于操作控制。分解炉的设计原则是满足所用燃料能在炉中充分燃尽和满足降低 NO_x 的情况下，尽量使炉体结构简单，而任何情况下，分解炉都要易于操作控制。

二、分解炉的分类

由于分解炉是预分解窑的核心设备，因此分解炉的分类也成为预分解窑的分类和命名方法。预分解窑的类型目前国际上有五十多种，分类方法不一，一般采用按制造厂名分类为主，还有按分解炉内气流及物料的运动特征组合分类，按全窑系统气流运动方式分类，按分解炉与窑、预热器及主风机匹配方式分类等。

（一）按制造厂商分类

很多预分解窑型是按照制造厂商来分类的。1971 年日本石川岛工业公司（简称石川岛公司）研制出世界上第一台预分解窑（SF 窑），此后，相继出现了 MFC 炉（日本三菱公司）、RSP 炉（日本小野田公司）、KSV 炉（日本川崎与宇部水泥公司共同开发）、DD 炉（日本神户制钢所）、FLS 炉（丹麦史密斯公司）及 Prepol 炉（德国伯力休斯公司）、Pyro-clon 炉（德国洪堡-维达格公司）等，我国在引进、消化、研发、制造预分解窑技术方面取得了显著成果，TDF 炉为我国天津水泥工业设计研究院研制，CDC 炉为我国成都建材工业设计研究院研制。

(二) 按炉内气流及物料运动特征分类

生料和燃料在分解炉内依靠"旋风效应""喷腾效应""悬浮效应""流态化效应"或几种流型的叠加 (如旋流-喷腾) 高度分散于气流中，从而增加了物料与气流间的接触面积、延长了物料在炉内的滞留时间，达到提高换热效率及入窑生料分解率的目的。按照炉内的气流、物料运动特征，分解炉分为以下几种类型：

1. 旋流式分解炉 (又称旋风式分解炉)：这种分解炉的特点是气体沿切线入炉，气体与物料作旋转上升运动，形成旋流，有利于传热和生料碳酸盐的分解。如 SF 型分解炉属于这一类型。

2. 喷腾式分解炉：这种分解炉内物料的悬浮和运动，是靠气体的喷吹而形成的，造成许多翻滚的漩涡，有利于炉内的燃料燃烧、传热和生料碳酸盐的分解。如 FLS 型、DD 型分解炉属于这一类型。

3. 悬浮式分解炉：其特点是将窑尾烟室适当加高、延长、弯曲，物料及燃料悬浮于预分解装置内。气流在其中改变流向时，产生一定的旋流效应或喷腾效应，以延长燃料燃烧及物料的分解时间。如 Pyroclon 和 Prepol 型分解炉属于这一类型。

4. 沸腾式分解炉：这种炉的特点是物料在流化床上处于沸腾状态。如 MFC 型分解炉属于这一类型。

5. 旋流-喷腾式分解炉：气体携带物料、煤粉在分解炉内形成旋流及喷腾两种运动形态，在这一状态下进行燃料的燃烧、传热和生料碳酸盐的分解。如 KSV 型、RSP 型和 N-SF 型分解炉属于这一类型。

(三) 按全窑系统气体流程分类

按全窑系统气体流程分类预分解窑可分为三种类型：

第一种类型：如图 3-21 (a) 所示，分解炉用燃烧空气从窑内通过，与窑尾烟气一起入炉，不再增设三次风管，有的也不设分解炉，而将燃烧嘴装在窑尾垂直烟道上，如 ILC-E 窑。其特点是系统简单、投资少，但缺点是生产能力的提高受限制。

第二种类型：如图 3-21 (b) 所示，燃烧空气由三次风管引至窑后与窑尾烟气混合入炉或在炉内混合，这种系统能大幅度提高生产效率，如 KSV 窑。

第三种类型：如图 3-21 (c) 所示，燃烧空气由三次风管入炉，而窑尾烟气不入炉，可直接引入预热器或旁路放风系统。这种流程可使入炉空气保持较高的氧气浓度，有利于燃烧及分解反应，如 FLS 窑。

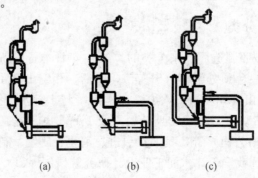

(a)   (b)   (c)

图 3-21　预分解窑的三种基本类型

（四）按分解炉与窑、预热器及主风机匹配方式分类

预分解窑可分为同线型、离线型及半离线型三种：

1）同线型：分解炉设在窑尾烟室之上，窑尾烟气经烟室进入分解炉后与炉气汇合进预热器，窑尾烟气与炉气共用一台主风机，如 NSP 炉、DD 炉等。

2）离线型：分解炉设在窑尾烟室一侧，窑尾烟气与炉气各走一列预热器，并各用一台主排风机，如 SLC 炉等。

3）半离线型：分解炉设在窑尾烟室一侧，窑尾烟气与炉气在上升管道汇合后一起进入最下一级旋风筒，两者共用一列预热器和一台排风机，如 SLC-S 等。

三、分解炉的热工特性

分解炉作为回转窑与悬浮预热器之间的一个重要的热工设备，是水泥熟料煅烧系统中的第二个热源，承担了系统中的燃烧、换热和生料的碳酸盐分解任务。在分解炉内，气流运动为旋风式、喷腾式、悬浮式及流化床式这四种基本形式，生料和燃料分别依靠旋风效应、喷腾效应、悬浮效应及流态化效应分散于气流中，并在流场中产生相对运动，从而达到高度分散、均匀混合、迅速换热和延长生料在炉内停留时间的目的，提高了燃烧效率、换热效率和入窑生料中碳酸盐的分解率。

分解炉的主要热工特性在于燃料燃烧放热、物料的吸热和分解这三个过程紧密结合在一起进行，燃烧放热的速率与物料分解吸热的速率相适应。分解炉的生产工艺对热工条件的要求是：炉内温度不宜超过 1000°C，以防系统产生结皮堵塞；其次，燃烧速度要快，以保证供给碳酸盐分解所需的大量热量；同时要保持窑炉系统较高的热效率和生产效率。

（一）分解炉内的燃料燃烧特点

回转窑内燃料的燃烧属有焰燃烧。一次风携带燃料以较高的速度喷射于速度较慢的二次风气流中，形成喷射流股。燃料悬浮于流股气流中燃烧，形成一定形状的火焰。

燃料粉在分解炉内的燃烧环境是低温（炉内温度 $<1000^\circ\text{C}$）、低氧（O_2 介于 $14\%\sim16\%$）、高粉尘的环境，所用空气称为整个窑系统的三次风。携带燃料入炉的风，量少且速度较低，与燃料不能形成流股，瞬间即被高速旋转的气流冲击混合，使燃料颗粒悬浮分散于气流中；生料颗粒之间各自独立进行燃烧，无法形成有形火焰，因此看不到一定有形轮廓的火焰，而是充满全炉的无数小火星组成的燃烧反应，只能看到满炉发光，并非一般意义的无焰燃烧，通常称为辉焰燃烧。分解炉内无焰燃烧的优点是燃料均匀分散，能充分利用燃烧空间而不易形成局部高温，有利于全炉温度均布及具有较高的发热能力。物料能均匀分散于许多小火焰之间，燃烧放热速率和生料吸收速率相适应，抑制了分解炉温度过热，保持在 $850\sim950^\circ\text{C}$ 之间，既有利于向物料传热，又有利于防止气流温度过高，能很好地满足物料中碳酸盐分解的工艺与热工条件。

分解炉内的燃烧速度，影响着分解炉的发热能力和炉内的温度，从而影响物料的分解率。燃烧速度快，放热多，炉内温度就高，分解速度将加快。反之，分解率将降低。因此加快燃料燃烧的速度，是提高分解炉效能的一个重要问题。为适当加快燃烧速度，控制好炉温，一般应注意下列几个方面：

(1) 选择适当的燃料加入点并分成几点加入；

(2) 适当控制燃料的雾化粒度或煤粉细度；

(3) 选择适当的燃料品种，例如煤粉中含有适当的挥发物，使挥发物与焦炭先后配合燃烧，以达到好的热效应；

(4) 选择适当的一、二次风速以及合适的加料点的位置；

(5) 调节燃料加入量以改变燃烧的空气过剩系数。

煤粉喷燃温度可达 1500～1800℃ 左右，分解炉内气流温度之所以能保持在 800～900℃ 之间，主要是因为在分解炉中，燃料与生料混合悬浮于气流中，燃料迅速燃烧放热，碳酸盐迅速吸热分解。由于燃烧速度快，发热能力高，满足了碳酸盐强吸热反应的需要；同时，碳酸盐的不断分解吸热，当燃烧快，放热快时，分解也快；相反燃烧慢，分解也慢，所以分解反应抑制了燃烧温度的提高，而将炉内温度限制在略高于 $CaCO_3$ 平衡分解温度 20～50℃ 的范围。

（二）炉内的传热

分解炉内的传热以对流传热为主（约占90%），其次是辐射传热。炉内燃料与生料粉悬浮于气流中，燃料燃烧产生的热量把气体加热至高温，高温气流以对流的方式传给物料。其辐射放热性能没有回转窑中燃烧带的辐射能力大，然而由于炉气中含有很多固体颗粒，CO_2 含量也较多，增大了分解炉中气流的辐射传热能力，这种辐射传热对促进全炉温度的均匀极为有利。

由于燃料燃烧的速度非常快，发热能力很强，料粉分散于气流中，在悬浮状态下，气固相充分接触，气、固间的传热面积极大，其传热面积即为料粉的比表面积，传热速度极快，燃料放出的大量热量，能迅速地被碳酸盐分解吸收而限制了气体温度的提高，使碳酸盐分解过程由传热、传质的扩散过程转化为分解的化学动力学过程，达到很高的分解率。这种极高的悬浮态传热传质速率与边燃烧放热、边分解吸热共同形成了分解炉的热工特点。

（三）气体运动

分解炉内的气体具有供氧燃烧、悬浮输送物料及作传热介质的多重作用。为了获得良好的燃烧条件及传热效果，对分解炉气体的运动有如下要求：

(1) 适当的速度。保持炉内有适当的气体流量，以供燃料燃烧所需的氧气，保持分解炉的发热能力，使燃烧稳定、完全。

(2) 适当的回流及紊流。为使在一定炉体容积内物料滞留时间长些，则要求气流在炉内呈旋流或喷腾状，使喷入炉内的燃料与气流良好混合，以延长燃料燃烧及物料分解的时间，使燃烧、传热及分解反应达到一定要求。

(3) 大的物料浮送能力。为提高传热效率及生产效率，要求气流有适当高的料粉浮送能力，使加入炉中的物料能很快地分散，均匀悬浮于气流中，在加热分解同样的物料量时，以减少气体流量，缩小分解炉的容积，并提高热的有效利用率。

(4) 小的流体阻力。在满足上述工艺热工要求的条件下，要求分解炉有较小的流体阻力，以降低系统的动力消耗。

气流在分解炉内的运动状态非常复杂，不同的炉型内的气体运动状态各不相同，利用其所产生的旋风效应、喷腾效应、流态化效应、湍流效应等来达到使物料均匀分散的目的，对粉料的均匀悬浮、传热传质、碳酸盐分解率等有着巨大的影响，合理的气体流型对分解炉功能的发挥有明显的影响。单纯旋流虽能增加物料在炉内的停留时间，但旋流强度过大易造成物料的贴壁运动，对物料的均布不利；单纯的喷腾有利于分散和纵向均布，但会造成疏密两区；单纯流态化由于气固参数一致，降低了传热和传质的推动力；单纯的强烈湍流则使设备的高度过高。随着预分解技术的发展，为达到使物料均匀分散的目的，分解炉内气流运动方式多采用喷腾-旋流、湍流-旋流等叠加的方式。

四、分解炉介绍

预分解窑虽然种类很多，从微观方面分析，各具特色，各不相同，分解炉结构、形式的差异，使炉内气、固运动方式、燃料燃烧环境以及物料在炉内分散、混合、均布等方面的一系列条件发生变化，其设备性能及工艺布置亦不尽相同。这些差异是由于不同学者及设备制造厂商基于对加强燃料燃烧、物料分解、气固混合及气流运动的机理，在认识上的部分差异和专利法的限制而造成的。但从宏观方面观察，各种预分解窑的技术原理都是相同的，并且随着预分解技术的日趋成熟和技术上的相互渗透，各种预分解窑在工艺装备、工艺流程和分解炉结构形式方面又都是大同小异。

（一）SF 系列分解炉

SF 分解炉是日本石川岛公司在 1971 年开发出的世界上第一台预分解窑上使用的分解炉。SF 系列分解炉包括：SF 型、N-SF 和 C-SF 型，如图 3-22 所示。我国 1983 年引进日产 N-SF 分解炉用于河北唐山冀东水泥厂的日产 4000t 水泥熟料生产线。

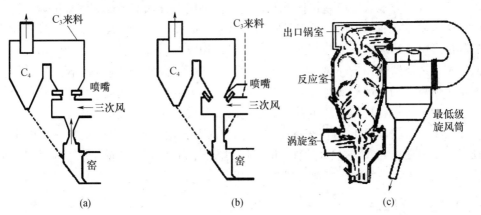

图 3-22　SF 炉、N-SF 炉、C-SF 炉结构
(a) SF 炉；(b) N-SF 炉；(c) C-SF 炉

1. SF 系列分解炉的结构特点

SF 炉上部是圆柱体，下部是锥形，三次风从最下部切向吹入，同窑尾排出烟气混合，以旋流方式进入炉内，3 个喷油嘴和 C_3 旋风筒卸出的生料喂料口都设在分解炉顶部。经试验发现喷嘴设在分解炉顶部燃料燃烧时间太短，后将喷油嘴移到炉锥体下部，生料入口仍留在顶部，保证了生料与气流的热交换。炉内温度在 830～910℃之间，有利于生料分解。窑尾废气温度 1000～1050℃，使窑废气中碱、氯、硫凝聚在生料颗粒上再回到窑内，避免了分解炉结皮。SF 分解炉内燃料与生料停留时间只有 3～4s，不利于燃料燃烧和气流与生料换热，只能烧油，针对烧煤的需要，石川岛公司对 SF 炉进行改进，延长燃料在炉内的停留时间，形成 N-SF 炉。

N-SF 炉主要进行了以下改进。首先，改变窑气与三次风混合入炉的流程，三次风仍以切线方向进入涡流室，窑气则单独通过上升管道向上流动，使三次风与窑气在涡旋室形成叠加湍流运动，强化了料粉的分散混合；同时燃料喷入点由原来喷入反应室锥体下部改为喷入涡流室顶部，燃料燃烧条件改善，延长了在炉内的停留时间，提高了燃烧效率。其次，将 C_3 筒来料由 SF 炉顶部喂入改为大部分从上升烟道喂入，延长生料在炉内的停留时间，少部分从反应室锥体下部喂入，用以调节气流量的比例，从而不需在烟道上设置缩口，降低通风阻力，同时也减少了这一部位结皮堵塞的可能。此外，增大了分解炉的有效容积，更有利于煤粉充分燃烧和气固换热，提高了分解炉效率。改进后的 N-SF 也有不足之处，它的出口在侧面，出口高度占分解炉的 1/3 左右，炉气易产生偏流、短路和稀薄生料区。为了使煤粉乃至工业废燃料能完全燃烧，秩父水泥公司又开发了 C-SF 炉。

C-SF 炉在分解炉上部设置了一个涡流室，将 N-SF 炉侧面出口改为顶部涡室出口，使炉气呈螺旋形出炉。将分解炉与预热器之间的联接管道延长，相当于增加了分解炉的容积，其效果是延长了生料在分解炉内的停留时间，使得碳酸盐的分解程度更高。为使气料产生喷腾效应，在涡室下设置缩口，克服了气流偏流和短路现象，各区气流到达 C_4 筒入口路径基本相同，并且通过增设连接管，使生料在分解炉中停留时间增加到 15s 以上，有利于燃料的完全燃烧和加强气流与生料之间的热交换，入窑生料分解率提高到 90% 以上。

2. SF 系列分解炉的工作过程

下面仅以 N-SF 炉为例介绍其工作过程。由 C_3 级旋风筒出来的生料，全部或大部分由上升烟道喂入，少部分喂入反应室锥体下部，生料在窑尾上升烟道中被烟气分散，并悬浮在气流之中，通过涡流室底部的中心开口被抽入涡流室，并喷入上面的反应室，在反应室内窑烟气被分散在燃烧气流之中，并与其混合；三次风以切线方向进入涡流室；燃料由均布在涡流室顶部的几个燃烧器倾斜向下对炉中喷射。由于三次风含氧浓度高，且不含悬浮的生料颗粒，因而对燃烧有利，煤粉从燃烧器喷出后即与三次风接触稳定起火。虽然大量的燃烧是在反应室进行的，但带有均匀悬浮生料的窑废气已被分散，而且与燃烧气体混合，所以产生的热量立即被生料吸收。由于 C_3 筒来的生料全部或大部分由窑尾上升烟道喂入，而窑尾废气温度较高（一般在 1000℃ 左右），使得部分碳酸盐开始分解，而碳酸盐分解为吸热反应，因而降低了废气温度，从而缓解了烟道结皮的危险。

（二）RSP 分解炉

RSP 型分解炉是由日本原小野田水泥株式会社和川崎重工联合研制，属于"喷腾-旋流"型，于 1972 年投入使用，最初烧油，1978 年第二次世界石油危机后改为烧煤，20 世纪 80 年代我国建材研究院购买了制造 RSP 窑的专利权，并进行消化吸收，根据 RSP 分解炉有利于燃料燃烧的特点，在邳县水泥厂开始了国内 RSP 分解炉烧煤试验，并获得成功，后来又解决了烧无烟煤以及高海拔地区采用 RSP 分解炉的问题。后来天津院在此基础上设计了江西2000t/d、川沙 700t/d 两条 RSP 分解炉，合肥院在东关水泥厂设计了 700t/d、800t/d 两条 RSP 分解炉，都获得成功。总的来说，RSP 分解炉是一个比较好的炉型，具有很强的竞争力，如图 3-23 所示。

1. RSP 炉的结构特点

RSP 分解炉是由涡流燃烧室（SB）、涡流分解室（SC）和混合室（MC）三部分组成。

（1）涡流燃烧室（SB）

SB 室的主要功能是加速燃料起火预燃。室内主燃料喷管旁设有辅助燃烧喷管作点火之

用。由于 SB 室很小，温度易于升高。燃烧
时，在三次风下部，沿 SC 室周围设有四个
烧油喷管。

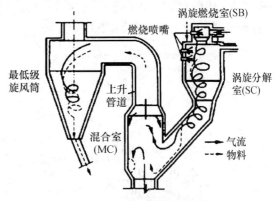

图 3-23　RSP 型分解炉结构

烧煤时，仅有一个喷煤管从 SB 室顶部
伸入，喷管插入深度与 SC 室顶部平齐，喷
煤管用耐热钢管制成，喷煤粉用的一次风占
分解炉三次风总量的 10%～15%，在喷煤管
内设置风翅，使煤粉以 30m/s 速度从顶部向
下呈旋涡状喷入，使煤粉易于分散，有利于
燃烧。煤风旋转方向同 SC 室三次风气流方
向相反，有利于煤粉同三次风混合。否则如果
两者方向相同，会造成 SC 室旋流过大，影响 SC 室燃烧功能发挥，造成大部分煤粉跑到 MC
室燃烧。而 MC 室二氧化碳分压较大，燃烧环境不好，结果使部分煤粉跑到 C_5 筒中燃烧。

从冷却机抽来三次风（占分解炉总风量的 85%～90%）以大约 30m/s 的速度从 SC 室
上部对称的切线方向吹入炉内，从 C_4 旋风筒收集下来的生料喂入该气流中，此处设有撒料
棒，把生料打散后同三次风一起吹入 SC 室内。

（2）旋涡分解室（SC）

在 SC 室内，煤粉与新鲜三次风混合后迅速裂解燃烧，燃烧速度较快，是主要燃烧区，
使>50%的煤粉完成燃烧。而随切向三次风进来的生料在 SC 炉内壁形成一层料幕，对炉壁
耐火砖起保护作用。同时吸收火焰热量，大约有 40%生料分解。SC 室内截面风速约为 10～
12m/s。

（3）混合室（MC）

MC 是主要功能室，完成大部分生料的分解任务。由 SC 室下来的热气流、生料粉及未
燃烧完的燃料进入 MC 室后，与呈喷腾状态进入的高温窑烟气相混合，使燃料继续燃烧，
生料进一步分解。MC 室是完成燃料燃烧及生料分解任务的最后部位，MC 室内的气、固流
在喷-旋叠加流场作用下，分散均布较好，传质效果亦佳。为提高燃料燃尽率和生料分解率，
混合室 MC 出口与 C_5 级旋风筒的连接管道常延长加高形成鹅颈管。

2. RSP 炉的工作过程

旋流燃烧室 SB 内的三次风切线方向进入，主要是使燃料分散和预燃；经 C_4 旋风筒预热
的生料喂入旋流分解室 SC 的三次风入炉口，悬浮于三次风，从旋流分解室 SC 上部以切线
方向进入 SC 室，在 SC 室内，燃料与新鲜三次风混合，迅速燃烧并与生料换热，至离开 SC
室时，分解率约为 45%。生料和未燃烧的煤粉随气流旋转向下进入混合室 MC，与呈喷腾状
态进入的高温窑烟气相混合，使燃料继续燃烧，生料进一步分解，完成大部分分解后，被气
流带入最低一级旋风筒，与气流分离后入窑。

（三）DD 分解炉

DD 分解炉最先由原日本水泥株式会社研制，后来该公司又与日本神户制钢公司联合开
发推广。我国的天津水泥设计研究院曾经购买了该预分解技术，经过再研发推出了该单位自
己的窑外预分解水泥熟料烧成技术。分解炉型基本上是立筒型，属"喷腾叠加（双喷腾）"
型，在炉体下部增设还原区，将窑气中 NO_x 有效还原为 N_2，在分解炉内主燃烧区后还有后

燃烧区，使燃料第二次燃烧，被称为双重燃烧，DD即双重燃烧与脱氮过程的英文缩写。DD炉的结构和工艺流程如图3-24所示。

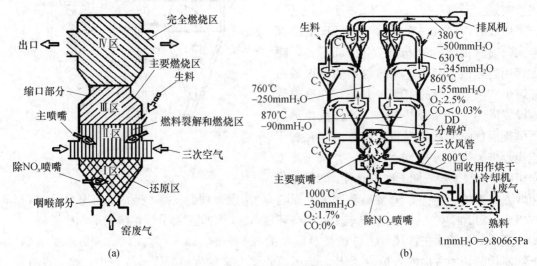

图 3-24　DD型分解炉结构及流程图

(a) 原理图；(b) 系统图（熟料产量 3960t/d）

1. DD炉的结构特点

（1）还原区（Ⅰ区）

该区也称脱氮还原区，在分解炉的下部，包括下部锥体和锥体下边的咽喉，咽喉部分是DD炉的底部，直接座在窑尾烟室之上部分，在咽喉处，窑烟气以 30～40m/s 喷速喷入炉内，以获得与三次风量之间的平衡，同时还能阻止生料直接落入窑中，使炉内生料喷腾叠加，加速化学反应速度，获得良好的分解率。该系统取消了窑尾上升管道，不会出现上升管道的结皮堵塞问题，可保证系统稳定运行。

该区的侧壁装设的数个还原烧嘴，大约总燃料量的 10%（或 DD 分解炉用燃料的16.8%）由这几个喷嘴喷出，使燃料在缺氧的情况下裂解、燃烧，产生高浓度的 H_2、CO和 CH_4 等还原性气体，和窑废气中 NO_x 发生下列反应：

$$2CH_4 + 4NO_2 \longrightarrow 2N_2 + 2CO_2 + 4H_2O$$
$$4H_2 + 2NO_2 \longrightarrow N_2 + 4H_2O$$
$$4CO + 2NO_2 \longrightarrow N_2 + 4CO_2$$

在这些化学反应中生料中的 Al_2O_3 及 Fe_2O_3 起着脱硝催化剂作用，将有害的 NO_x 还原成无害的 N_2 气，使 NO_x 降到最低，所以称还原区。

（2）燃料裂解和燃烧区（Ⅱ区）

该区在中部偏下区。从冷却机来的高温三次风由两个对称风管喷入炉内（Ⅱ区），风管中的风量由装在风管上的流量控制阀控制，总风量根据分解炉系统操作情况由主控阀控制，两个煤粉喷嘴装在三次风进口的顶部，燃料喷入时形成涡流，这样便迅速受热着火且在富氧条件下立即燃烧，产生的热量迅速传给生料，生料迅速分解。

（3）主燃烧区（Ⅲ区）

该区在中部偏上至缩口，有90%的燃料在该区内燃烧，因此称主燃烧区。在该区内生料和燃料混合且分布均匀，炉温达到 850～900℃，生料吸热分解。在炉的侧壁附近，由于生料幕不断下降，其温度在 800～860℃之间，因此生料不会在壁上结皮，也就不会因结皮造成分解炉断面减小，从而保证了窑系统的正常运转。

（4）完全燃烧区（Ⅳ区）

该区在顶部的圆筒内，主要作用是使未燃烧的10％左右的煤粉继续燃烧，促进生料的继续分解。气体和生料通过Ⅲ区和Ⅳ区间的缩口向上喷腾直接冲击到炉顶棚，翻转向下后到出口，从而加速气、料之间的混合搅拌，达到完全燃烧和热交换。

DD炉顶设置气料反弹室，有利于气料产生搅拌和混合，增加气料在炉内停留时间达10s以上，达到燃料完全燃烧和改善热交换，防止炉内的偏流现象。炉下对称的三次风管以及顶部两根出风管，都是向炉中心径向安装，有利于产生良好喷腾和降低炉内压力降。

此外4个主喷嘴，从三次风管上部两侧直接喷入三次风富氧气流中，点火燃烧条件较好。因此DD炉是比较好的炉型，特别是DD炉更适合中级和劣质煤。

2. DD炉的工作过程

窑尾废气垂直喷入Ⅰ区，并与径向引入的三次风及上级旋风筒下来的物料混合，使Ⅰ区、Ⅱ区的物料浓度及温度分布趋于均匀。燃料由两个分别装在Ⅱ区的三次风管入口上部的主燃烧嘴喷入，在高温富氧区内立即燃烧，并将热量迅速传递给混合相中的生料，加速生料分解。生料落入Ⅱ区向下落时，由于Ⅰ区咽喉的喷腾作用使下落至该区的生料迅速悬浮、喷腾。在Ⅳ区，生料与较粗的燃料粒子在二次喷腾作用下，得到充分燃烧和分解，尔后物料流出分解炉进入 C_4 旋风筒，分离入窑。炉内设置两个缩口，以形成二次喷腾，加强燃料、生料在炉内的返混程度，延长物料的停留时间，使得燃料燃烧更加充分，提高生料分解率。

（四）TDF 分解炉

DD型分解炉炉内温度分布均匀，燃料燃尽程度比较好，压损小，排放的废气中 NO_x 含量低，还有利于防止结皮堵塞，是一种非常不错的炉型。我国天津水泥工业设计院通过对各国分解炉的比较后，引进了DD炉的专利技术，用于预分解窑的设计和建设，并在DD炉的基础上进行优化，针对我国燃料情况研发的双喷腾分解炉——TDF分解炉，如图3-25所示。TDF分解炉已成功用于国内几十条生产线，其中最大的为海螺 5000t/d 生产线。

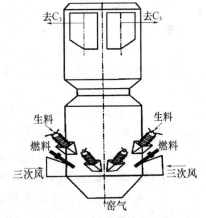

图 3-25　TDF 分解炉结构

1. TDF 炉的结构特点

（1）分解炉坐落在窑尾烟室之上，属同线式，炉与烟室之间的缩口尺寸优化后可不设调节阀板，结构简单。

（2）炉的中部设有缩口，保证炉内气固流产生第二次"喷腾效应"。

（3）三次风从锥体与圆柱体结合处的上部，双路切线入炉，使三次风产生涡旋效应；气固流出口设置在炉上锥体顶部的反弹室下部。

（4）生料四个喂料管入口设在炉下部的三次风入炉口处（圆筒处），从四个不同的高度喷入，有利于物料分散均布和炉温控制。

（5）炉的两个三通道燃烧器分别设于三次风入口上部或侧部，以便入炉燃料倾斜喷入三次风气流之中，迅速起火燃烧。

（6）炉的下部锥体部位的适当位置设有脱氮燃料喷嘴，以还原窑气中的 NO_x，满足环保要求。

（7）炉的顶部设有气固流反弹室，使气固流产生碰顶反弹效应，延长物料在炉内滞留时间。

（8）容积大，阻力低，气流和生料在炉内滞留的时间增加，有利于燃料的完全燃烧，加快生料的碳酸盐分解。

（9）对于烟煤适应性较好，也适应于褐煤，低挥发分、低热值煤和无烟煤。

2. TDF 炉的工作过程

窑尾废气从 TDF 炉底部锥体进入炉内产生第一次喷腾；从冷却机抽取的高温三次风从侧面两个进口以切向进入，产生旋涡流，由在三次风入口上方的喷嘴喷入煤粉，在高温富氧的环境下迅速燃烧，并将热量迅速传递给悬浮的生料。在后燃烧区，两股气流叠加经中部缩口产生二次喷腾，并伴随较大的回流，上升的气流撞顶后，从设在分解炉上部的出风口进入 C_4 旋风筒，分离入窑。

（五）CDC 分解炉

CDC 分解炉是成都水泥设计研究院在分析研究 N-SF 炉和 C-SF 炉的基础上研发的适合劣质煤的涡旋-喷腾叠加式分解炉，有 CDC-I 型（同线型）和 CDC-S 型（离线型）等，同线型 CDC-I 型分解炉的结构如图 3-26 所示。

1. CDC 炉的结构特点

（1）CDC 分解炉上为反应室，炉底部采用蜗壳型三次风入口，窑气从炉底喷入，炉中部圆柱段设有缩口来改变料、气运行轨迹，形成二次喷腾，CDC 型分解炉采用旋流（三次风）与喷腾流（窑气）形成的复合流，兼具纯旋流与纯喷腾流的特点，两者合理的配合强化了物料的分散。

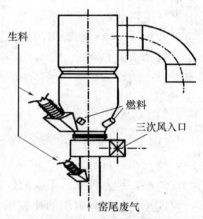

生料

燃料

三次风入口

窑尾废气

图 3-26　CDC 分解炉结构

（2）炉体的结构特征为"径出戴帽加缩口"，即径向出风结构，使炉的顶部出风口上方留有气流迂回空间，以增强物料在气流内的返混；炉体中部柱体设缩口，使气料进入顶部炉体产生喷腾效果；出风口与炉顶间留出物料返混的空间，使气料混合均匀和停留时间加长，提高生料中碳酸盐的分解率，并具有低阻特性。

（3）分解炉流场合理，炉容大，物料停留时间长，煤粉燃烧完全，可燃烧劣质煤，因而对燃料适应性强。

（4）最后一级预热器收下的物料从分解炉锥部和窑尾上升烟道两处加入，可调节系统工况，降低上升烟道处的温度，防止结皮堵塞。

（5）分解炉出口与最后一级旋风筒进口间设置有较长的连接风管，扩大了分解区域，延长了物料的停留时间，满足燃料燃烧及物料分解的需要，起到第二分解炉作用。炉出口向下布置的连接风管，从结构上降低了框架高度。

2. CDC 炉的工作过程

煤粉（占烧成系统喂煤量的 60%）从分解炉涡流燃烧室顶部通过三只带有旋流叶片的燃烧器（喷枪）喷入分解炉涡旋燃烧室，来自窑头的高温三次风以切向水平进入 CDC 分解炉涡旋燃烧室，当物料在 C_3 级旋风筒内预热分离后，经 C_3 级旋风筒下的分料阀被分成两股，一股料进入 CDC 分解炉涡旋燃烧室上面的锥部，直接进入分解炉，另一股料进入 CDC 分解炉涡旋燃烧室下边的竖烟道，进入竖烟道内的物料，被烟道内的气流带入分解炉涡旋燃烧室，与三次风及煤粉混合，再与直接进入分解炉内的那部分物料混合，两部分物料在分解炉内快速预热和分解，分解后的料粉在气流作用下由炉上部长热管道经侧向排出，带入最后一级旋风筒分离入窑。此时料温达 850℃左右，入窑生料的分解率达 85%~95%。

（六）NC 分解炉

NC 型燃无烟煤分解炉是南京水泥院开发的，是采用旋-喷结合的管道式分解炉，并带分料装置，如图 3-27 所示。

1. NC 炉的结构特点

（1）该分解炉在结构设计上采用了旋-喷混合结构和分散燃烧技术，分解炉具有物料和燃料在分解炉内的分散性好、料气停留时间比大、炉内三场（流场、浓度场、温度场）均匀、对原燃料的适应能力强等特征，有利于燃烧过程中的混合、扩散和分解反应的进行。

（2）采取分步加料的办法来控制和抑制生料分解的吸热反应，为燃料的持续燃烧创造条件。根据所用无烟煤燃烧性能的差异，采用 2~3 点分料，通过分料既可以提高炉底温度，利于无烟煤的燃烧，同时可限制及防止分解炉锥部温度过高而结皮。

（3）煤粉采用多烧嘴旋喷，引入至三次风中，确保了煤粉在炉内的分布和燃烧的均匀性；煤在三次风中的均匀分布和旋流、滑差效应使得分解炉燃烧器可不使用强化燃烧的冷风，并保证煤粉正常燃烧。多组喷嘴可在煤质发生较大变化时调整。

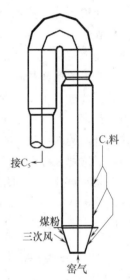

图 3-27 NC 型燃无烟煤分解炉

（4）分解炉出口处设鹅颈管，可以在不加高、加宽窑尾框架的情况下，增加分解炉的容积，延长了物料在炉内的停留时间；后期的拐弯、变径等，也强化了气流和物料之间的混合和相对速差，从而强化了煤粉燃烧和碳酸盐分解，拓宽了分解炉对原、燃料的适应性。

（5）压力损失小，炉体结构简单，易于操作控制。

2. NC 炉的工作过程

NC 炉的三次风从下锥体切线入炉，产生旋流，窑气从炉底喷入，产生喷腾效应，三次风与窑尾高温气流混合，旋、喷结合；煤粉从三次风入炉口两侧喷入后，与高温气体相遇，被迅速分散并燃烧；生料从炉侧多点加入，遇高温气流，迅速吸热分解，并被带到炉出口，经鹅颈管，至最下级旋风筒，气固分离后入窑。

复习思考题

1. 分解炉应具备哪些功能？
2. 分解炉内燃料的燃烧有何特点？
3. 常见分解炉的性能特点？
4. 分解炉内温度主要受哪些因素影响？
5. 窑和分解炉用煤比例一般为多少，为什么？
6. 何为分解炉的旋风效应和喷腾效应？

7. 在分解炉内为什么要控制碳酸盐的分解率在 85% ～ 95% 之间？

8. 分解炉的温度一般控制在什么范围？是否越高越好？为什么？

9. 与悬浮预热器窑相比，大型的预分解窑有哪些优、缺点？

任务 3 回转窑的应用

任务简介：本任务主要介绍熟料在回转窑内的形成过程及形成热；回转窑的功能和工作过程；对回转窑的热耗进行分析。

知识目标：熟悉回转窑的结构，掌握回转窑内燃料燃烧、物料运动、气体流动、气料传热特点。

能力目标：能熟练描述水泥熟料在回转窑内的煅烧过程，能分析回转窑的热耗高的原因，提出节能降耗减排的措施。

回转窑自 1885 年诞生以来，已经历了多次重大技术革新，使水泥熟料煅烧工艺得到了很大提升。一百多年来对回转窑的改进主要从以下两方面进行的：一方面是局限于窑体本身的改进，例如：对窑直径某些部分的扩大、窑长度的变化，或者湿法窑窑内装设热交换装置等，以达到某些部分的换热条件，改变气流速度或延长物料滞留时间的目的；另一方面，就是将某些熟料形成的化学过程移到窑外，以改善换热和化学反应条件，如 1928 年立波尔窑的诞生，1932 年旋风预热器专利的获取，1950 年旋风预热窑的出现，1971 年预分解窑的推广应用，把水泥工业发展推向了一个新的阶段。

一、回转窑的作用

回转窑生产水泥熟料，可以分为湿法、半干法、干法、新型干法等几种回转窑。但是水泥熟料煅烧的基本过程是一样的，即水泥熟料形成的过程中发生物理、化学反应所需的条件是相同的，只不过所采用的生产方式不同。回转窑作为水泥熟料矿物最终形成的煅烧设备，一直单独承担着水泥生产过程中的熟料煅烧任务。回转窑具有以下五大功能：

（1）回转窑是一个输送设备。回转窑是一个倾斜的回转圆筒，斜度一般在 3% ～ 5%，生料由圆筒的高端（窑尾）加入，在窑的不断回转运动中，物料从高端向低端（窑头）逐渐运动。

（2）回转窑又是一个燃烧设备。磨细的煤粉由窑头鼓风机向窑内喷入，作为燃料燃烧装备，回转窑具有广阔的空间和热力场，可以提供足够的空气，装设优良的燃烧装置，保证燃料充分燃烧，为熟料煅烧提供必要的热量。

（3）回转窑具有热交换的功能。回转窑内具有比较均匀的温度场，燃烧产生的热量通过辐射、对流和传导三种基本传热方式，将热量传给物料，可以满足水泥熟料形成过程各个阶段的换热要求，特别是阿利特矿物生成的要求。

（4）回转窑具有化学反应功能。熟料在形成过程中，发生了一系列的物理、化学反应，回转窑可分阶段地满足不同矿物形成对热量、温度的要求，又可满足它们对时间的要求，是理想的化学反应器。

（5）回转窑具有降解利用废物的功能。由于回转窑具有较高的温度场和气流滞流时间长的热力场，可降解化工、医药等行业排出的有毒、有害废弃物。同时，可将其中的绝大部分重金属元素固化在熟料中，生成稳定的盐类，避免了"垃圾焚烧炉"容易产生的二次污染。

由此可见，回转窑具有多种功能和优良品质。因此，在近半个世纪中它一直单独承担着水泥生产过程中的熟料煅烧任务。但是，回转窑也存在着两个很大的缺点，一个是作为热交换装置，窑内炽热气流与物料之间主要是"堆积态"换热，换热效率低，从而影响其应有的生产效率的充分发挥和能源消耗的降低；另一个是熟料煅烧过程所需要的燃料全部从窑热端供给，燃料在窑内煅烧带的高温、富氧条件下燃烧，NO_x 等有害成分大量形成，造成大气污染。此外，高温熟料出窑后，没有高效冷却机的配合，熟料热量难以回收，且慢速冷却也影响熟料品质等。因此，水泥回转窑诞生以来的技术革新，都是围绕着克服和改进它的缺点进行的，以达到扬长避短，不断提高生产效率的目的。

二、回转窑的结构

回转窑系统由筒体，传动装置，托、挡轮支承装置，窑头、窑尾密封，窑头罩及燃烧装置等部分组成，回转窑是圆形筒体，窑筒体是回转窑的主体，倾斜地安装在数对托轮上，筒体一般通过轮带由三组托轮支撑，并在其中一挡或几挡支承装置上设有机械或液压挡轮，以控制筒体的轴向窜动；传动装置中的电动机经过减速后，通过小齿轮带动大齿轮使筒体按要求的转速作回转运动，由于安装和维修的需要，设有使筒体以很低转速回转的辅助传动装置；为防止冷空气进入和烟气粉尘溢出筒体，在筒体的进料端（窑尾）和出料端（窑头）设有可靠的密封装置。回转窑的结构如图 3-28 所示。

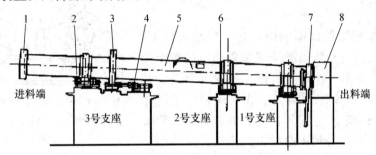

图 3-28 回转窑系统结构示意图

1—窑尾密封装置；2—带挡轮支撑装置；3—大齿轮装置；4—传动装置；
5—窑筒体部分；6—支撑装置；7—窑尾密封装置；8—窑头罩

（一）筒体

筒体是回转窑的主要组成部分，是受热的回转部件，采用厚度在 40mm 左右的优质钢板卷焊制成，先用钢板做成一段一段的圆筒，安装时再把各段铆接或焊接而成，直径一般 2~6m，长度 30~200m。筒体外有若干道轮带，安放在相对应的托轮上，为使物料能由窑尾逐渐向窑前运动，筒体一般有 3%～5% 的斜度。为了保护筒体，筒体内镶砌有 100～230mm 厚的耐火材料。

物料入窑后会发生物理化学变化形成熟料，为了使筒体适应各带物料反应的不同要求，往往将筒体做成各种形状，常见的有以下几种：直筒形、一端扩大、两端扩大。以上几种筒体形状，各有优缺点，生产中应根据具体情况进行分析选用。但各种扩大型窑体结构复杂，所用耐火材料尺寸规格及品种多，比直筒形制造、维修、管理麻烦，所以新型干法回转窑大都用直筒形。

回转窑的长度是从前窑口到后窑口的总长，常用符号"L"表示。回转窑的直径是指窑筒体的内径，通常用符号"D"来表示。如直径为 2.5m、长为 78m，则以 2.5m×78m 来表示其规格。筒体尺寸的增加可以提高回转窑的单机产量，随着生产技术的发展，回转窑向着大型化发展。窑长度增加，有利于窑尾废气温度降低，提高窑的预烧能力。但直径过大，长度过长，则耗钢材过多，设备投资增加，运输困难，动力容量增加，因此窑的长度和直径应有适当的比例。新型干法回转窑由于在窑尾增加了热交换装置，相同产量时，回转窑的规格可大大减小。

目前，由于新型干法回转窑熟料的单机产量越来越高，窑规格也在增大。随着回转窑直径的增加，筒体自重增加，加上耐火材料和窑内物料的重量，在两道托轮之间的筒体会产生轴向弯曲，轮带处产生横截面的径向变形。过去一直把筒体的轴向弯曲看成是影响回转窑长期安全运转的重要原因之一，随着窑直径的不断增加，实践证明筒体的径向变形也是机械结构方面影响窑衬寿命的重要原因。因此，要求筒体在运转中能保持"直而圆"的几何形状是非常必要的，为此筒体必须具有一定的强度和刚度。

（二）支撑装置

支承装置是回转窑的重要组成部分，它承受着窑的全部重量，对窑体还起定位作用，使回转窑能安全平稳地运转。支承装置由轮带、托轮、轴承和挡轮组成。如图 3-29 所示。

（1）轮带

轮带是一个坚固的大圆钢圈，套装在窑筒体上，整个回转窑包括窑砖和物料的全部重量，通过轮带传给托轮，由托轮支承。轮带随筒体在托轮上滚动，其本身还起着增加筒体刚性的作用。由于轮带附近筒体变形最大，因此轮带不应安装在筒体的接缝处。轮带在运转中受到接触应力和弯曲应力的作用，使表面呈

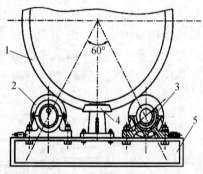

图 3-29　干法水泥回转窑的支承装置
1—轮带；2—托轮；3—托轮轴承；
4—挡轮；5—底座

片状剥落、龟裂，有时径向断面上还出现断裂，所以要求轮带要有足够抵抗接触应力和弯曲应力的能力，要有较长的使用寿命。

轮带可用铸钢，也可用锻钢制造，锻钢的轮带截面为实心结构，质量好，热应力小，使用寿命长，但散热慢、刚性小、制造工艺复杂、成本较高。目前要锻造大型的轮带，还有一定困难，所以现在截面尺寸较大的轮带，多采用铸造的轮带，其截面有实心矩形和空心箱形两种。

① 实心矩形轮带：如图 3-30 所示，其断面是实心矩形，形状简单，由于断面是整体，铸造缺陷相对来说不突出，裂缝少。矩形轮带加固筒体的作用较好，既可以铸造，也可以锻造，是目前国内外大型窑应用较多的一种。

② 箱形轮带：如图 3-31 所示，其特点是刚性大，有利于增强筒体的刚度，散热较好。与矩形轮带相比可节约钢材，但由于截面形状复杂，铸造时，在冷缩过程中易产生裂缝等缺陷，这些缺陷有时导致横截面断裂。

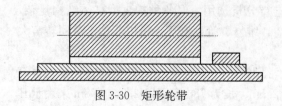

图 3-30　矩形轮带

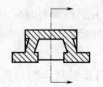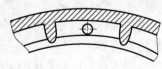

图 3-31　箱形轮带

轮带在筒体上的安装有活套式和固定式两种方式。

① 活套式：将轮带活套在筒体上，在筒体上焊有垫板（厚度 20～50mm），为适应筒体的热膨胀，轮带内径与垫板外径留有适当的间隙（一般为 3～6mm），它即可控制热应力，又可充分利用轮带的刚性，使之对筒体起加固作用，是目前应用最广泛的安装方法。

② 固定式：将轮带通过垫板直接铆在筒体上，使轮带与筒体构成一体。这种安装方式限制了筒体的自由膨胀，轮带与筒体的热应力较大，目前很少使用。

（2）托轮与轴承

托轮支承着回转窑的筒体，回转窑筒体按一定斜度由多组（一般有三组）托轮支撑，每组托轮包括一对托轮、四个轴承和一个底座。托轮直径一般为轮带直径的 1/4，宽度一般比轮带宽 50～100mm，各组托轮中心线必须与筒体中心线平行，而且连接一组托轮中心与筒体断面中心应成等边三角形，对称地支撑着筒体上的轮带，以便两个托轮受力均匀，保证筒体"直而圆"地稳定运转。如图 3-32 所示。为使托轮承受压力均匀，每对托轮的间距可由活动顶丝来作小范围调节，当两个托轮间距发生变化时，用装在底座上的活动顶丝来调节每对托轮的间距。

图 3-32　托轮与筒体
位置示意图

托轮由托轮轴承来支承，托轮轴承一般采用带球面瓦的滑动轴承，由油勺提油的方式润滑，并在球面内通过冷却水冷却，从球面瓦出来的冷却水流入底座上的水槽中再冷却托轮。滑动轴承运行可靠，能够保证回转窑的长期安全运转，但存在摩擦力大、润滑油消耗量大、较易烧瓦及平时维护保养工作量大的缺点。目前有些大型回转窑水泥厂已将托轮上的滑动轴承改为滚动轴承，其主要优点是运转轻快，摩擦阻力小，节约电能；运转平稳，维护工作量少；耐高温性能好，可以不用冷却水，节约用水，简化了工厂设计。缺点是价格要高一些，维护和对窑体轴向窜动的调整难度较大。

（3）挡轮

回转窑筒体是以 3％～5％ 的斜度支承在托轮支承装置上，当窑回转时，回转窑筒体是要上、下窜动的，但这个窜动必须限制在一定范围之内。为了及时观察或控制窑的窜动，一般在靠近大齿轮的一道轮带两侧设有挡轮，限制回转部分的轴向窜动，挡轮为我们指出筒体在托轮上的运转位置是否正确，并起到限制或控制筒体轴向窜动的作用。挡轮按其工作原理，可分为不吃力挡轮、吃力挡轮及液压挡轮三种。

① 不吃力挡轮：当窑体窜动时，轮带侧面与挡轮接触，挡轮开始回转。它不承受窑体的窜动力，只是发出窑体的窜动已超出了允许范围的信号，这时就要及时采取措施，调整托轮，控制住窑体的窜动。这种挡轮仅能承受很小力量，窑筒体轮带仅在上、下挡轮之间游动，故这种挡轮仅起信号作用，也叫信号挡轮。

② 吃力挡轮：吃力挡轮可以承受窑筒体上下窜动的力，吃力挡轮比信号挡轮坚固很多，可以承受筒体上下窜动的力，因此，筒体与托轮的中心线可以平行安装，不需调斜托轮，克服了轮带与托轮表面接触不良的现象。但是由于这种挡轮会使轮带与托轮的接触位置不变，往往在其接触表面由于长期磨损而形成台肩，影响窑体的正常运转。因此，如果能使窑筒体在托轮表面上均匀地做周期性的上下窜动，将是非常理想的，目前大多回转窑都使用液压挡轮来实现这一目的。

③ 液压挡轮：大型回转窑一般采用液压挡轮，装置图如图 3-33 所示。挡轮通过空心轴

支撑在两根平行的支撑轴上，支撑轴则由底座固定在基础上。空心轴可以在活塞、活塞杆的推动下沿支撑轴平行滑移。设有这种挡轮的窑，托轮与轮带完全可以平行安装，窑体在弹性滑动作用下向下滑动，到达一定位置后，经限位开关启动液压油泵，油液再推动挡轮和窑体向上窜动，上窜到一定位置后，触动限位开关，油泵停止工作，筒体又靠弹性滑动作用向下滑动。如此往返，使轮带以每 8～12h 移动 1～2 个周期的速度游动在托轮上。如果移动速度过快，会使托轮与轮带以及大小齿轮表面产生轴向刻痕。

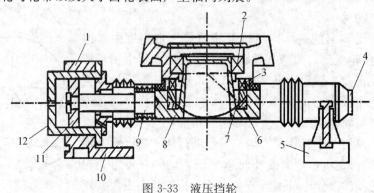

图 3-33　液压挡轮

1—挡轮；2—径向轴承；3—止推轴承；4—导向轴；5—右底座；6—下球面座；
7—上球面座；8—空心轴；9—活塞杆；10—左底座；11—活塞；12—油缸

为防止由于上限位开关失灵，窑体继续上窜而发生事故，在挡轮上方设有保护限位开关，轮带碰到它时，使油泵电动机和窑的主传动电动机同时停车，以免窑体从托轮支撑装置上掉下来，造成重大事故。

（三）传动装置

水泥回转窑是慢速转动的煅烧设备，由于窑型、安装斜度和煅烧要求的不同，回转窑的转速也有区别，窑速一般控制在 0.5～3.0r/min 之间，新型干法回转窑的窑速可达 3.8r/min。慢速转动的目的在于使煅烧物料翻滚、混合、换热和移动，控制煅烧时间，保证物料在窑内充分地进行物理和化学反应。

传动装置的作用就是把原动力传递给筒体并减小到所要求的转速，它由电动机、减速机、大小齿轮所组成，其传动系统如图 3-34 所示。

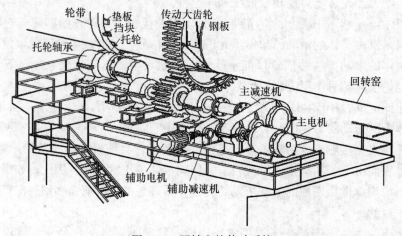

图 3-34　回转窑的传动系统

（1）主电动机

电动机是依据回转窑载荷的特点来选择的，回转窑载荷的特点如下：

① 起动力矩大。特别是当托轮采用滑动轴承时，一般达到正常电流的 3 倍左右。

② 恒力矩。也就是窑一旦转动进入运行状态后，力矩比较恒定。

③ 载荷重。当窑的热工状态不正常时，如窑内物料过多或窑皮脱落、异形，都会显著增大窑体的偏心，造成电动机负载幅度增加。

④ 温度高。由于窑体表面的温度较高，最高达 400℃，靠近窑体的电动机、减速机等传动设备受辐射热的影响，环境温度较高，除了采取必要的隔热、通风措施和采用带滤尘器的强迫通风结构的电动机之外，还必须加大功率以补偿高温环境对电动机温升的影响，以保证其运行的可靠性。

由此可见，电动机必须有较大的储备功率，而且要求均匀地进行无级调速和较宽的调速范围。大中型回转窑主要还是采用直流电动机，个别厂的国外进口窑也有采用液压传动的。

回转窑可采用单边传动，多数采用双边同步电动机，这种传动的特点是大齿轮同时与两个小齿轮相啮合，每个小齿轮有单独采用的传动装置或者说一台窑有两套传动装置，通过这种传动方式带动窑体回转叫做双传动。确定单传动或双传动的主要依据是电动机功率的大小，目前电动机功率在 150kW 以下，均为单传动，250kW 以上一般为双传动，而 150～250kW 之间，单、双传动都有。双边传动便于布置，也节省投资，比较适合于较为大型的回转窑。

（2）辅助电机

辅助电动机与辅助减速机相连，组成辅助传动系统，辅助电动机提供动力。辅助传动系统与主传动系统分别用不同的电源或其他能源，它的主要作用是防止突然断电，筒体在高温下停转时间过长，以免在高温、重载的情况下发生变形弯曲，需定时转窑；在砌砖或检修时要用辅助电动机来带动，开窑时也要用辅助电动机来帮助起动，这样可以减少开窑起动时的能耗。

（3）减速机

电动机的转速都比较高，窑的转速一般都在 3r/min 左右。两者间需要有减速机进行减速传动。有的窑利用三角皮带进行减速，目前采用最广泛的是普通的齿轮减速机，此类减速机的高速轴用弹性联轴器与电动机相连，低速轴一般用允许有较大径向位移的联轴器（如浮动盘联轴器、薄板联轴器等）与小齿轮轴连接。减速机密闭的外壳是用铸铁或钢板制造的，具有足够的强度，保证运转平稳，灰尘不易进入，减少了零件的磨损，并给润滑冷却创造了条件。这种传动布局紧凑，占地面积小，传动效率高，减速机传动效率可达 98.5%，而且结构比较简单，部件少，安装时调整方便，生产时故障少，部件使用寿命长，并且安全可靠。

（4）小齿轮

小齿轮用 50 锻钢制成，为了适应窑体的窜动，小齿轮要与大齿轮之间留有一定的间隙，两者间隙小，很容易造成咬合、磨损加快等现象，新窑更要注意。小齿轮一般安装在大齿轮的斜下方，受水平与垂直两个方向上的力，安装在斜下方时，小齿轮产生向上推窑的力量，减小了对小齿轮轴承地脚螺栓水平推力，还不受拉力，也便于检修和改善传动装置的工作条件。

（5）大齿轮

大齿轮用 ZG45 铸钢制成，由于尺寸较大通常制成两半或四块，用螺栓将其连接在一起，大齿轮通过弹簧片与窑筒体连接，一般安装在窑体中部，套在窑体上的大齿轮的中心线与窑的中心线重合。这样在运转中使筒体受力均匀，且具有一定的弹性，可以减少因开、停窑时对大小齿轮的冲击。有的厂家也有利用固定式的螺栓与窑筒体进行连接，这种连接方式不具有缓冲的作用，齿轮也容易受窑筒体热膨胀的影响。为保持齿轮的清洁，大齿轮一般全部罩在齿轮罩内，连接螺栓及定位销等零部件是否松动断裂极难发现，需停窑检查，因此有的企业采用了半罩式大齿轮罩，可完全避免上述缺点，但有待推广。

（6）润滑冷却系统

在大小齿轮间设有自动喷油装置，对齿轮进行润滑。每班的现场人员要检查齿轮零件及齿轮的润滑情况，齿轮处的冷却是靠润滑油来冷却。

（四）密封装置

回转窑是负压操作的热工设备，在进、出料端与静止装置（烟室或窑头罩）连接处，难免要吸入冷空气，为此必须装设密封装置，以减少漏风。窑头或窑尾如果密封效果不佳，将会影响窑内物料的正常煅烧，导致熟料质量下降。如窑头漏入过量的冷空气，则会减少由熟料冷却设备入窑的二次空气量，并降低二次空气的温度，对熟料冷却不利，而且窑内火焰温度也会降低，从而影响燃料的燃烧速度，增大热损失。如果窑尾漏风，由于负压较大，极易吸入大量的冷空气，使窑内大量废气不能排出，燃料不能完全燃烧，导致热工制度被破坏，增加燃料的消耗和排风机负荷，并增加电耗，降低窑的产质量并影响到电收尘器的安全和效率。特别是带各种预热器的窑，会降低进入预热器的废气温度，从而影响预热器的热效率。因此，密封装置性能的好坏，对窑系统的正常运转、熟料的产质量及能耗等均具有重大意义。

（1）密封装置的要求

① 密封性要好。窑头处负压较小，处于零压附近，密封要求可以低些。但是窑尾处负压较高，干法预热器窑可达 150～1000Pa，湿法长窑可达 300～1500Pa，因此要求密封装置能适应这样的负压。

② 能适应窑体的运动。在保证密封可靠的前提下，在结构上应很好地适应筒体正常运转和正常的窑体上下窜动，径向跳动，筒体中心线弯曲及制造误差，窑体温度变化时的热胀冷缩，悬臂端轻微弯曲变形等要求。

③ 材质好。因为在窑的密封处气流温度高，粉尘多，并且润滑比较困难，容易磨损。所以零件磨损应小，使用周期要长，在材质上要求能耐高温、耐磨，防止润滑油漏失。

④ 结构简单。在进行形状设计时，结构上要简单，易于制造，能长期可靠地工作，要避免有积灰的地方，维护方便。

（2）窑的密封形式

目前水泥厂常见的几种密封形式有：迷宫式、弹簧压板式、气缸式、鱼鳞片式、石墨块式，北京四方联公司又开发出了复合式密封装置。下面主要就三种密封装置进行介绍。

① 迷宫式密封：气流经过曲折的通道，产生流体阻力，使漏风减少。由固定在烟室（或窑头）上的静止密封环和固定在筒体上的活动密封环组成（两密封环不接触）。根据气流通过方向的不同，有轴向和径向两种形式，如图 3-35 所示。其优点是结构简单、几乎没有磨损，但密封效果较差。

② 石墨密封：石墨块密封装置如图 3-36 所示。石墨块在钢丝绳及钢带的压力下可以沿固定槽自由活动，并紧贴筒体周围。紧贴筒外壁的石墨块相互配合可以阻止空气从缝隙处漏

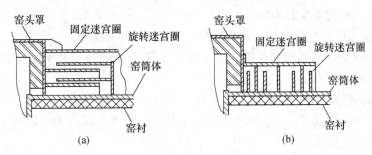

图 3-35　迷宫式密封装置
(a) 轴向迷宫式；(b) 径向迷宫式

入窑内。石墨块之外套有一圈钢丝绳，此钢丝绳绕过滑轮后，两端各悬挂重锤，使石墨块始终受径向压力，由于筒体与石墨块之间的紧密接触，冷空气几乎完全被阻止漏入窑内，密封效果好。实践表明，石墨有自润滑性，摩擦功率消耗少，筒体不易磨损；石墨能耐高温抗氧化、不变形，使用寿命长。使用中出现的缺点是下部石墨块有时会被小颗粒卡住，不能复位。用于窑头的密封弹簧易受热失效，石墨块磨损较快。

③ 复合式密封：复合式密封是由半柔性密封材料、回料勺及固定装置组成，如图 3-37 所示。其工作原理是采用一种特殊的耐高温、抗磨损的半柔性材料，复合成半柔性密闭的可以随窑运动而变形的密封整体，它能很好地适应窑端部的椭圆变形及回转、摆动和窜动等形式的复杂运动。它的一端固定在窑头罩或窑尾烟室上，另一端无间隙地张紧在回转筒体上，实现无间隙密封，确保了不漏风和不漏灰。另一方面，随着筒体的回转运动，必然有一部分物料从动静相接的间隙中漏出，进入静止部分的空间，随着窑一同回转的料勺，则可将漏料带起，以一定的速度和角度抛出落入窑内，这样保证了筒体与固定装置所组成的空间存料很少，从而确保了不漏料。

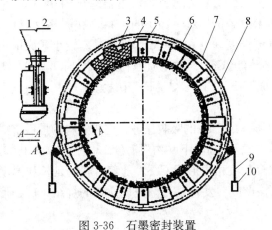

图 3-36　石墨密封装置

1—滑轮；2—滑轮架；3—楔块；4—石墨块；5—压板；
6—弹簧；7—钢带；8—固定圈；9—钢丝绳；10—重锤

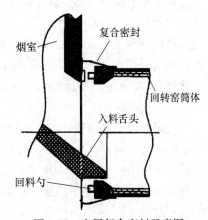

图 3-37　窑尾复合密封示意图

三、窑内工艺带的划分

随着预分解煅烧技术的实施、预热器和分解炉结构的不断优化，使生料入窑时的碳酸盐分解率已经达到 $85\% \sim 95\%$，这不仅可以使窑的长度缩短，而且功能也发生了变化，与传统的回转窑相比，预分解窑具有以下特点：

① 窑内热负荷低。在预分解窑内只承担了 5%～15% 的碳酸盐分解任务，窑只需完成少量的分解热量和保证让阿利特（A 矿）等矿物形成所需要的高温热即可，故大大减轻了热负荷，延长了窑衬的寿命。

② 熟料在烧成带停留的时间短、窑皮长。一般干法窑或湿法窑，物料在烧成带的停留时间为 15～20min，烧成带长度为 4.9D（窑内径），而在预分解窑中，物料在烧成带的停留时间为 10～12min，烧成带长度为（5～5.5）D（窑内径）。

③ 单位容积产量高、窑速快。预分解窑的窑速为 3～4r/min，形成薄料快转（填充率 6%～10%），物料在窑内翻滚速度加快，有利于料气之间的传热和物料温度均匀，有利于提高产量和质量。

④ 窑体短、支点少。由于入窑生料已大部分分解、温度较高，因此窑内只需要很短的分解带，窑的长径比为 10～15（传统干法窑为 20～30），因窑体较短，一般用三支点或两支点支撑。

⑤ 筒体和窑尾温度较高。入窑生料达到 820～860℃，在窑内堆积状态继续完成碳酸盐分解时，要求物料温度为 950℃，尾温在 1050～1100℃。随着从窑头冷却机吸入的二次风风温的升高及采用多通道煤粉燃烧器以及火焰集中等因素，窑头筒体表面温度在 470℃ 以上（一般干法窑＜350℃）。

由此可知，由于入窑生料的碳酸盐分解率及较高的温度等特定的条件，使分解窑的工艺带与传统的干法窑（特别是湿法长窑）大不相同了，一般预分解窑主要分为四个带，即碳酸盐分解带、放热反应带、烧成带、冷却带，或者将碳酸盐分解带和放热反应带合二为一，称为过渡带，这样将窑分成了三个带：过渡带、烧成带、冷却带。

① 过渡带

从窑尾起至物料温度达 1300℃ 止（也有达 1280℃）为过渡带，占窑总长的 45%～55%。它主要承担着少量的物料分解（在分解炉内未分解的 5%～15% 的生料）和固相反应任务。进入窑内的生料温度较高达 820～850℃，气流温度 950～1000℃、气料温差较小，成堆积状态。在这一阶段生料还要继续分解（碳酸盐分解出 CaO、黏土质原料分解出 SiO_2 和 Al_2O_3 等氧化物），并发生固相反应（放热反应），生成 C_2S、C_3A、C_4AF 等矿物。

② 烧成带

烧成带也称烧结带，主要承担着 C_3S 的形成和 f-CaO 的吸收任务，完成熟料的最后烧成任务，约占窑长的 40%，比传统的干法窑要长一些。在高温下（物料温度 1300～1450～1300℃，气流温度 1700℃ 左右）C_2S 与 f-CaO 逐步溶解于液相中形成 C_3S，随着时间的延长和温度的升高，CaO 和 C_2S 不断溶解、扩散，C_3S 晶核形成、发育、逐渐完成熟料的烧结、矿物形成的全过程。

③ 冷却带

冷却带一般占窑总长的 5%～10%，主要将熟料中部分熔剂型矿物 C_3A、C_4AF 形成结晶体析出，另一部分熔剂型矿物因冷却速度较快来不及析晶而形成玻璃体，当温度低于 1200℃ 时，液相消失形成玻璃体。预分解窑冷却带内的物料温度为 1300～1000℃，熟料冷凝成圆形颗粒后落入冷却机内继续冷却和回收热量。

这里要说明一点的是，窑内各带的划分不是截然分开的，没有明显的界线，而是相互交叉的。随着窑内喂料量的多少、温度高低、通风情况、火焰长短等因素的变化而变化。

四、回转窑的工作

生料由喂料装置从窑尾加入，在窑内与热烟气进行热交换，物料受热后，发生一系列的物理化学变化，逐渐变成熟料。由于窑的筒体有一定斜度，并且不断地回转，使熟料逐渐向前移动，最后从窑头卸出，进入冷却机。燃料由煤粉燃烧装置从窑头喷入，在窑内进行燃烧，发出的热量加热生料，使生料烧成为熟料。废烟气由排风机抽出，经过收尘器后，由烟囱排入大气。

（一）回转窑内的物料运动

物料在窑内运动的情况影响到物料受热的均匀性，物料运动的速度影响到物料在窑内停留时间和物料在窑内的填充系数，影响到物料与气体之间的传热，为了提高产质量，降低热耗，必须了解物料在窑内的运动。

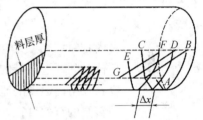

物料喂入回转窑内，由于窑回转并具有一定的倾斜度，因此物料由窑尾向窑头运动。物料在窑内的运动过程比较复杂，为简化起见，假设一个物料颗粒的运动情况。假设物料与窑壁之间，以及物料内部没有滑动，当窑回转时，物料靠着摩擦力随窑带起，如图3-38所示。

物料在回转窑内由窑尾向窑头运动，当窑转动时，物料由 A 点被带到一定高度，即达到物料动休止角

图3-38　物料在窑内运动示意

（图3-38中B点）时，由于物料颗粒本身的重力，使其沿着料层表面滑落下来，因窑筒体有一定斜度，所以物料不会落到原来的 A 点，而是向窑的低端移动了 Δx 的距离，落到 C 点。在 C 点又重新被带到 D 点再落到 E 点，如此重复不断前进。可以设想，物料颗粒运动所经历的路程像一根半圆形的弹簧。在实际生产中物料是多层堆积在窑内，故其运动比较复杂，影响因素也比较多，很难用一个简明的公式计算物料在窑内的运动速度。式（3-4）为常用计算公式，对物料在窑内运动速度的因素分析只作参考。

$$\omega = \frac{L}{60T} = \frac{SD_i n}{60 \times 1.77\sqrt{\beta}} \tag{3-4}$$

式中　ω——物料在窑内运动的速度，m/s；

　　　L——窑的长度，m；

　　　T——物料在窑内停留时间，min；

　　　n——的转速，r/min；

　　　β——物料休止角，°；

　　　S——窑的斜度，°；

　　　D_i——回转窑的有效直径，m。

$$T = \frac{1.77L\sqrt{\beta}}{SD_i n} \tag{3-5}$$

由式（3-4）可知：

（1）物料在窑内运动速度 ω 与窑的斜度 S、窑的有效内径 D_i 和窑速 n 成正比，与物料休止角 β 的平方根成反比。物料的休止角随物料温度和物理性质而异，窑内物料的 β 一般在 $30°\sim60°$，烧成带 $\beta=50°\sim60°$，冷却带 $\beta=45°\sim50°$。

（2）当窑直径一定时，ω 与 S、n 的乘积成正比，当物料运动速度要保持不变时，S 与 n 成反比，即窑的斜度 S 大，窑的转速可以小些。

（3）在正常生产中，D_i、S、β 基本是定值，因此要改变流速 ω，只能通过改变窑速 n。湿法窑的窑速 n 波动在 $0.5\sim1.5$r/min，新型干法窑的转速较快，一般可选 $3.6\sim3.8$r/min，当喂料量不变时，窑速越慢，料层越厚，物料被带起的高度也越高，贴在窑壁上的时间越长，在单位时间内的窑翻转次数越少，物料前进速度亦越慢。窑速越快，料层越薄，物料被带起的高度越低，单位时间内翻滚次数越多，物料前进速度越快。窑内料层厚，物料受热不均匀，产量虽高，质量不易稳定。在生产操作中经常用调整窑的转速来控制物料的运动速度，新型干法窑常用较快的窑速，采用"薄料快烧"的方法。

当回转窑的喂料量一定，物料运动速度还影响物料在回转窑内的填充率或称物料的负荷率，即窑内物料的容积占整个窑筒体容积的百分比，可用下式表示：

$$\phi = \frac{G}{3600\omega \cdot \frac{\pi}{4}D_i^2 r} \times 100\% \tag{3-6}$$

式中　ϕ——窑内物料填充系数，%；

　　　G——单位时间通过某带的物料量，t/s；

　　　ω——物料在窑内运动的速度，m/s；

　　　D_i——回转窑的有效直径，m；

　　　r——通过某带物料的体积密度，t/m³。

从上式可以看出：当喂料量 G 保持不变时，物料运动速度加快，窑内的物料负荷率必然减少；反之，就要加大。在熟料生产的过程中，要求窑内的物料填充系数最好保持不变，以稳定窑的热工制度。当预烧和煅烧不良需要降低窑速时，要相应地减少喂料量，以保持窑内物料厚度，即物料填充系数不变。因此，窑的传动电动机的转速应与喂料机的电动机转速同步，使窑的转速与生料喂料量有一定的比例，这在实际操作中很重要。

由于回转窑内的物料运动伴随着热化学过程同时进行，虽然窑的斜度及转速一定，窑内物料平均运动速度大体上固定，但由于窑内各带物料煅烧进程不同，导致物料的性质变化，从而使窑内各带物料的实际运动速度是不同的。物料在窑内的运动速度，与物料的物理性质，如粒度、松散程度、黏度等有关，物料粒度越小，物料运动速度越快，烧成带由于部分熔融物料黏度大，所以物料运动速度慢。此外，物料流速还与排风、窑内是否结圈、结大块等因素有关。一般在风小、窑内结圈、窑速慢等情况下，物料运动速度慢；反之，运动速度快。物料在预分解窑内停留时间大致为 $25\sim45$min。

（二）回转窑内的气体流动

为使燃料能完全燃烧，要从窑头提供大量的助燃空气，而窑内产生的废气又要及时从窑尾排出，因此窑内有气体流动。回转窑通常采用强力通风的方法，即在窑尾安装排风机，使窑内产生负压，保证煤粉的完全燃烧，并形成一定的火焰形状和长度，及时排出窑内的废气，促使碳酸盐分解过程顺利进行。

窑内气体流速的大小，一方面影响对流传热系数，另一方面也影响窑内飞灰的多少，同时还影响火焰的长度。当流速增大，对流传热速率快，但气流与物料接触时间短，废气温度可能升高，热耗增加，且飞灰大，使料耗增大，因此不一定经济；若流速过低，传热速率低，使产量降低。同时为了保持窑内适当的火焰长度，要求有适当的气体流速。窑内各带气体流速不同，一般以窑尾风速来表示，直径 3m 左右的湿法窑其窑尾风速在 5m/s 为宜，通常认为窑尾风速不能超过 5.5～6m/s，否则有大量料浆飞溅和窑灰从窑内溢出。干法窑窑尾风速约为 10m/s，窑尾风速的控制可随窑直径增加而增加。

回转窑内气体流动的阻力不大，对中空窑主要是摩擦阻力。摩擦阻力系数一般为 0.05 左右，其阻力大小，主要决定气体流速，一般每米窑长的流体阻力为 0.6～1mmH$_2$O。零压面控制在窑头附近，根据窑长大致可估计窑尾负压，窑头及窑尾负压反映二次风入窑及窑内流体阻力的大小。在正常操作中，应稳定窑头、窑尾负压在不大的范围内波动。当冷却机情况未变，窑内通风增大时，窑头、窑尾负压均增大；当窑内阻力增大窑内有结圈或料层增厚时，则窑尾负压也增大，而窑头负压反而减小。在生产中当排风机抽力不变，可根据窑头、窑尾负压的变化来判断窑内情况。在正常生产时，窑头保持微负压状态。

对预分解窑而言，除了重视窑头及窑尾负压外，还必须关注预热器系统的负压。通过监视各部位阻力，了解预热器各部位负压，来判断系统的气体流速和生料喂料量是否正常，风机以及各部位是否漏风及堵塞情况。当预热器最上一级旋风筒出口负压升高时，首先应检查旋风筒是否堵塞，如属正常，则应结合气体分析判断排风是否过大，如排风过大，则适当关小主排风机闸门。当负压降低时，则应检查喂料量是否正常，各级旋风筒是否漏风，如均正常，则应结合气体分析检查排风是否偏小，如排风偏小，则适当调节排风机闸门。通常，当发生粘结、堵塞时，其粘结堵塞部位与主排风机间的负压有所升高，而窑与粘结堵塞部位间的气温升高，负压值下降。

（三）回转窑内的燃料燃烧

（1）着火与着火温度

任何燃料的燃烧过程都有着火及燃烧两个阶段。由缓慢的氧化反应转变为剧烈的氧化反应（即燃烧）的瞬间叫着火，转变时的最低温度叫着火温度（也称为燃点或着火点）。即燃料在燃烧阶段初期，释放出的挥发分与周围空气形成的可燃混合物的最低着火温度，称为燃料的着火温度。水泥工业中通常用煤作燃料，煤的着火温度与其挥发分含量、水分、灰分以及煤炭组成亦有一定关系。通常，煤的着火温度随挥发分含量的增高而降低。按挥发分的高低将煤分为褐煤、烟煤和无烟煤，见表 3-2。其着火温度各不相同。

表 3-2 煤的分类

煤种	褐煤	烟煤	无烟煤
挥发分含量（%）	＞37	10～46	＜10
着火温度（℃）	250～450	400～500	600～700

（2）燃烧过程

回转窑内燃料燃烧所形成的火焰属湍流扩散火焰，其燃烧进程可分为燃料与空气混合、燃料和空气加热到着火温度、挥发分首先起火燃烧和焦炭燃烧及燃尽等四个阶段。因此，混合是燃烧的前提。由于燃料混合需要的时间大于加热、着火、燃烧需要的时间，因此，气体扩散速度控制着燃料与空气混合的速率，也就控制着燃烧过程的整个速率。同时，在挥发分燃烧后，残余焦炭的燃烧与周围空气中的 O$_2$ 向焦粒表面以及燃烧产物向碳粒表面扩散有关，因此其扩散速率决定了燃料燃尽速度，它又受碳粒的多孔性、燃料粒径、O$_2$ 分压及周围温度等因素控制。由于在高温范围内如窑内，燃烧是受颗粒边界层扩散速度控制，这种控制简称为扩散控制；而在较低温度范围内如分解炉内，燃烧反应速率是受化学反应速度控制，这种控制简称为化学控制。因此，煤粉的挥发分含量对窑内燃烧反应速率的影响较小，而对分解炉内燃料燃烧反应速度影响较大。

煤粉在回转窑内的燃烧过程比较复杂，煤粉在燃烧的同时，还要向窑尾运动，并且在燃烧过程中，要进行传热，这几方面又相互影响，现分述如下：

在回转窑内煤粉以分散状态由喷煤嘴喷出，经过一段距离后才燃烧，煤粉自喷嘴喷出至开始燃烧的这段距离称为黑火头，在正常生产时高温带温度很高，因此煤粉很容易着火燃烧。当开窑点火时，窑内无热源，现在多采用在距窑口 3～5m 处点燃废油棉纱等易燃物，再直接喷雾状油的办法，当其温度达到煤粉的着火温度后再喷进煤粉才能进行燃烧。煤粉受热后首先被干燥，将所含 1‰～2‰ 的水分排出，一般需要 0.03～0.05s。但在煤粉粗湿的情况下，干燥预热的时间要相应延长。干燥预热时间的长短，决定火焰黑火头的长短。温度升高到 450～500℃时，挥发分开始逸出，在 700～800℃时全部逸出，煤粉中水分和挥发分逸出后剩下的是固定碳粒子和灰分。当挥发分遇到空气时使其着火燃烧，生成气态的 CO_2 和 H_2O，它们包围在剩下的固定碳粒子周围，因此固定碳粒子的燃烧，除了要有足够高的温度外，还必须待空气中的氧通过扩散透过包围在固定碳粒子周围的气膜，与固定碳粒接触后才能进行固定碳的燃烧。挥发分燃烧时间长短，与挥发分含量多少、气体流速大小、温度高低有关。挥发分低，气体流速快，温度高，燃烧时间就短；否则相反。挥发分高的煤，着火早，燃烧快，黑火头短，白火焰长；挥发分低的煤则相反。

固定碳粒的燃烧是很缓慢的，它的燃烧速度不但与温度高低有关，且与气体扩散速度有很大关系，包括燃烧产物扩散离开碳粒子表面和氧气扩散到固定碳粒子表面的速度，所以加强气流扰动，以增加气体扩散速度，将大大加速固定碳粒子的燃烧。煤粉的颗粒大小及含碳量多少也都影响着碳粒的燃烧速度。

煤粉喷出有一定速度，因此一出喷嘴首先是预热干燥，不可能立即燃烧，随着距喷嘴距离的增加，挥发分逐步逸出并燃烧，随即固定碳粒开始燃烧，它们的位置分布如图 3-39 所示。

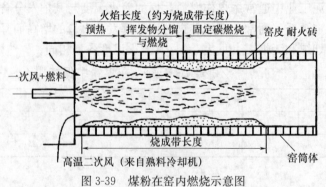

图 3-39　煤粉在窑内燃烧示意图

煤粉由喷嘴喷出后，有一段黑火头。煤粉燃烧后形成燃烧的焰面，并产生热量，使温度升高，热量总是从高温向低温传递，由于焰面后面未燃烧的煤粉比焰面温度低，因此焰面不断向其后面未燃烧的煤粉传热，使其达到着火温度而燃烧，形成新的焰面，这种焰面不断向未燃烧物方向移动的现象叫做火焰的传播或扩散，传播的速度称为火焰传播速度。但要注意的是，火焰是以一定速度喷入窑内的，所以火焰既有一个向窑尾方向运动的速度，又有向后传播的速度，当喷出速度过大，火焰来不及向后传播时，燃烧即将中断，火焰熄灭，当喷出速度过小，火焰将不断向后传播，直至传入喷煤管，这称为"回火"，若发生"回火"，将易引起爆炸的危险，所以喷出速度与火焰传播速度要配合好。火焰传播速度与煤粉的挥发分、水分、细度、风煤混合程度等因素有关。当煤粉挥发分大、水分小、细度细、风煤混合均匀时，火焰传播速度就快，否则相反。

（3）一次风的作用

煤粉借助一次风从窑头喷煤管喷入窑内，因此一次风对煤粉起输送作用，同时还供给煤的挥发分燃烧所需的氧气。一次风量占总空气量的比例不宜过多，因为一次风量比例增加相应地就会使二次风比例降低，总用风量不变的情况，二次风的减少会影响到熟料冷却，并使熟料带走的热损失增加。另外，一次风温度比二次风温度低，为使煤粉不致爆炸，一次风温度不能高于120℃，这样使燃烧温度也要降低。对于传统的单风道喷煤管，由于结构简单，其功能主要在于输送煤粉，风煤混合差，煤粉靠一次风输送并吹散，必须有足够的风量，一般单通道喷煤管的一次风量占总风量20%～30%，一次风速为40～70m/s。多通道喷煤管，能有效地降低一次风量，一般一次风量占总风量12%以下，通常为6%～8%。一次风量确定后，喷煤嘴直径大小将决定一次风速，所以设计时需根据一次风量和风速确定喷煤嘴直径。

（4）二次风的作用

二次风先经过冷却机与熟料换热，熟料被冷却，二次风被预热到400～800℃，新型干法窑的二次风温可达1000℃以上，再入窑供燃料燃烧，由于二次风经预热后能达到较高的温度，因此还可得到较高的燃烧温度。由于一、二次风分别入窑，二次风对气流还能产生强烈的扰动作用，有利于固定碳的燃烧。但另一方面，也要注意到二次风与煤粉颗粒的接触，总是从火焰表面开始，逐渐深入到火焰的中心。因此在同一截面上，火焰外围与中心燃烧程度有差别，有可能在火焰中心引起不完全燃烧。

（5）影响火焰温度的因素

火焰温度直接影响到熟料的煅烧，影响火焰温度的因素有以下几方面：

① 煤的热值。煤的热值高，火焰燃烧温度高，为了进行有效的经济操作，建议回转窑用煤的低位热值不低于20900kJ/kg。

② 煤的水分。少量水汽存在对煤粉着火有利，它能促进碳与氧的化合，并且在着火后能提高火焰的辐射能力，因此煤粉不必绝对干燥，在煤粉中保持1%～1.5%的水分可促进燃烧，但过量的水汽会降低火焰温度，延长火焰长度，使废气温度高，有学者指出：燃料中多含1%水，约降低火焰度10～20℃，并使废气热损失增加2%～4%；还指出煤粉中水分对温度的影响比灰分的大一倍。

③ 煤粉细度。煤粉细度越细，燃烧速度越快，火力越集中，燃烧火焰温度也越高。

④ 燃烧空气量。助燃用的空气量过多、过少都会降低燃烧温度而增加热损失。当空气量过多，在窑内形成过剩空气，这种过剩空气如来自冷却机经过预热的二次空气，燃烧温度则降低少些，但它使废气量增加；如过剩空气由漏风而来，窑头漏风不仅会降低火焰温度，而且由于从冷却机来的二次空气减少，使熟料带走热增加，加上废气量增加造成热损失加大，结果使总热耗增加更多。若燃烧空气供应不足，燃烧不完全而生成CO，会使温度降得更多，因为每千克碳燃烧成CO所产生的热量只占完全燃烧时应放出热量的30%左右。为保证煤粉充分燃烧，保持适当的空气量是必要的，一般控制窑尾排风，使过剩空气量在5%～15%，

即过剩空气系数为 1.05～1.15，相当于窑尾废气中 O_2 含量为 1%～2%。另外，应尽可能减少窑系统各部分漏风。

⑤ 燃烧用助燃空气的预热温度。一、二次风预热温度高，使火焰温度高。一次风温度的提高受到安全的限制，主要是提高二次风温度，要提高二次空气温度，必须要提高冷却机的效率。

一般当煤粉热值大于 20064kJ/kg，煤粉水分小于 1%～2%，煤粉细度小于 15%（0.08mm 方孔筛筛余），过剩空气系数 $a=1.05～1.1$（$a=$实际空气量/理论空气量），二次风温度达 400℃以上，则火焰温度可达 1600～1700℃，能满足煅烧熟料的要求。

（四）回转窑内的传热

回转窑内的传热方式有传导传热、对流传热、辐射传热三种。燃料在窑内燃烧产生大量热以后，需使热量迅速而有效地传递给物料，才能达到烧成熟料的目的。加强回转窑各带的传热效率，是经济而有效地完成煅烧熟料任务的根本保证。窑内的主要热源是含有固体颗粒的炽热气体，随着窑的旋转，物料及衬料暴露在高温气体中的时间呈周期反复，因而不同部位温度分布也不一致，导致传热方式有所差异，以下主要介绍燃烧带的传热情况。

在燃烧带内，火焰以辐射传热形式（包括对流传热）把火焰中的热量传递给表层物料，以传导传热形式把窑衬和窑皮吸收的热量传给与其接触的物料。前者传递的热量约占整个烧成带传热的 90%，后者约占 10%。

这一带火焰温度最高（1800℃左右），燃料的燃烧产物中含有大量的 CO_2，同时含有大量的煤灰、细小熟料等固体颗粒及正在燃烧的灼热的焦炭粒子，且火焰具有一定的厚度。因此火焰具有较强辐射能力。所以在燃烧带内，主要是火焰向物料和窑壁进行辐射传热，其次也有对流和传导传热。首先分析高温火焰以辐射和对流方式传热给窑壁衬料，窑壁衬料随着窑的转动，有时被埋在物料之下，有时又暴露在火焰的周围，并直接接受火焰辐射和对流传给的热量，使其温度升高。当被埋物料之下时，由于温度高于物料温度，并与物料接触，因此又以传导的方式将热量传给物料层的下表面。当暴露时再次受热、升温，随着窑的转动这样周而复始地将热量传给物料，因此窑壁衬料在传热过程中，起到蓄热体的作用。

燃烧带内物料的受热情况是，在上表面接受火焰和对流传给的热量，使其温度升高，下表面接受窑壁衬料传导传给的热量，使其温度升高。看起来物料层的中心温度似乎较低。但是由于窑的转动，物料不断地上下翻动，物料层的温度基本趋于一致。

图 3-40 为回转窑传热分析图。高温气体以辐射和对流的方式传热给物料和衬料表面（图中的 $Q_{fm}^R+Q_{fm}^c$ 和 $Q_{fe}^R+Q_{fe}^c$），使温度升高，由于窑衬的温度高于物料温度，因此暴露在气体中的窑衬会以辐射的方式穿透气体传给物料上表面（图中的 Q_{em}^R），被埋在物料中的窑衬，则以传导的方式传热给物料（图中的 Q_{em}^{cd}），同时整个窑衬还向外表面周围散失热量。

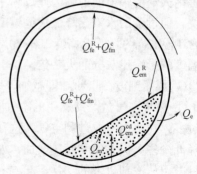

图 3-40　回转窑传热分析图

Q—热量；m—物料；f—气体；e—衬料；
R—辐射传热；c—对流传热；cd—传导传热

假设气体以对流方式传给窑衬的热量和向周围散失热量近似相等（$Q_{fe}^{e}=Q_e$），根据窑衬的热平衡则有 $Q_{fe}^{R}=Q_{em}^{R}+Q_{em}^{cd}$。即窑衬吸收热量等于其传出的热量。因此窑衬在传热过程中实际起了一个蓄热器的作用，间接地把气体热量传给物料，因此若设法提高衬料的蓄热能力对传热是有利的。由图可见，窑内物料获得的热量来自四个方面，见式3-7，即

$$Q_m = Q_{fm}^R + Q_{fm}^e + Q_{em}^R + Q_{em}^{cd} \qquad (3\text{-}7)$$

这些热量的大小，除了与它们温度差、传热系数大小有关，传热面积也是一个主要的因素。由于物料在窑内的填充系数很小，气体及窑衬与物料接触面积很小，分解带传热能力较差是关键所在。分解带物料传热温差过小，是由于物料堆积在窑筒体的斜下方，窑衬表面比烧成带要光滑得多，被带的高度低，料层翻动少，而在窑衬上按"之"字形线路向下滑动。即物料随窑壁上升到一定高度后，再滑下来，而不是翻滚地向前运动，这就使物料堆新暴露表面减少，上表面和下表面受热时间过长，温度较高，而中心温度较低，物料温度均匀性差，表面与气体、窑衬温差小，而使传热速率降低。

复习思考题

1. 回转窑筒体为何会变形？为控制其变形，应采取哪些措施？
2. 回转窑的结构是什么样的？
3. 托轮调整的原理是什么？调整时应注意哪些事项？
4. 回转窑筒体为什么会产生窜动？如何控制筒体的窜动？
5. 回转窑密封的目的是什么？密封形式有哪些？各有何特点？
6. 选用密封装置要注意哪些问题？
7. 回转窑内物料运动、气体运动、燃料燃烧和气固传热过程特点。

任务 4　篦式冷却机的应用

任务简介：本任务主要学习冷却机的发展历程及分类，第三代、第四代篦式冷却机的结构、性能和特点，第三代、第四代篦式冷却机的工作过程，为篦冷机的操作控制做好准备。

知识目标：明确冷却机的分类，熟悉篦式冷却机的作用，掌握不同种类冷却机的结构、性能和特点。

能力目标：能结合第三代、第四代篦冷机的性能特点，为常用篦冷机的操作控制打下基础。

熟料冷却机作为熟料烧成系统的主机设备，它担负着对高温熟料进行冷却、热量回收、输送、破碎等重任，高效节能、运行可靠的熟料冷却机是保证整个烧成系统高效运转的一个非常关键的主机设备。

一、水泥熟料冷却机的发展

水泥熟料冷却机经历了从露天堆场自然冷却→单筒冷却机→多筒冷却机→回转篦式冷却机→振动式篦冷机→第一代推动篦式冷却机（薄料层）→第二代推动篦式冷却机（厚料层）→第三代推动篦式冷却机（采用控制流技术）→第四代篦式冷却机的发展历程。

水泥回转窑诞生时，并没有专门的熟料冷却设备，出窑熟料是通过自然堆放进行冷却。19 世纪末期，出现了单筒冷却机，到 20 世纪初，为了提高冷却效率，德国研制出了多筒冷

却机，1922 年丹麦史密斯公司正式生产尤纳克斯多筒冷却机。由于多筒冷却机比当时的单筒冷却机热效率高，熟料出口温度低，不需专人看管，尽管设计上有很多问题，但仍然得到了广泛的应用。1930 年德国伯力休斯公司研制生产了世界上第一台回转筒式冷却机，这种冷却机冷却效率高，尽管在结构上还存在问题，但是在相当长的时间内得到了广泛的应用。这类冷却机因熟料在篦板上是静止的，不易布料均匀；篦板有往复两层，不易在篦板底部隔仓鼓风，更不适应设备大型化的需要，因此 20 世纪 60 年代以后，回转式篦冷机的使用越来越少。

在回转式篦冷机出世不久，美国阿利斯-查默尔 Allis-chalmers 公司研制生产了振动式篦冷机。熟料在篦床上随着振动而翻滚前进，冷空气在通过篦床时充分地同熟料进行热交换。我国新型湿法窑使用的就是这种冷却机。振动式篦冷机的长度与宽度之比较大，一般都超过15，甚至达到 20，由于长度过长，入窑二次空气温度较低，振动弹簧在设计和材质方面都有特殊要求，也不适应设备大型化的要求，它的使用也受到了限制。

美国富勒公司 Fuller 于 1937 年开始生产推动篦式冷却机，推动式篦冷机长宽比一般只有 5～7。这种冷却机使熟料在篦床上受到活动篦板的往复推动而翻滚前进，冷却效果和热效率都较好，经过近五十年来的不断改进，已为各国水泥界所广泛采用，目前已成为各种不同形式、不同规模的水泥回转窑配套的最主要的冷却设备。特别是新型干法回转窑技术的日益成熟，推动往复式篦式冷却机在结构形式上也得到了迅速发展。

新型干法水泥熟料生产线烧成系统均采用第三代或者第四代篦式冷却机，因而本部分仅介绍第三、四代篦式冷却机及其他新型冷却机。

二、篦式冷却机的作用

篦式冷却机是一种热工设备，能在较短的时间内促使高温熟料与冷空气之间进行充分的热交换，通过骤冷使水泥熟料迅速冷却下来。

（1）对高温熟料快速冷却。熟料急冷可以保持细小的 C_3S 晶体和在液相中形成细小的方镁石晶体，有利于熟料易磨性、安定性的改善和水泥强度的提高。同时，骤冷可以使液相凝固成玻璃体，C_3A 大部分主要呈玻璃态，有利于水泥抗化学侵蚀性能的提高。

（2）热回收。在对熟料进行冷却的同时，冷却空气温度升高，但沿整个篦冷机长度方向，气体的温度也存在梯度，高温段气体部分作为二次风入窑、作为三次风入分解炉，中温段的气体用来余热发电或者是烘干物料，其末端的低温余风作为废气经净化处理后排入大气。

（3）能够将熟料冷却到满足输送、储存及水泥粉磨的要求。如果输送高温熟料，则需要用耐高温材料制造，并且也很容易磨损，造成成本高、维护费用也高，不利于熟料的储存、水泥粉磨及降低成本。

三、对篦式冷却机的要求

水泥熟料冷却机是水泥回转窑中重要的设备，也是一种热交换装置，它通过高温物料向低温气体传热，使从回转窑内卸出的熟料（温度一般在 1000～1400℃之间）经过冷却后温度降至 100～200℃，并将含有大量热量（相当于熟料热耗的 20%～85%）的废气加以利用，提高窑的热效率；另外，熟料的冷却过程还可改善熟料质量和火焰燃烧条件，提高熟料易磨性，节约能源。熟料冷却机性能是否满足要求，应考虑如下几方面的问题。

（1）冷却机的热效率。回收熟料的热量与熟料带进冷却机的热量之比，叫冷却机的热效率。高温熟料含有的热量要尽可能予以回收，以降低整个烧成系统的热耗。冷却机的热效率反映了冷却机的热回收程度，该指标主要与二、三次风用量有关，同时也与系统规模、热耗、系统配置有关。新型冷却机的热效率一般在 70%～75% 之间。

（2）二、三次空气被熟料预热的温度。冷却机是利用冷空气与高温熟料接触进行热交换，使熟料冷却，而空气被加热作为二、三次空气送入窑及分解炉内，供燃料燃烧之用。二次空气含的热量越多，燃烧温度越高，或者在同样发热量的情况下可降低燃料消耗量，使回转窑热耗降低。因此要求二次空气温度一般在 900～1100℃ 为好。

（3）熟料的冷却程度与冷却速度。熟料被冷却后的温度越低越好，一般波动在 50～300℃。冷却速度越快越好，通过急冷改善熟料质量，提高易磨性，便于输送和储存。新型冷却机一般保证出料温度 t≤环境温度+65℃。

（4）电耗要低。冷却机的电耗包括冷却风机的电耗、冷却机内熟料（包括漏料）输送电耗、熟料破碎电耗。冷却风机电耗与实际的风量、风压及风机的效率有关，而需要的风量、风压与冷却机的形式有关；熟料输送电耗与输送形式及有无漏料有关；破碎电耗与熟料的颗粒状况与性质以及破碎机的结构形式有关。在冷却风机效率＞80% 的情况下，新型篦式冷却机保证电耗一般为 5～7kW·h/t。另一方面，设计良好的冷却机余风量应少且温度低，以减少废气处理的电耗。

（5）结构简单，操作方便，维修容易，运转率要高。

四、篦式冷却机的结构

现代化水泥厂大都采用篦式冷却机作为出窑熟料的冷却设备，其原理是用鼓风机吹冷风，将铺在篦板上成层状的熟料加以骤冷，使熟料温度由 1200℃ 骤降至 100℃ 以下，冷却的大量废气入窑作为二次风，供煤粉燃烧之用。篦式冷却机有多种型号，如富勒型、史密斯型等，但基本构成都是由机体、篦床、传动装置、灰斗、拉链机、破碎机、鼓风机、耐火砖等设备共同组成，如图 3-41 所示。

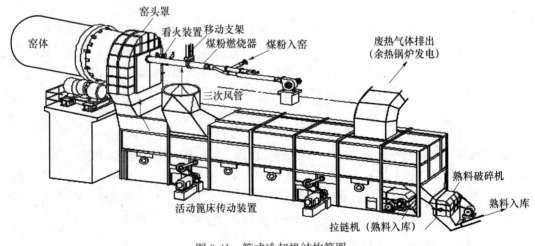

图 3-41　篦式冷却机结构简图

1. 机体
机体由侧框架、底板、顶板、进出口墙板、下部隔板及支撑梁等组成。

2. 篦床

冷却机内部装有篦床，由活动篦板和固定篦板沿冷却机的纵向相间排列组成。不同生产厂家制造的篦式冷却机的篦板结构是不同的，篦板的通风道，有的是圆孔，有的是槽缝孔，有的是间隙，不管哪种形式，都具有防漏料能力。篦床分为高温区、中温区和低温区，篦式冷却机的下壳体内，位于篦床的下方，由多个隔墙板分隔成多个风室，每个风室上有入风口，多个入风口分别与高压供风管道气密性连接，每一个高压供风管道与一个冷却风机连接；在下壳体上端横向设置有多个充气梁和固定阻力梁，固定阻力梁和充气梁两端分别固定在下壳体的前、后壁上，充气梁通过高压供风管道与冷却风机连接。

3. 传动装置

第三代篦冷机采用移动篦床输送熟料，其传动可采用液压或者机械传动，一般都采用液压传动。与机械传动相比，液压传动具有下列优点：结构紧凑、运行平稳、调速方便、对工况变化适应性强、可靠性好、运转率高。液压传动系统，主要由传动机构（由液压缸、行走部分、支座和传动轴组成）、液压系统（由液压泵、比例控制阀、油箱组成）和电控系统（由控制柜和控制软件组成）组成，通过传动机构与篦床活动框架的连接，实现液压缸对篦床往复运动的动力传输。由于第三代篦冷机的形式各异，其熟料输送方式也不相同。

4. 鼓风机系统

出窑熟料进入冷却机里靠高压和中压鼓风机送入大量的冷风得以快速冷却（急冷），新型篦式冷却机采用充气阻力篦板和充气梁控制技术，使出窑熟料得到充分的冷却，热回收效率高。冷却空气通过在篦子凹槽侧面的空气分配沟槽上的孔隙缝进入静止料床。

篦板的充气靠鼓风机通过充气梁供给，通过与气体分配总管相连接的一系列分支管道，将风机的冷风输送到充气梁中，篦板封闭地安装在充气梁的空气梁上，在各分支管道上装有控制阀或调解风门，以调节总风管进入分支管道的风量，移动梁与空气分配分支管道间装有连接软管，与空气梁相通，使冷空气进入空气梁中，且透过阻力篦板再进入熟料中。为空气梁提供冷风的是离心风机，根据需要设置在前端、左右两侧或一侧，各风室的风量大小由风压的变化自动调节。

5. 灰斗

对于第三代篦冷机而言，尽管采用了低漏料篦板，但仍会有部分细的漏料进入灰斗，一般料斗下设有电动或气动排灰阀，每个灰斗内设有料位探头，通过时间设定来控制灰斗的排灰。第三代篦冷机也有采用仓式气力输送系统（PHD）输送漏料。

第四代篦冷机由于熟料输送方式以及密封系统的改进，解决了漏料问题，一般都取消了灰斗。

6. 熟料破碎机

出窑熟料有的粒度较大，经过冷却后仍然没有减小，必须在冷却机的出料口设置一台破碎机，将大块熟料破碎。可采用辊式或锤式破碎机来破碎熟料。辊式熟料破碎机由若干辊子组成，与锤式破碎机相比，其具有以下特点：辊子转速低，磨损小；电耗低；破碎大块不需要停窑；完全自动，具有超载自动反转的保护系统，便于维护，运转率高。

五、几种典型冷却机介绍

新型干法水泥生产工艺的冷却系统工艺流程如图 3-42 所示。本部分介绍几种典型冷却机的结构特点和工作原理。

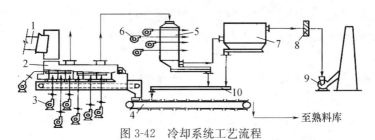

图 3-42 冷却系统工艺流程

1—回转窑；2—冷却机；3，6，9—风机；4—熟料输送机；5—热交换器；7—收尘器；8—风门；10—螺旋输送机

（一）富乐型水平推动篦式冷却机

20 世纪 30 年代末，由美国富勒公司研制了世界上第一台篦式冷却机（篦冷机），此后该公司对篦冷机技术的发展又做出了重要的贡献，其结构简图如图 3-43 所示。

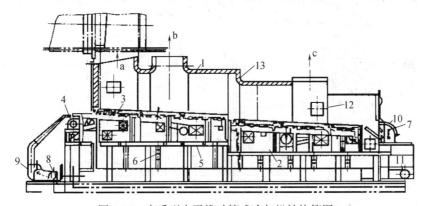

图 3-43 富乐型水平推动篦式冷却机结构简图

a—入窑二次风；b—入分解炉三次风；c—废气排空；

1—上壳体；2—下壳体；3—篦床；4—传动装置；5—篦床支承装置；6—气动双翻板阀；7—锤式破碎机；
8—双线自动润滑系统；9—冷却风机；10—篦条；11—漏料拉链机；12—链幕；13—电视监测装置

（1）工作原理

由窑内下来的高温熟料落到冷却机热端篦床上，被倾斜 3°的篦床推动到卸料端。大块熟料经锤式破碎机破碎后下到熟料输送机上，熟料在被篦床输送的过程中，不断翻滚，被由篦下风室来的冷却风连续冷却。细小熟料经锤破前通过篦板孔及篦板之间的缝隙直接漏到风室内，通过装有气动双翻板阀的下料管落到漏料拉链机内，由拉链机输送到熟料输送机。冷却空气和高温熟料进行热交换后，一部分作为二次空气入窑；另一部分被用来给分解炉供风，剩余部分经热交换器、袋式收尘器后排空，经过热交换器及收尘器收集下来的灰尘通过回灰螺旋输送机送到熟料输送机上，冷却后的熟料及回灰通过熟料输送机输送到熟料库内。

（2）结构特点

1）每段篦床的第一排篦板是活动的，利用物料推进，可以减少"堆雪人"现象；

2）篦板排列床用"单宽""双宽"交错排列，使篦缝不在同一直线上，减少篦板磨损；

3）针对不同地方的结构不同，采取良好的密封装置，保证冷风利用率，提高了冷却机的冷却效率。

① 滑块轴密封装置。此处密封方式为滑板摩擦密封。活动密封板套在滑块轴上做往复

运动，外密封板固定在下壳体上，内密封板通过连接板与密封罩相连，由调节螺栓调节弹簧压力使内外密封板与活动密封板紧密接触。在密封板之间有润滑脂，以便减少磨损，密封效果更好。

② 主传动轴密封装置（仅二段）。由于二段传动轴在风室内，为了保护主轴，防止因红热熟料泄漏（如掉箅板）使主轴损伤，采用了密封罩密封，将风室与主轴隔离开。

③ 隔室板密封装置。由于活动框架穿过各风室做往复运动，采用了多层石棉板与焊在活动框架上的密封箱接触密封，防止风室之间因风压、风量差异而窜风。

（二）Claudius Peters 冷却机

Claudius Peters 冷却机是德国 Claudius Peters 公司 20 世纪 70 年代开发和应用的水平液压推动箅式冷却机（简称 CP 冷却机）。CP 冷却机最大的特点是它独辟蹊径，利用液压传动代替了传统的机械传动，使冷却机的运行变得更加稳定、安全、可靠。其结构简图如图 3-44 所示。

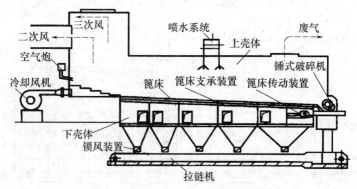

图 3-44 Claudius Peters 冷却机构造图

（1）工作原理

CP 冷却机采用液压传动，在冷却机每一箅床的两侧装配有液压油缸推动架，同步驱动箅床。箅床由固定箅板和活动箅板相间排列组成，活动箅板由液压系统推动，最大冲程为 125mm，冲程数在 4～22 次/min 范围内变动。出窑熟料落在箅床上，受到活动箅床的推挤向出口方向运动，冷空气从冷却机底部鼓入风室，并垂直穿过高温熟料层，进行热交换。高温气体一部分作为二次风（1100～1300℃）进入窑内，一部分作为三次风（700～800℃）通过三次风管进入分解炉。一部分低温气流（300℃左右）作为干燥介质进入风扫式煤磨，剩余废气由排气口通过收尘器除尘后排入大气。细小的熟料颗粒穿过冷却机箅孔落入下面的集灰斗，由气动闸阀和电动瓣阀定期排入拉链机；大块熟料从箅床冷端卸到倾斜的箅栅上，经锤式破碎机破碎后，卸入熟料输送机。

（2）结构特点

① 使用了槽形阻力箅板

该冷却机采用了槽形阻力箅板（即 Mulden 箅板），Mulden 箅板有 3 种类型，即低漏料箅板、分室供风的箅板和抗漏料侧部箅板。低漏料 Mulden 箅板，采用了适应热应力需要的新设计，其盖板与基架分离，可消除箅板弯曲；箅板漏料可减少 30% 以上，并可长时间保持箅板间较小的间隙，避免受热熟料冲击区域的冲蚀；箅板寿命可较传统箅板延长近 2 倍。抗漏料侧部箅板直接装配在固定箅板的支撑梁上，因此两者之间没有侧向间隙，以减少漏料及磨损。

② 采用梁室组合供风

在窑卸料区的固定篦床段采用了直接通风的 Module 篦板，使熟料充分冷却并向后流动。活动篦床段又分成 5～10 室，各室配备了不同风量和风压的风机，以及各种类型的篦板。由于窑口下料的离析和篦床的往复运动，易使篦床上的熟料侧向分级，粗、细料分向两侧。若Ⅰ室和Ⅲ室单纯采用室供风，难免使熟料层内的气体紊乱，粗料层阻力小，气体流速快；细料层阻力大，气体流速慢。为优化两侧通风，均衡整个篦床上熟料层内的气体分布，将Ⅰ室前段至Ⅲ室固定在梁上两侧的两块篦板也采用直接通风的 Module 篦板，克服了单纯室供风的不足。为防止细料侧产生"红河"现象，在其两侧安装了盲板，以改变物料流向，加强粗细物料混合。

③ 冷却机中间设置辊式破碎机

该 CP 冷却机选用辊式破碎机代替传统的高速锤式破碎机。辊式破碎机设置在冷却机一段与二段之间，这样既可降低建设投资，又可延长破碎机的使用寿命，而且经一段篦床冷却后的熟料，经过破碎后进入二段冷却，可使冷却效果提高。但所用辊式破碎机应具有很好的抗热能力和抗震性。

④ 增设喷水装置

根据 CP 型冷却机的热平衡关系，考虑窑产量的增幅，在冷却机的Ⅲ室和Ⅳ室各设有一个水喷嘴，与料床约成 60°角。操作中可根据需要调整喷水量。为确保喷水的雾化效果，除特制的喷嘴外，设有专用风机予以支持。为防止喷嘴阻塞，装有压缩空气，可在喷水后通入压缩空气及时吹干管道和喷嘴内积水。若长时间不使用喷水，定期用压缩空气清理管道和喷嘴内粉尘。

⑤ 液压传动

该 CP 冷却机广泛使用了液压技术。如冷却机的传动和辊式破碎机的传动均采用了液压系统，液压传动结构简单、易于布置，机械故障点少、磨损小且易于密封，操作上易于调节、适应性好、运行平稳。从而既可降低系统能耗，又能增加系统生产能力和系统运行的稳定性。

冷却机的活动篦床段采用双缸液压传动，操作中可通过改变冲程次数和冲程距离来调整熟料在篦床上的停留时间和最佳料层高度，使料气充分换热。

⑥ 冷却机自控回路

窑头负压、篦下压力、各室风量的控制均采用自控回路。CP 冷却机窑头负压控制主要是通过调节冷却机的排风机闸门开启完成，通常将窑头负压控制在 －（10～30）Pa；在 2 号风室压力与篦速之间建立一个控制回路，当篦速增加、料层变薄、料层阻力降低，控制回路按测定值与设定值的偏差自动降低篦速，使料层厚度增加，维持篦下压力的稳定。反之则增加篦速，使料层变薄，通过自动调节便可获得稳定的厚料层；为了保持恒定的冷却风量，分别设置了控制回路，各室的冷却风量分别由冷却风机进口风门开度来调节。

（三）TC 型篦冷机

TC 型篦冷机是天津水泥工业设计研究院 20 世纪 90 年代开发的第三代篦冷机。TC 型篦冷机由上壳体、下壳体、篦床、篦床传动装置、篦床支承装置、熟料破碎机、漏料锁风装置、漏料拉链机、自动润滑装置及冷却风机组等组成。

（1）工作原理

热熟料从窑口卸落到篦床上，沿篦床全长分布开，形成一定厚度的料床，冷却风从料床下方，向上吹入料层内，渗透扩散，对热熟料进行冷却。透过熟料后的冷却风成为热风，热端高温风被作为燃烧空气入窑及分解炉，部分热风还可作烘干之用。有效的热风利用可提高热回收，而降低系统热耗；多余的热风经过收尘处理后排入大气。冷却后的小块熟料经过栅筛落入篦冷机后的输送机中；大块熟料则经过破碎、再冷却后汇入输送机中；细粒熟料及粉尘通过篦床的篦缝及篦孔漏下，进入集料斗，当斗中料位达到一定高度时，由料位传感系统控制的锁风阀门自动打开，漏下的细料便进入机下的漏料拉链机中而被输送走，当料斗中残存的细料还不足以让风穿透锁风阀门时，阀板即行关闭，从而保证了良好密封性能。TC 型篦冷机配有三元自动控制系统和全套安全监测装置，以确保高效、稳定、安全可靠地工作。

（2）结构特点

篦冷机的工作原理是高温熟料和空气进行充分热交换，以达到高效冷却熟料和热回收的效果。为此，设计中充分考虑到高温端速冷，风料均匀而充分的热交换和篦床合理配置等关键环节。

1）TC 型充气梁篦板

TC 型充气篦板是"充气篦床"的核心机件，它的特点是：

① 采用整体铸造结构（国外多为组合结构），以减少加工组装工作量，并具有良好的抗高温变形能力，不致因"散架"而导致故障。

② 篦板内部气道和气流出口设计力求有良好的气动性能，出口冷却气流顺着料流的方向喷射，并向上方渗透，强化冷却效果，使篦板免受高温熟料的侵蚀和磨损。

③ TC 型充气篦板的气流出口为缝隙式结构，加之良好密闭的充气梁小室，几乎使所有鼓进的冷风都通过出口缝隙；因而其气流速度明显高于普通篦板的篦孔气流速度。这一特点使充气篦板具有两个特性：一是高阻力，增加了篦床阻力对系统总阻力的百分比，相对缓解了料层阻力变化的影响，当料层波动时仍可保持冷却风均匀分布，确保冷却效果；二是气流高穿透性，有利于料层深层次的气固热交换，特别是对红热细料的冷却更有特殊的作用，有利于消除"红河"现象。

④ 充气篦床气道为纵向迷宫式，不会塞入细料。

⑤ 使用寿命长，一般情况下可达两年以上。

2）低漏料阻力篦板

在篦床的中温区，采用 TC 型低漏料阻力篦板。这种篦板也是整体铸造，具有减磨损料槽和横向迷宫结构的通气道。其特点是：①抗高温变形能力强；②气流通过气道速度和阻力较高；③低漏料；④使用寿命可达两年以上。

3）充气风管

①固定式充气风管。采用局部软连接结构，以便固定式充气篦板梁的调整和热位移，便于安装调整和维修。②活动式充气风管。便于调整和降低运行阻力；活动风管可进行角度和轴向调整，运动时适应性强，便于安装。③活动部分和固定部分在机外连接，便于检修和观测，安全可靠。④风管设有内外双层密封，漏风小，密封效果好。

4）组合篦床

TC 型篦冷机采用组合式篦床，篦床配置通常分为三部分：

① 高温区：熟料淬冷区和热收回区，在该区域采用 TC 型充气梁装置，其中前端采用若干排倾斜 15°的固定充气梁或倾斜 3°的活动充气梁，以获得高冷却效率和高热回收率，在高温区采用固定式充气梁装置，将大大降低热端篦床的机械故障率；

②中温区：采用低漏料阻力篦板，该篦板有集料槽和缝隙式通风口，因冷却风速较高而具有较高的篦板通风阻力，因而具有降低料层阻力不均匀影响的良好作用，有利于熟料的进一步冷却和热回收；

③低温区：即后续冷却区。经过前端 TC 型充气篦板区和低漏料篦板区的冷却，熟料已显著降温，故仍采用改型 Fuller 篦板，完全可以满足该机的性能要求。

5）采用厚料层冷却技术

设计最大料层厚 600～800mm，增加料层厚度使冷却风与热熟料有充分的热交换条件，增加风料接触面积和延长接触时间，充分的热交换使热熟料得到有效的冷却，并提高了冷却熟料后的热风温度，有利于热回收；厚料层冷却工艺不仅提高了单位篦床面积的冷却能力，还使篦板受到温度较低的冷料层的保护，避免与红热熟料直接接触而受到损害。

6）合理配备冷却风

在淬冷区和热回收区为充气篦床，配有合适风量、风压的冷却风是保证其冷却性能的关键。风量取决于料量、料温及所要求的冷却后的出料温度，它通过风与料热交换的热平衡计算，再根据 TC 型篦床工业实验等实践经验加以修正；风压的确定取决于管路系统阻力计算、TC 型篦床阻力数据（实验）和料层阻力等因素。

7）自动控制和安全监测

TC 型篦冷机采用三元控制，即篦速控制、风量控制和余风排放控制（即窑头负压控制）。TC 型篦冷机设有篦板测温及报警装置；料层状况电视监测装置；风室漏料锁风阀的故障报警及电动机过载保护装置；调料拉链机断链报警装置；冷却风机监测和报警保护装置等。自动控制是 TC 型篦冷机性能稳定、安全操作的极其重要的保证，必要的检测及保护装置是设备安全运转不可缺少的部分。

（四）SF 冷却机

为了使水泥熟料的篦式冷却机能够更好地适应回转窑熟料产量的波动及生产的瞬时变化，以及更好地适应现代化工业生产的需要，20 世纪 90 年代末 F. L. Smidth 公司和美国 Fuller 公司共同研制开发了一种全新的熟料篦冷机 SF（Smidth-Fulle）冷却机，即第四代推动棒式篦冷机。该篦冷机比第三代冷却机性能更佳，表 3-3 是 SF 篦冷机与第三代冷却机参数对比表。

表 3-3　SF 篦冷机与第三代冷却机参数对比表

形式 ＼ 参数	单位篦面积产量 [t/ (m² · d)]	单位冷却风量 (Nm³/kg)	热效率（%）	熟料热耗降低 (kcal/kg)	单位冷却电耗之比	土建投资之比	维修费用之比
第三代	38～42	1.9～2.2	70±2	0	100%	100%	38～42
SF	43.22	1.79～2.0	＞78%	15～25	80%	75%	43.22

第四代推动棒式篦冷机主要由熟料输送、熟料冷却及传动装置三部分组成，与以往推动篦式冷却机的最大区别是熟料输送与熟料冷却是两个独立的结构。其结构简图如图 3-45 所示。

（1）工作原理

来自窑头的熟料直接落到固定入口阶梯型篦床面上，篦板是固定的，不输送物料，熟料靠床面倾斜和冷却风力的作用滚、滑到冷却机下游，冷却机下游带有交替排列的固定棒和活动棒，通过推力棒的往复推动完成熟料输送。熟料的快速骤冷就是在第一室完成的。

作为熟料的输送装置，在篦床的宽度方向每一排篦板上部有一根棒，固定棒与活动棒交替排列，活动棒可以作往复运动，固定棒相互间隔布置在整个篦床的长度方向，固定棒紧固在篦板框架的两侧，活动棒则用紧固块卡在液压传动的推拉杆上，固定棒和活动棒位于距床面 50mm 厚的固有冷料层上面，可防止熟料的冲击，对篦板起到隔离保护作用。熟料层自然下

图 3-45　第四代 SF 型篦冷机

滑角度通常与水平成 30°～50°角。如果固定入口熟料过多地堆积，造成底部粘住，则用空气炮调节防止堆"雪人"。活动棒往复运动完成物料沿篦床向前输送，每一个动作都要向前推动物料和向后带动物料，但是，由于固定棒、活动棒的几何形状和冷却机的床面倾斜，使物料量向前的总较向后的多。活动棒的冲程通常为±75mm，也就是总移动量为 150mm。

活动棒采用液压传动，其往复行程为一块篦板的长度，具有混合、翻动和向前输送熟料的作用，在该过程中，料层中的所有熟料颗粒都能较好地接触到冷却空气，促进热交换，提高冷却效率。驱动活动棒的液压系统受控于控制器，信号来自前端风室或篦板内压力，风室里的上限压力在预定范围内设定。若熟料床面太薄，室压下降，则控制器将降低棒速，以使床面厚度增加，相反，若床面厚度太大，室压升高，则控制器促使棒速增加。推力棒将熟料推到冷却机出口，粒度小于 25mm 的熟料通过篦条漏下并被运走，大块的熟料经过破碎机破碎再分离，合格品进入熟料输送系统。

用以冷却熟料的冷却供风由固定篦床上的篦板提供，每块篦板采用机械式空气调节阀，实现冷却空气分布的自动调控，使由于温度变化、料层厚度不均及回转窑出料时产生的粗、细料离析等引起的熟料层阻力差异得以自动均衡，实现最佳的空气分布。

（2）结构特点

SF 型篦冷机结构简单，空气分布好，其设计优点主要表现在以下几方面：

① 熟料输送机与熟料冷却机分离。输送、冷却独立完成。整机采用全固定篦床，篦板不再承担物料输送任务，其功能仅限于均匀、合理地分配冷却空气。篦板无运动磨损，不会发生因篦板间隙加大而降低冷却效果，加之在篦板上面有 50mm 厚的低温熟料层保护，能保持整体篦板温度均匀，避免局部热胀冷缩的应力产生，篦板的使用寿命大大延长，使用寿命大于 5 年，设备故障率低，设备运行可靠。

② 特殊结构篦板。确保篦下无熟料落入风室，无须设置集料斗、锁风阀和拉链机等漏料收集、输送装置及密封风机。由于运动部件的减少，相应减少了维护工作量，从而保证了窑的运转率。

③ 推动棒输送熟料。作为熟料的输送装置，在篦床的宽度方向每一排篦板上都有一根棒。这些棒之间，一根采用液压传动和循环滚珠轴承，可以往返运动，行程约为一块篦板的长度，其下一根棒则是固定不动的。推动棒和固定棒如此相互间隔地布置在整个篦床的长度方向，整机运动部分的重量非常轻，输送效率高，输送电耗低。推动棒的工作原理与往复式篦冷机相同，但推动棒的逐步磨损不会影响冷却机的操作和热效率，因为熟料的输送和空气分布系统是相互独立的。当这些用作输送功能的棒已经磨损到相当程度时，只要无碍于其输

送能力,整台篦冷机仍能维持正常的高效操作状态,不会像第三代空气梁式篦冷机,因磨损而引起冷却效率下降。

此外,所有的易磨损部件均容易安装和更换,这些磨损件的更换都可以在篦床上面宽敞的空间很便捷地操作,工作条件大为改善。推动棒由定位器固定,推动棒使用寿命大于2年。

④ 机械式空气调节阀。机械自动风量平衡阀置于每块篦板下,可实现实时风量调节。每一块篦板下面装有机械式自动风量调节阀,冷却风量控制实现最小单元(一块篦板)化,能够根据每一块篦板(300mm×300mm)上熟料层阻力的大小,自行调节通过该篦板的冷却风量,自动处于最佳状况,调节迅速而准确,极大地简化了冷却机的日常操作。由于采用了机械式自动风量调节阀,无需采用控流型的高阻力缝形篦板,用普通的低阻力篦板即可,简化了篦板的制作工艺,还能降低冷却风机的风压、风量和台数,节省投资和生产电耗。与第三代控制流篦冷机比较,节约热能 $25×4.18kJ/kg$,冷却空气减少10%以上,无须密封风机,减少废气量20%,节电 $1.3～1.5kW·h/kg$,同等规格下,风机数量减少一半。

⑤ 模块化设计。模块化设计一方面是篦冷机的篦板模块化,另一方面是将篦冷机的主要部件分成几个部分,例如分成固定篦板段,多个活动篦板段以及破碎机段等。在设备制造厂内就完成小部件集装,安装时就像拼积木一样,到现场仅需要花很短的时间进行各部分间的组装即可,方便快捷,且安装精度高,每个模块上的部件都相同,备件量少。篦冷机模块化设计,一方面因为有比较灵活的长、宽,所以能够方便地组合成适应各种规格的烧成系统的篦冷机,且降低开发、制造成本;另一方面,篦冷机模块安装,非常简单可靠,大大缩短了现场安装时间,降低安装过程中的技术要求,且减少了安装过程中出现问题的可能性。

SF 型篦冷机的结构简单,所有部件都是标准化的,整台篦冷机都由 $4.2m×1.3m×2m$ 的标准模块组成,如图 3-46 所示,标准模块由 $4×14$ 块篦板组成,包括全部篦板及其自动风量调节阀、推动棒和固定棒(各 7 根)、液压传动的推拉杆及其油压缸一套、整体框架、下部风室及进风口等,尺寸为 $1.3m×4.2m$。每个标准模块都是在机械制造车间经组装、调试后运到现场的,若干个模块相拼合就可以组成各种规格和生产能力的 SF 型篦冷机。

⑥ 设计指标及保证指标。SF 型推动棒式冷却机具有技术上的可靠性和操作上的可控性及稳定性,运转率高、结构紧凑。在技术指标方面,具有冷却效果好,热回收效率高(72%),二、三次风温高且稳定,出口熟料温度低且稳定(<环境温度+65℃),冷却用风量少,能耗低,损耗低,使用寿命长,安装及检修维护方便等特点。

图 3-46 第四代 SF 型冷却机模块

⑦ 体积小,质量轻;易损件、附属设备、土建工程、安装工程少,节约成本。

⑧ 液压传动,轴承只需每年加油一次,维护工作量少。

（3）性能指标

与其他篦冷机相比，SF 篦冷机性能优良，表 3-4 是美国投产的一台 SF 篦冷机性能指标。

表 3-4　美国投产的 SF 篦冷机性能

性能	单位	具体数值
熟料产量	t/d	3716
窑热耗	kcal/kg	721
冷却风量	Nm^3/kg	1.66
二次空气温度	℃	1062
三次空气温度	℃	986
熟料冷却温度	℃	环境温度＋65℃
篦下风机电耗	kW·h/t	4.06
冷却机效率	%	75.60

复习思考题

1. 冷却机的发展经历了哪几个阶段？

2. 熟料急冷有什么目的？

3. 篦式冷却机由哪几部分组成？

4. 篦冷机为何要采用厚料层操作？

5. 篦冷机余热回收主要通过哪些方式？

6. 第三代篦冷机篦床设计有何特点？

7. SF 篦式冷却机在结构和性能上有什么特点？

任务5　多通道煤粉燃烧器的应用

任务简介： 本任务介绍了回转窑对煤粉燃烧器的要求，及多风道燃烧器的工作过程、性能特点及结构。

知识目标： 了解燃烧器的基本知识和发展历程，熟悉多风道燃烧器的性能及结构，掌握多风道燃烧器的方位调节、操作控制等。

能力目标： 多风道燃烧器的使用及方位调节。

煤粉燃烧器（简称燃烧器）在水泥熟料煅烧过程中承担着燃料燃烧的重要任务。在预分解窑系统中煤粉燃烧方法是喷燃法，它是将少量空气以一定的动量并携带煤粉送到炉腔，进行燃烧以放出热量，这部分空气被称为一次空气或一次风；而从其他地方获得的送至煤粉燃烧处的热空气称为助燃空气。在预分解窑系统中有两个热源——回转窑和分解炉，进入回转窑内的助燃空气被称为二次空气或二次风；进入分解炉内的助燃空气被称为三次空气或三次风；二次风和三次风均来自水泥熟料冷却机。燃烧煤粉使用的煤粉燃烧器在水泥行业又被简称为喷煤管或煤粉喷嘴。因分解炉中所用燃烧器比较简单，以下重点介绍回转窑用燃烧器。

一、水泥窑用燃烧器的发展

在回转窑煅烧水泥熟料的过程中，窑用煤粉燃烧器将煤粉和空气的混合物喷入回转窑内，煤粉在高温下点着并燃烧。燃烧器的性能及操作好坏关系到熟料产量、质量、热耗以及环境保护、回转窑耐火砖的使用寿命等问题。

20 世纪 70 年代以前，回转窑广泛使用单风道煤粉燃烧器，即燃烧管。单风道喷煤管结构非常简单，是一根很长的前端有一小段较小直径通常被称为喷嘴的圆管。单风道喷煤管是利用一次空气直接将煤粉喷入窑内，因为煤粉和空气之间相对速度为零，使气、煤混合物的燃烧不良，在喷煤管前端保持一段"黑火头"；煤、油混烧时还产生不燃烧组分，从而不得不加大供应过剩空气。

由于回转窑煅烧熟料对火焰有较严格的要求，单风道喷煤管无法适应，所以不断进行改进，因而出现了多种单风道煤粉燃烧器，如图 3-47 所示。但由于煤粉与一次风仍然在喷煤管内混合，因此没有重大的技术突破。

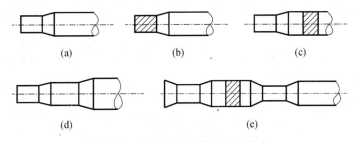

图 3-47　单风道燃烧器的几种形式

（a）一次变径单风道；（b）端部带旋流叶片的一次变径；（c）中部带旋流叶片的一次变径；
（d）二次变径；（e）中部加粗并带旋流叶片的多变径

在 20 世纪 70 年代中期开始出现双风道燃烧器，比单风道的性能有较大改善，这就启迪人们进一步研究更先进的燃烧器，主要途径是增加风道。于是 20 世纪 80 年代相继出现了三风道、四风道、五风道等多风道复合式燃烧器，以适应燃料和窑况变化的需要。从早期的单风道喷煤管发展为三风道、四风道以及烧两种以上燃料的五风道燃烧器，既提高了燃烧效率，降低了热量消耗，也提高了回转窑生产能力。但同时随风道的增多，燃烧器结构越复杂，重量越重，造价越高，使用时容易弯曲变形。我国冀东、宁国、江西、耀县等水泥厂相继引进、开发使用了三风道煤粉燃烧器，双阳、琉璃河、宁国二线、东亚等水泥厂引进了旋流式四风道煤粉燃烧器。

从煤风与空气混合的效果看，燃烧器可分为旋流式和分割式，分割式四风道燃烧器其通道分为外轴流风、煤风、内轴流风、内旋流风，其中外轴流风是轴向喷射的，风道为连续成形，由于分割式燃烧器将煤风分割成四股喷射，煤粉喷出后在圆周方向不均匀，在形成火焰完整性方面与旋流式有一定差距，而且增加了煤风通道的磨损。

旋流式煤粉燃烧器是利用直流风与旋流风形成组合射流及中心风形成的平衡流的方式来强化煤粉燃烧，由于燃烧器的结构特殊，煤粉被送入燃烧区域内，通过涡流、回流等方式和喷射效能，使煤粉与燃烧空气充分混合、迅速点燃并充分燃烧。衡量燃烧器性能优劣的重要指标是一次风用量，当前性能优良的四风道煤粉燃烧器一次风用量可降到 5%～7%，甚至3%～4%，既可以烧优质烟煤，也可以烧劣质煤、低挥发分煤、无烟煤、石油焦、煤页岩、废轮胎和生活垃圾等。

二、回转窑对煤粉燃烧器的要求

回转窑内的熟料煅烧，保证适宜的火焰及窑内温度的合理分布，对熟料产质量的提高、减少窑皮厚度和长度、延长窑衬寿命、减少燃料消耗、降低筒体温度、减少污染和环境的保护都具有十分重要的作用。因此，水泥回转窑对火焰有严格的要求，尤其是在新型干法回转窑中要求火焰的形状、温度和强度与回转窑煅烧熟料相适应，保证在整个火焰长度上都能进行高效率的热交换，同时又不能使窑皮产生局部过热、出现峰值温度，应能适应窑情的变化。要满足这些要求，回转窑煤粉燃烧器应具备下列条件：

（1）对燃料具有较强的适应性，尤其是在燃烧无烟煤或劣质煤时，能保证在较低空气过剩系数下完全燃烧，CO 和 NO$_x$ 排放量最低；

（2）火焰形状能使整个烧成带具有强而均匀的热辐射，有利于熟料结粒、矿物晶相正常发育，防止烧成带扬尘，形成稳定的窑皮，延长耐火砖使用寿命；

（3）外风采用环形间断喷射，保证热态不变形，射流均匀稳定，形成良好的火焰形状，最好采用多个小喷嘴喷射；

（4）采用拢焰罩技术，避免产生峰值温度，降低有害气体 NO$_x$ 的排放，使窑内温度分布合理，提高预烧能力；

（5）采用火焰稳定器，受喂煤量、煤质和窑情变化波动的影响小，火焰更加稳定；

（6）结构简单，调节灵敏、方便，适应不同窑情的变化，满足不同煤质燃烧和形成不同火焰的要求。

三、三风道燃烧器

（一）三风道燃烧器的结构

我国较早引进的，及之后国内自主研发的基本上都是三风道煤粉燃烧器，其结构由四个同心套管组成，煤风道和两个净风道（内风、外风）及一个中心通道，内风喷嘴处装有螺旋叶片，燃油点火燃烧装置在中心通道之中，外层有耐火浇注保护层，如图 3-48 所示。在燃烧器烧嘴装置中，配置可自动控制、运作，还有准确、可靠的点火程序，该点火烧嘴可按程序自动进行点火，能够实现和达到安全点火的目的。燃烧器采用吊架及移动小车或地轨式移动小车沿直线方向前后移动，调整伸进窑内的深度，可使喷煤嘴前后伸缩，达到调整火焰位置、稳定热工制度的目的。

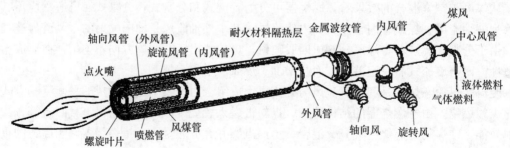

图 3-48 三风道煤粉燃烧器结构简图

　　三风道喷煤管利用直流、旋流组成的射流方式来强化煤粉燃烧过程。其特点是将喷出的空气分为多股，即内风、外风和煤风，各有不同的风速和方向，从而形成多个通道。内风通道的出口端装有旋流叶片，所以又称旋流风。采用旋流可以在中心造成回流，以便卷吸高温烟气。旋转射流在初期湍流强度大、混合强烈，动量和热量传递迅速。目前各厂家所制造的三风道煤粉燃烧器各风道的排列布置形式基本一致，即从外向内排为：外净风（轴流风）、煤风、内净风（旋流风），中间加一个点火（油枪）通道。图 3-49 是三风道煤粉燃烧器的头部结构。

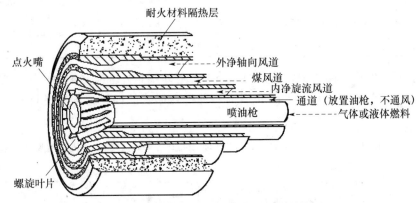

图 3-49　三风道煤粉燃烧器的头部结构图

（二）三风道燃烧器的工作原理

　　喷煤管最外层为外风，外风采用离散喷嘴，形成多个小股喷射流喷出，高速的直流风具有很强的穿透性和卷吸二次风的能力，形成许多涡旋，加速煤粉燃烧，大大强化了固定碳的燃尽。

　　第二层为煤风，煤粉采用高压输送，煤风从环形喷嘴喷出，煤粉浓度高，流速较低，且风量较小，着火所需求的热量就比较少，所以有良好的着火性能。

　　第三层为内风，采用高速旋流风，螺旋叶片产生旋转射流，出口速度与外风接近，强度大、混合强烈、传热迅速，并在喷嘴前形成一个回流区，有利于稳定火焰，同时也为火焰中心提供氧气以强化煤粉燃烧。

　　煤和送煤风采用高浓度低速喷射，通常在保证不发生回火的条件下接近输送粉料的速度 $20\sim40m/s$。内外净风出口速度可高达 $75\sim210m/s$。内、外流风把煤风夹在中间，利用其速度差、方向差和压力差与一次风充分混合，在火焰中心形成低压或负压区，使其产生一个回流，形成一个包含在射流中心内部的回流区，从而形成比较理想的可燃混合气体，进行燃烧。典型代表是德国洪堡公司研发出的 PYRO-Jet 三风道燃烧器。

四、四风道燃烧器

　　继三风道煤粉燃烧器之后，人们又开始研究开发更多风道的喷煤管，主要是四风道喷煤管。与三风道煤粉燃烧器相比，四风道煤粉燃烧器能使火焰更加稳定、形状更符合回转窑的要求，我国在引进的四风道煤粉燃烧器中，以法国的皮拉德（Pillard）公司的 Rotaflam 四风道煤粉燃烧器最受青睐，同时我国在引进、消化国外技术的基础上，自己也能够制造四风道煤粉燃烧器。

　　四风道煤粉燃烧器各风道的排列形式，各制造厂家有所不同，中心通道一般都用作点火通道，最外层风道是外轴流（轴向）风道，其余各风道的排列布置见表3-5。

表 3-5   四风道煤粉燃烧器各风道的排列形式

风道（由外向内）	第一种排列形式	第二种排列形式	第三种排列形式
最外层风道	外轴流（轴向）风	外轴流（轴向）风	外轴流（轴向）风
次外层风道	外旋流风	煤风	煤风
第三层风道	煤风	内轴流风	旋流风
第四层风道	内轴流风	旋流风	内轴流风
中心通道	中心通道	中心通道	中心通道

在各风道的三种排列形式中，其共同之处是：最外层是外轴流（轴向）风，煤风处在第二道或第三道，其余各有千秋。下面介绍第一种排列形式的四风道煤粉燃烧器的结构，如图 3-50所示。

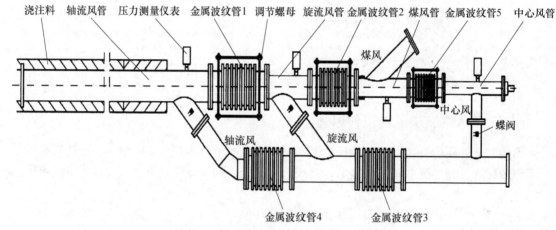

图 3-50   四风道煤粉燃烧器结构示意图

（一）四风道煤粉燃烧器的结构

该四风道煤粉燃烧器共有 5 条管道，由轴流风道（外层外净风）、旋流风道（内层外净风）、煤风道、中心风道（内净风道）四个同心套管和一个燃油管（燃油点火燃烧装置）组成，旋动调节螺母，可把各套管向内压入或向外拉出。与三风道煤粉燃烧器相比，将外净风分成了外层外净风（轴流）和内层外净风（旋流）两股，多了拢焰罩、火焰稳定器和一股中心风，目前的四风道喷燃管，中心风多通过板孔式火焰稳定器上的多个小孔喷出，以保证分布均衡。

（1）中心油枪

中心油枪主要用于冷窑点火升温，一般采用轻质柴油。燃油在高压泵的作用下，油压较高，到达油枪后能够很好地雾化，因此该油枪点火非常方便，不滴油，发热能力强。为了保证进入油枪的油压，采用了回流式控制方法调节油量，因而油量调节非常方便，且不影响雾化质量，保证了油枪的性能。

（2）中心风通道

常规三风道燃烧器不带有中心风通道，在实际使用过程中，常会发生煤管头部堵塞、火焰不稳定、燃烧器头部易烧坏、NO_x含量高等缺陷。四风道燃烧器增加了中心风,一般占一次风量1.0%左右,中心风的作用有以下几个方面:

① 防止煤粉回流堵塞燃烧器喷出口。抵消射流中心负压的回流,防止煤粉回流堵塞喷燃管头部的喷出孔隙,避免回火烧坏喷燃管头部,以延长使用寿命。但中心风的风量不宜过大,否则一次风量增大,而且会增大中心处的轴向速度,缩小通道之间的速度差,对煤粉的混合和燃烧都是不利的。

② 冷却燃烧器端部,保护喷头。燃烧器喷头的周围布满了热气体,其端面没有耐火材料保护,完全裸露在高温气体中,再加上负压的回流,往往使喷头端面的温度很高,使用寿命显著缩短。中心风将喷头端周围的高温气体吹散顶回,不仅冷却了喷头内部,而且也冷却了端面,从而达到保护喷头的目的。

③ 使火焰更稳定。通过板孔式火焰稳定器喷射的中心风,与循环气流能够引起减压,使火焰更加稳定,并保证火焰稳定器的长寿命。

④ 减少NO_x有害气体的生成。火焰的中心区域是煤粉富集之处,燃烧比较集中,形成一个内循环,在很小的过剩空气下就能完全燃烧。因而可降低废气中NO_x的含量,一般可降低30%~50%。

⑤ 辅助调节火焰形状,改善熟料质量。尽管中心风的风量不大,压力也不大,但它对火焰形状的调节起一定的辅助作用,而且从中心供一部分氧气,使煤粉更易燃烧。

(3) 旋流风通道

旋流叶片安装在内风道前端,即旋流风通道的头部设置有旋流器,风在旋流器的作用下,产生旋流效应,煤粉在出燃烧器后迅速散开,降低了煤粉浓度,提高了煤粉与空气的接触时间和接触面积,从而使煤粉能够快速燃烧,提高了煤粉燃烧效率。

如果旋流风太弱,煤粉散不开,中心煤粉浓度太高,火焰较长,且有不完全燃烧现象,火焰不集中,煅烧温度不够。如果旋流风太强,煤粉太散,火焰粗壮、发散,容易造成火焰扫窑皮、煤粉被物料裹埋、窑头易结圈。因此对旋流风的强弱必须有适当的要求。

(4) 煤粉通道

煤粉通道在旋流风通道和中心风通道之间。这样设计的目的是使煤粉在旋流风作用下能够迅速分散,有利于煤粉快速着火。同时为了保证煤粉不至于太散,在煤粉通道外侧设有直流风通道,这样可以有效调节火焰长短和火焰温度。

(5) 直流风通道

直流风通道设置在最外侧,外净风由环形间隙喷射改为间断的多个小圆形喷嘴,通过外圈高速喷出多个射流,通过高速引射作用,可以减少一次风的用量,提高高温二次风的用量,从而降低烧成热耗。同时在射流作用下,喷嘴口形成局部负压区,周围的高温气体即二次风被卷吸,从相隔小孔的缝隙中进入火焰根部,并通过两束射流之间的缝隙与煤粉混合,使煤粉快速升温而燃烧,提高CO_2的含量,从而降低纯氧含量,再加上火焰温度峰值的降低和高温回流烟气的增加,避免生成过多的NO_x气体。

(6) 稳焰罩

在外直流风喷出后,射流气体逐渐变粗,容易造成火焰过早发散,同时熟料粉尘等物体容易通过缝隙而堵塞喷嘴,另外高温二次风直接接触燃烧器,容易造成燃烧器损坏,为了避免上述问题,在燃烧器直流风外侧,即燃烧器的最外层套管伸出一部分,称为拢焰罩,对于不同的燃烧器和不同的窑而言,存在一个最佳的拢焰罩长度,通过综合分析比较,拢焰罩长度为 100mm 是最佳的。拢焰罩的作用有以下几方面：

① 增加拢焰罩之后，产生"碗状效应"，可避免空气过早扩散，增强了主射流区域旋流强度，加强气流混合，促进煤粉分散，强化煤粉燃烧过程，保证煤粉的充分燃烧，煤粉燃尽率提高至 98.12%。

② 在相同旋流强度的情况下，由于拢焰罩的存在而使得火焰长度明显增加，高温带变长，避免了窑内可能出现的局部高温，使温度分布更加均匀，明显降低窑内的最高温度，有利于保护窑皮。

③ 由于拢焰罩的使用，煤粉燃烧充分，窑内平均温度提高，这样有利于熟料的煅烧，从而很好地起到了加强煅烧的作用。

④ 采用拢焰罩，在火焰根部形成一股缩颈，可避免气流的迅速扩张，使火焰形状更加合理，避免窑头高温，降低窑口温度，且降低了火焰的峰温，热流分布良好，使窑体温度分布合理，能延长窑口护板的使用寿命，避免窑口筒体出现喇叭形。

（7）火焰稳定器

内净风道前部设置一块钻有很多小孔的圆形板，称之为火焰稳定器，是中心风的喷出装置，如图 3-51 所示。其主要作用是在火焰根部产生一个较大的回流区，可减弱一次风的旋转，使火焰更加稳定，煤风环形层的厚度减弱，煤风混合均匀充分，温度容易提高，缩短了"黑火头"，更适合于煅烧熟料的要求。

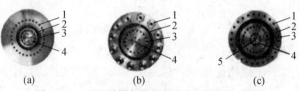

图 3-51　四风道煤粉燃烧器所用火焰稳定器

(a) 五孔式火焰稳定器（不能安装燃油点火油枪）；(b) 七孔式火焰稳定器（不能安装燃油点火油枪）；
(c) 七孔式火焰稳定器（在中心通道中安有燃油点火油枪）
1—外风喷出的小圆孔或小喷嘴；2—煤风道；3—旋流风的螺旋体；
4—少孔板孔式火焰稳定器；5—燃油点火助燃装置喷油枪喷嘴

采用火焰稳定器，在使火焰根部保持稳定的涡流循环，降低内风旋转的同时，还可使一次风量降低一半，大约使一次风量减少 4% 左右，取而代之的是高温回流烟气（700～1100℃），使得燃料燃烧更加完全，大约节省 1.5% 的燃料。

（8）燃烧器移动小车

燃烧器在窑头的位置可以由移动小车前后调整，同时也可以将燃烧器推出窑头罩，使用非常方便。

（9）燃烧器上下左右调节装置

通过调节装置，可将燃烧器在左右和上下方向上进行调节。

（10）煤粉入口处耐磨板

为了防止煤粉磨穿燃烧器，通常在煤粉入口处设置耐磨板，有效地防止了煤粉的磨损，延长了燃烧器的寿命。

（11）喷嘴

喷嘴由特殊材料加工而成，用来调节各管道喷出口面积大小，从而调节喷出的速度，是保证火焰形状及寿命的关键部件之一。

（12）金属波纹补偿器

波纹补偿器，习惯上也叫膨胀节，或伸缩节，主要用在各种管道中。它能够补偿管道的热位移、机械变形和吸收各种机械振动，起到降低管道变形应力和提高管道使用寿命的作用。

（13）蝶阀

轴流风、旋流风和中心风的入口上都装有蝶阀，可单独地调节各风量和比例。

（14）压力表

压力表可间接显示燃烧器内的风口喷出速度。

（15）保护层

需用户自行在最外层通道外表面浇注耐火浇注料，以保护燃烧器。

（二）四风道煤粉燃烧器的工作原理

其工作原理与三风道喷煤管并没有大的区别，其主要特点在于以下几点：

（1）在保证三风道燃烧器各项优良性能的同时，进一步将一次风量降低到 4%～7%；一次风速进一步提高到 300m/s 以上，以增加燃烧器端部的推力，卷吸二次风能力增强。

（2）各风道之间采取较大的风速差。引起火焰气体回流，而且轴向风速非常高，强化了燃料与空气混合，提前了燃料的着火燃烧。

（三）应用举例

Rotaflam 四风道煤粉燃烧器是法国皮拉德公司（Pillard）在原有三风道燃烧器基础上研制开发的，其结构如图 3-52 所示。

（1）Rotaflam 燃烧器结构特点

与传统的三风道燃烧器相比，其结构特点如下：

① 油或气枪中心套管配有火焰稳定器，可使火焰根部形成一个回流区，以确保火焰燃烧的稳定，从而使一次风量降低一半。

② 采用拢焰罩，可避免气流迅速扩张，产生"碗状效应"，使火焰形状更加合理，避免窑头高温，延长窑口护铁的使用寿命。

③ 外净风由环形间隙喷射改为间断的小孔喷射，二次风能从相隔小孔的缝隙中进入火焰根部，使火焰集中有力，同时使 CO_2 含量高的燃烧气体在火焰根部回流，降低 O_2 含量，避免生成过多的 NO_x 气体。

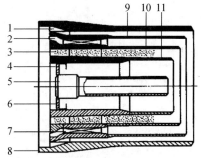

图 3-52 Rotaflam 型四风道煤粉
燃烧器端部结构简图

1—轴向外净风；2—旋流外净风；3—煤风；
4—内净风（中心风）；5—燃油点火装置；
6—火焰稳定器；7—螺旋叶片；
8—拢焰罩及第一层套管；9—第二层套管；
10—第三层套管；11—第四层套管

④ 原来三风道喷煤管的旋流风设置在煤风之内，Rotaflam 煤粉燃烧器的旋流风则设置在轴流风与煤风之间，以延缓煤粉与空气的混合，从而适当降低火焰温度。

（2）Rotaflam 燃烧器性能特点

① 火焰调节灵活。可以在操作状态下通过调整各个通道间的相对位置，改变出口端部横截面积，以调整火焰，简单方便，可调范围大。

② 火焰形状规整适宜。由于火焰根部前几米具有良好的形状，可使火焰最高温度峰值降低，使火焰温度更趋均匀，窑内温度分布合理，有利于保护窑皮，防止结圈。

③ 一次风比例低。由于一次风量由原来三风道喷煤管的 10% 下降到 6%，从而 4% 的一次风被等量的高温二次风替代，且卷吸二次风能力强，提高冷却机热效率，与传统燃烧器相比节煤 10% 以上，使系统热耗降低 1.5%。

④ 热工制度合理。由于火焰控制良好，使热工制度稳定，可提高台时产量 5%～10%，水泥熟料早期强度提高 3～5MPa。

⑤ 低 NO_x 排放量。火焰最高温度峰值降低，使 O_2 与 N_2 反应机会减少，降幅达 20%～30%。

⑥ 适应性强。可用无烟煤、高灰分低热值的贫煤等劣质燃料，对煤粉水分、细度及生料成分波动适应性强。

水泥回转窑用多风道煤粉燃烧器性能优越，但是，如果在窑内位置不正确，操作控制不当，就不能发挥其应有的性能，甚至出现更多的问题。例如火焰扫窑皮、舔料，造成红窑，火焰粗大发散且不稳定，窑皮短，经常出现后圈和结大蛋现象，烧成温度不高，窑速提不上去，制约产质量提高。有关它的操作见项目四中的任务 6。

复习思考题

1. 单风道喷煤管的主要缺点有哪些？
2. 简述多风道燃烧器的工作原理。
3. 分别叙述四风道燃烧器中心风和拢焰罩的作用。
4. 简述常见多风道燃烧器的结构特点和性能特点。

项目四　预分解窑煅烧系统中央控制室操作

内容简介： 新型干法水泥工艺过程复杂，系统环节多，连续性强，许多工序联合操作，相互影响，相互制约。故而要求中控操作人员必须掌握好新型干法工艺过程的特点，立足全局，科学操作和优化操作。

学习目标： 通过本项目的学习，掌握在新型干法水泥企业中央控制室对预热器、分解炉、回转窑、篦冷机和四风道燃烧器等的操作。

任务 1　中控操作员具备的能力及认识中央控制室

任务简介： 新型干法水泥厂的生产过程，就是以悬浮预热和窑外分解技术为核心，以原、燃料预均化，新型的烘干粉磨及均化工艺及装备，采用以计算机控制为代表的自动化过程控制手段，实现高效、优质、低耗的水泥生产过程。生产过程本身要求具有高度的稳定性，设备运转的可靠性和参数调节控制的及时性。

知识目标： 掌握预分解窑系统正常操作及常用参数控制；熟悉中控操作室的组成及其在企业中的地位；明确中控操作员是保证中控室核心地位的关键。

能力目标： 具备熟练操作预分解窑系统的能力；能准确判断预分解窑系统异常情况并能正确处理。

为达到上述目标，这就需要中控室的操作人员必须具备一定的技术水平和能力。

一、中控操作员应具备的能力

（一）中控操作员必须熟悉生产现场

由于中控操作员所操作的都是现场的设备、现场的物料，因此必须要求操作员必须熟悉生产现场，成为现场的能手、指挥家，对全厂工艺流程、现场布局、系统工艺参数，具体涉及每一台单机的工作原理、特性、故障显示都能熟练掌握。只有熟悉现场，才能对现场故障进行准确判断，才能指导巡检工有目的地进行巡检和处理现场设备。

判断现场各种情况的能力应该表现为以下具体内容：

（1）判断系统温度及控制温度的能力。在煅烧系统中是指熟料煅烧温度，窑筒体温度，分解炉进、出的温度等。这些温度的高低，或能发现仪表指示不及时或不准确，都需要操作人员现场的经验感受。

（2）观察火焰形状及调节火焰的能力。掌握燃料种类及质量变化可对火焰的影响程度；并能调节一次风量与风压和不同燃料气的配合。

（3）观察系统正负压状态及调节用风的能力。

（4）观察篦冷机中熟料冷却状态及调节的能力。

（5）观察熟料表现质量及查找原因的能力。

（6）粉尘排放合格状态及改善的能力。

（7）及时发现系统异常状态并尽快排除的能力。

（二）中控操作员与巡检人员配合的能力

具备上述现场实践经验是与巡检人员默契配合的前提，但从操作思想上要学会听取现场巡检人员的反映，而不是只能向巡检工人发布指令。巡检人员的素质需要不断提高，才能与中控操作员相互配合。

（三）中控操作员判断系统状态与最佳参数稳定状态的能力

在系统不具备客观条件时能准确指出不具备的条件；在客观操作环境具备的情况下，能迅速判断系统是否稳定运行；在系统稳定的情况下，判断是否已在最佳参数状态下运行。

（四）操作员正常操作参数能力

1. 对某些自变量需要调整时，调整的幅度要将实际测定值与目标值的差再乘以一个小于1的调整系数，以求重要指标能以尽量少的调整次数，达到更高的稳定性，即求该指标变化的标准偏差最小。

2. 当系统稳定后摸索最佳参数时可采用试探法选定最佳参数。即按照既定的思路对某个自变量进行或高或低的调节，以观察系统的变化趋势。如果无论怎样调整，效果都不如未改变前更好，就说明该被调参数已经是最佳参数。如果向某一方向调整后的效果变好，说明向此方向摸索是正确的，可以继续下去直到效果不再发展时为止。

3. 当系统出现异常波动时，一般要采用大幅度调整，并且应该反应迅速，措施与步骤同时到位。

（五）中控操作员要成为技术能手

在日常的中控操作中，中控操作人员必须树立安全第一的观念，与现场人员密切合作，统一操作，实现对现场设备的动态、瞬时、连续监控，通过由时点数据构成的趋势曲线，及时掌握和分析设备运行状态，摸索出系统最佳的操作参数；在检修期间，操作员必须要全过程现场参与，了解设备情况，对设备隐患进行判断和分析，提出可行的技术维修方案；同时，还必须认清整个系统设计机理，寻求系统的稳定和平衡，成长为技术能手，进行优化操作；并能够理论联系实际，有重点地进行突破，掌握核心技术，提高对生产过程中疑难杂症的处理能力，将现场实践经验和中控操作技能向技术理论升华，学会概括和总结技术经验，进而参与专业技术管理，为专业管理提出持续改进意见，实现优质、稳产、高效、低耗，长期安全运转和文明、环保的生产目的。

（六）中控操作员要成为操作高手

1. 能在系统稳定运行时，按照所具备的基本操作知识及应该具备的能力正确地完成各种操作程序；2. 能在系统异常时迅速找出确切原因，并实施正确对策，这里存在对异常现象反应的灵敏程度及采取措施的有效程度的差异；3. 有较强的预见性，当系统从正常向异常变化刚露端倪时，便能敏感地发现，并采取对策制止，做到该出手时就出手，不该动时就一定不动；4. 能在相对稳定的条件下，较为快速准确地找出系统的最佳参数，表现出有清晰而正确的思路。

中控室操作员具备上述六种能力就能在操作中力求主动，增强每次操作的目的性，从而成为中控操作的能手。这些能力的形成，需要有正确的经验和思路，但绝非是先天具备，而是要靠后天的训练与培养才能具备的，而且这种能力的培养与塑造还要有良好的客观条件。

总之，随着大型水泥企业的发展，劳动生产率的提高，现场人员的逐步减少，中控操作人员就必须要熟悉和掌握新型干法工艺过程的特点，了解其工作原理和各种工艺热工过程的特性，同时具有工艺、设备、耐火材料、质量、电气、自动化等专业知识，理论联系实际，在生产中锻炼和提高，成为工艺—设备—自动化的能手和专家，才能适应现代化设备自身技术特点和水泥企业发展的要求，使新型干法工艺及装备发挥出应有的效益。

二、中控操作员要做到"四勤"

中控操作员除了具备上述能力外，还要做到以下"四勤"，即脑勤、手勤、嘴勤和腿勤。

1. 脑勤，即勤于思考问题。凡是生产中遇到的现象，都要能用实践解释清楚，不断学习，可以查阅相关书籍及杂志，不断提高自身的技术水平。

2. 手勤，即勤记录，勤写总结。实际上，每一次的操作，就是再思考、再提高的过程。

3. 嘴勤，即多与他人交流，要不耻下问，遇事多问几个为什么，这是学习和提高难得的机会。

4. 腿勤，即要勤到现场。只坐在中控室内想当然，很难得出解决实际问题的结论。尤其上述那些需要掌握的应会能力，只有经常迈开双腿深入现场才能获得。

三、认识中央控制室

为了更好地在中控室（图 4-1）对预分解窑系统正确操作，下面将对中控室进行介绍。

进入 20 世纪 70 年代后期，随着微电子技术的进一步发展，微处理机的价格不断下降，水泥生产开始应用以微型计算机为基础的分布式控制系统（DCS），它是一种控制功能分散化、监视操作集中化的控制系统，即所谓的集散控制系统。集散控制系统将计算机技术、控制技术、通讯技术、CRT 显示技术相结合，解决了计算机集中控制所存在的问题。

图 4-1　某新型干法水泥企业中央控制室

中央控制室是指能够把全厂所有操作功能集中起来，并把生产过程集中进行监视和控制的一个中心场所。在中控室里，通过计算机等技术能将整个生产过程参数、设备运行情况等全面迅速反映出来，并能对过程参数实现及时、准确地控制。因此，中央控制室是全厂的控制枢纽和指挥中心。把生产过程集中在中控室内进行显示、报警、操作和管理，可以使操作人员对全厂的生产情况一目了然，便于针对生产过程中出现的问题及时进行调度指挥，从而有利于优化操作，实现高产、优质、低消耗。

集散控制系统具有较高的可靠性，设置了操作员 CRT 接口系统，有彩色 CRT 显示器及键盘、打印机，CRT 上以图像形式形象地显示出生产流程，还设有工程师操作站和计算机接口设备。

CRT 显示器显示画面除了部分生产工艺流程外，还显示生产线上的设备运行信息（图 4-2），画面中 ON/OFF 表示电动机开/停状态，阀门的开启状态用开度百分比表示，画面中的数值表示了温度、压力、流量等过程参数的值。

中控室作为水泥企业生产运行的核心，及生产指挥的控制中心，强化中控操作员的操作技能和综合能力，是保证中控室核心地位的关键。

为便于理解和操作，下面按照预分解系统流程（图4-3）顺序，依次介绍预热器、分解炉、回转窑、箅冷机和燃烧器等的操作。

图4-2 新型干法水泥生产线

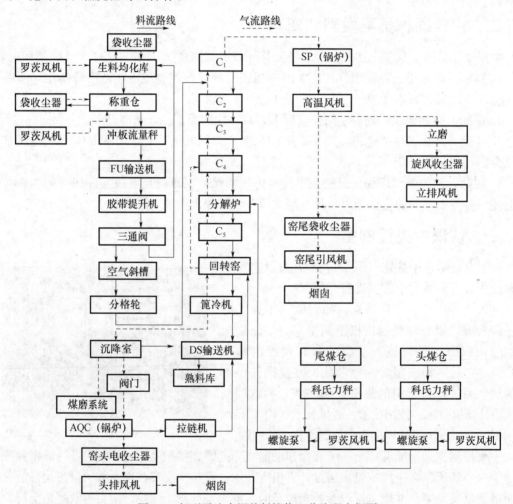

图4-3 新型干法水泥熟料煅烧工艺流程方框图

复习思考题

1. 中控操作员为什么要熟悉生产现场？

2. 中控操作员怎样做才能成为操作高手？

3. 中控操作员要做到哪"四勤"？

4. 你对中控操作室了解多少？

5. 画出新型干法水泥熟料煅烧工艺流程方框图。

任务 2　中控预热器的操作

任务简介：水泥企业的旋风预热器是新型干法煅烧技术中不可分割的部分，是预分解窑系统重要组成之一。它的作用在前一个项目中已阐述，如何操作好预热器至关重要，接下来学习如何操作它。

知识目标：掌握预热器正常操作及常用参数控制；熟悉预热器异常情况处理；了解预热器操作前准备工作。

能力目标：具备熟练操作预热器的能力；能准确判断预热器异常情况并能正确处理。

一、预热器系统正常操作

（一）操作前准备工作

1. 运转前的准备工作

（1）确定人员安全撤离，工具和杂物全部清出。

（2）在窑开始点火前需进行投球确认，以检查各级旋风筒和各下料溜子是否畅通。

（3）检查各检测仪表是否完好。

（4）点火烘窑前应将所有翻板阀用铁丝吊起，在投料前将其放下。

（5）在窑开始投料前需再次对预热器投球确认。

（6）检查空气斜槽是否畅通，以及分料挡板是否灵活，升温和停止喂料时斜槽风机和分隔轮需开启。

（7）检查大气排放口是否正常。

（8）检查空气炮气源是否打开，气压是否正常，是否在自动位置。

（9）检查各个设备内部的耐火材料是否完好。

（10）检查预热器所有人孔门、清扫孔等是否全部关闭并密封。

2. 运转中的检查

（1）检查预热器各下料溜子翻板阀动作是否灵活，重锤是否松动和移位。

（2）检查人孔门、清扫孔、大气排放阀是否漏风。

（3）对烟道和缩口的结皮要定期清扫。

（4）观察系统是否正压，检查差压的变化，清扫孔是否堵塞，翻板阀是否动作，由此来判断预热器是否堵塞，并立即告之中控。

（5）检查空气炮工作是否正常，压力是否充足。

（6）通过各个设备外表温度判断内部耐火材料是否损坏。

3. 停机后检查

（1）停机后检查旋风筒壳体、旋风筒内筒、撒料盘、翻板阀、膨胀节等损坏情况。

（2）停机后应打开人孔门检查耐火材料及结皮情况，为运转中清扫和停窑检修提供依据。

（3）停机后应检查各旋风筒入口处的积料情况，根据需要进行清扫。

（4）检查翻板阀的润滑情况，根据需要补加润滑油脂。

（5）在进入预热器前一定要封好上一级所有的下料口以防伤人。

4. 日常维护与保养

(1) 首先必须将空气炮打入手动，并且把劳保用品穿戴好。

(2) 必须与窑操作员等人联系，维持系统负压，并两人以上现场清扫。

(3) 清扫人员不要正面对清扫孔，每次不能同时清扫两个孔，更不许上下同时作业。

(4) 不要轻易打开预热器检修门。

(5) 清扫后将清扫孔关闭，防止系统漏风。

(6) 遵守高压水枪使用规程。

(7) 清扫结束后将空气炮打入自动。

(二) 常用参数操作

1. C_1 级旋风筒出口气体温度

当设有五级预热器时，一般控制在 320℃左右。超温时，需要检查以下几种状况：生料喂料是否中断或减少；某级旋风筒或管道是否堵塞；燃料量与风量是否超过喂料量需要等。查明原因后，做出适当处理。当温度降低时，则应结合系统有无漏风及其他级旋风筒温度状况酌情处理。

2. C_5 级旋风筒出口气体温度

在预分解窑系统中，C_5 级旋风筒出口气体温度，表征物料在分解炉内预分解状况，一般控制在 850~880℃。控制在这个范围，可保证物料在预热器系统内预烧状况的稳定，从而使全窑系统热工制度稳定，对防止预热器系统的粘结堵塞十分重要。

3. C_1 级及 C_5 级旋风筒出口负压

预热器各部位负压的测量，是为了监视各部阻力，以判断生料喂料是否正常、风机闸门是否开启、防爆风门是否关闭，以及各部位有无漏风或堵塞情况。当预热器 C_1 级旋风筒出口负压升高时，首先要检查旋风筒是否堵塞，如属正常，则结合气体分析确定排风是否过大，适当关小预热器主排风机闸门；当负压降低时，则检查喂料是否正常，防爆风门是否关闭，各级旋风筒是否漏风。如均属正常，则需结合气体分析确定排风是否足够，适当开大预热器主风机闸门。

一般来讲，当发生粘结、堵塞时，其粘结堵塞部位与预热器主排风机间的负压，是在氧含量保持正常情况下有所增高，而窑与粘结堵塞部位间的气流温度升高，粘结堵塞的旋风筒下部物料温度及下料口处的负压均有下降。由此可判断粘结堵塞部位，并加以清除。

由于各级旋风筒之间的负压互相关联、自然平衡，故一般只要重点监测预热器 C_1 级和 C_5 级旋风筒的出口负压即可了解预热器系统的情况。

4. C_5 级旋风筒锥体下部负压

它表征该级旋风筒的工作状态，当该旋风筒发生粘结堵塞时，锥体下部负压下降，此时即需迅速采取措施加以消除。

5. 预热器主排风机出口管道负压

在窑系统与生料磨系统联合操作时，该处负压主要指示系统风量平衡情况。当该处负压较目标值增大或正压较目标值减小时，应关小电收尘器的排风机闸门；反之，则开大闸门，以保持风量平衡。

二、预热器系统主要工艺参数的控制

表 4-1　预热器参数

检测点	压力（Pa）	温度（℃）	氧含量（%O_2）	风量（Nm^3/h）
窑尾烟室	−400	1050		
分解炉出口	−1900	890		
C_5 级筒出口	−2400	850		
C_4 级筒进口	−3300	无测点		
C_4 级筒出口	无测点	730		
C_3 级筒进口	−4800	无测点		
C_3 级筒出口	−4300	670		
C_2 级筒进口	−6100	无测点		
C_2 级筒出口	−5000	490		
C_1 级筒出口	−6300	320	2.0	0.006

1. C_1 级筒出口气体温度

（1）C_1 级筒出口气体温度反映了在预热器、连接管道内物料与气体热交换的效果、来料情况、整个系统温度的高低、有无漏风等问题；生料喂料是否中断或减少；某级旋风筒或管道是否堵塞；燃料量与风量是否超过喂料量需要等。

（2）C_1 级筒出口气体温度过高时，会影响高温排风机、收尘器的安全运转，使热耗增加；C_1 级筒出口气体温度过低时，对生料的预烧效果不好。

（3）C_1 级筒出口气体温度一般控制范围是 310～350℃，当喂料量正常、系统其他测点温度正常、系统通风量正常时，该参数会在正常范围内变化。

2. C_5 级筒入口气体温度

（1）C_5 级筒入口气体温度可以反映回转窑、分解炉内燃料燃烧是否完全及系统通风量的大小。

（2）C_5 级筒入口气体温度温度过高时会引起 C_5 旋风筒锥体、下料管等处的结皮、堵塞现象。

（3）C_5 级筒入口气体温度一般控制在 850～880℃。在正常生产时，通常不改变系统通风量，此时可通过改善燃烧状况使该参数在正常范围内变化。控制在这个范围，可保证物料在分解炉或预热器系统内预烧状况的稳定，从而使预分解窑系统热工制度稳定，对防止分解炉及预热器系统的粘结堵塞十分重要。

3. C_5 级筒下料管温度

（1）C_5 级筒下料管温度可以反映在下料管内物料温度的高低。

（2）C_5 级筒下料管温度过高时，说明物料温度高，易造成窑后系统的结皮堵塞；温度低时说明物料预烧不好，会影响入窑后的物料煅烧过程。

（3）可通过稳定下料量、系统风量等，使该参数在正常范围内变化。

4. 各级旋风筒出口气体压力

（1）各级旋风筒出口气体压力可以反映系统来料量的变化情况。

（2）各级旋风筒出口气体压力过高会使窑尾高温风机负荷增大。

（3）可通过稳定下料量使该参数在正常范围内变化。

5. C$_5$级筒锥体压力

(1) C$_5$级筒锥体压力可以反映旋风筒锥体部分是否结皮堵塞。

(2) C$_5$级筒锥体压力过高说明通风阻力增大，会增加整个系统的阻力，造成窑尾排风机负荷增大。

(3) 发现 C$_5$级筒锥体压力增大时要及时通知现场巡检人员捅堵。

6. 分解炉出口或预热器出口气体成分

通过设置在各相应部位的气体成分自动分析装置进行检测各部位气体成分，它们表征分解炉或整个系统的燃料燃烧及通风情况。对窑系统燃料燃烧的要求是：既不能使燃料在空气不足的情况下燃烧而产生 CO，又不能有过多的过剩空气而增大热耗。一般分解炉出口烟气中 O$_2$含量控制在 3.0%以下。

窑系统的通风状况，是通过预热器主排风机及安装在分解炉入口的三次风管上的调节风门闸板进行平衡和调节，当预热器主排风机转速及入口风门不变即总排风量不变时，关小分解炉三次风管上的风门闸板，即相应地减少了三次风量，增大了窑内的通风量，反之，则增大了分解炉内通风量，减少了窑内通风量。如果三次风管上的风门闸板开启程度不变，而增大或减少预热器的主排风机的通风量，则窑内及分解炉内的通风量都相应地增加或减少。

在窑系统安装有电收尘器时，对分解炉或最上一级出口（或电收尘器入口）气体中的可燃气体（CO+H$_2$）含量必须严加限制。因为含量过高，不仅表明窑系统燃料燃烧不完全，使热耗增大，更主要的是在电收尘器内容易引起燃烧和爆炸。因此，当预热器出口或电收尘器入口气体中 CO+H$_2$含量超过 0.2%时，则发生报警，达到允许极限 0.6%时，电收尘器高压电源自动跳闸，以防止爆炸事故，确保生产安全。

7. 预热器主排风机出口管道负压

在窑系统与生料磨系统联合操作时，该处负压主要指示系统风量平衡情况。当该处负压较目标值增大或正压较目标值减小（视测量部位而规定目标值）时，应关小电收尘器的排风机闸门；反之，则开大闸门，以保持风量平衡。

三、预热器系统异常情况的处理

(一) 预热器系统结皮堵塞

1. 概念

(1) 结皮是物料在设备或气体管道内壁上，逐步分层粘挂，形成疏松多孔的层状覆盖物。

(2) 堵塞是指窑后预烧系统中风系统或料流系统被物料堵塞，使系统不能正常运转。

2. 预热器系统结皮

(1) 结皮是怎样形成的？

碱、氯、硫在 650~1000℃时成为液相，大于 1400℃已成为气相。碱、氯、硫的富集与循环造成预热器系统结皮。

(2) 易出现结皮的部位主要在窑尾烟室、下料斜坡、烟道缩口及 C$_5$级旋风筒锥体、旋风筒下料管等部位。尤其是在窑尾烟室、下料斜坡、上升烟道易出现结皮。

(3) 引起结皮的原因：①与物料中钾、钠、氯、硫的挥发有关；②预热器局部高温或各级预热器及窑尾废气温度过高易造成结皮；③火焰组织不当，煤粉燃烧不完全；④与生料成分波动较大、喂料不均匀、物料易烧性的好坏等有关；⑤窑尾及预热器漏风；⑥内衬损坏、内筒脱落、翻板阀工作不灵活均易造成结皮；⑦与操作有关。

3. 造成预热器系统堵塞的原因

（1）因结皮而堵塞（局部高温、有害成分）；（2）机械故障造成堵塞（锁风阀在关闭位置上被卡死；循环吹扫装置出现故障；料粉分配不均匀等）；（3）工艺设计不合理或耐火衬料砌筑不好造成堵塞（旋风筒壁掉下来的成块结皮堵塞；下料管的几何形状不好，在弯头和缩口处，易形成堵塞；掉砖）。

4. 预热器系统堵塞时的现象

（1）堵塞点以下气体温度急剧上升；（2）气体压力不稳；（3）排灰阀被堵后阀杆停止摆动并有冒灰现象。

5. 防止预热器系统堵塞的措施

（1）开窑点火前检查；（2）严把原燃料质量关；（3）加强操作人员责任心；（4）采用旁路放风；（5）丢弃一部分窑灰，减少氯的循环；（6）定期检查吹扫。

6. 预热器系统堵塞后的处理方法

（1）立即停料，分解炉止煤，大幅度降低窑速和用煤量；（2）检查记录，分析、判断数据，赴现场找出堵塞的部位；（3）适当加大排风后打开清灰孔进行试探性的检查和清理；捅堵过程中，注意人身安全。

（二）C_1 级筒出口气体温度过高

1. 现象：中窑画面显示 C_1 级筒出口气体温度升高。
2. 原因：（1）断料或料少；（2）煤粉过粗，被带到了 C_1 级筒进行燃烧；（3）温度计损坏。
3. 处理：（1）检查断料等原因，且恢复料量；（2）调整煤粉细度；（3）更换温度计。

（三）C_5 级筒入口温度过高

1. 现象：当 C_5 入口气体温度升高时，会伴随分解炉出口气体温度的升高。
2. 原因：可能的原因有三种，即（1）加料不足或分解炉断料；（2）分解炉喂煤失控；（3）煤质不好，炉内燃料燃烧不完全。
3. 处理：对于第一种原因，应迅速减煤，确认是否有堵塞；对于第二种原因，迅速止尾煤；对于第三种原因应调整煤质，使煤粉在炉内完全燃烧。

（四）各级预热器出口气体压力过高

1. 现象：中窑画面显示各级预热器出口气体压力过高。
2. 原因：可能的原因有两种，即（1）喂料量变大；（2）窑内通风量减小。
3. 处理：对于第一种原因，采取的对策是改变喂料量；对于第二种原因，采取的对策是调大窑尾高温风机转速，增加系统通风量。

（五）C_4 级筒堵料

1. 现象：C_4 锥体负压下降很快，下料管温度下降，分解炉出口温度上升。
2. 原因：（1）下料翻板阀长期漏风，锥体结皮；（2）原料中有害成分增加；（3）预热器内掉砖，卡住翻板阀。
3. 处理：通知现场巡检人员及时捅堵。若堵料严重，需按停车顺序停窑，但停窑四小时内禁止用加大排风量的办法处理堵料。

（六）C₄级筒塌料

1. **现象**：(1) 系统排风量突然下降；(2) C₄锥体负压突然下降；(3) 分解炉及五级筒出口温度下降，出口负压上升，分解率降低。

2. **原因**：(1) 拉风过大，尤其在投料不久，收尘效率降低，物料循环量加大到一定时产生塌落；(2) 翻板阀配重不合适；(3) 平管道大量积灰，由于风速增加而塌落；(4) 开阀位置不正，分料不均而导致塌料；(5) 旋风筒挂灰至一定程度后塌落。

3. **处理**：(1) 塌料程度较小时，可适当增加分解炉喂煤量，酌情调整操作；(2) 塌料程度较大时，应止料处理。

（七）C₅级筒塌料

1. **现象**：(1) 系统排风量突然下降；(2) 锥体负压突然下降；(3) 窑尾温度下降幅度很大；(4) 窑头出现正压喷灰。

2. **原因**：(1) 下料翻板阀长期漏风，锥体结皮；(2) 原料中有害成分增加；(3) 预热器内掉砖，卡住翻板阀。

3. **处理**：(1) 当发生大量塌料时应止料停窑，但不止窑头煤，每3～5min翻窑1/2，直至重新投料；(2) 当发生少量塌料时可适当放慢窑速、适当加大窑头喂煤量。

复习思考题

1. 在悬浮预热器里，生料与气流主要换热方式是什么？影响换热效果最重要的因素是什么？
2. 如何考虑降低预热器系统阻力损失？
3. 悬浮预热器各级的分离效率对热效率的影响顺序。在设计中各级的分离效率又是如何匹配的？为什么？
4. C₅级预热器是否堵料？
5. 预热器系统发生结皮、堵塞的原因是什么？

任务3　中控分解炉的操作

任务简介：本任务主要阐述分解炉系统正常操作、分解炉系统主要工艺参数的控制及分解炉系统异常情况的处理。

知识目标：掌握分解炉正常操作及参数控制；熟悉分解炉异常情况的判断、分析及处理；了解分解炉操作原则等。

能力目标：具备分解炉参数控制及操作的能力；能对异常情况作出判断、分析及处理。

一、分解炉系统正常操作

（一）分解炉操作前的准备

1. 运转前的检查
(1) 检查所有的人孔门是否关闭；
(2) 检查分解炉缩口积料情况，根据需要进行清扫；

（3）检查分解炉喷煤嘴浇注料是否烧损及剥落，根据情况进行清扫；

（4）检查分解炉三次风入口积料情况，根据需要进行清扫；

（5）校正三次风挡板实际开度；

（6）检查分解炉出口水平管道积料情况；

（7）检查分解炉出口膨胀节情况；

（8）检查分解炉喷煤嘴一次风机调节挡板是否灵活。

2. 运转中的检查

（1）检查本系统是否跑灰和漏灰；

（2）观察分解炉入口结皮情况，根据需要进行清扫；

（3）检查分解炉喷煤管工作是否正常，管道是否漏气；

（4）检查分解炉出口膨胀节情况及其差压是否正常。

3. 日常维护及保养

（1）待温度下降后应打开人孔门，对炉内耐火材料进行检查，观察是否有结皮、剥落现象，如有应立即清扫和修补；

（2）对篦冷机三次风水平管道内的积料进行检查并及时清理积料；

（3）检查分解炉出口水平管道积料情况，如有应立即清扫；

（4）检查分解炉出口膨胀节情况及分解炉喷煤管情况；

（5）确认三次风入口导流叶片磨损、变形情况。

（二）分解炉操作

1. 分解炉气流特点与控制调节

分解炉采用旋流与喷腾流形成的复合流，兼具纯旋流与纯喷腾流的气特点，二者的合理配合强化了物料的分散，若三次风阀损坏和失效，不能正常调节，使窑、炉用风比例失调，造成煤粉不完全燃烧，未燃烧的煤到 C_5 内燃烧，引起温度倒挂现象。

2. 炉温控制

分解炉内煤粉的燃烧反应速率要比 $CaCO_3$ 分解反应慢，分解炉内 $CaCO_3$ 的分解率主要取决于炉温，在 850℃左右，生料在炉内若需停留 3～5s，因此提高入窑分解率，必须合理控制好炉温。

3. 风、煤、料合理匹配

分解炉内要保持风、煤、料的合理匹配，不能出现大风、大料的变化，否则，喷悬作用发挥不出来，引起燃料分布不均或物料混合不均，影响燃料燃烧、气料热交换及分解炉内温度场的均匀分布，炉容有效利用率不高，旋风筒两列温差相差较大，严重时引起局部高温点，引起结皮堵塞，甚至引起塌料，使窑内热工制度不稳，窑内结大蛋。

4. 分解炉用煤调节控制

预分解窑的发热能力来源于两个热源，即窑头和分解炉，对物料的预烧主要由分解炉来完成，熟料的烧结主要由回转窑来决定。因此在操作中必须做到以炉为基础，前后兼顾，炉窑协调，确保预分解窑系统的热工制度的合理与稳定。调节分解炉的喂煤量，控制分解炉出口温度在 850～900℃，确保炉内料气的温度范围，保证入窑生料的分解率。分解炉的燃料量决定着入窑生料的分解率；无论燃料量是增加还是减少，助燃空气量都应该相应地增加或减少；入窑分解率应控制在 95％以上，分解率过高易造成 C_5 筒内物料烧结。

对于分解炉系统的正常操作，则要求及时准确调整分解炉系统的煤量和通风量，掌握负压变化的规律；及时调整分解炉燃烧器的喷煤量，保持分解炉系统出口气体温度的稳定；合理分配 C_4 级预热器进分解炉系统的生料，防止局部温度过高或过低，确保生料分解率，达到分解炉系统安全运转的目的。

二、分解炉系统主要工艺参数的控制

（一）分解炉出口温度

分解炉出口温度可以反映在分解炉内燃料燃烧和物料分解的情况。

分解炉出口温度过高时，可能引起五级旋风筒内物料过热结皮堵塞，甚至会烧坏分解炉；分解炉出口温度过低时，说明分解炉内温度也低，碳酸钙分解率会降低，造成回转窑负荷增大。

分解炉出口温度一般控制范围是 $850 \sim 900℃$，可通过调节来料情况、燃料细度及水分、窑尾风机拉风大小等使之在正常范围内变化。

（二）分解炉出口压力

分解炉出口压力可以反映系统风量、系统喂料量及系统喂煤量等情况。

分解炉出口负压增大时，是由系统风量增大或是系统喂料量增大，整个系统的风量或阻力均有所增大引起；当三次风阀开度过小时，系统阻力增大，相应分解炉出口的负压也随之上升；窑系统或分解炉系统某处阻力大，如分解炉结皮、窑内结圈、结大料球、窑尾缩口严重结皮等，都会使系统的阻力增大，相应分解炉出口的负压也随之上升。

分解炉出口负压减小是因 C_5 级筒内筒脱落或 C_5 级筒排灰阀损坏，导致系统内串风严重，整个窑、炉内风产生短路，因而使分解炉出口风量减小，负压减小；当分解炉以上旋风筒发生堵塞时，分解炉及 C_5 级筒的物料浓度骤减，阻力减小，此时分解出口负压减小；因三次风阀开度的增大，导致系统阻力减小，因而分解炉出口负压减小；当分解炉及窑头断煤时也可导致系统的阻力下降，分解炉出口负压减小。

分解炉出口压力一般控制范围 $-2200 \sim -1700Pa$，可通过调节系统风量、系统喂料量及系统喂煤量大小等使之在正常范围内变化。

（三）分解炉出口气体成分

分解炉出口气体成分是通过设置在分解炉出口的气体成分自动分析装置检测的，指示着分解炉内或整个系统的燃料燃烧及通风状况。对窑系统燃料燃烧的要求是，既不能使燃料在空气不足的情况下燃烧，而产生一氧化碳；又不能有过多的过剩空气，增大热耗。一般情况下，分解炉出口烟气中 O_2 含量控制在 3.0% 以下。

（四）分解炉燃料量

增加分解炉喂煤量将引起：

（1）入窑分解率升高；（2）分解炉出口和预热器出口过剩空气量降低；（3）分解炉出口气体温度升高；（4）烧成带长度变长；（5）熟料结晶变大；（6）C_5 筒内物料温度上升；（7）预热器出口气体温度上升；（8）窑尾烟室温度上升。当减少窑尾喂煤量时，产生的结果与上述情况相反。

三、分解炉系统异常情况的处理

(一) 分解炉出口温度过高

1. 现象：分解炉出口温度升高时会伴随着 C_5 级筒入口温度升高。若是因某级旋风筒堵料造成的，还会伴随着旋风筒锥体压力的变化。

2. 原因：(1) 喂料变小或断料；(2) 分解炉以上某级旋风筒堵塞；(3) 分解炉喂煤量过大，自控时失灵；(4) 三次风量过大；(5) 热电偶失灵。

3. 处理：(1) 检查断料、料少的原因；(2) 停料、捅料、吹堵；(3) 减少喂煤量，检查回路；(4) 适当关小三次风阀门开度；(5) 检查或更换热电偶。

(二) 分解炉出口气体温度偏低

1. 现象：(1) 窑头返火，倒烟；(2) 煤粉自动喂料机失控；(3) 自控时螺旋输送机转速上不去；(4) C_1 筒出口 CO 高；(5) 窑内排风少，分解率降低；(6) 温度变化迟钝。

2. 原因：(1) 某级旋风筒塌料；(2) 煤粉仓空或棚仓；(3) 窑头用煤过多；(4) 三次风量不足；(5) 三次风管漏风；(6) 热电偶结皮。

3. 处理：(1) 塌料量小稳住不动；(2) 量大减料慢窑；(3) 要煤或吹仓、震仓；(4) 减少窑头用煤量；(5) 开大三次风阀门开度；(6) 堵漏；(7) 清理热电偶结皮。

(三) 分解炉断火

1. 现象：(1) 各级旋风筒和分解炉出口温度降低；(2) 预热器后风管、高温风机进口、增湿塔进口、窑尾收尘器进口及窑尾排风机入口温度降低；(3) 增湿塔喷水量减少；(4) 窑尾烟室温度降低；(5) 窑头高温带温度降低；(6) 出窑熟料温度及出箅式冷却机熟料温度降低；(7) 二、三次风温降低；(8) 预热器后风管气体 NO_x 浓度降低；(9) 窑尾及预热器后风管气体 CO 浓度及 O_2 浓度增大。

2. 原因：(1) 喂煤系统故障（电气故障、煤粉秤故障停运等）；(2) 人员误操作；(3) 分解炉喷煤嘴故障；(4) 分解炉温度低致使喷入煤粉不能完全燃烧；(5) 窑尾煤粉仓粉位低。

3. 处理：(1) 停止分解炉喷煤；(2) 迅速降低生料喂料量；(3) 适当降低窑速运行；(4) 迅速减慢窑尾高温风机转速；(5) 减慢箅冷机箅床速度；(6) 查找断煤原因，排除故障，重新点火，若排除时间较长，则停窑处理。

复习思考题

1. 分解炉应具备哪些功能？
2. 在分解炉内为什么要控制碳酸盐的分解率在 85%~95% 之间？
3. 何为分解炉的旋风效应和喷腾效应？
4. 分解炉的温度一般控制在什么范围？是否越高越好？为什么？
5. 分解炉断火的原因是什么？
6. 分解炉出口 O_2 含量控制在 3.0% 以下，为什么？

任务4 中控回转窑的操作

任务简介：对窑的正常操作，要求重点稳定烧成带及窑尾烟室温度，掌握四风道燃烧器内风、外风以及燃料的配比规律，保证合理的火焰形状和火焰位置，不损坏窑皮，不窜黄料；以保持烧成系统发热能力和传热能力，以及烧结能力和预热分解能力平衡稳定为宗旨，操作中要做到前后兼顾、炉窑协调，稳定烧成温度和分解温度，保证窑炉合理的热工制度。

知识目标：掌握回转窑正常操作时的参数控制；熟悉回转窑异常情况判断及处理；了解回转窑烘窑、点火、投料等操作。

能力目标：具备正常操作回转窑的能力；能对回转窑异常情况进行正确判断及处理。

一、回转窑系统正常操作

（一）预分解窑调节控制的目的及原则

1. 预分解窑调节控制的目的

预分解窑生产过程控制的关键是均衡稳定运转，它是生产状态良好的重要标志。因此，调节控制的目的就是要使窑系统经常保持最佳的热工制度，实现持续地均衡运转。

2. 预分解窑调节控制的一般原则

新型干法窑系统操作的一般原则，就是根据工厂外部条件变化，适时调整各工艺系统参数，最大限度地保持系统"均衡稳定"地运转，不断提高设备运转率。

"均衡稳定"是事物发展过程中的一个相对静止状态，它是有条件和暂时的。在实际生产过程中，由于各种主、客观因素的变化干扰，难免打破原有的平衡稳定状态，这都需要操作人员予以适当调整，恢复或达到新条件下新的均衡稳定状态，因此运用各种调节手段来保持或恢复生产的均衡稳定，是控制室操作员的主要任务。

就整个企业生产而言，应以保证烧成系统均衡稳定生产为中心，调整其他子项系统的操作。就烧成系统本身，应是以保持优化的合理煅烧制度为主，力求较充分地发挥窑的煅烧能力，根据原燃料条件及设备状况适时调整各项参数，在保证熟料质量的前提下，最大限度地提高窑的运转率。

在烧成具体操作中要坚持"兼顾两头，抓住重点，力求稳定，确保全优"这16字诀。所谓"兼顾两头"，就是要重点抓好窑尾预烧系统和窑头熟料烧成两大环节，前后兼顾、协调运转；所谓"抓住重点"，就是要重点抓住系统喂煤、喂料设备的安全正常运行，为熟料煅烧的"动平衡"创造条件；所谓"力求稳定"，就是在参数调节过程中，适时适量，小调渐调，以及时的调整克服大的波动，维持热工制度的基本稳定；所谓"确保全优"，就是要通过一段时间的操作，认真总结，结合现场热工标定等测试工作，总结出适合全厂实际的系统操作参数，即优化参数，使窑的操作最佳化，取得优质、高产、低耗、长期安全稳定文明生产的全面优良成绩。

要正确进行回转窑操作，必须牢记以下四点：

（1）窑炉协调，保持两个平衡

两个平衡即保持窑的发热能力与传热能力的平衡与稳定，保持窑的烧结能力与窑的预烧能力的平衡与稳定。窑的发热能力来源于两个热源，传热能力依靠预热器、分解炉及回转窑等三部分装置，烧结能力由窑的烧成带决定，预烧能力主要决定于分解炉与预热器。为了达到这两个平衡，在操作时必须做到前后兼顾，炉、窑协调，稳住烧结温度及分解温度。

（2）稳定合理的热工制度

要稳定合理的热工制度，就必须稳定窑两端及分解炉内的温度。若无法稳定窑的烧成带温度，则会使熟料的产量与质量下降，并影响窑衬的使用寿命；若无法稳定窑尾的温度，不但会影响窑内物料的预烧，还会影响分解炉内的温度；若无法稳定分解炉内的温度，则会造成分解率下降，产量降低。

（3）找出风、煤、料、窑速间的合适关系

通风、加煤、喂料三项是经常影响窑、炉系统的主要因素。应根据计算数据，并经过实践调整后找出三者之间的关系，并保持相对稳定。正常操作的主要任务是运用风、煤、料及窑速等因变量的调节，保持合理的热工制度。

（4）中控操作坚持平衡稳定原则

这个原则就是中控操作坚持抓好窑尾生料预烧和窑头熟料烧成两大环节；重点保证系统喂煤、喂料设备的安全正常运行；维持热工制度的基本稳定；通过一段时间的操作，认真总结适合生产的系统操作参数，使窑的操作最佳化。

（二）操作要求

预分解窑的正常操作要求保持窑的发热能力与传热能力的平衡与稳定，以保持窑的烧结能力与窑的预烧能力的平衡与稳定。预分解窑的发热能力来源于两个热源，传热能力则依靠预热器、分解炉及回转窑三部分装置；烧结能力主要由窑的烧成带来决定，预烧能力则主要决定于分解炉及预热器。为达到上述两方面的平衡，操作时必须做到前后兼顾，炉、窑协调，稳住烧结温度及分解温度，稳住窑、炉的合理的热工制度。

预分解窑要稳定合理的热工制度则必须稳定窑两端及分解炉内温度。如果窑的烧成带温度稳不住，则将使熟料产质量下降，或影响窑衬寿命。如果窑尾温度稳不住，不但会影响窑内熟料的煅烧，还会影响分解炉内温度。如果窑气温度过高，易引起窑尾烟道结皮、堵塞。若分解炉内温度过低，物料分解率将下降，则使入窑物料预烧不够，使窑速稳不住，产量降低。分解炉出口气温过高，则易引起炉内及炉后系统结皮、堵塞，甚至影响排风机等的安全工作。所以操作中必须首先稳住窑两端及分解炉内温度。

通风、加煤、喂料是影响窑、炉全系统正常运行的主要因素，应通过计算与实际调整后找出它们之间的合适关系，并保持相对稳定。因为当系统排风量一定时，如果增大窑的通风，则分解炉的用风将会减少；反之，增大分解炉的风量，会减少窑内的通风。在保持相同过剩空气系数时，通风量的变化，意味着发热能力的变化。同样，如果通风量保持不变而改变窑、炉的燃料加入量，也会影响窑、炉的发热能力及温度。分解炉内 900℃ 以下的气温是靠料粉分解吸热来抑制的，如果喂料量过多或过少，必然引起分解率的下降或出炉气温的升高，并引起窑内料层的波动，造成窑、炉系统热工制度的紊乱。

由于窑内煅烧决定着熟料的质量，因此窑的操作应占主导地位，应使整个窑、炉系统平衡稳定。但又不能像传统中空窑那样，仅凭窑头看火，随时调节风、煤、料的量，即可达到稳定生产的目的。新型干法窑要求全系统处于均衡稳定的条件下，保持各项技术参数合理，达到最佳的热工制度。

（三）看火

通过工业闭路电视结合窑头及箅冷机的现场观察，中控操作员必须学会并掌握如下看火内容：

（1）会看火焰温度的高低。正常颜色应为粉红色，发红时，说明温度低，可适当加煤或调整风煤配合，窑内发粉白色且物料发黏时，说明温度高，可适当减煤。

（2）会看熟料结粒情况。正常熟料应细小均齐，并且熟料粒内部不出现死烧、黄心、粉料、包裹料等问题。

（3）会看窑内物料的翻滚状况。正常煅烧时熟料被窑壁带起的高度应略高于喷煤管，过低时烧成温度低，过高时烧成温度高。

（4）会判定火焰状况。正常的火焰应活泼有力，顺畅完整，比较稳定，稍偏向料层，但不刷窑皮，不被料压住。

（5）会看黑火头。下煤量正常时黑火头短，无流煤现象，下煤少时无黑火头，且火焰发飘无力；下煤量大时，黑火头长且易出现流煤（应减煤，调整窑炉用煤比例）。正常生产过程中，因窑头飞砂较重，造成观察困难，主要应以窑主机电流为衡量标准。

（6）会看窑皮状况。正常煅烧时，窑皮微白，前后平整，无大起伏且厚薄适当（一般250～300mm）；窑皮如果出现局部高温应重视，及时用筒冷风机吹补，并调整燃烧器前后位置修补；窑皮如果出现大面积温度升高，应考虑窑皮大面积脱落原因，如温升过高，应考虑减产重新挂窑皮。

（四）烧成系统耐火衬料的烘干

烧成系统在回转窑点火投料前应对回转窑、预热器、分解炉等热工设备内衬砌的材料进行烘干，以免直接点火投料造成升温过急而使耐火衬料骤然受热引起爆裂和剥落。新窑的烘干过程至关重要，它将直接影响衬料寿命，应当引起足够重视。烘窑方案视材料的材质种类、厚度、含水量大小及工厂具备的条件而定，系统一般采用窑头点火烘干方案，烘干用的燃料前期以轻柴油为主，后期以油煤混烧为主，具体方案可依现场实际情况加以调整。

回转窑从窑头至窑尾使用的耐火衬料有：

浇注料、耐火砖，以及各种耐碱火泥等。这些砖衬在冷端有一个膨胀应力区，温度超过800℃时应力松弛。因此300～800℃区间升温速率要缓，以每小时30℃为佳，最快不应超过50℃/h，尤其不能局部过热，另外应注意该温度区内尽量少转窑，以免砖衬应力变化过大。回转窑升温烘烤制度以及配合窑转速可参考表4-2及表4-3，并根据现场情况加以调整。

表4-2　回转窑升温制度

烟室温度 ＼ 升温时间	全新窑衬	正常升温
常温～200℃	10h	10h
200℃	36h	6h
200～400℃	16h	7h
400℃	24h	6h
400～600℃	16h	4h
600℃	16h	4h
600～800℃	16h	2h
800～1000℃	8h	2h

表 4-3　回转窑升温转窑制度

烟室温度（℃）	转窑间隔（min）	转窑量（转）
常温～200	120	1/4 或 1/3
200～400	60	1/4 或 1/3
500～600	30	1/4 或 1/3
600～700	15	1/4 或 1/3
700～800	10	1/4 或 1/3
＞800	低速连续转窑	—

1. 烘窑前应完成的工作

（1）烧成系统已完成单机试车和联动试车工作。

（2）煤粉制备系统具备带负荷试运转条件，煤磨粉磨石灰石工作已完成。

（3）煤粉计量、喂料及煤粉气力输送系统已进行带负荷运转，输送管路通畅。

（4）全厂空压机站已调试完毕，可正常对窑尾、喂料、喂煤系统供气，并且管路通畅。

（5）烧成系统及煤粉制备系统冷却水管路畅通，水压正常。

2. 烘窑前烧成系统的检查与准备

（1）清除窑、预热器、三次风管及分解炉内部的杂物（如砖头、铁丝等安装遗留物品）。

（2）压缩空气管路系统的各阀门转动灵活，开关位置正确，管路通畅、不泄漏，各吹堵孔通畅。

（3）检查耐火材料砌筑情况，重点部位是下料管、锥体、撒料板上下部位的砌筑面光滑。旋风筒涡壳上堆积杂物要清扫。各人孔门无变形，衬料牢固。检查后关闭所有人孔门，并密封好。

（4）确认系统中测温测压点开孔正确，测点至一次仪表管路通畅，密封良好。尤其要保证窑头罩负压，窑尾烟室温度及压力，分解炉、C_5 出口及 C_1 出口等温度及压力仪表准确无误。

（5）确认预热系统各旋风筒下料管中翻板阀闪动灵活、密封良好，将重锤调至合适位置。检查后，将预热器系统下料管中所有翻板阀用铁丝吊起，处于全开状态，以便烘干时热气体通过。

（6）启动分解炉喂煤罗茨风机（或断开分解炉喂煤管路），防止烘干时潮湿气体倒灌。

（7）确认预热器系统旋风筒、分解炉顶部及各级上升管道顶部浇注料排气孔要未封上。

（8）窑头、窑尾喷煤系统在联动试车后应保证管路通畅，调整灵活，随时可投入运转，油点火系统已进行过试喷。

（9）确认油罐、油泵已备妥，准备轻柴油 25～30t。

（10）确认清堵工具、安全用品备齐。

（11）初次点火时当烟室温度到 900℃时，窑内煤灰呈酸性熔态物，对碱性耐火砖有熔蚀性。点火升温过程中在尾温升至 600℃预投 20～30t 生料。

（12）篦冷机的检查与准备：①逐点检查篦板紧固情况；②破碎机检查；③在篦冷机一段篦床上铺 200～250mm 厚熟料，防止烘窑期间热辐射。

（13）逐点检查槽式输送机紧固件及润滑点，确保窑投料后有一定的运转时间。

（14）熟料库进料前要清除施工、安装时的遗留杂物，防止出料时堵塞。

（15）生料喂料斜槽要严格检查是否漏气，透气层是否破损。

（16）窑头、窑尾收尘器严格按照《收尘器使用说明书》逐条检查并确认可使用。

（17）检查增湿塔喷水装置，每个喷头均要抽出检查。

（18）窑头喷煤管按照要求进行定位。

（19）生料库内存有不少于8000t的生料量。

3. 烘窑点火

目前一般采用回转窑、预热器耐火材料烘干一次完成，并紧接投料的方案，烘窑点火操作步骤如下：

（1）确认各阀门位置：①高温风机入口阀门、窑头电收尘器排风机入口阀门全关；②篦冷机各风机入口阀门全关；③窑头喷煤管各风道手动阀门全开。

（2）在外部条件（水、电、燃料供应）具备，并完成细致的准备工作后可开始烘窑操作。

（3）用8m长的钢管一根，端部缠上油棉纱，作为临时点火棒。

（4）将喷煤管调至进窑口50mm，连接好油枪，关好窑门。确认油枪供油阀门全关，启动临时供油装置。

（5）将临时点火棒点燃后自窑门罩点火孔伸入窑内，全开进油、回油阀门，确认油路畅通后慢慢关小回油阀门，调整油压至 $1.8\sim2.5\text{MPa}$（$18\sim25\text{kg/cm}^2$）。

（6）开窑头一次风机，调整风机转速至正常值的 $10\%\sim20\%$ 左右。

（7）随着喷油量的增加，注意观察窑内火焰形状，调整窑尾大布袋收尘器风机阀门，保持窑头微负压。

（8）用回油阀门控制油量大小，按回转窑升温制度规定的升温速率进行升温。

（9）油煤混烧及撤油时间根据窑头火焰燃烧情况而定，一般在窑尾温度大于 $350\,^\circ\!\text{C}$ 时开始喷煤。烘窑初期窑内温度较低，且没有熟料出窑，二次风温亦低，因此煤粉燃烧不稳定，操作不良时有爆燃回火危险，窑头操作应防止烫伤。

（10）烘干过程应遵循"慢升温，不回头"的原则，为防止尾温剧升，应慢慢加大喷油量或喂煤量。并注意加强窑传动支承系统的设备维护，仔细检查各润滑点润滑情况和轴承温升，在烘干后期要注意窑体窜动，必要时调整托轮。投入窑筒体扫描仪监视窑体表面温度变化。

（11）烘干过程中不断调整窑头一次风量和大布袋收尘器风机阀门开度，注意火焰形状，保持火焰稳定燃烧，防止窑筒体局部过热，烘干后期应控制内、外风比例，保持较长火焰，按回转窑制度升温。

（12）启动回转窑主减速机稀油站，按转窑制度，现场按慢驱动转窑。启动窑尾气缸密封空压机调整气压，同时启动密封干油泵。

（13）随着燃料量的逐步加大，尾温沿设定趋势上升，当燃烧空气不足或窑头负压较高时，可关闭冷却机人孔门，启动篦冷机一室风机，逐步加大一室风机进口阀门开度。当阀门开至 60%，仍感风量不足时，逐步启动一室的两台固定篦床充气风机，乃至二室风机，增加入窑风量。

（14）烘窑后期可根据窑头负压和窑尾温度、窑筒体温度、窑火焰状况加大排风。

（15）视情况启动窑口密封圈冷却风机。

（16）当尾温升到 $600\,^\circ\!\text{C}$ 时，恒温运行期间，做好如下准备工作：①预热器各级翻板要人工活动，间隔1h，以防受热变形卡死；②检查预热器烘干状况。

（17）烘干后期仪表调试人员应重新校验系统的温度、压力仪表，确认一、二次仪表回路接线正确，数字显示准确无误。

（18）经检查确认烘干时，如无特殊情况进行系统正常运行操作。如果筒体温度局部较高，说明内部衬料出了问题，应灭火、停风、关闭各阀门，使系统自然冷却并注意转窑。窑冷却后要认真检查，如果发现有大面积火砖剥落、炸裂，其厚度在火砖厚度的 1/3 以上时，应考虑将剥落处重换砖。换砖时要注意不要使已经烘干过的内衬再次着水变湿。再点火按正常升温操作。

（19）此处所述烘窑方法仅考虑回转窑、预热器和分解炉的烘干，三次风管和篦冷机的烘干可在试生产期间低产量下完成。

4. 烘干结束标志

（1）检查各级预热器顶部浇注孔有无水汽。检查方法：用玻璃片放在排气孔部位看是否有水汽凝结。

（2）预热分解系统烘干检查重点是锥体、柱体和分解炉顶部。可分别在上述部位从筒体外壳钻孔 $\phi 6 \sim 8mm$（视测定用水银温度计粗细而定），孔深要穿透隔热保温层达到耐火砖外表面，在烘干后期插 300℃ 玻璃温度计，如温度计达到 120℃ 以上时则说明该处烘干已符合要求，检查后用螺钉将检查孔堵上。

（五）系统的投料试运行

1. 第一次点火投料前的准备

（1）生料系统已进行带负荷运转，生库内存有不少于 8000t 生料，其主要技术指标见表 4-4。生料率值根据实际情况现场确定调整。

表 4-4　生料细度

筛孔尺寸	$80\mu m$	$200\mu m$
筛余量	$<10\% \sim 12\%$	$<0.5\%$

（2）系统煤粉应满足表 4-5 技术指标。

表 4-5　系统煤粉技术指标

条件 ＼ 指标	细度要求	水分	空干基热值	空干基灰分
磨烟煤时	$80\mu m$	$<7.0\%$	$>21000J/kg$	$\leqslant 26\%$
磨无烟煤时	$80\mu m$	$<1.0\%$	$<1.5\%$	$>25000J/kg$	$\leqslant 20\%$

（3）生料磨和煤磨系统应处于随时启动状态，保证能根据煅烧需要连续供料和煤。

（4）封闭所有人孔门和检查孔，各级翻板阀全部复原，并调好配重保证开启灵活，检查废气处理系统及增湿塔喷水系统。

（5）确定冷却机热端空气炮可以随时投入使用。

（6）确认全系统 PC 正常，各种开、停车及报警信号正确。重点检查窑主传动控制系统、窑尾高温风机控制系统、窑头篦冷机控制系统的内部接线，以及报警信号和报警值的设定、速度调节。

2. 点火投料操作要点

（1）当耐火材料烘干完成后继续升温至窑尾温度 700～800℃ 时，启动窑主减速机稀油站组，窑的辅助传动改为主传动，在最慢转速下连续转窑，此时液压挡轮已启动。窑连续转时，注意窑速是否平稳，电流是否稳定、正常。不正常时，应调整控制柜各参数。

（2）加料前应随时注意 C_1 筒出口温度，防止入排风机废气超温。

（3）多风道喷煤管燃烧无烟煤特点是冷窑下火焰不稳定，在下料后应适当延长油煤混烧时间，待窑头温度升高，能形成稳定燃烧的火焰时即可减少用油或停止喷油。

（4）点火后应随即开窑尾喂煤风机，其作用如下：①防止由于烘干不彻底废气中潮气倒灌入喂煤系统；②给预热分解系统掺入冷风可降低出筒废气温度。

（5）窑尾烟室废气温度控制：投料前应以窑尾废气温度为准，按升温制度调整加煤量，投料初期可控制在 1000～1100℃ 范围内，当尾温超过 1150℃ 时，窑头加煤必须及时采取措施，并应检查窑尾喂料室和炉下烟道内结皮情况，如发现结皮要及时清理。

（6）窑速控制：点火后开始按升温曲线转窑，当窑尾废气温度达 200℃ 以上时开始间断转窑，窑尾温度达到 800℃ 以上时按电气设备允许最低转速连续转窑，到加料前窑速加快到 1.0r/min。当生料进入烧成带即可开始挂窑皮，此期间按窑内温度和窑内情况调整窑速，一般调整范围 1.0～2.0r/min。窑皮挂好后可适当加快窑速到 2.0～2.8r/min，并加大喂料、喂煤量，当窑产量达到接近设计指标时，窑速应达到 3.2～3.5r/min 之间。

（7）窑筒体表面温度控制：间断转窑时应投入窑筒体红外扫描测温仪，筒体表面温度应控制在 350℃ 以下，最高不得超过 400℃。

（8）加煤量的控制：窑尾烟室温度 350℃ 以上时可开始窑头加煤，实现油煤混烧，煤量约为 1t/h 左右，不可太小，注意调整窑头一次风机转速和多风道喷煤管内外风比例来保持火焰形状，燃煤初期煤火有爆燃回火现象，窑头看火操作应注意安全。

（9）系统投料初期操作要点：

① 投料前通知各岗位各专业人员再次确认系统各设备正常。

② 逐步加大系统排风量，启动窑头风机系统，注意控制窑头负压在 -20Pa 左右，保持窑头火焰形状。

③ 窑尾烟室温度 1000℃ 以上时，可启动喂料系统准备投料。

④ 投料前，预热器应自上而下用压缩空气吹扫一遍。低产量投料生产时，应 1h 吹扫一次；稳定生产时，2h 吹扫一次。

⑤ 窑尾烟室温度达 1000℃、分解炉出口温度达 800℃ 以上、窑尾 C_1 筒出口达 450℃ 时开启生料计量仓下的电动流量阀投料。通过生料固体流量计监控初始投料量在 150～280t/h 左右。如 C_1 筒出口温度曲线下滑说明生料已入预热器，此时应注意控制喂煤量以保持窑尾烟室温度为 1000～1100℃。通过观察 C_5 筒入窑物料温度确认料已入窑。喂料后生料从 C_1 级预热器到窑尾只需 30s 左右，在加料最初一小时内要严密注意预热器，此时应注意各翻板阀门在温度变化后的闪动情况，发现闪动不灵活或堵塞征兆要及时处理。初次点火为慎重起见，头一个班各级旋风筒的翻板都应设专人看管，及时调整重锤或定时人工闪动以帮助排料。此后预热器系统如无异常则可按正常巡回检查。旋风筒锥体是最易堵塞部位，应引起重视，加料初期可适当增加旋风筒循环吹堵吹扫密度和吹扫时间，以后逐渐转为正常。一般情况开始加料后约 20min，感觉到料粉快到烧成带后段时，可根据实际情况调整窑速，以免生料蹿出。此阶段观察窑内要小心，以免返火灼伤。

⑥ 在设定喂料量下进行投料。调整冷风阀开度，使高温风机入口温度不超过 400℃。

⑦ 炉煤设定 2t/h，启动分解炉喂煤组，C_4 筒下料管有一个分料阀二点进入分解炉，由于刚开始使用烟煤，初定为下部下料管喂料，由于烟室温度和 C_4 筒下料温度较高，基本能保证煤粉在分解炉内燃烧和物料吸热的分解，随着产量的增加，根据炉本体温度和炉出口温度变化，适当分料进上部下料管，具体分料比例以生产实际情况而定。

（10）当熟料出窑后，二次风温升高，窑头火焰顺畅有力，应注意窑电流变化，可适当减煤，增加窑速。

（11）当箅冷机一室箅压力逐渐升高，应加大该室各风机入口阀门开度，当压力超过4500Pa时，可启动箅冷机带料。注意熟料到哪个室，就应加大该室鼓风量，并用窑头排风机入口阀门开度调整窑头罩负压－（15～50）Pa范围内。

（12）初次投料时，由于设备处于磨合期，易发生各种设备、电气故障。此时应沉着冷静，及时止煤、止料，保护设备和人身安全。

（13）废气处理系统的操作：废气系统可根据窑内排风需要适时启动，关键是入大布袋温度一般应控制在200℃以下，当温度高于200℃时应开泵喷水，投料初期可控制增湿塔出口温度在160～180℃，并以此调节增湿水量，生产正常后在不湿底的情况下逐步增加水量降低出口温度，使得进大布袋收尘气体温度在130～150℃左右。

（14）窑开始喂料后，大布袋收尘灰斗下窑灰输送系统全部开启。需注意如果大布袋灰斗积灰较多时，拉链机应断续开动，以免后面的输送设备过载。

（15）增湿塔排灰输送机的转向视出料水分而定，当排灰水分在4％以下时可送至生料系统，当水分≥4％时废弃。投产初期因操作经验不足或前后工序配合不当常易造成湿度或排灰水分超标，因而处理窑灰宁可多废弃，也不要回库，以免给输送造成过载、堵塞而影响生产。

（16）当生料磨启动抽用热风时，入增湿塔废气量将减少，因此要及时调整增湿塔喷水量。

3. 系统的故障停车

系统的故障停车有两类：机电故障和工艺故障。

投料试运行阶段，系统连续运转时间短，电气控制系统中的各类整定保护值的设定有待优化，且各厂情况各不相同，故障表现各不尽相同。同时设备初次重载运转，大大增加了机电故障的次数。

（1）紧急停车操作要领

1）巡检人员在车间内发现设备有不正常的运转状况或危害人身安全时，可利用机旁按钮盒或机旁电流箱上的停车按钮进行紧急停车。

2）控制室操作员要进行紧急停车时，可通过计算机键盘操作"紧停"按钮，则连锁组内设备全部一起关机。

（2）故障的判断和处理

当有报警信号时，可按键盘上专程解除钮，解除声响信号，故障的判断可参看电气控制报警系统。在投料运行中出现故障停车时，首先要止料、停分解炉喂煤，然后再根据故障的种类及处理故障所需的时间，及时对工艺生产、设备安全影响的大小，完成后续操作。

（3）故障停车后操作处理方法

1）凡影响回转窑运转的事故（如窑头及窑尾大布袋排风机、高温风机、窑主电动机、箅冷机、熟料输送设备等），都必须立即停窑，止煤、停风、停料。窑低速连续运转，或现场辅助转窑。送煤风、一次风不能停，一、二室各风机鼓风量减少。如果突然断电，则应接通窑保安电源及时开窑辅助传动，并对关键性设备采取保护措施。注意人身安全。

2）故障停车要尽量减少对原料磨和煤磨系统的影响，及时调整增湿塔喷水量，及时调整箅冷机用风量和窑头电收尘器排风机的拉风量，以减少对下一步生产的影响。

3）分解炉喂煤系统发生故障时，可按正常停车操作，或维持低负荷生产（投料量＜120t/h，适当减少系统排风量），此时应注意各级旋风筒防止堵塞。

4）故障停车后应尽快判断事故的原因及停车检修时间，如短期停车应注意保持窑内温度，即减少系统拉风，窑头小煤量，控制尾温不超过 800℃，低速连续转窑，注意高温风机入口温度不超过 350℃。

5）如发生预热器堵塞，首先应正确判断堵塞的位置，立即停料、停煤、慢转窑、窑头慢火保温或停煤。抓紧时间捅堵，并注意人身安全。

6）窑喂煤系统停车后，无法烧出合格熟料，应及时止料，慢转窑，止分解炉喂煤，减少拉风，防止 C_1 筒出口温度过高。注意转窑及系统保温。

7）如发现断料应及时停止分解炉喂煤，慢窑操作并迅速查明原因处理故障，及时恢复喂料。慢窑操作时应减少拉风，防止 C_1 出口超温，如短期不能恢复喂料，即可考虑停窑。

8）掉砖红窑：操作中应注意保护好窑皮，观察窑筒体表面温度变化，发现局部蚀薄应采取补挂措施，一旦发现红窑或有掉砖现象，应立即查明具体部位和严重程度，决定紧急停窑或将窑内物料适当转出后停窑，特别是窑体掉砖红窑，不允许拖长运转时间，以免烧坏窑筒体。

4. 故障停车后的重新启动

故障停车后的重新启动是指紧急停车将故障排除后，窑内仍保持一定温度时的烧成系统启动。

（1）窑内温度较低时的重新启动。窑内温度较低时如应先翻窑后采用喷油装置点火燃，后启动喷煤系统，喷煤量应视窑内情况灵活掌握。

（2）窑内温度较高时的重新启动。窑内温度较高时，煤粉直接喷入即可点燃，喷煤前应先转窑，将底部温度较高的熟料翻至上部然后吹入煤粉。

（3）分解炉点火。通常情况下由于窑尾废气温度和 C_4 物料温度较高，煤粉在分解炉内可以燃着。

（六）系统的正常生产操作

1. 正常启动

烧成系统先后依次启动各组设备：

（1）窑头一次风机；（2）煤粉输送系统；（3）窑传动系统；（4）窑头密封冷却风机；（5）窑尾大布袋排风机、高温风机；（6）箅冷机各风机组；（7）窑头排风机组、排灰设备；（8）熟料输送组；（9）窑尾各回灰组；（10）生料入窑组；（11）生料喂料组启动前设置喂料量"0"；（12）均化库卸料组；（13）投料前 10～30min 放下吊起的预热器翻板阀。

各风机启动后利用各排风、供风阀门，保持窑头负压 20～40Pa。

2. 正常停车

烧成系统的停车，在无意外情况发生时，均应有计划地进行停窑，同时需相关部门配合，做到各部门按烧成要求进行有序操作，特别是煤粉仓是否排空，留多少煤粉供窑降温操作应协调好。因煤磨系统没有热风炉以及点火使用的烟煤，故系统的开机、停窑过程当中系统操作参数的相应调整、煤粉仓库存量与下次开窑时间都要进行周密的考虑与部署。

（1）在预定熄火 2h 前，减少生料供给，分解炉逐步减煤，再逐步减少生料量，以防预热器系统温度超高。

（2）冷风阀慢慢打开，使高温风机入口温度不超过 400℃。

（3）当分解炉出口温度降至 $600\sim650$℃时，完全止料，同时降低窑速至 $1.2r/min$，控制窑头用煤量。

（4）减少高温风机拉风。

（5）配合减风的同时，减少窑头喂煤，不使生料出窑。

（6）停增湿塔喷水，然后继续减风。

（7）当窑尾温度降至 800℃以下时，停窑头喂煤，然后停高温风机，冷风阀完全打开，用窑尾收尘器排风机进口阀门控制用风量。注意窑头停煤后，需保持必要的一次风量，以防燃烧器变形。

（8）视情况停筒体冷却风机组、窑口密封圈冷却风机。

（9）停窑尾收尘，回灰输送系统，生料喂料系统。

（10）当回转窑筒体温度达 250℃以下时，改辅传转窑。

（11）窑头熄火后，注意窑头罩负压控制，即减少篦冷机鼓风、窑头排风机排风。

（12）窑头出料很少时，停篦冷机，过一段时间后，从六室到一室各风机逐一停止。

（13）停窑头电收尘器、熟料输送、一次风机、窑头电收尘器排风机，用点火烟囱和窑尾收尘排风机控制窑负压。

（14）视情况停喂煤风机，将燃烧器渐渐拉出。

（15）全线停车。

3. 运行中的调整

（1）随着生料量的增加、窑头用煤减少、分解炉用煤增大，应注意观察分解炉及 C_5 出口的温度。

（2）窑速与生料量的对应关系见表 4-6。

表 4-6 窑速与生料量的对应关系

喂料量	t/h	250	270	290	310	320	330	340	350	370	390	410
窑速	r/min	2.3	2.5	2.7	2.9	3.0	3.1	3.2	3.3	3.5	3.7	3.9

操作中窑速的调整除参考上表外，更主要的是要烧出合格熟料。在 f-CaO 适当的情况下，控制窑内物料结粒。结粒过大，熟料冷不透，热耗高；结粒过细，篦冷机通风不良，篦板易过热。

篦速控制原则是：一段篦速，由二室篦下压力控制，即压力控制在 $5800\sim6400Pa$；二三段篦速，由五室篦下压力控制，即压力控制在 $3000\sim3700Pa$。当然，篦速的控制还需根据具体的熟料结粒等实际情况来进行相应调整。

（3）根据情况启动窑筒体冷却风机组。烧成带窑皮正常时，筒体温度 $260\sim290$℃较正常。温度过高（>350℃），筒体需风冷。

（4）随窑产量提高，注意拉风，最好不要使高温风机入口温度超过 320℃。

（5）烧成操作，最主要就是使风、煤、料最佳配合，具体指标是：窑头煤比例 40%，烟室 O_2 含 2%～3%，CO 含量小于 0.3%；分解炉煤比例 60%，分解炉出口温度 $880\sim920$℃；窑喂料量 $400\sim420t/h$，C_1 出口 O_2 含量 3.5%～5%，温度 300～320℃。

（6）初次投料，当投料量为 250～280t/h 时应稳定窑操作，挂好窑皮，一般情况 24～48h 可挂好窑皮，再逐步加大投料量。

（7）在试生产及正常生产时，若生料磨系统未投入生产，当增湿塔出口温度超过 200℃

时，增湿塔内即可喷水，喷水量可通过调整回水阀门开度控制。初期产量低时为稳妥起见，增湿塔出口温度可控制在 $150\sim160℃$ 之间。系统正常后，可逐步控制在 $130\sim150℃$ 之间。若生料磨系统同步生产，增湿塔的喷水量和出口温度的控制必须满足生料磨的烘干要求。依据生料磨的出口温度及生料成品的水分来控制增湿塔的喷水量，以使其出口达到一个合适温度。

（8）当窑已稳定，入窑尾大布袋废气 CO 含量小于 0.5% 时，应适时投入大布袋，以免增加粉尘排放。

（9）窑头罩负压控制：调整窑头电收尘器排风机进口阀开度控制窑头罩负压 $20\sim40Pa$。

（10）烧成带温度控制：试生产初期，操作员在屏幕上看到的参数还只能作为参考。应多与窑头联系，确认实际情况。烧成带温度高低，主要判断依据有：①烟室温度；②窑电流；③高温工业看火电视。

操作员应能用肉眼熟练观察烧成带温度，同时要依据其他窑况作为辅助，区别特殊情况。例如：当窑内通风不良或黑火头过长时，尾温较高，而烧成带温度不一定高；烧成带温度高，窑电流一般变大，但当窑内物料较多，电流也较高而烧成带温度过高，物料烧流时，窑电流反而下降。

（11）高温风机出口负压控制：用窑尾大布袋排风机入口阀门开度控制高温风机出口负压 $200\sim300Pa$。

（12）窑头电收尘器入口温度控制：增大篦冷机鼓风量，保持窑头罩负压，使该点温度控制在小于 $250℃$。必要时还可开启入口冷风阀降温。

（13）烟室负压控制：正常值为 $100\sim200Pa$，由于该负压值受三次风、窑内物料、系统拉风等因素的影响，应勤观察，总结其变化规律，掌握好了，能很好地判断窑内煅烧情况。

4. 窑正常情况下的工艺参数

窑正常情况下的工艺参数见表 4-7。

表 4-7 窑正常情况下的工艺参数

（1）投料量：$400\sim420t/h$	（13）C_1 出口 O_2 含量：$2\%\sim3\%$，$CO<0.3\%$
（2）窑速：$3.8\sim3.96r/min$	（14）分解炉本体温度：$(900\pm30)℃$
（3）窑头罩负压：$20\sim50Pa$	（15）分解炉出口温度：$880\sim920℃$
（4）入窑头电收尘器风温：$<250℃$	（16）C_3 出口温度：$670\sim690℃$
（5）二室篦下压力：$5800\sim6400Pa$	（17）C_4 出口温度：$750\sim780℃$
（6）五室篦下压力：$3000\sim3700Pa$	（18）C_1 出口温度：$(320\pm10)℃$
（7）三次风温：$>850℃$	（19）C_1 出口负压：$4500\sim5300Pa$
（8）窑电流：$700\sim850A$	（20）高温风出口负压：$200\sim300Pa$
（9）烟室温度：$1000\sim1100℃$	（21）窑尾大布袋入口温度：$110\sim150℃$
（10）烟室负压：$200\sim500Pa$	（22）出篦冷机熟料温度：$65℃+$环境温度
（11）C_5 出口温度：$860\sim880℃$	（23）窑筒体最高温度：$<350℃$
（12）C_5 下料温度：$860\sim890℃$	（24）生料入窑表观分解率：$>90\%$

（七）挂窑皮操作

1. 窑皮

为延长烧成带耐火砖的使用寿命，在其表面粘挂多层熟料作为保护层，称为"窑皮"。

2. 挂窑皮操作

窑升温至投料温度后，按操作规程有关程序投料运行，入窑的第一批物料进入烧成带时出现液相，液相量随温度的升高而增加，物料液相有胶粘性的，但黏性随温度的升高而降低，因而烧大火温度时，窑皮就挂不上，当火砖表面温度不使液相处于过热状态时，物料黏性量大，火砖被压到物料下面，两者粘在一起，起化学变化，以后随温度的降低而固结，形成第一层窑皮。同样原理，以后形成第二、第三……层窑皮，随着挂窑皮时间的增长，窑皮越粘越厚，随着窑皮的不断增厚，窑皮表面温度不断升高，表面黏力减少，由于窑皮本身的重力和物料的摩擦及机械振动等作用，窑皮粘粘掉掉，数量几乎相等，形成一定厚度的窑皮。

挂窑皮期间应尽力做到以下几点：

（1）开始挂窑皮的喂料量为正常的 65%～70%，窑速适当减慢，这样可以保持料层由薄到厚，温度由较低到较高，物料在窑内停留时间由较长到较短，以便于保持火力偏中而稳定，粘挂好窑皮和烧好熟料。随着窑皮不断增厚，逐步减少物料在窑内的停留时间，增厚料层，提高烧成带火力，这也是防止窑皮因挂得快而松散的措施。

（2）随着窑速的加快和料层的增厚，各操作参数要相应及时调整，保持完整和一定长度的火焰，合理的熟料结粒，要防止烧低火和烧大火，严禁烧流和跑黄料。

（3）控制升重在中线范围，窑的快转率在 85% 以上，f-CaO 小于 1.5%。

（4）下料 8h 内尽可能不用带有电收尘回灰的生料，如单独用某库已备好的挂窑皮生料。

（5）挂窑皮期间要配制稍高饱和比和铁含量稍高的生料，以及质量较好的煤粉。这是因为，生料的饱和比和配比稍高一些，比较耐火，又能产生足够的液相量，利于粘挂窑皮。尤其初开窑时，火砖、残余剩料块等均留在窑内，再加新料烘窑时的沉降煤灰，所以第一股料的熔点较低，易发黏，因此，中等偏上饱和比，中等硅酸率与铝氧率的配料，能保证挂好第一层窑皮。

（6）新窑挂窑皮应有三天的操作时间，不能过快，否则窑皮质量不好，窑皮不够致密、平整。判断窑皮是否平整，首先根据筒体温度扫描，看曲线波动是否有峰值出现；其次，根据窑规律曲线，看是否有宽窄的周期性变化；另外，现场在窑头用看火镜看窑皮颜色也可以判断，如果窑皮颜色微白，前后平整，颜色一至，没有凸凹和明暗现象，则表明窑皮较平整。

发现窑皮状况不良时，及正常操作时对窑皮的保护：

（1）当窑皮局部变薄时，应重点做好内外风及煤管位置的调整，以改变火焰形状和位置，将高温点从窑皮薄的地方移开；并将该处筒体冷却风机的风门开大（其他地方可以关小），当窑皮普遍变薄时，应减小喂料量，减窑速，补挂窑皮，控制好挂窑皮速度，不能急于求成。

（2）正常操作时，为了使窑皮挂得平整、致密、牢固、厚度适当，应注意做到：

① 结合本厂窑状况，稳定窑的热工制度，保证快转率在 85% 以上。

② 加强煅烧控制，避免烧大火，烧顶火，严禁烧流及跑黄料，保持热熟料结粒细小均匀。

③ 保持完整火焰形状，窑内火焰应活泼、有力、顺畅，不能有刷窑皮现象。

④ 及时检查窑皮，窑皮不好需及时补挂好。

⑤ 及时处理前结圈及窑内掉浮窑皮等不正常窑况。避免损伤或砸坏窑皮。

⑥ 密切注意来料质量的变化，及时相应调整好用风、用煤，保持窑功率值的相对稳定。

⑦ 力争减少停窑次数，加强停窑保温工作，防止窑皮垮落。

⑧ 严防窑内产生后结圈而压短火焰，危害窑皮。

烧成带的窑皮必须保证其牢固、平坦和完整；烧成带后面的窑皮主要看其粘结的厚度和长度。当烧成带与过渡带交界处窑皮在增长形成长窑皮甚至结圈时，从操作上要及时处理。处理长窑皮时，先退出燃烧器，使其温度降低，自行脱落，如果长时间不掉，可停窑查看窑皮，如确已结圈，则用冷热法烧掉。当看到翻滚的热料中有 20cm 左右的扁物料块时，说明该部位老窑皮已脱落这时需补新的窑皮。

（八）停窑操作

1. 计划停窑操作

（1）接到工艺部停窑通知后，计算煤粉仓内存煤量，确定具体的停窑时间，确保停窑后煤粉仓内无煤粉。

（2）在确定止火前 2h，逐步减少喂料量到 120t/h，在此期间窑系统和分解炉系统运行不稳定，所以一定要特别注意各点温度、压力的异常变化。

（3）将分料阀倒向分解炉，生料进入低氮分解炉分解。同时停止分解炉喂煤组。

（4）随着生料的减少，逐步减少窑和分解炉的用煤量，避免窑内结大块，烧坏窑内窑皮或衬砖，避免预热器内筒烧坏。

（5）停止生料均化库充气系统组，停止均化库卸料系统组，将喂料皮带秤设定为 0t/h，生料输送至喂料仓系统组、窑尾生料喂料组。

（6）停分解炉喂煤组，降低高温风机转速，控制烟室 O_2 含量在 1.5％左右。

（7）根据窑内情况，逐渐减煤，直至停煤，逐渐减小窑速至 0.60r/min，清空窑内物料。

（8）视情况停止预热器喷水组。

（9）停窑头喂煤系统组，停窑头一次风机组，通知窑巡检岗位人员将燃烧器从窑内退出来。

（10）止火后 1h，将窑主传动转换为辅助传动，慢转冷窑，转窑方案见表 4-8。

表 4-8 转 窑 方 案

时间	旋转量	间歇时间
止火后 1h	辅助传动	连续
3h 后	120°	15min
6h 后	120°	30min
12h 后	120°	60min
24h 后	120°	120min
36h 后	120°	240min

（11）随出窑熟料的减少，相应减少冷却风机的风量及窑头废气排风机风量，注意保证出篦冷机熟料温度低于 100℃及窑头呈负压状态。

（12）当窑内物料清空后，停熟料冷却机组，停冷却机一、二、三段传动，停传动电动机冷却风机、中央润滑油站。

（13）停篦冷机冷却风机组。

（14）停篦冷机废气处理组。

（15）停篦冷机废气粉尘输送组。

（16）停熟料输送组。

（17）停窑后应对预热器、窑、冷却机内部进行检查，确认其运行情况是否需要作适当处理，如果需要处理，一定要在确认安全的条件下方可进行。

2. 紧急停车

在投料运行中出现故障时，首先止料，分解炉停止喂煤。再根据故障种类及处理故障所需时间，完成后续工作。

（1）影响回转窑运转的事故出现（如窑头、窑尾、收尘器排风机、高温风机、窑主传动电动机、篦冷机、熟料链斗输送机设备等），都必须立即停窑、止煤、止料、停风。窑低速连续转，或现场辅助传动转窑。送煤风、一次风不能停，一、二室各风机鼓风量减少。

（2）分解炉喂煤系统发生故障，可按正常停车操作，或者维持系统低负荷生产（投料量小于120t/h，适当减少系统排风量），应注意各级旋风筒防止堵塞。

（3）发生预热器堵塞，立即停料、停煤、慢转窑、窑头小火保温或停煤，抓紧时间捅堵。

（4）回转窑筒体局部温度偏高，应止料，判明是掉窑皮还是掉砖。掉窑皮一般表现为局部过热，微微泛红，温度尚不很高。烧成带掉砖一般表现为局部温度大于 $500℃$，高温区边缘清晰。掉砖则应停窑，如是掉窑皮，则进行补挂。严禁压补，以免损伤窑体。

（5）影响窑连续运转的故障，如能短期排除，窑要保温操作，即减小系统拉风，窑头小煤量，控制尾温不超过 $800℃$。低速连续转窑，注意 C_1 出口温度不超过 $500℃$。

3. 停电操作及恢复

（1）系统停电时

① 与电气人员联系，使用备用电源进行窑慢转，慢转时间间隔应比空窑停时略短。

② 可能的情况下，启动事故风机，并视恢复时间长短确定是否将燃烧器抽出。

③ 将各调节组值设定到正常停机时的数值。

④ 通知现场检查有关设备（预热器等）及时处理存在的问题。

（2）恢复操作

① 电气人员送电后，现场确认主辅设备正常后，即可进行恢复操作。

② 启动一次风机，根据停窑时间长短及窑内温度，确认是否用油及升温速度。

③ 启动各润滑装置。

④ 启动一、二室风机，及熟料输送，尽快送走篦床堆积熟料。

（九）烧成系统止料操作

止料操作相对投料操作较简单，但对窑系统运转率也具有同样重要的意义。止料操作过程中，也容易出现预热器堵塞现象或进高温风机气体温度过高，对设备不利。因此，止料操作必须做到：先止分解炉喂煤，待分解炉出口温度降到 $800℃$ 时，止料、逐渐减少窑头喂煤、降低窑速，不要过早打开烟囱帽，保持高温风机拉风，待预热器料全部走完，最后一股料完全进窑后，降高温风机转速，减少拉风，打开烟囱帽。逐步减少窑头喂煤量，降低窑速，待窑内物料适度倒空时，脱开主传连续辅转，止窑头煤。

点火升温、投料及止料操作中应做到：

预分解窑的操作，点火升温、投料、止料在操作中是十分重要的过程。合理的系统预热升温是成功投料的基础，投料的成功与否直接影响着熟料的质量和设备的运转率以及窑衬的使用寿命，因此，一名窑操作员不仅要有过硬的专业技术，同时要有高度的责任心。

（十）窑速的操作

1. 窑速的操作原则

保持高窑速的效益。这里的高窑速，是指接近 4r/min 的窑速。高窑速的必要性及优点如下：

1）有利于提高熟料质量。

2）有利于提高台时产量。高窑速能加快物料与热气流之间的热交换，同样产量条件下，减少窑内物料填充率。如果填充率不变，加快窑速则是增加台产的重要途径。

3）有利于保护窑衬。窑速提高后，窑每转一周所用的时间缩短，从 1r/min 的 60s，减少为 1r/min 的 15s，作为窑皮，它与热气流同是物料受热的媒介，可使窑皮、耐火砖受热的周期温差变小，如图 4-4 所示，A_1/B_1 为高窑速与 A_2/B_2 为低窑速的两种不同填充率的料面，窑旋转慢时"窑皮"在热气流下暴露受热的时间明显长于窑旋转快时，而且向物料传热的时间也明显变长。这就是窑速快时"窑皮"与耐火砖热负荷变化幅度变小的原因。所以，高窑速的预分解窑内能形成较平整的窑皮，从而延长了窑内衬砖寿命。

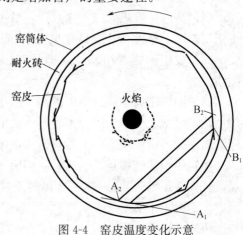

图 4-4　窑皮温度变化示意

2. 高窑速的选择

窑速并不是越高越好，这里是指操作者认识到传统慢窑速的不利影响之后，都可摸索出每条窑的合理窑速。这种合理是指能实验高速稳定的窑速，是当系统其他参数相对稳定时，无须调整的稳定转速，绝不是能转多快就转多快，转不动再慢下来的窑速。这是为系统的整体稳定创造的最好条件。目前，一般窑的旋转次数已经从预分解窑最初的 3r/min，提高到目接近 4r/min。

有人会担心，物料在窑内停留时间过短，熟料质量会降低，但是，超短窑成功运行的事实已验证了这种担心的多余。理论上证明，它不仅使熟料质量提高，还有利于节能降耗。

3. 稳定窑速是稳定操作的前提

高窑速运转已成为大多操作人员的共识，但是稳定在高速下运转，保持数班，乃至数日不变，却不是每条生产线都能实现的。不少人习惯调整窑速，以达到控制烧成温度的目的，当发现窑电流降低或者游离氧化钙含量过高时，首当其冲的操作就是打慢窑速，哪怕从 3.8r/min 调整为 3.6r/min 也好，认为这有助于延长物料在窑内的停留时间，能提高煅烧质量，实际情况与这种愿望恰恰相反。因为打慢窑速势必加大窑填充率，虽然窑电流增加，但绝不表示窑内温度有所提高，相反熟料的煅烧传热条件变差了，更不符合煅烧高质量熟料的要求。

4. 调节窑速的具体操作手法

（1）正常运转的窑速操作

确认窑内温度变动的原因。以窑温降低为例，如果是喂料量瞬时过大，或煤质质量降低，或生料成分过高，这些情况在稳定维持高窑速的前提下，都可以通过对入窑生料量的微量调小即可。随着减少喂料，窑内填充率降低，真正改善了煅烧条件，而这种调节不会使窑的出料量明显波动，有利于窑的稳定。

正常运行中维持高窑速不变不仅是必要的，也是最可行的。要记住，窑内温度变化，是火焰热力不足以满足煅烧热量需要的表现，并不是物料在窑内停留时间不够的结果。

（2）异常状态时的窑速操作

结圈、脱落窑皮、窑内有"大球"，或预热器塌料，或箅冷机堆"雪人"都需要酌情调整窑速，具体的调整手法如下：

1）窑内后结圈严重时，物料在圈后积聚较多，会承受更多时间的低温预烧，一旦进入烧成带，生料很易烧成；而且此时火焰由于结圈而不畅，只有长火焰顺烧；虽然这种煅烧制度已不理想，但操作应该以处理后圈为中心，窑速无须减慢，甚至可以尽量提高。

2）窑内有圈掉落时，或有严重塌料时，应迅速大幅度减料，之后的瞬间大幅度降低窑速，且一步到位打慢至 1r/min 左右。

3）窑内有"大球"时，窑速调整可以配合料量的变动，目的是加剧窑皮后面物料量的变化更大，使结球能更快爬上窑皮。即当减小料量时，打快窑速；加大下料量时，减慢窑速。

4）需要处理箅冷机"雪人"时，关键是减小喂料量，方便现场操作，一般无需减慢窑速。只是处理时间较长，料量减得较多时，才需要适当减慢窑速。

二、回转窑系统主要工艺参数的控制

预分解窑具有窑温高、窑速快、产量高、熟料结粒细小、窑皮长、系统工艺结构复杂、自动化程度高等特点，因此预分解窑的操作控制思想应该是：根据预分解窑的工艺特点、装备水平制定相应的操作规程，正确处理预热器、分解炉、回转窑和冷却机之间的关系，稳定热工制度，提高热效率，实现优质、高产、低耗和长期安全运转。

从预分解窑生产的客观规律可以看出，均衡稳定运转是预分解窑生产状态良好的重要标志。调节控制的目的就在于使窑系统经常保持最佳的热工制度，实现持续、均衡、稳定地运转。对全窑系统"前后兼顾"，从热力平衡分布规律出发，综合平衡，力求稳定各项技术参数，做到均衡稳定地运转。

在现代化水泥企业中，窑系统一般是在中央控制室集中控制、自动调节。窑系统各部位装有各种测量、指示、记录、自控仪器仪表，自动调节回路，有的则是用电子计算机监控。指示和可调的工艺参数有几十项，甚至上百项，从各个工艺参数的个别角度观察，这些参数是独立存在，各有作用，但是从窑系统整体观察，各个参数又是按热工制度要求，按比例平衡分布，互相联系，互相制约。因此，实际生产中，只要根据工艺规律要求，抓住关键，监控若干主要参数，便可控制生产，满足要求。

窑系统由废气处理系统、生料喂料系统、预热器、分解炉、回转窑、箅冷机系统和喂煤系统等组成，在生产过程中，通过对气体流量、物料流量、燃料量、温度、压力等工艺过程参数的检测和控制，使它们相互协调，成为一个有机的整体，进而对窑系统进行有效的控制。

预分解窑生产中重点监控的主要工艺参数如下：

1. 烧成带物料温度

烧成带温度的高低是关系熟料煅烧质量好坏的重要参数。可以通过红外比色高温仪、窑尾烟室的 NO_x 浓度、窑负荷和熟料的 f-CaO 来判断烧成带的温度。烧成带物料温度一般在 $1300\sim1450\sim1300℃$，由于测量上的困难，往往测出的烧成带物料的温度，仅可作为综合判断的参考。

2. 窑尾烟室 NO_x 的浓度

烧成过程中 NO_x 的生成量除了与燃料中 N_2 含量有关外，还与过剩空气系数和烧成带温度有密切的关系。气流中 O_2 含量较高，燃烧温度越高，NO_x 生成量就越多。在空气过剩系数一定的情况下，NO_x 生成量越多，烧成带的温度就越高。NO_x 浓度控制范围：（1100±300）ppm。

窑系统中对 NO_x 的测量，一方面是为了控制其含量，满足环保要求；另一方面，在窑系统生产情况及过剩空气系数大致固定的情况下，窑尾废气中的 NO_x 浓度同烧成带火焰温度有密切关系，烧成带温度高，NO_x 浓度增加，反之降低，故以 NO_x 浓度作为窑烧成带温度变化的一种控制标志，时间滞后较小，很有参考价值。故可以连同其他参数，综合判断烧成带情况。

3. 窑转动力矩

由于煅烧温度较高的熟料，被窑壁带动得较高，因而其转动力矩比煅烧得较差的熟料高，故以此结合比色高温计对烧成带温度的测量结果，废气中 NO_x 浓度等参数，可对烧成带物料煅烧情况进行综合判断。但是，由于窑内掉窑皮以及喂料量变化等原因，亦会影响窑转动力矩的测量值，因此，当转动力矩与比色高温计测量值、NO_x 浓度值发生逆向变化时，必须充分考虑掉窑皮等物料变化的影响，综合权衡，做出正确判断。

4. 窑尾烟气温度

窑尾烟气温度可以反映窑内火焰温度、窑内通风量、窑尾下料情况。窑尾烟气温度过高时可能引起窑尾烟室、C_5 旋风筒内物料过热结皮堵塞。窑尾烟气温度过低时说明窑内烧成带温度也偏低，熟料煅烧受到影响，游离氧化钙增多，造成熟料质量不合格。一般控制范围是 950～1100℃，可通过调节窑内火焰温度、窑内风量、窑尾下料量等使之在正常范围内变化。

5. 窑尾负压

窑尾负压可以反映窑内流体阻力的大小及窑内通风量。压力高时，说明窑内流体流动的阻力较大，会降低窑内的通风量，进而影响窑内燃料的燃烧；压力低时，窑内通风量大，会降低分解炉通风量，影响分解炉内燃料的燃烧。一般控制范围是 -300～-200Pa，可通过调节窑尾高温风机阀门开度、三次风管阀门开度使该参数在正常范围内变化，若是因窑内结圈引起的则要及时处理结圈。

6. 窑内火焰温度

窑内火焰温度可以反映窑内燃料燃烧状况。窑内火焰温度高有利于熟料的煅烧，但温度过高会导致物料过烧或结大块，甚至烧坏窑皮及衬料；火焰温度低会导致物料生烧，使游离钙含量升高。一般控制范围是 1600～1800℃，可通过调节窑头喂煤量、燃料品质、一次风量、燃烧器位置及角度等使该参数在正常范围内变化。

7. 火焰形状

理想的火焰形状应有适当的长度，高温部分集中，整个火焰应顺畅、完全、不散、不乱、不涮窑皮、活泼而有力。火焰形状合适与否，是煅烧关键，它受煤质、燃烧器、窑型、风煤配合、一二次风温、内外风调整、配料成分等因素影响。如造成火焰长的因素有：（1）排风大；（2）料少；（3）煅烧温度低；（4）窑速慢；（5）煤粉湿粗，灰分大，挥发分低，固定碳多；（6）燃烧器位置高，伸入窑内过多；（7）煤多一次风小，一二次风温低；与上述各项相反时，火焰就短粗，所以新型干法窑内火焰较传统回转窑是短粗的。

8. 窑功率

（1）正常操作时窑功率上升的原因

①窑内温度升高，物料黏度增大，物料成分变性易烧；②窑内长了窑口圈，窑内物料层

增厚；③窑皮变厚，窑皮变长；④窑内有后结圈，掉大量窑皮；⑤设备原因：如窑托轮不正常，传动齿轮或轴承有问题，电动机本身有问题及窑有弯曲及筒体变形等。

（2）功率变化时的调整控制

①功率曲线由平滑而出现少量降低时，说明前温有所降低，应适当加一点喂煤量；②功率曲线较大幅度升高，而并没有烧高迹象时，说明窑内掉后圈或掉大量浮窑皮，应加大煤量并适当减低窑速；③窑功率突然有较大幅度降低，一种情况是突然断煤，窑内温度陡降所致，另一种情况可能是掉前圈，应适当加煤，降窑速处理；④窑功率持续升高，在煤料情况无大变化时，可能由于窑结后圈所致。此时应调整火焰位置，处理掉结圈；⑤窑功率持续下降，可能情况是来料成分变高或煤粉质量下降，此时应调风减料加煤，使窑内煅烧温度升高；⑥窑功率周期性大摆动，除设备原因外，工艺上可能的原因是临时停窑时，未能及时慢转窑，造成熟料在窑的一侧结成过厚窑皮或前后圈跨落时，窑皮掉的程度不均匀，或高或低，有个别大块仍粘在窑上。

9. 窑尾出口气体成分

窑尾出口气体成分是通过设置在各相应部位的气体成分自动分析装置检测的，是表示窑内燃料燃烧及通风状况好坏的重要参数。对窑系统燃料燃烧的要求是，既不能使燃料在空气不足的情况下燃烧而产生一氧化碳；又不能有过多的过剩空气，增大热耗。一般窑尾烟气中 O_2 含量控制在 $1.0\%\sim1.5\%$ 之间。

预分解窑系统的通风状况，则是通过预热器主排风机及装在分解炉入口的三次风管上的调节风门闸板进行平衡和调节。

在窑系统装设有电收尘器时，对分解炉或 C_5 级旋风筒出口及 C_1 预热器出口（或电收尘器入口）的气体中的可燃气体（$CO+H_2$）含量必须严加限制。因为含量过高，不仅表明窑系统燃料的不完全燃烧及热耗增大，更主要的是，在电收尘器内容易引起燃烧和爆炸。因此，当 C_1 预热器出口或电收尘器入口气体中 $CO+H_2$ 含量超过 0.2% 时，则发生报警，达到允许极限 0.6% 时，电收尘器高压电源自动跳闸，以防止爆炸事故，保证生产安全。

10. 窑速及生料喂料量

调节窑的转速可以调节物料在窑内的停留时间，即物料的煅烧时间；在煅烧正常的情况下，只有在提高产量的情况下，才应该提高窑的转速，反之亦然。

一般情况下，在各种类型的水泥窑系统中，都装有与窑速同步的定量喂料装置，以保证窑内料层厚度的稳定。在预分解窑系统中，对生料喂料量与窑速的同步调节则有两种不同的主张：一种主张认为同步喂料十分必要；另一种主张则认为由于现代化技术装备的采用，基本上能够保证窑系统的稳定运转，因此在窑速稍有变动时，为了不影响预热器和分解炉的正常运行和防止调节控制的一系列变动，生料喂料量可不必随窑速的小范围调节而变动，而在窑速变化较大时，喂料量可以用人工根据需要调节，故不必安装同步调速装置。

11. 窑头罩负压

窑头罩负压表征着窑内通风及箅冷机入窑二次风之间的平衡。调节窑头罩压力目的在于防止冷空气的侵入和热空气及粉尘的溢出，窑头罩压力是通过调节高温风机、箅冷机冷却风机及窑头废气排风机三者来完成的，其中主要是调节窑头废气排风机。

在正常生产情况下，一般增加预热器主排风机风量，窑头负压增大，反之减小。在鼓风量一定的情况下，调节窑头罩压力时应避免高温风机和排风机使劲拉风的情况，这样将造成系统的电耗增加，同时也不利于生产的控制。正常生产中，窑头负压一般保持在 $-50\sim-15Pa$，决不允许窑头形成正压，窑头罩正压过高时，热空气及粉尘向外溢出，使热耗增加、污染环境，同时也不利于人身安全。窑头罩负压过大时，易造成系统漏风和窑内缺氧，产生还原气氛。因此，一般采用调节箅冷机剩余空气排风机风量的方法，控制窑头负压在规定范围之内。

12. 窑筒体表面温度

窑筒体温度表征了窑内窑皮、窑衬砖的情况，据此可以监测窑皮粘挂、脱落、窑衬砖侵蚀、掉砖及窑内结圈状况，以便及时粘补窑皮，延长窑衬使用周期，避免红窑事故的发生，提高窑的运转率。

窑筒体表面温度过高时，说明窑内的温度过高，若不及时处理会烧坏窑内的窑皮及衬料，甚至造成红窑现象。一般控制范围是低于 380℃，可通过调节窑内燃烧状况使该参数在正常范围内变化。

13. 窑尾 CO 浓度

造成窑尾 CO 浓度超高的因素很多，归纳起来有如下几点：

（1）煤粉细度太粗、水分大，造成燃烧速度慢，产生 CO，应控制好煤粉质量，保证细度在 10% 以下，水分小于 1.2%；（2）分解炉火嘴周围有积料结皮而受阻，造成炉内煤不均匀，产生不完全燃烧，CO 浓度升高，严重时应停炉处理；（3）分解炉风量不足，O_2 含量小，应调整好用风量及窑炉用煤比例；（4）窑温过低或窑内结圈，燃料燃烧不充分，应注意窑况，消除异常情况，尽快提高窑内温度以降低 CO 含量；（5）一、二次风量调节不当，煤粉在窑内燃烧不完全，此时应调整内、外风比例，加大窑尾排风，但当 O_2 浓度不低时，不能拉大尾风，风速过大，燃烧速度慢情况下，也易产生 CO。

14. 窑头喂煤量

窑中控操作员对喂煤量的控制容易养成不良的操作习惯，即试图只用增加或减少燃料用量的办法来实现煅烧温度的控制，这往往造成负面作用，如使尾温失去正常的控制范围而造成入窑物料的分解率的波动，结果煅烧温度出现频繁波动。操作人员对喂煤量的控制应养成"勤""少""配"的习惯。"勤"即操作上要根据窑功率的变化及时地加减煤。"少"是指每次加减煤的幅度不能太大，不能加过量，造成煅烧温度过高，甚至出现烧高烧流情况，也不能减煤减得太多，造成前温低，甚至产生生烧料，跑黄料。"配"是指加减煤要始终与系统用风相匹配，时刻注意尾温的稳定及窑尾废气中的 O_2、CO 含量的正常。当一、二次风风量充足，而又可以任意地根据需要进行调配时，烧成带的温度高低可以用加减煤量来调整，但在量的掌握上要根据具体窑的特点、窑热工状况及喂煤设备的准确性确定，只有如此，才能保证烧成温度的正常。加减煤过程中还要和一、二次风配比协调起来，因为当其他条件不变时，一、二次风和煤粉的配比，决定了火焰形状及燃烧是否完全，热量分布是否合理。风煤配比的一般原则是料大风大煤也大；料小风小煤也小。如果配比长期失调，就会造成劣质、低产高耗、运转周期短等问题。

15. 生料喂料量

喂料量和物料前进速度的控制要求操作员必须首先遵循四条基本法则：（1）在没有物料进窑而主排风机已运行、风门已打开的情况下，窑不能空运行 15min 以上；（2）不能让窑尾温度超过最大值；（3）不能破坏稳定的运行而追求产量；（4）窑内物料层将要变化时，加减喂料量。

当窑内料层较厚，即使各控制参数合理，煅烧也正常，但窑速也难提上去，还要经常打小慢车（减窑速），且窑内看上去温度不低，提窑速一会儿就会温度降低，慢转一会儿温度又上去了，说明窑内物料已趋饱和，此时应采取如下处理措施：（1）适当增加分解炉喂煤量，适当增加排风，加强预热分解，提高入窑物料分解率；（2）提高窑速，使料层变薄，加速物料煅烧速度（相应加煤）；（3）在不影响窑皮情况下，加大风煤，加强煅烧。

窑的加料操作必须与窑速同步，这样才能提高窑的快转率、增加产量，同时也保证了窑内物料的翻动频率及窑的负荷率，使烧成带的物料均匀稳定、有利煅烧。

加料过程中，必须判明窑内来料大小、物料颜色及结粒翻滚提升情况，正常情况下，通过看火镜可以从窑头看火孔看到来料厚薄及前后宽窄情况，当物料由小变大时，料层增厚，前窄后宽，火焰回缩，有物料快速向前涌来的感觉；当物料由大变小时，料层浅薄，火焰伸长，火色发亮；当看到烧成带的熟料和空间火焰的颜色为粉红色，表明此时窑内物料颗粒均匀细小，翻滚灵活，既不发黏也不发散，窑前比较清晰。正常情况下，熟料被提起的高度应稍高于煤管，如果熟料中熔煤成分高，黏度大，被提起的高度还要高一些，在物料化学成分不变情况下，烧成温度高，熟料被提起也高。

16. 二次风温度

二次风温度可以反映箅冷机内熟料与冷却气体热交换的情况。

当二次风温偏高时，火焰缩短并且向上漂移，煤粉燃烧加快，会造成局部高温，极易损伤窑皮和耐火砖，同时不利于熟料的快速冷却，从而影响熟料的强度。当二次风温度偏低时，黑火头较长，火焰变长，热力分散，煅烧温度降低，熟料质量下降。

温度过高时，说明箅冷机内熟料层厚，热交换较好；温度低时，箅冷机内熟料层较薄。一般控制范围是：二次风温在 $1100\sim1250℃$ 之间。在冷却用风量不变的情况下，可通过调节箅速，稳定箅冷机内料层厚度使参数在正常范围内变化。

17. 三次风温度

三次风温度可以反映箅冷机内熟料与冷却气体热交换的情况。温度过高时，说明箅冷机内熟料层厚，热交换较好；温度低时，箅冷机内熟料层较薄。一般控制范围是三次风温 $950℃$ 左右。在冷却用风量不变的情况下，可通过调节箅速，稳定箅冷机内料层厚度使参数在正常范围内变化。

18. 三次风流量

三次风是满足分解炉内燃料燃烧的助燃空气，三次风是来自于箅冷机的预热风，温度一般控制在 $950℃$ 左右，通过三次风管上的阀门来进行调节。

增加三次风阀门将引起：（1）三次风量增加，同时三次风温也增加；（2）二次风量减少；（3）窑尾气体 O_2 含量降低；（4）分解炉出口气体 O_2 含量增加；（5）分解炉入口负压减小；（6）烧成带长度变短。

同理，当减小三次风阀门时，情况与上述结果相反。

19. 窑头电收尘器入口气体温度

窑头电收尘器入口气体温度可以反映箅冷机余风温度的高低。温度过高会影响窑头电收尘设备的安全运转。一般控制范围是 $200℃$ 左右。可通过冷风阀掺加冷风使该参数在正常范围内变化。

20. 窑尾高温风机入口气体温度

窑尾高温风机入口气体温度可以反映系统热交换的情况。主要考虑到风机的安全运转。窑尾高温风机入口气体温度的控制范围要参考风机的使用温度要求。可通过控制一级筒出口气体温度使该参数在正常范围内变化。

21. 窑尾高温风机入口气体压力

窑尾高温风机入口气体压力可以反映系统通风量的多少。压力高时，说明整个系统的通风量大，阻力较大，会增加高温风机的负荷；压力低时，说明整个系统的通风量小，会影响窑内燃料燃烧及熟料煅烧。一般控制范围是－7000Pa 左右，可通过调节窑尾高温风机阀门开度及转速使该参数在正常范围内变化。通常情况下，阀门开度保持不变，通过调节转速改变该参数。

22. 高温风机流量

通过调节高温风机转速来满足燃料燃烧所需的气体量；高温风机是用来排除分解和燃烧产生的废气并保证物料在预热器内正常运动；通过调节高温风机转速来控制窑尾气体 O_2 在正常范围内。

提高高温风机转速，将引起：（1）系统拉风量增加；（2）预热器出口废气温度增加；（3）二次风量和三次风量增加；（4）过剩空气量增加；（5）系统负压增加；（6）二次风温和三次风温降低；（7）烧成带火焰温度降低；（8）漏风量增加；（9）箅冷机内零压面向下游移动；（10）熟料热耗增加。

当降低高温风机转速时，产生的结果与上述情况相反。

23. 窑主电机电流与窑系统烧成的联系

此参数可以用窑电流表示，是窑速、喂料量、窑皮状况、液相量和烧成温度的综合反应。如其他条件不变，当烧成温度较高，熟料被窑带动的高度也较高，窑电流也较大。其判断过程如下：

（1）窑电流很平稳，轨迹很平，表明窑系统很平稳、热工制度很稳定。

（2）窑电流轨迹很细，说明窑内窑皮平整或虽不平整但在窑转动过程中所施加给窑的扭矩是平衡的。

（3）窑电流轨迹很粗，说明窑皮不平整，在转动过程中，窑皮所产生的扭矩呈周期性变化。

（4）传动电流（或扭矩）突然升高然后逐渐下降，说明窑内有窑皮或窑圈垮落。升高幅度越大，则垮落的窑皮或窑圈越多，大部分垮落发生在窑口与烧成带之间。发生这种情况时要根据曲线上升的幅度立刻降低窑速（如窑传动电流或扭矩上升 20％左右，则窑速要降低 30％左右），同时适当减少喂料量及分解炉燃料，然后再根据曲线下滑的速率采取下一步措施。这时冷却机也要对箅板速度等进行调整。在曲线出现转折后再逐步增加窑速、喂料量、分解炉燃料等，使窑转入正常。如遇这种情况时处理不当，则会出现物料生烧、冷却机过载和温度过高使箅板受损等不良后果。

（5）窑电流居高不下，有四种情况可造成这种结果。一是窑内过热、烧成带长、物料在窑内被带得很高，此时，要减少系统燃料或增加喂料量。二是窑产生了窑口圈、窑内物料填充率高，由此引起物料结粒不好，从冷却机返回窑内的粉尘增加，在这种情况下要适当减少喂料量并采取措施烧掉前圈。三是物料结粒性能差，由于各种原因造成熟料发散，物料由翻滚变为滑动，使窑转动困难。四是窑皮厚、窑皮长，这时要缩短火焰、压短烧成带。

（6）窑电流很低，说明窑内欠烧严重，近于跑生料。一般发现窑电流低于正常值且有下降趋势时就应采取措施防止进一步下降。窑内有后结圈，物料在圈后积聚到一定程度后通过结圈冲入烧成带，造成烧成带短、料急烧，易结大块，熟料多黄心，游离钙也高，此时由于烧成带细料少，仪表显示的烧成温度一般很高。遇到这种情况窑减料运行，把后结圈处理掉。

（7）窑电流逐渐增加，窑内向温度高的方向发展。如原来熟料欠烧，则表示窑正在趋于正常；如原来窑内煅烧正常，则表明窑内正在趋于过热，应采取加料或减燃料的措施调整；窑开始长窑口圈，物料填充率在逐步增加，烧成带的黏料在增加，长、厚窑皮正在形成。

（8）窑电流逐渐降低，窑内向温度低的方向发展。加料或减燃料都可产生这种结果。如前所述，窑皮或前圈垮落之后，卸料量增加也可能出现这种情况。

（9）窑电流突然下降，说明预热器、分解炉系统塌料，大量未经预热的物料突然涌入窑内造成各带前移、窑前逼烧，甚至跑生料。这时要降低窑速、适当减少喂料，使窑逐步恢复正常。大量结皮掉在窑尾斜坡上，阻塞物料，积到一定程度后突然大量进入窑内，产生与上面一样的后果。同时大块结皮也阻碍通风，燃料燃烧不好，系统温度低，也会使窑电流低。

24. 窑速控制

操作人员必须首先明确用窑速来调整窑温的操作方法是不可取的，因此在料煤不变情况下，窑速产生变化，造成来料生产变化，料量的频繁变化必然导致热工制度的不稳定。严重时还会出现大量的扰动，影响熟料产质量，非特殊情况下，窑速的快慢总是同加减料相对应的，而一般窑况良好，应尽可能提高窑的快转率。

操作中经常要用的手段是预打小慢车，所谓预打小慢车，是指在来大料前，预防性地提前把窑速降下来，增加物料在窑内的停留，使前面物料烧好，后边物料得到充分预热，化合反应完全，以稳定窑的热工制度，维护好窑皮和确保熟料质量，避免顶烧，使火焰不发憋，不产生局部高温，不涮窑皮。

当发生下列情况时，应预打小慢车：

（1）下料不均，尾温忽高忽低，烧成带物料由少变多时。此时操作上不宜用大煤、大风的强制煅烧手段，否则易造成局部高温而损伤窑皮；

（2）当发现少量掉窑皮时，应预打小慢车，等待窑皮及大量来料，加强通风及煅烧，使烧成温度正常；

（3）下煤少时，应预打小慢车，防止热量不足，烧成温度大幅度跌落，当下煤过多时，发生不完全燃烧和短火焰急烧，烧成温度反而下降，此时在无法控制情况下，也应预打小慢车，直至下煤正常；

（4）出现窑速大波动和小周期性慢窑的操作情况时，也应预打小慢车，逐渐使来料均匀，热工稳定；

（5）窑皮局部恶化时，也应预打小慢车，以使烧成带火力稳定、火焰顺畅，防止顶烧、结块、难挂窑皮。小慢车相对地可以减少下料，减少烧成带热力负荷，缩小衬料与物料之间的温差，给补窑皮创造条件。

三、回转窑系统异常情况的处理

（一）窑尾烟室结皮

1. 现象

（1）顶部缩口部位结皮：烟室负压降低，三次风分解炉出口负压增大，且负压波动很大。

（2）底部结皮：三次风、分解炉出口及烟室负压同时增大。窑尾密封圈外部伴随有正压现象。

2. 原因

（1）温度过高；（2）窑内通风不良；（3）火焰长，火点后移；（4）煤质差，硫含量高，煤粉燃烧不好；（5）生料成分波动大，KH 忽高忽低；（6）生料中有害成分（硫、碱）高；

（7）烟室斜坡耐火材料磨损不平整，造成拉料；（8）窑尾密封不严，掺入冷风。

3. 措施

（1）窑运转时，要定时清理烟室结皮，可用空气炮清除，效果较为理想，如果结皮严重，空气炮难以起作用时，从壁孔人工清除，特别严重时，只能停窑清理。

（2）在操作中应严格执行要求的操作参数，三班统一操作，稳定热工制度，防止还原气氛出现，确保煤粉完全燃烧。当生料和煤粉波动较大时，更要特别注意，必要时可适当降低产量。

（二）窑内结大球

1. 现象

（1）窑尾温度降低，负压增高且波动大；（2）三次风、分解炉出口负压增大；（3）窑功率高，且波动幅度大；（4）C_5和分解炉出口温度低；（5）在筒体外面可听到有振动声响；（6）窑内通风不良，窑头火焰粗短，窑头时有正压。

2. 原因

（1）有害成分是造成结球的重要原因；（2）当窑内结圈或厚料层操作时，也易产生结球；（3）配料不当，SM 低、IM 低，液相量大，液相黏度低；（4）生料均化不理想，入窑生料化学成分波动大，导致用煤量不易稳定，热工制度不稳，此时易造成窑皮粘结与脱落，烧成带窑皮不易保持平整牢固，均易造成结大球；（5）煤灰分高，细度粗，煤粉燃烧不完全，煤粉到窑后烧，煤灰不均匀掺入物料；（6）火焰过长，火头后移，窑后局部高温；（7）燃烧器选用和调节操作不当，也易产生结球。

3. 措施

（1）发现窑内结球后，应适当增加窑内拉风，顺畅火焰，保证煤粉燃烧完全，并减料慢窑，让结球"爬"上窑皮进入烧成带，用短时大火把结球烧散或烧小，以免进入箅冷机发生堵塞，同时要注意结球碰坏燃烧器；（2）若已进入箅冷机，应及时止料、停窑，将结球停在低温区，人工打碎。

（三）窑后结圈

1. 现象

（1）火焰短粗，窑前温度升高，火焰伸不进窑内；（2）窑尾温度降低，三次风和窑尾负压明显上升；（3）窑头负压降低，并频繁出现正压；（4）窑功率增加，波动大；（5）来料波动大，一般烧成带料减少；（6）严重时窑尾密封圈漏料。

2. 原因

（1）生料化学成分影响

①生料中 SM 偏低，使煅烧中液相量增多、黏度大而易富集在窑尾烟室斜坡处；②入窑生料化学均匀性差，造成窑热工制度容易波动，引起后结圈；③煅烧过程中，生料中有害挥发性组分在系统中循环富集，从而使液相出现温度降低，同时也使液相量增加，造成结圈。

（2）煤的影响

①煤灰中 Al_2O_3 较高，当煤灰集中沉落到烧成带末端的物料上会使液相出现温度明显降低，液相增加，液相发黏，往往易结圈。②煤灰降落量主要与煤灰中灰分含量和煤粉细度有关，煤灰分大、煤粉粗，煤灰沉降量就大。当煤粉粗、灰分高、水分大时，燃烧速度变慢，火焰拉长，高温带后移，窑皮拉长易结后圈。

（3）操作和热工制度的影响

①用煤过多，产生还原气氛，物料中三价铁还原为二价亚铁，易形成低熔点矿物，使液相早出现易结圈；②一、二次风配合不当，火焰过长，使物料预烧很好，液相出现早，也易结圈；③窑喂料过多，操作参数不合理导致热工制度不稳定，窑速波动大，也易结圈；④燃烧器长时间不前后移动，后部窑皮生长快，也易结圈。

3. 措施

（1）冷烧法：适当降低二次风量或加大燃烧器内风开度，使火焰回缩，同时减料，在不影响快转下保持操作不动，直到圈烧掉。

（2）热烧法：适当增大二次风量或减小燃烧器内风开度，拉长火焰，适当加大窑头喂煤量，在低窑速下烧 4h。若烧 4h 仍不掉，则改用冷烧法。

（3）冷热交替法：先减料或止料（视圈程度），移动燃烧器，提高结圈处温度，烧 4～6h，再移动燃烧器，降低结圈处温度，再烧 4～6h，反复处理。同时加大排风，适当减少用煤，如结圈严重，则要降低窑速，甚至停窑烧圈。

（4）在结圈出现初期，每个班在 0～700mm 范围内进出喷煤管各一次。

（四）窑前结圈

1. 现象

（1）入窑二次风量减少，影响正常的火焰形状，导致煤粉燃烧不完全；（2）一般冷却带熟料减少；（3）窑尾温度降低，窑尾负压明显上升；（4）窑头负压降低，并频繁出现正压；（5）窑功率增加，波动大；（6）熟料在烧成带内停留时间过长易结大块，容易磨损和砸伤窑皮，影响窑衬使用寿命。

2. 措施

（1）将燃烧器拉出来，用高温将圈烧矮；（2）适当减小排风，增加一次风量，降低煤粉细度，使火焰高温部分集中到前结圈处，烧矮前结圈。

（五）跑生料

1. 现象

（1）看火电视中显示窑头浑浊、喷灰，甚至无图像；（2）烧成带温度下降；（3）窑系统阻力增大，负压升高；（4）箅冷机箅下压力下降；（5）窑主电流下降。

2. 原因

（1）生料率值 KH、SM 高，难烧易跑生料；（2）窑头出现瞬间断煤；（3）窑有后结圈；（4）喂料量过大或 C_5 级预热器堵塞塌料，生料大量涌入烧成带，跑生料；（5）分解率偏低，预烧不好；（6）煤不完全燃烧。

3. 措施

（1）喷灰时应及时减料降窑速，慢慢烧起；（2）加大窑头喂煤量和窑内的通风，同时适量减少预热器的喂料量，视炉温调节喂煤量，待其逐渐恢复正常生产；（3）跑生料严重时应止料停窑，但不止窑头煤，每 3～5min 翻窑 1/2，直至重新投料。

（六）红窑

1. 现象

筒体扫描仪显示温度偏高，夜间可发现筒体出现暗红或深红，白天则发现红窑处筒体有

"爆皮"现象，用扫把扫该处可燃烧。

2. 原因

（1）一般是窑内衬砖太薄或脱落；（2）火焰形状不正常；（3）垮窑皮；（4）窑内结大料球；（5）操作不合理；（6）生料化学成分的不稳定等原因造成。

3. 措施

红窑应分为两种情况区别对待：

（1）一是窑筒体所出现的红斑为暗红，并出现在有窑皮的区域时，这种情况一般为窑皮跨落所致，这种情况，不需停窑，但必须作一些调整，如改变火焰的形状，避免温度最高点位于红窑区域，适当加快窑速，并将窑筒体冷却风机集中对准红窑位置吹，使窑筒体温度尽快降低，如窑内温度较高，还应适当减少窑头喂煤量，降低煅烧温度。总之，要采取一切必要的措施将窑皮补挂好，使窑筒体的红斑消除。

（2）二是红斑为亮红，或红斑出现在没有窑皮的区域，这种红窑一般是由于窑衬脱落引起。这种情况必须停窑。但如果立即将窑主传动停止，将会使红斑保持较长的时间，因此，正确的停窑方法是先止煤停烧，并让窑主传动慢转一定时间，同时将窑筒体冷却机集中对准红窑位置吹，使窑筒体温度尽快下降。待红斑由亮红转为暗红时，再转由辅助传动翻窑，并做好红窑位置的标记，为窑检修做好准备。

（3）红窑，可以通过红外扫描温度曲线观察到并能准确判断它的位置，具体的红窑程度还需到现场去观察和落实。一般来说，窑筒体红外扫描的温度与位置的曲线的峰值大于350℃时，应多加注意。尽量控制筒体温度在350℃以下。

防止红窑，关键在于保护窑皮，保护窑皮从操作的角度上说，要掌握合理的操作参数，稳定热工制度，加强煅烧控制，避免烧大火、烧顶火，严禁烧流及跑生料。入窑生料成分从难烧料向易烧料转变时，当煤粉由于转堆原因热值由低变高时，要及时调整有关参数，适当减少喂煤量，避免窑内温度过高，保证热工制度的稳定过渡。另外要尽量减少开停窑的次数，因为开停窑对窑皮和衬料的损伤很大，要保证窑长期稳定地运转，这将会使窑耐火材料的寿命大大提高。

（七）温度后移

1. 现象

（1）窑内火焰黑火头长；（2）窑头温度偏低；（3）二次风温低于1000℃；（4）过渡带筒体扫描温度变高；（5）窑尾温度高于1000℃；（6）一级预热器出口温度高于350℃。

2. 原因

（1）窑内火焰燃烧速度慢，燃烧器推力不足，主要是一次风的出口风速不高，或燃烧器具备的调节能力不足，或伸入窑内较多，或轴流风过大，火焰偏长；（2）窑、炉用风比例失调，窑内用风过大，相对分解炉用风不足、炉内煤粉燃烧不充分，会伴有炉温与五级出口温度倒挂；（3）篦冷机用风不当，"头排"拉风过大或不足，都可能造成二次、三次风温不高；（4）煤粉水分含量过高，煤粉燃烧速度慢。

3. 不利影响

窑后部易结皮，甚至结圈；熟料冷却速率变慢，难以提高二次风温度，且熟料强度降低；严重时前窑口易形成前结圈。

4. 措施

调节燃烧器火焰不要过长，加强旋流风，燃烧器位置应向窑外移，调整燃烧器用风，提高煤粉燃烧速度，让高温区向窑前移。

增大三次风阀门开度，或减小窑尾排风机开度（包括增加煤粉烘干风或发电锅炉用风），使窑内拉风减小；纠正发电用风取自篦冷机高温段的操作。

（八）炉温倒挂型

1. 现象

C_5 级预热器出口温度高于分解炉出口温度，与此同时，分解炉出口温度高于炉中温度。温度差越大，倒挂的程度越大，说明病态越严重，甚至影响窑尾温度升高，窑后形成结圈。

2. 原因

根本原因在于分解炉内煤粉的燃烧速度慢，在炉内无法完全燃烧，这其中的关键所在往往不是分解炉容积所限，也不是煤粉在分解炉内停留的时间不够，而是可能由如下原因造成的：

（1）煤粉量与三次风量相配不好。当煤多风少时，CO 含量偏高，部分煤粉在出炉后才有条件燃烧。（2）煤粉燃烧条件不好，或三次风温过低，或喷煤口与三次风的进口位置或方向不适宜，使煤、风不能尽快混合。（3）分解炉的喷煤点与四级预热器的下料点相关位置很重要，煤粉在未燃烧前被生料混入，煤粉与氧气充分燃烧的空间不足，仍难以燃烧完全。

3. 不利影响

这种状态极易导致五级预热器甚至窑尾温度变高，结皮现象趋于严重；细煤粉将会在上一级预热器燃烧，容易使预热器系列温度变高，增加热耗。

4. 措施

（1）平衡窑与炉的用煤量，尤其是炉用煤量不宜超过总用量的 63%，过多容易造成煤粉的不完全燃烧或后部结皮。与此同时，还应关注窑、炉用风量的对应平衡。

（2）检查下料点、给煤点及进风口的位置，应该与煤质的燃烧速度相适应。

（3）只有当煤与风不能尽快混合时，或是煤的燃烧速度慢时，才应该考虑分解炉内使用三风道燃烧器。

（九）飞砂料

飞砂料又称粘散料。这种料不易挂在窑皮上，在烧成带料子发黏，同时烧成温度范围窄，冷却带料子发散，下料口灰尘多，像砂子一样飞扬，立升重比正常低，而且 f-CaO 也不高。

1. 原因

（1）生料成分不当，石灰石中难烧的 f-SiO_2 含量过高，硅酸率高，液相量不足；（2）生料中的 Al_2O_3 含量高，煤中灰分大；（3）操作上不合理，尾温升高，物料预烧过度，进入烧成带特别好烧；（4）石灰石的晶型结构对物料煅烧结粒性的影响。

2. 措施

（1）减少二次风，降低尾温，防止物料预烧过度；（2）适当提窑速，减少物料在烧成带的停留时间；（3）配料方案应与煅烧温度相适应；（4）若有前结圈时，要动煤管予以烧掉，不使物料在窑内停留时间过长；（5）严格控制原料中的碱含量，及燃煤中的硫含量。

（十）"烧流"

烧流是新型干法窑中较严重的工艺事故。通常是由于烧成温度过高，或生料成分发生变化导致硅酸盐矿物最低共熔点温度降低造成的。烧流时窑前几乎看不到飞砂，火焰呈耀眼的白色，NO_x 异常高，窑电流低。当发现烧流时应立即大幅度减煤或止窑头煤一段时间，略减窑速，尽可能降低窑内的温度，如果物料已流入箅冷机内，要密切关注箅冷机的压力、箅板温度。严重时立刻停窑。

（十一）窑内出现掉窑皮（垮圈）

1. 现象：（1）窑电流短时间异常迅速上升；（2）窑内可见大块暗红色窑皮；（3）窑筒体可能出现局部高温；（4）窑内结圈到一定程度时，由于本身应力的影响，所结的圈会垮落下来。

2. 措施：（1）调整火焰位置，保持火焰顺畅；（2）减料数分钟后加快箅速，待一室压力上升后减窑速，待窑内恢复正常后缓慢提高窑速；（3）调整窑筒体冷却风机位置。

（十二）窑尾温度过高

1. 现象：中控画面显示数值偏高。

2. 原因：（1）某级预热器堵塞，来料减少；（2）窑头用煤过多；（3）黑火头偏长，煤粉过粗；（4）窑内通风过大；（5）热电偶损坏，温度单向变化。

3. 措施：（1）止料处理；（2）窑头减煤；（3）调整燃烧器内外风比例，降低煤粉细度；（4）调整三次风阀门开度；（5）更换热电偶。

（十三）后续工艺断电

1. 现象：（1）高温风机、窑尾排风机机械停机；（2）各级旋风筒出口温度高；（3）分解炉出口温度急剧升高；（4）窑头罩回火严重，二、三次风温升高；（5）窑头收尘器进、出口温度升高；（6）窑尾温度降低；（7）旋风筒、窑头罩负压呈正压。

2. 原因：（1）供电系统故障；（2）高温风机发生故障；（3）窑尾排风机故障。

3. 措施：（1）窑尾止煤、止料；（2）窑头止煤；（3）窑速逐渐降低，直至停窑；（4）增湿塔喷水加大，防止布袋收尘器滤袋损坏；（5）及时打开点火烟囱帽，迅速通知有管部门检查配电系统及排风设备。

（十四）生料喂料突然中断

1. 现象：（1）生料喂料量显示为0；（2）各级旋风筒出口温度急剧升高，出口负压减小；（3）分解炉内无料后，分解炉出口温度急剧升高，出口负压减小；（4）窑尾废气系统温度升高，负压减小；（5）窑尾烟室温度升高，负压增大；（6）窑头罩内负压增大；（7）窑尾烟室及 C_1 出口 O_2 浓度增大，CO 浓度降低；（8）高温风机进口温度升高，增湿塔喷水量自动增加。

2. 原因：（1）生料输送系统故障；（2）库内生料量不足，料位低；（3）棚料；（4）罗茨风机故障跳闸。

3. 措施：（1）停分解炉喷煤；（2）适当减少窑头喷煤；（3）降窑速至低速慢转窑；（4）注意控制增湿塔出口气体温度；（5）调整系统风量，迅速组织人员进行检查生料输送系统及生料均化库，及时排除故障。若短时间内无法排除故障，则停窑保温待处理。

（十五）窑主电机停机

1. 现象：窑停止运转。

2. 措施：（1）重新启动；（2）若启动失败，马上执行停窑程序：①停止喂料；②停止分解炉喂煤；③减少窑头喂煤；④减小窑尾高温风机转速；⑤减小篦冷机篦床速度；⑥减少篦冷机鼓风量；⑦调节篦冷机排风量，保持窑头罩负压；⑧启动窑的辅传，防止窑筒体变形。

（十六）窑圈垮落

1. 现象：（1）观察到烧成带有大的窑皮；（2）窑尾负压突然下降；（3）窑头罩压力趋于正常（4）窑电流突然改变。

2. 危险：（1）篦冷机过负荷；（2）大量的生料涌进烧成带；（3）损坏篦冷机篦板；（4）大块的窑皮堵塞篦冷机的破碎机；（5）熟料冷却不好。

3. 措施：（1）当烧成带有大量的生料和窑皮时，马上减少窑速；（2）减少窑的喂料量；（3）减少燃料和高温风机的转速，来控制窑尾的温度；（4）在大量物料进入篦冷机之前，可先提高篦速，然后慢慢减小篦床速度；（5）增加篦冷机的鼓风量；（6）注意观察篦冷机和破碎机，以防出现过载、过热或堵塞。

（十七）高温风机停机

1. 现象：（1）系统压力突然增加；（2）窑头罩正压；（3）电流显示为零。

2. 措施：（1）立即停止分解炉喷煤；（2）立即减少窑头喷煤量；（3）迅速将生料两路阀打向入库方向；（4）根据情况降低窑速；（5）退出摄像仪、比色高温计，以免损坏；（6）调节一次风量，保护好燃烧器；（7）调整冷却机篦床速度；（8）根据情况减少冷却机冷却风量，调整窑头排风机转速，保持窑头负压；（9）待高温风机故障排除启动后进行升温，重新投料操作。

若启动失败：①减小篦冷机鼓风量；②增加篦冷机排风机风量，尽量保持窑头罩为负压；③降低窑速；④降低篦冷机篦床速度；⑤通知机修部巡检马上处理，处理完毕后升温投料。

（十八）全线停电

1. 现象：全部设备停止运转。

2. 措施：（1）迅速通知窑头岗位启动窑辅助传动柴油机；（2）通知窑巡检手动将煤管退出；（3）通知窑巡检将摄像仪、比色高温计退出；（4）通知篦冷机巡检岗位人员特别注意冷却机篦床的检查；（5）供电正常后，将各调节器设定值、输出值均打至0位；（6）供电后应迅速启动冷却机冷却风机、窑头一次风机、熟料输送设备，重新升温投料。

（十九）窑头出现正压

1. 现象：窑门罩压力值为正压。

2. 原因：（1）窑头排风机排走的废气量减少，使得入窑二次风量增加；（2）窑尾出现塌料。

3. 措施：（1）对第一种情况处理简单，只要开大窑头排风机动车阀门就可以了；（2）对第二种情况则较复杂，需要按塌料情况处理。

（二十）窑内火焰温度过高

1. 现象：窑筒体表面温度过高，有时会伴随窑尾温度偏高的现象。
2. 原因：窑头喂煤量偏大，或窑内来料量减少。
3. 措施：对第一种情况，通常只需减少窑头喂煤就可以了；对第二种情况，需结合其他参数的变化进行准确判断处理。

（二十一）窑内火焰形状过粗

1. 现象：通过看火电视看见窑内火焰形状过粗。
2. 原因：（1）一次风量过大；（2）内外风配合不良。
3. 措施：对第一种原因，采取的对策是适当减少一次风量；对于第二种原因，采取的措施是调节内外风比例。

（二十二）窑内火焰出现分叉

1. 现象：通过看火电视看见窑内火焰出现分叉。
2. 原因：（1）燃烧器管口变形；（2）燃烧器端部或内部间隙有杂物。
3. 措施：对第一种原因，采取的对策是更换燃烧器；对于第二种原因，采取的措施是清理燃烧器。

（二十三）窑尾负压过高

1. 现象：窑尾负压值偏高。
2. 原因：（1）窑内通风量增大；（2）窑内结圈或料层增厚。
3. 措施：首先看窑尾风机的阀门开度或转速、三次风管阀门开度有无变化。若无变化，则表示窑内有结圈，气体流动阻力变大。此时，需要处理结圈。

（二十四）窑体表面温度过高

1. 现象：窑体表面温度超过正常温度（350℃左右）。
2. 原因：（1）窑内火焰温度过高；（2）窑内窑皮甚至耐火砖变薄。
3. 措施：对于第一种原因，采取的对策是迅速减煤，降低火焰温度；对于第二种原因，采取的措施是补挂窑皮，若确认出现红窑则需停窑，更换耐火砖。

（二十五）窑体托轮瓦温过高

1. 现象：一个或多个托轮温度偏高。
2. 原因：（1）托轮瓦缺油或缺冷却水；（2）润滑油杂质过多或瓦内进异物；（3）托轮受力不均。
3. 措施：对于第一种原因，采取的对策是补充润滑油，清理水管；对于第二种原因，采取的措施是更换润滑油，清理异物；对于第三种原因，应及时通知机修人员调整。

（二十六）高温风机跳闸

1. 现象：（1）高温风机跳闸后，窑尾预热器系统会很快出现正压，紧接着窑头会正压返火，进入窑头收尘器的气体温度急剧升高，严重危及现场巡检人员的人身安全和设备安全；（2）此时如不采取及时有效的措施，会造成预热器堵塞、烧坏窑头电收尘器、烧伤巡检人员等事故。

2. 应急措施：（1）通知现场巡检人员紧急避险；（2）停止分解炉喂煤和入窑生料喂料，防止预热器堵塞；（3）打开点火烟囱帽，关小篦冷机低温段风机入口阀，加大窑头风机入口阀；（4）通知余热发电操作员，让其作相应调整；（5）适当降低窑速，防止跑生料；（6）减小窑头用煤量，必要时止煤；（7）适当打开收尘设备入口管道上的冷风阀；（8）查清跳闸原因并联系相关人员，关闭高温风机入口阀门，做好启动准备。

（二十七）烧成带与窑尾温度同时低

1. 现象：当发现窑皮和物料温度都比正常低，窑内为暗红色，窑尾废气温度也低，火焰被逼向窑头；熟料颗粒细小而发散，在窑内被带起的高度低，熟料进入篦冷机后部分粉尘随二次风扬起，使窑内浑浊不清；从熟料的表面看，熟料的表面疏松无光泽，游离氧化钙高；窑速提不起来，熟料产质量降低。

2. 原因：（1）喂料不均匀，喂料量突然增加，或掉大量窑皮，造成物料预烧差，烧成带热负荷增大；（2）系统漏风严重，排风量不足；（3）长时间给煤量少，煤粉的灰分大，细度粗；（4）生料成分发生变化，饱和比和硅率过高，物料煅烧困难。

3. 措施：应加大窑头煤粉喂入量，同时加大二次风，由于旋流风和轴流风喷速增大，一、二次风的混合，强化火焰温度，增大了烧成带的热力强度，使窑内温度转向正常，等到两端温度正常后恢复正常操作。

（二十八）烧成带温度低，窑尾温度高

1. 现象：（1）黑火头长，火焰较长，它在烧成带相当长距离放出热量，因此火力不集中，窑皮与物料温度都低于正常温度；（2）烧成带物料被带起的高度低；（3）二次风温低，熟料结粒小，结构疏松，游离氧化钙高。

2. 原因：（1）窑内风速大，把火焰拉长，使火焰的高温部分远离窑头；（2）煤粉的灰分大，细度粗，水分大，燃烧速度慢，使黑火头长，火焰也拉长；（3）入窑生料成分波动大，烧成带物料饱和比和硅率过高，物料煅烧困难，而窑尾的物料饱和比和硅率过低。

3. 措施：（1）降低窑内风速，适当减少排风，缩短火焰，降低窑尾温度，同时增加旋流风，并适当增加轴流风，加强风煤混合，缩短黑火头；（2）提高二次风温，适当控制煤粉的细度和水分，加快火焰的传播速度，加速燃烧，提高烧成带的温度，以控制窑系统转向正常。

（二十九）烧成带温度高，窑尾温度低

1. 现象：煤粉喷出后立即燃烧，几乎没有黑火头，火焰短，火焰和窑皮以及物料温度均高，整个烧成带白亮耀眼，窑电流偏低，窑尾温度低，烧成带前移，熟料结粒粗大，物料被窑带起的高度高，熟料立升重高而游离氧化钙也高。

2. 原因：（1）拉风小，火焰拉不长，火焰高温部分集中，窑内有结圈或者结大球，影响窑内通风，使火焰短，窑尾温度降低；（2）煤粉质量好，风煤混合好，煤粉燃烧速度快，热量释放快，使烧成带温度迅速提高；（3）入窑生料成分波动大，烧成带物料饱和比和硅率过低，物料煅烧困难，而窑尾的物料饱和比和硅率过高。

3. 措施：（1）加大拉风，减小旋流风，适当增加轴流风，减慢煤粉燃烧速度，拉长火焰，降低烧成带温度，提高窑尾温度；（2）入窑生料成分波动大，烧成带物料饱和比和硅率过低，而窑尾的物料饱和比和硅率过高的现象一般在生料均化库仓存不足时易出现，在生产过程中要保持生料均化库的合理仓存。

（三十）烧成带温度和窑尾温度同时高

1. 现象：烧成带物料发黏，物料被窑壁带起很高，窑尾废气温度高，烧成带温度也高。

2. 原因：喂煤量大，煤质好，生料饱和比和硅率偏低，液相量过高，不耐火，物料预烧好。

3. 措施：应当减少窑头喂煤量，同时减少旋流风，适当加大轴流风，控制火焰温度，缓解烧成带温度和窑尾温度。

（三十一）筒体局部温度过高和掉窑皮

1. 现象：窑内大量掉窑皮或窑筒体局部温度高。

2. 原因：（1）烧成带温度过高，火焰形状不好，火焰发散不集中，火焰直接冲击窑皮和耐火砖，使得窑皮和耐火砖剥裂而造成的；（2）窑内温度波动大，造成窑皮受到热负荷的冲击而掉落，使得局部筒体温度很高。

3. 措施：（1）应当减小旋流风，减小喂煤量，加大轴流风拉长火焰，调整火焰为缓慢形火焰；（2）改变火点位置，尽快使窑皮重新挂好，恢复正常操作；（3）当大块窑皮塌落时，要先打慢车，以免砸伤窑皮，同时适当增加煤量，结合筒体温度观察，来判断垮窑皮的部位，一般窑的转矩也能马上反映出垮大窑皮。

复习思考题

1. 回转窑的操作控制原则是什么？

2. 预分解窑系统需要重点控制哪些参数？

3. 在预分解窑中，入窑物料的分解率越高越好吗？为什么？

4. 影响回转窑火焰形状的因素有哪些？

5. 窑尾负压过高的判断与处理？

6. 回转窑内结圈应如何判断？处理方法是什么？

任务5　中控篦冷机的操作

任务简介：本任务讲授篦冷机的正常操作、常用参数的控制及异常情况的处理等。

知识目标：掌握依据常用参数对篦冷机进行操作；熟悉篦冷机异常情况的分析及处理；了解篦冷机操作原则。

能力目标：具备依据参数对篦冷机进行操作的能力；能对篦冷机异常情况进行分析和处理。

一、篦冷机系统正常操作

（一）篦冷机的操作原则

篦冷机旨在提高出窑熟料与鼓入冷风间的热交换效率，为此，篦冷机要同时面对主要问题：篦板下冷却风量、风压与料层阻力的合理配置；在此基础上处理篦板上热风入窑与排出的分配问题。可概括为篦板下用风与篦板上用风两方面，此问题解决好坏的标志是二、三次风温的高低，为最少用煤形成理想的最高烧成温度创造条件。

篦冷机的调节属多自变量的调节，这些调节手段是：各段篦速、每台鼓入风机的风量与风压，并配合系统用风量调节，因此操作需格外认真，否则很难获取最佳参数。

必须认识到，快速冷却熟料，正是降低熟料热耗、提高熟料质量的重要措施之一。

1. 篦冷机用风的调节原则

为了最大限度提高篦冷机的热交换效率，充分利用从熟料中交换出的热，必须将热风分段使用，高温段的热风最有资格作为二次、三次风分别进入窑内、分解炉，而且应当全部作为二次、三次风使用；中温段的热风只能用作发电或其他烘干热源用，而不能入窑、炉；低温段的热风用于发电或排出。

操作中，篦冷机排风的使用必须遵循如下五项原则：

（1）二次、三次风温度都要高的原则。篦冷机的高温热风全部应当作为二次、三次风进入窑、炉，二次、三次风温相差最多是 200℃左右。

（2）篦冷机废气量的确定原则。篦冷机废气量应该等于中、低温段的鼓入风量减去煤粉生产用风量，利用余热发电时，该废气量就是余热锅炉所用风量。如果废气排量过大，就会带走更多的二次风，如果有余热发电，就会表现为发电量增加，甚至发电废气温度过高，就会增加熟料热耗；如果废气排量过小，而中、低温段的鼓入风量过多，多余的低温风就会造成二次风温变低，或窑头出现正压；如果锅炉用风反应过大，要求部分废气从原有气管道短路排出，如果不是锅炉发电系统发生故障，说明锅炉中或中、低温段的鼓入风量过多，或有高温风用于发电。

（3）煤粉生产用风的影响。当煤磨不与窑同步运行而停下时，会减少篦冷机中、低温段的余风使用量，此时操作或加大去发电锅炉用风，或增加余风排量，或减少向篦冷机鼓入冷风。否则这部分余风不但会降低入窑、炉的二、三次风温，还要使窑头形成正压。

（4）余热发电用风的确定原则。在利用余热发电的系统中，该用风原则对篦冷机的实际热效率影响很大，不仅在设计取风口位置时要关注细节，更要在风门的调整操作上符合要求。

（5）正确使用冷风阀的原则。去余热发电、煤粉烘干、废气排风机的所有管道上都设置有冷风阀，但正常时都应当关闭。这才有利于增加鼓入篦冷机的冷风量，有利于熟料冷却。

2. 篦速调节的原则

控制熟料的输送速度是篦冷机操作的重要手段，它关系到熟料料层在篦板上的厚度与篦下压力的对应关系，这种关系直接影响熟料的热交换效果。在上述风量匹配的条件下，篦速除了适应出窑熟料量的变化外，还要与熟料粒径的变化适应。

由于物料配料成分、窑内煅烧制度、火焰形状的改变，熟料粒径组成不会一成不变，甚至出窑熟料会被甩出的离析程度，都会造成熟料粒径不仅在不断变化，而且还在机内同一横断面分布不均。为了让料层厚度与篦板下气室压力相适应，操作员需要及时、准确地调整篦速。

随时调整料层厚度的难点是，出窑熟料量并不是只与窑的喂料量有关，而且还要受窑内各种因素影响，正是这些因素导致篦速的调整变得复杂，其中大多数因素不像加减喂料量为操作员所知，因此，能使操作员正确地掌握出窑的实际熟料量，是正确操作篦速的关键。

3. 冷却风量调节的原则

冷却风量的调节是通过冷却风机阀门的开度大小进行调整的。当料层阻力变大时，冷却风机阻力增加，进入空气量则减少，为了保持恒定的风量，应增大风机风门的开度。反之，减少风机风门的开度。

4. 窑头负压调节的原则

窑头负压的调节是通过窑头收尘排风机阀门开度大小进行调整的。正常条件下窑头呈微负压，一般在−50～−20Pa，如其增大，则需减小窑头收尘风机排阀门开度，反之亦然。

5. 篦床布料

启动一、二、三段篦床开始布料，当物料在篦冷机入料端堆积起来时，篦床以最低速度运行，开始采用阶段式布料，并注意控制固定充气梁的风量，以调节固定斜坡上的料厚。当堆积物料被铺散开后，暂停篦床运行，待新的物料堆积到一定程度后，再重新启动篦床，以同样方式铺散物料，如此重复操作。

6. 冷却风机的启动

首先启动固定篦床的2台充气风机及补充风机，其次启动2区的2台风机及补充风机，然后启动3区的2台风机及补充风机。随着后续各区篦床被物料覆盖，依次启动各区风机；并随料层的增厚，调节风门开度，开度从小到大，适当调节风量以控制堆料的厚度。篦冷机启动时风门应处于关闭位置"O"位，当全部冷却风机处于正常状态时，调整各区的流量控制的参数，使之正常运行操作。

（二）篦冷机调节操作顺序

1. 判断篦冷机运行状态是正确调节的前提

（1）准确反映篦冷机高热交换效率的最好标准为：入窑、炉的二次、三次风温度最高，出篦冷机熟料温度与窑头废气排出温度同时最低。

（2）观察并掌握进入篦冷机后的熟料运动状态。为了使操作员能清楚地看到料层厚度的同时，掌握高温段的熟料运动状态，摄像头安装位置十分讲究，实践证明应将摄像头安装在篦冷机侧板的开孔处，这是较为理想的位置，不但便于观察，还有益于维护。

篦板上熟料的料层厚度受篦下压力冷却用风吹动后，运动状态大致分为三类：如果有如烟火放花形状的气流穿透，表明相对用风的风压料层过薄；如果熟料表面看不到有明显风量穿过，说明相对用风的风压料层过厚；只有当看到熟料表面以如开锅似的沸腾状态向前运动时，才是冷却风量与料层厚度匹配合理的象征。

（3）准确判断熟料在篦板上的料层厚度。熟料料层厚度关系到冷却鼓风的风压和风量大小，也关系到篦速的调节量。管理到位的篦冷机，应该装有料层厚度监测仪，通过监控画面看到熟料表面与篦冷机高温段墙壁一侧安装的高度指示标记，以此判断料层厚度。此项工作不难，只要摄像头安装位置恰当，且在篦冷机侧壁上固定由耐高温、耐磨材料制成的顶针即可。

如果没有料层厚度监测装置，操作员往往要通过篦下各室的压力、篦冷机主电流及液压缸油压等参数的变化，再加上对影响熟料量变动的因素，综合分析判断料层厚度的改变。但是还要考虑熟料粒径变化对它的影响程度，判断准确确实有一定的难度。

（4）准确了解熟料粒径变化。影响出窑熟料粒径变化的因素主要是配料成分及火焰形状的改变。如果两方面能够稳定，又没有塌料与垮下的窑皮，熟料粒径不会有大的变化。操作员通过窑头摄像头观测出窑熟料粒径大致情况，有益于篦速的主动调节。

2. 箅冷机调节操作顺序

在箅冷机单元中的操作手段相对比较多，调整的内容也多，似乎难以分辨调节的主次与程度。然而，操作水平较高者应当区分众多操作手段的先后与轻重缓急。

首先是合理平衡箅冷机的进出风量，这是箅冷机调节中最重要的环节，也是最难做好的环节。为此，第一步是确定窑、炉燃烧所需要的二次、三次风量；第二步是确定高温风段的冷却用风；第三步是确定煤磨所用热风；第四步是窑头排风（即锅炉用风量）；第五步是中低温段的冷却用风。这种调节的思路是以用风量确定进风量，以此得到合理的冷却风量开度或风机转数。由此可知，箅冷机的正确调节只能是在窑、磨等系统基本稳定之后进行。

在箅冷机系统用风合理后，立即进行箅速调节，调整料层厚度以适应恒等的气室压力。调节的方法是，料层过厚时提高箅速，料层过薄时降低箅速，调节幅度不能过大，每次调节后 10min 左右观察效果，调节频次不可过快，因为箅速对料层的影响会有一定的滞后时间。

（三）日常操作

箅冷机的操作以稳定一室箅下压力为主，保证箅下压力的恒定是箅冷机用风合理的前提，调整箅速是实现箅下压力恒定的手段。箅速的调整应遵循以下原则：二、三段箅速与一段比值以 1：1.5：2.5 为宜，另可结合实际料层厚度和出料温度来调节箅速。

用风应遵循以下原则：熟料在箅冷机一、二室必须得到最大程度的急冷；三室风量可适当减少，但三室风量调节需达到经一、二、三室冷却后，总冷却效果达 90% 以上，不能让四、五室承受过大的冷却负荷；四、五室风量能少则少，以保证熟料冷却效果和窑头负压为宜；还应根据料层的变化情况适当减各风机进口阀门的开度，以保证各风机出风量。

1. 料风配合

操作的关键在于预见性的调整，注意料层与冷却风量相匹配，料越多，用风量越大，应增加低温段的用风量，窑头引风机拉风也相应越大。操作时，可根据箅速大致比例调整箅床运行速度，保持箅板上料层厚度，合理调整箅式冷却机的高压、中压风机的风量，以利于提高二、三次风温度。从保证窑头收尘、熟料冷却、输送系统安全运行来讲，当料层较厚，一室箅下压力上升时，加快箅速，开大高压风机的风门，同样还会引起窑头排风机入口温度和熟料输送设备负荷上升，并且箅下压力短时间内又会下降，所以在操作中提高箅速后只要一室箅下压力有下降趋势就可以降低箅速，因为窑内不可能有无限多的料冲出来，这样就可以使窑头收尘入口温度和熟料输送设备负荷不至于上涨得太高。当然，如果窑内出料太多，必须降窑速。当料层较薄时，较低的风压就能克服料层阻力而吹透熟料层形成短路现象，熟料冷却效果差，为避免"供风短路"，应适当降低箅床运行速度，关小高压风机风门，适当开大中压风机风门，以利于提高冷却效率。

2. 风量平衡

在箅冷机内冷却用风量与二、三次风量，煤磨用热风量，窑头风机抽风量必须达到平衡，以保证窑头微负压。在窑头排风机、高温风机、煤磨引风机的抽力的共同作用下，箅冷机内存在相对的"零"压区。如果加大窑头排风机抽力或增厚料层使高温段冷却风机出风量减小，"零"压区将会前移（向窑头方向），就会导致二、三次风量下降，窑头负压增大；减小窑头排风机抽力或料层减薄使高温段冷却风机风量增大，"零"压区将会后移，则二、三次风温下降风量增大，窑头负压减小。所以在操作中如何稳定"零"压区对于保证足够的高温的二、三次风是非常关键的，窑头负压相对稳定不仅可以回收热量，并且对燃料的助燃和燃尽以及全窑系统的热力分布都有好处。

加风原则：由前往后，保持窑头负压。

减风原则：由后往前，保持窑头负压，通常先开抽风机挡板或速度，再开冷却机风机或开挡板。

3. 弧形阀操作

作为篦冷机的重要组成部件，弧形阀的操作也不能忽视。一般情况下操作员往往只关注弧形阀上部风室不能堆料过多，影响篦下压力和液压传动，却忽略了物料卸得过空将产生漏风，直接影响熟料冷却并严重冲刷集灰斗和弧形阀。弧形阀由时间控制或料位开关控制都有缺陷，前者不会自动跟踪产量及结粒变化，后者电气部件易损坏，所以中控操作员应根据窑况和熟料结粒的变化加强与现场巡检的沟通，及时采用手动干预弧形阀的自动控制是相当重要的。

总之，预分解窑的操作要求操作人员有一定的经验，随时掌握系统状态，稳定窑系统热工制度，必须熟练掌握窑系统各点参数的变化情况，对每一个参数发生偏离都要进行分析，找出发生原因，并及时采取措施处理，使系统尽快恢复良好的状态，从而提高窑的运转率，达到优质、高产、低消耗和长期安全运转的目的。

（四）开车前的准备

（1）通知巡检工对篦冷机系统所有设备进行检查，确认所有人孔门、检修门都已严格进行密封，防止漏风、漏料、漏油。

（2）确认中控所有测温、测压及料位检测等显示正常，并与现场实际情况一致。

（3）确认冷却机热端空气炮可以随时投入使用。

（4）确认系统内所有电动阀门开关动作是否灵活，确认中控与现场阀门开度的一致性。

（5）确认窑头电收尘器排风机进口阀门全关、篦冷机冷却风机进口阀门全关。

（6）确认现场设备是否处于"备妥"状态，不"备妥"时需与现场岗位工及机电运行班组联系，使设备处于"备妥"状态。

（7）点火开窑前要先在篦床高温区铺设厚度约250mm的冷熟料或碎石灰石，用以保护篦板。

（五）运转中的检查

（1）通过观察孔检查篦床上的物料分布是否均匀，及"红河"现象来判断用风量的比例大小；

（2）在各部听听有无异音，从各空气室观察孔观察各室的漏料粒径情况，判断篦板的磨损、烧损及脱落情况；

（3）检查集中供油管的各路分配阀动作情况及供油量的大小；

（4）检查壳体是否有漏料、漏风现象；

（5）检查破碎机入料口是否有大块物料卡住；

（6）各传动装置和油泵站是否运行正常（负荷及冲程次数情况）；

（7）监控冷却机壳体有无变形或烧红，判断内部耐火材料是否正常；

（8）各室压力是否在正常范围内；

（9）检查篦冷机内是否有"雪人"。

（六）篦冷机系统开停车顺序

1. 开车顺序

库顶收尘器→盘式输送机→篦冷机破碎机启动→篦床启动→高温段冷却风机启动→电收尘器。

输送启动→窑头排风机启动→中温段及低温段冷却风机启动→电收尘送电→空气炮启动→喷水启动（废气温度≥250℃）。

2. 停车顺序

与开车顺序相反。

（七）停机操作

对于正常情况，窑尚未停止卸料前，不能停机、停风，待窑止料且进入冷却机的物料全部被冷却之后，冷却机才能停机中断卸料，但篦床上残留有一层冷料，以便下次投料时保护篦床不受热熟料侵害。如确认窑已停止卸料时，则冷却机可同时停机但不能马上停风。

当冷却机确实需要停止卸料时，则停止冷却机传动及破碎机和拉链机，而冷却机只能待剩余物料和冷却机自身充分冷却以后才能停机。

出现下述故障时，应采取紧急停机：（1）冷却机本体的传动装置出现故障；（2）熟料破碎机、拉链机出现故障；（3）冷却机后的输送设备出现故障；（4）排风系统出现故障；（5）篦板破损、脱落；（6）冷却机本体运动部件出现故障；（7）其他造成被迫停机的故障。紧急停机必须同时停止窑对冷却机的来料。

二、篦冷机系统主要工艺参数的控制

1. 料层厚度

篦冷机篦上料层厚度可以反映冷却机篦速高低。篦冷机篦上料层厚度会影响冷却机出料温度、入窑二次风温、篦下压力等。可通过稳定篦速使该参数在正常范围内变化。

通过第二室篦下压力调整篦床速度。篦床上料层既不能控制太厚，也不能太薄。太厚则料层阻力增大使床下风室内风压增加，冷却风供应量减少，从而导致二、三次风温升高，窑头罩内负压值变大，窑炉内呈现还原气氛的现象。此种状态若不及时调整，就有可能因还原气氛产生的低熔物过多而造成预热器系统挂料及窑产黄心料等不良后果。若料层太薄，则料层阻力变小，冷却风量增加，二、三次风温下降，使窑内出现长厚窑皮、料欠烧现象，预热器出现结皮挂料现象，严重时会造成堵塞。

料层厚度取决于篦床负荷和熟料在冷却机内的停留时间（一般为 15~30min）。高温区：为了提高冷却机的热交换效率和冷却效率，目前我国已推广厚料层技术（厚度控制在 600~800mm），热效率可提高 10％左右，冷却效率提高 15％左右，同时厚料层技术还起到保护篦床的作用；低温区：料层厚度与高温区基本一致。

2. 篦床负荷

篦床负荷大，料层厚，产量高；反之料层薄，产量低。篦床负荷据多数厂家实践证明应控制在 1.5~1.8t/（m² · h）。

3. 箅床宽度

箅床宽度根据窑的产量和窑径确定。箅床太宽，布料困难，熟料分布不均匀，致使料层阻力不均，中间部位料层厚，两侧料层薄，局部区域出现露箅板和风吹透的现象，从而降低二次风的风温和热效率。箅床太窄，会使料层太厚，冷却困难，同时使箅床过长，一般进口箅床比冷端箅床窄。实际设计中，是在进料端箅床的两侧配置不带箅孔的盲板，它既不能透过空气，也不起推动熟料的作用，这样可起到调整入料口箅床宽度的目的。

4. 箅床长度

箅床长度根据窑的台时产量、箅床负荷及箅床宽度的确定。

5. 箅冷机安装位置

熟料离开窑口时，由于惯性力作用，熟料被带到一定高度才掉落下来，回转窑转速的提高，熟料落偏的距离就增加。为了防止熟料落偏现象的出现，在冷却机安装时，应使箅床中心线和回转窑的中心线偏离值符合 $e = (0.1 \sim 0.15)D$，其中 D 为窑筒体内径。

6. 箅床的分段与箅床斜度

箅床的分段数与窑产量有关，小于 1000t/d 的可取一段；1000～2000t/d 的，箅床可分两段；2000～3000t/d 的，箅床可分二到三段；产量超过 3000t/d，箅床可分三到四段；产量高的冷却机，在第一段倾斜时，其他段采用水平箅床。箅床的倾斜度不宜过大，否则会使冷却机整机高度过高。

7. 风压与风量

风机风量与风压的确定视各风室上方箅床的料层厚度及熟料温度而定，即风压根据箅床阻力（含箅床阻力和料层阻力）确定，风量根据各室被冷却的熟料量及温度确定。

8. 箅冷机箅板温度

箅冷机箅板温度可以反映箅板上料层的厚度、冷却风量大小、熟料结粒情况。箅冷机箅板温度过高会烧坏箅板。一般控制在 10～70℃ 之间。可通过提高箅速、冷却风量、稳定入箅冷机熟料粒度等使该参数在正常范围内变化。

9. 箅冷机箅下压力

箅冷机箅下压力可以反映箅床上料层的厚度。在熟料结粒正常情况下压力高说明料层厚；压力低说明料层薄。

主要监测二室箅下压力和五室箅下压力。可通过改变箅速使该参数在正常范围内变化。

10. 箅冷机一室下压力

箅冷机一室下压力不仅指示箅冷机一室箅床阻力，亦指示窑内烧成带温度变化。当烧成带温度下降时，熟料结粒减小，致使箅冷机一室料层阻力增大，在一室箅床速度不变时，一室箅床下压力必然增高。生产中，常以一室压力与箅床速度构成自动调节回路，当一室压力增高时，箅床速度自动加快，以改善熟料冷却状况。

11. 箅冷机二次风温和三次风温

正常情况下，二次风温和三次风温的高低反映了熟料热量回收的好坏程度；同时，也反映了箅床上熟料层的厚度和熟料的结粒情况以及烧成带温度高低、煤管位置等。

控制范围：二次风温约 1000℃，三次风温约 950℃。

12. 控制恒定的风量

熟料冷却风由离心式风机供应，调节好总冷却风量与各室风量分配非常重要。根据床下的压力、三次风温度及冷却机出口熟料的温度来调节一、二段箅床上的冷却风量。

冷却机热风在满足了窑炉及风扫煤磨的用风量并且保证熟料冷却至正常温度后富余的风量由废气风机排入大气，废气排放量的大小对烧成系统影响较大。废气的排量可通过窑头罩内的负压值控制废气风机调节阀门到一个合适的值。

13. 控制稳定的窑头负压

控制稳定的窑头负压，以保证必要的入窑二次风量和窑的稳定操作，窑头负压一般控制在$-50\sim-30Pa$，通过调节窑头废气风机阀门开度保证窑头负压。

三、篦冷机系统异常情况的处理

篦冷机起着迅速冷却高温熟料，回收余热，给窑炉系统及风扫煤磨供热风的作用。因此熟料冷却风用量及废气排量是否合适直接影响窑炉的工作状态，入窑二次风温度控制在$1100℃$左右，入分解炉的三次风温度大于$950℃$。

(一) 篦冷机堆雪人

1. 现象：(1) 一室篦下压力增大；(2) 出篦冷机熟料温度升高，甚至出现"红河"现象；(3) 窑口及系统负压增大。

2. 原因：(1) 窑头火焰集中，出窑熟料温度高，有过烧现象；(2) 生料KH、SM值偏低，液相量偏多；(3) 为了控制游离氧化钙而过度的煅烧；(4) 硫含量、碱含量高；(5) 主要是操作不当所致。

3. 措施：(1) 在篦冷机前部加装空气炮，定时放炮清扫；(2) 改善原料配料；(3) 将燃烧器移至窑内，避免窑头火焰集中，形成急烧，降低出窑熟料温度；(4) 加强原材料碱、硫含量的控制；(5) 严格操作。

(二) 篦冷机出现"红河"的操作处理

1. "红河"产生的原因：(1) SM过高，窑内煅烧不好，熟料结粒差；(2) 入窑物料温度波动大，导致窑内工况不稳；(3) "红河"的产生还和篦冷机的供风形式、篦板形式有关。

2. 对"红河"处理措施：(1) 稳定入窑料子温度在$(850\pm5)℃$，减少入窑生料的波动；(2) "红河"产生时窑头适当加煤，加强窑内煅烧；(3) "红河"产生时及时将篦床速度打快一些。

(三) 篦冷机一段篦床篦板掉落

1. 原因：篦冷机长期运行、磨损等造成篦板掉落，篦床运动系统被卡死。

2. 现象：(1) 冷却机篦下一至三室压力升高，四至六室压力降低；(2) 二、三次风温升高；(3) 窑头罩至主排风机之间各处温度略有升高，负压略有增大；(4) 出冷却机熟料温度降低；(5) 出窑熟料温度升高；窑头收尘器进、出温度降低；窑尾及预热器后风管O_2浓度减小，CO浓度增大。

3. 措施：(1) 停止分解炉喷煤，止料，逐渐减少窑头喷煤量，直至全停，逐渐降低窑速，直至停窑；(2) 继续通风冷却熟料，开大篦冷机排风机入口阀门，使风改变通路，减少入窑二次风风量；(3) 继续开动篦床把熟料送空，注意篦板不能掉入破碎机，捡出篦板；(4) 烧成系统各机械设备按操作规程依次停车，通知相关部门迅速检修冷却机篦板，及时排除故障。

（四）篦冷机冷却风机停机

1. 现象：（1）风机流量为零；（2）篦板温度过高；（3）窑内火焰增长。

2. 措施：（1）关闭风机阀门，重新启动；（2）马上执行停窑程序；（3）停止篦床速度；（4）打开相应的篦冷机鼓风室人孔门用来帮助冷却篦板。

（五）篦冷机出口熟料温度总是偏高

1. 原因和现象：（1）冷却风量不够；（2）篦床速度过快，熟料冷却后移；（3）篦床上出现"红料流"或熟料结大块；（4）篦冷机内有高温区的热风窜至冷端。

2. 措施：（1）适当增加有关风室的风量；（2）适当减慢篦速；（3）冷却机如无隔墙，可以增加隔墙，以控制冷端风量的分布。

（六）固定篦床堆积熟料

1. 原因：（1）烧成带温度高；（2）冷却风量不足；（3）熟料化学成分和率值偏差过大。

2. 措施：（1）减少窑头喂煤；（2）增加冷却风量；（3）调整生料配比；（4）使用空气炮处理；（5）停窑从篦冷机侧孔及时进行清理。

（七）篦冷机液压站的工作油压高

1. 原因：（1）液压站系统故障；（2）篦板上料层过厚；（3）篦板卡料或异物进入；（4）下料溜子堵料。

2. 措施：（1）机修检查处理；（2）降低窑速，提高篦速，严重时停窑，人工处理；（3）进入清理；（4）进行清堵。

（八）篦冷机一室下温度过高

1. 原因：（1）篦冷机篦板掉；（2）篦冷机篦板漏料严重；（3）入篦冷机熟料结粒过碎或料细；（4）一室风机流量不足；（5）篦冷机篦下积料过多。

2. 措施：（1）更换篦板；（2）检查篦板，调整其间隙，严重的必须更换；（3）加强窑内煅烧，稳定入篦冷机熟料粒度；（4）检查风机及其挡板位置，管道有无漏风之处；（5）检查拉链机锁风阀是否正常工作，篦下是否棚料并及时处理。

（九）篦板温度高

1. 原因：（1）熟料结粒过细；（2）熟料率值不合适；（3）入一室风量过小，不足以冷却熟料；（4）篦床有大块，此时风压大、风量小。

2. 措施：（1）提高窑头温度；（2）检查熟料率值 SM 是否过大；（3）要开大一室风机阀门，适当加大风量；（4）适当加快篦速。

（十）大量窑皮进入篦冷机

措施：（1）适当降低窑速；（2）适当加快篦速，稳定料层厚度；（3）适当调整风量，保证冷却速度；（4）经常观察破碎机入口端，防止大块堵溜子。

（十一）出篦冷机余风温度高

1. 现象：中控画面显示冷却机余风温度过高。

2. 原因：在二、三次风温不变的情况下，可能是由于篦冷机低温区用风量过少造成的。

3. 措施：（1）适当提高篦速，适当增加冷却风量；（2）当出篦冷机余风温度高于 250℃ 时，开启篦冷机喷水，根据余风温度高低调节喷水量。

（十二）篦冷机篦床速度

篦冷机篦床速度控制着篦床上熟料层的厚度。

1. 增大篦床速度将引起：（1）熟料层厚度较小，篦下压力降低；（2）篦冷机出口熟料温度增高；（3）二次风温和三次风温降低；（4）窑尾气体 O_2 含量增加；（5）篦冷机废气温度增加；（6）篦冷机内零压面向篦冷机下游移动；（7）熟料热耗上升。

2. 减小篦床速度将引起：（1）熟料层变厚，篦下压力增加；（2）篦冷机出口熟料温度降低；（3）二次风温和三次风温上升；（4）篦冷机内零压面向篦冷机上游移动；（5）熟料热耗下降。

（十三）篦冷机排风量

篦冷机排风机是用来排放冷却熟料气体中不用作二次风和三次风的那部分多余气体，调节排风机风门用于保证窑头罩压力在 $-50 \sim -10Pa$ 的范围内，篦冷机排风机风量是通过风机电动机的变频器来调节。

1. 在鼓风量恒定的情况下，增大排风机风门将会出现：（1）二次风量和三次风量减小，排风量增大；（2）篦冷机出口废气温度上升；（3）二次风温和三次风温增高；（4）窑头罩压力减小，预热器负压增大；（5）窑头罩漏风增加；（6）分界线向篦冷机上游移动；（7）窑尾气体 O_2 含量降低；（8）热耗增加。

2. 在鼓风量恒定的情况下，减小排风机阀门对系统产生的结果与上述情况相反。

在调节篦冷机排风机风量时，除保持窑头罩压力为微负压以外，同时还应特别注意窑尾负压的变化，要保证窑尾 O_2 含量在正常范围内。

（十四）篦冷机鼓风量

调节篦冷机鼓风量用来保证出窑熟料的冷却及燃料燃烧提供足够的二次风和三次风。

1. 增加篦冷机 1～6 室的鼓风量：（1）篦冷机 1～6 室篦下压力上升；（2）出篦冷机熟料温度降低；（3）窑头罩压力升高；（4）窑尾 O_2 含量上升；（5）篦冷机废气温度增加；（6）零压面向篦冷机上游移动；（7）熟料急冷效果更好。

2. 当减少篦冷机 1～6 室的鼓风量时，情况与上述结果相反。

（十五）高温风机流量

通过调节高温风机转速来满足燃料燃烧所需的气体量；高温风机是用来排除分解和燃烧产生的废气并保证物料在预热器内正常运动；通过调节高温风机转速来控制窑尾气体 O_2 含量在正常范围内。

1. 提高高温风机转速，将引起：（1）系统拉风量增加；（2）预热器出口废气温度增加；（3）二次风量和三次风量增加；（4）过剩空气量增加；（5）系统负压增加；（6）二次风温和三次风温降低；（7）烧成带火焰温度降低；（8）漏风量增加；（9）篦冷机内零压面向下游移动；（10）熟料热耗增加。

2. 当降低高温风机转速时，产生的结果与上述情况相反。

（十六）篦冷机篦板损坏

1. 现象：（1）篦冷机鼓风室内漏料；（2）篦板温度过高；（3）篦板压力下降。
2. 措施：（1）仔细检查，确定篦板已经损坏；（2）执行停机程序；（3）停止喂料；（4）停止分解炉喂煤；（5）减少窑头喂煤；（6）将窑主传动转为窑辅助传动；（7）增加篦冷机鼓风量，目的是加速熟料冷却；（8）增加篦冷机篦速，加速物料的排出。

（十七）篦冷机排风机停机

1. 现象：（1）窑头罩正压；（2）排风机电流降为"0"。
2. 措施：（1）将篦冷机 4～6 室风机转速设定为"0"，减少 1～3 室风机鼓风量；（2）减小篦冷机篦床速度；（3）减少窑的喂料量和喂煤量；（4）降低窑的转速；（5）增加窑尾高温风机拉风量；（6）关闭排风机风门，重新启动。

（十八）篦冷机驱动电机停机

1. 现象：（1）篦床压力增加；（2）篦冷机鼓风量减少。
2. 措施：（1）减少喂料量；（2）减少分解炉和窑内喂煤量；（3）窑的转速减为最慢；（4）减小窑尾高温风机转速；（5）关闭篦冷机速度控制器后重新启动；（6）若启动失败，启动紧急停机程序；（7）及时通知电工和巡检工进行处理，完毕后按启动程序重新升温投料。

复习思考题

1. 篦式冷却机操作时控制的主要参数有哪些？
2. 增大篦冷机篦床速度将引起那些变化？
3. 篦冷机驱动电动机停机时，怎样处理？
4. 造成出篦冷机余风温度高的原因是什么？怎样处理？
5. 篦冷机出口熟料温度总是偏高，试分析产生的原因并提出处理建议。

任务 6　多风道燃烧器的操作

任务简介：本任务主要介绍四风道燃烧器的结构特点及其操作。

知识目标：明确四风道燃烧器操作原则，熟悉四风道燃烧器开机准备和检查，掌握四风道燃烧器的特点及操作，掌握四风道燃烧器异常情况及处理。

能力目标：具备四风道燃烧器操作能力，能够判断异常情况并正确处理。

一、燃烧器正常操作

（一）燃烧器的调节目的

调节燃烧器的目的是为了形成优质火焰，获取理想的最高烧成温度，为此，使用燃烧器必须解决好提高一次风速与减少一次风量的主要矛盾。降低一次风量，是为了能让更多的二次风进入窑内；提高一次风（轴流风）速，是为了提高将二次风卷吸进火焰内部的能力，形成有力的再循环火焰。

调节燃烧器的手段不只是一个，即为多自变量，它们一般有：一次风机风量与风压、输送煤粉用风量与风压、燃烧器出口风速、轴流用风与旋流用风的比例、燃烧器相对窑的位置等。充分利用诸多手段完成火焰调节，是燃烧器调节的全部内容。

（二）燃烧器具体调节原则

1. 调节前的煤质适应程度上，总体要求是挥发分含量越低的煤质，要求一次风量越小，出口风速越高，此时燃烧器的制作难度越大。相对而言，此时将内风与外风合并为一个风道，靠旋流器控制内、外风量的燃烧量，从制作原理上要容易些。

2. 在对不同煤质适应程度上，总体要求挥发分含量越低的煤质，要求一次风量越小，出口风速越高。

3. 调节燃烧器与窑门的相对位置及与分解炉的相对位置均要合理。

4. 因为煤质变化而需要调整窑头燃烧器时，应该同时关注分解炉煤粉燃烧效果，如果有温度倒置等现象，也应当利用四风道燃烧器进行调整。

5. 当窑内出现各种工艺异常状态时，对燃烧器的调节会有不同要求。

（三）燃烧器的具体操作

1. 衡量燃烧器调节效果

（1）直接观察火焰形状。在窑门罩一旁观察窑内火焰形状及颜色，火焰完整有力，无发飘、分叉，基本无黑火头，窑内火焰白亮。

（2）窑内出来的熟料粒径均齐，不发黏、发散，熟料外观质量好。

（3）通过筒体扫描仪观察，燃烧器调整前后窑筒体温度分布没有明显过高或过低区域，长短适宜的窑皮，高温带后部没有较厚窑皮。

（4）窑尾温度不高，窑尾废气分析反映窑内煤粉燃烧速度快而充分。

（5）利用高温成像测温系统判断火焰调节效果。通过监测仪用数字表示火焰燃烧后的温度分布，要比前述的四种方式快速直观、准确可靠，任何操作人员与管理人员都能有共识标准。

2. 燃烧器调节内容

（1）燃烧器中心在窑口截面的坐标位置；

（2）燃烧器端部伸到窑内的距离；

（3）根据火焰的颜色与烧成温度调节燃烧器；

（4）根据窑皮情况调节燃烧器；

（5）根据窑内物料结粒情况调节燃烧器。

（四）燃烧器开机准备和检查

1. 开机前的准备

（1）确认燃烧器的耐火材料是否剥落，燃烧器是否变形，头部磨损及烧损情况，通道是否畅通，各部间隙是否符合要求；

（2）确认燃烧器与窑内的位置是否合适，防止烧坏火砖；

（3）确认燃烧器各处调节挡板是否灵活自如，指示值是否正确；

（4）确认燃烧器活动小车是否自如，燃烧器可否在下车口上下左右调整。

2. 运转中的检查

（1）检查燃烧器耐火浇注料是否烧损；

（2）及时清扫燃烧器头部积料，以保持正常的火焰；

（3）调整燃烧器内、外流比例，伸缩节范围，保证良好的燃烧条件，使火焰长度适当，又不冲刷窑皮；

（4）检查有无磨通冒灰漏气现象；

（5）燃烧器上各仪表显示是否正常。

预分解窑使用的旋流式四风道煤粉燃烧器是当前世界上较先进的回转窑煤粉燃烧器，下面以 TC 型旋流式四风道煤粉燃烧器为例具体说明操作。

（五）TC 型旋流式四风道煤粉燃烧器

1. 结构特点

四风道，是指中间的煤风道、内部的中心风道和外部的旋流风道及旋流风外部的轴流风道。主要结构特点（图 4-5 和图 4-6）如下：

（1）与普通三风道煤粉燃烧器相比，其旋流风风速与轴流风风速均提高 30%～50%，在不改变一次风量的情况下，燃烧器的推力得到大大提高。

（2）旋流风与轴流风的出口截面可调节比大，达到 6 倍以上，即对外风出口风速调节比大，所以对火焰的调整非常有效。

（3）喷头外环前端设置拢焰罩，以减少火焰扩散，对保护窑皮、点火有好处，能起到稳燃保焰的作用。

（4）喷头部分采用耐高温、抗高温氧化的特殊耐热钢铸件机加工制成，提高了头部的抗高温变形能力。

（5）煤粉入口处采用高抗磨损的特殊材料，且易于更换。

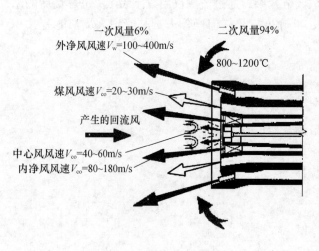

图 4-5　TC 型燃烧器原理

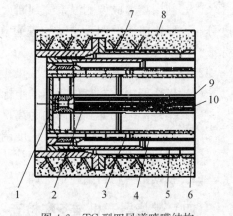

图 4-6　TC 型四风道喷嘴结构

1—油嘴喷头；2—油枪；3—中心风管；4—煤风管；
5—旋流风风管；6—轴流风风管；7—扒钉；
8—耐火浇注料；9—油枪进油管；10—回油管

2. 其主要的燃烧特点

(1) 火焰形状规整适宜，活泼有力温度高，窑内温度分布合理。

(2) 热力集中稳定，卷吸二次风能力强。

(3) 火焰调节灵活，简单方便，可调范围大，达 1∶6 以上。

(4) 热工制度合理，对煤质适应性强，可烧劣质煤、低挥发分煤、无烟煤和烟煤。

3. 四风道煤粉燃烧器的操作

(1) 喷煤管的点燃点火后，先将喷油量适当加大，同时开启进煤风机，以保护喷煤管，开启窑尾废气排风机，以保持窑头有微负压。待窑尾温度升到 200℃时可以加煤，油煤混烧，同时开启净风机，保持火焰顺畅。在燃烧过程中逐渐减少用油量，待窑尾温度达到 400℃时，撤油将净风量加大，点燃燃烧器。

(2) 燃烧器位置的调整。到定时检修的时间都必须停窑检查和调整，窑头截面调整为中心偏斜 50~60mm，下偏 50mm，窑尾截面偏斜为 700mm，偏下至砖面-两点连成一线，即为燃烧器的原始位置（图 4-7），保证既不冲刷窑皮又能压着料层煅烧。在正常生产中，还要根据窑况对燃烧器进行适当调整，保证火焰顺畅，既不刷窑皮，又能将料烧好。

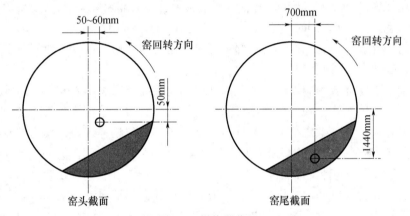

图 4-7 燃烧器位置

(3) 火焰调节与窑皮控制。回转窑生产过程中，火焰必须保持稳定，避免出现陡峭的峰值温度，火焰较长，才能形成稳定的窑皮，从而保护烧成带耐火砖的使用周期。调节火焰主要是依据窑内温度及其分布、窑皮情况、窑负荷曲线、物料结粒及带起情况和窑尾温度、负压等因素的变化而进行。当烧成温度偏高时，物料黏度增加，结粒增大，多数超过 50mm 以上，带起很高，负荷曲线上升，伴随筒体温度升高。此时，应减少窑头用煤，适当减小中心风、径向风、轴向风回路上的手动阀门的开度来调节火焰，降低窑头温度。烧成温度偏低时，应适当加大中心风、径向风、轴向风回路上的手动阀门开度，强化火焰。调整到稳定的火焰，提高窑头温度。在烧成带掉窑皮，甚至出现"红窑"时，说明烧成带温度不稳定或局部出现了温度峰值，要及时拉长火焰，减少喂煤量，稳定窑温，并及时移动喷煤管位置，控制熟料结粒，及时补挂窑皮。

4. 使用效果

(1) 火焰的形状容易调节，使用四风道燃烧器燃料周围的一次风非常均匀，火焰沿窑轴向喷射很深，活泼有力，形状长短适宜，对燃烧非常有利，同时可方便地用调节手动蝶阀来调节风的比例，以改变火焰的形态。适当地调节中心风等的手动蝶阀的开度，火焰变粗变短，温度集中，便于提高窑头温度，尤其是在遇到物料预分解不好，有跑生料趋势时，调节火焰强化煅烧，并与适当减料降窑速相配合，可有效地阻止生料跑出；而适当加大径向风、轴向风，火焰变得细长，可加强物料的预烧，有效地降低熟料 f-CaO 含量，适应窑内情况的各种变化。

（2）对煤的适应性强，对燃烧无烟煤具有更强的适应性。随着煤质的不断下降，煤粉水分和细度也很不稳定，但四风道煤粉燃烧器却均能适应，满足窑物料煅烧的需要。该燃烧器与原三风道煤粉燃烧器性能相似，但结构有很大区别。该燃烧器对煤质适应性强，可烧劣质煤、低挥发分煤、无烟煤和烟煤。不仅使煤粉燃烧完全，而且可以最大限度地降低 NO_x 的生成量，是一种典型的节能、环保型回转窑用煤粉燃烧器。

（3）能有效地保护窑皮平整坚固，长度厚度适宜。由于四风道喷煤管容易控制火焰形态，避免了对窑的冲刷，窑内物料结粒均匀，有效地保护了窑皮，也避免了窑的前结圈。

燃烧器的最内层为中心风道，在它的头部装有火焰稳定器，只有少量的空气通过。火焰稳定器由耐热钢板组成，圆板上面均匀地分布着小孔，允许中心风接触圆板面上的火焰，此处的风速约为 80m/s。

煤粉风道位于中心风道的外层，煤风夹带着煤粉气流以很小的分散度将煤粉喷入，与一次风混合后进行燃烧，风速为 23m/s 左右。环流风风道的头部装有一个 20° 的旋流装置，它使环流风在出口处产生旋转，同时向四周喷射，旋流器的旋转方向与回转窑的旋转方向一致。

燃烧器的最外层为轴流风道，其头部为带槽形通道的出口，可以单独喷射空气，通过改变出口截面，改变出口风速，改变火焰形状。

外部套管位于燃烧器的最外部，这个部件比其他头部装置长出 62mm，其目的是为了在产生碗状效应时发生气体膨胀。在喷煤管的外风管上设有防止喷煤管弯曲的筋板。

煤风入风管为上下分半式结构，中分面通过螺栓和定位销连接，在其内部设有分半式可更换耐磨套。在煤粉管入口处的磨损三角区内设有耐磨层，耐磨性强。另外分半式耐磨套的被冲刷面亦设有耐磨层，这种设计的特点是在更换时非常方便，不需将喷煤管抽出，直接更换。

在燃烧器的煤粉入口处设有检查孔，可随时检查其磨损情况。

每个风管的相应位置设有丝杠调节装置和相应的膨胀节，通过调节丝杠的伸缩，可调节相应的风管，其调节范围为沿轴向 ±50mm，并专门设置了调节手柄。

油枪的头部结构，主要由压紧螺母、雾化片、分油器、接头组成。

油枪的头部是一种雾化燃烧器，喷嘴本体连接两个平行的油管，分别为进油管和回油管，用支撑板定位这两根油管，保证燃烧器对准喷煤管中心，通过调节回油管路上的回油节流装置来控制喷嘴处的压力，从而调节其雾化效果。

在每根油管端部装有一个专门的快速密封接头，可以不使用任何工具将安装在相应油管上的连接头迅速地锁定。在更换油枪的过程中，出于快速接头的作用，每一端都装上一个防止回流的装置，在断开时，能有效防止油流出来。

工艺送煤风管与燃烧器之间可以用伸缩节装置连接，两端可伸缩管的球形连接装置，可保证水平、垂直及轴向方向调整燃烧器位置，其调整角度为 10°，调整距离为 1500mm。

TC 型四风道煤粉燃烧器设计了行走小车，由传动机构、车架、车轮、调节装置、铰接支架五部分组成。蜗轮丝杠调节机构可以使喷煤管出口端面中心沿圆周方向 3° 范围内自由调节，从而可以方便地调节喷煤管的位置，使其达到最佳的效果。减速电动机启动后，喷煤臂可以向前或向后移动，以热态窑口为基点，燃烧器允许向前移动 1070mm，此时，设在轨道上的限位开关动作，小车停止向前移动，再次启动时，小车仅允许向后移动。

　　燃烧器亦允许退出窑口 200mm，在该位置设置了第二个开关，开关动作后小车停止移动，再启动时，小车允许向前或向后移动。导轨的尾端设有检修时喷煤管移出回转窑极限位置的限位开关。

　　综上所述，TC 型四风道喷煤管是新一代的燃烧设备，燃烧器的喷嘴部分如内、外、煤三个风道的出口端和螺旋叶片均采用耐热铸钢制作。在喷煤管的中部和尾部设有内、外风及煤风出口面积可调的调整装置，其可调量为供货状态出口面积的 0.5～1.5 倍，以适应不同煤质时对喷煤管出口风速的要求。喷煤管的内、外风入口管道上设有调节内、外风比例的手动蝶阀。与三风道喷煤管相比，其一次风量可降低 5%，可增加煤粉与一次风的混合次数和均匀性，使其充分燃烧，这种设计的基部形成循环涡流，在冷窑点火时可以产生理想的稳定性。

　　(4) 燃烧器操作煤风管位于轴流风和旋流风的内侧，出于轴流风外部套管延伸形成的碗状效应，因而在燃烧器的端部形成旋流效应而产生稳定的火焰，燃烧器喷嘴借助于中心火焰稳定器造成的循环流动保证火焰稳定。火焰中心的良好状况明显地降低 NO_x 的形成。火焰一开始没有强涡流，避免了温度峰值，这可能与剩余空气燃烧有关系，由于一次空气强烈冲击和缝隙中的外部轴向风分布有助于逐步与二次空气混合，径向风和轴向风的可单独调节的特点可以改进火焰形状。

(六) 燃烧器的使用

　　多风道燃烧器由于调节性能好，火焰成形能力强，在水泥回转窑煅烧中广泛使用。窑投产初期必须通过调试找出燃烧器的最佳运行状态和运行参数范围，进行项目有：①外风、内风、中心风的用风比例；②一次风机及送煤风机放风阀开度；③观察不同小喷嘴和旋流叶片造成的火焰形状变化；④找出燃烧器与窑体合适的相对位置（端面位置、伸入窑口距离），以企业内控形式确定下来，作为以后操作调整的依据。在生产运行中通过调节各风道阀门的大小，以适应窑内煅烧变化，发挥燃烧器的作用，实现提高熟料质量、窑安全运转的目的。

　　1. 燃烧器的选择

　　随着新型干法生产技术的发展，多风道燃烧器已经取代了传统的单风道燃烧器，燃烧器的发展也趋于成熟。从目前的观点来看，四风道燃烧器是最先进的燃烧器。国际上有许多制造商供应四风道燃烧器，国内也有许多单位设计四风道燃烧器。用户要对其分析，具体可按下面原则去选用。

　　基本原则：(1) 从燃烧器节约热量的效果方面出发；(2) 从希望获得最适合窑煅烧熟料要求的火焰形状出发；(3) 从环境保护要求出发；(4) 从使用效果方面出发。天津院几种典型规模生产线采用的燃烧器见表 4-9。

表 4-9　天津设计院的煤粉燃烧器

生产线规模	1000t/d	2500t/d	3000t/d	5000t/d	6000t/d
燃烧器型式	三风道	四风道	四风道	四风道	四风道
额定熟料产量（t/d）	1000	2500	3000	5000	6000
最大熟料产量（t/d）	1100	2700	3500	5500	6800
额定喷煤量（t/h）	3	5.8～6.3	7.5	11～12	12～14
最大喷煤量（t/d）	5	9	10	16	18
燃烧器移动速度（m/min）	2.41	2.2	2.1	2.1	2.1

2. 燃烧器的操作

(1) 燃烧器位置的确定

① 燃烧器中心在窑口截面的坐标位置

生产实践一般以窑中心点为基点，建立直角坐标系 $A(x, y)$，如图 4-8 所示，一般 2500t/d 以下熟料的窑，燃烧器 A 点位置距中心基点 70～90mm，与 X 轴线向下（窑口）40～60mm 较为理想。2500t/d 以上熟料的窑，燃烧器 A 点位置处于中心位置。

② 燃烧器端部伸到窑口的距离

喷煤管端部伸入窑口的距离的最佳值与燃烧器的种类、煤粉的性质、物料的质量、冷却机的形式和窑情变化有关。

对预分解窑来说，喷煤管前端伸入窑口 200～400mm 的位置（热态）较为适宜。燃烧器与窑的轴线平行，如图 4-9 所示。

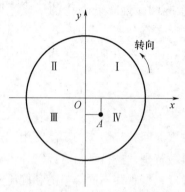

图 4-8　喷煤管中心点的坐标位置

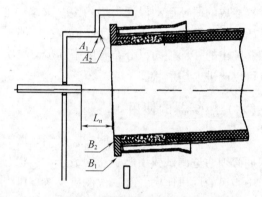

图 4-9　燃烧器插入深度位置

正常生产时，燃烧器的位置正确能观察到：

1) 从窑上看，火焰的形状应该完整有力、活泼，不冲刷窑皮，也不能顶料煅烧，火焰的外焰与窑内带起的物料相接触。

2) 在中控筒体扫描图像上看，更直观、简便。烧成带的窑皮应在 22～24m 之间，筒体温度分布均匀，没有高温点，温度在 260～280℃之间，过渡带筒体温度在 340℃左右，此时火焰完整、活泼、顺畅。燃烧器的位置比较合适，烧成的熟料也是理想状态。

为达到上述要求，具体做法：

① 确定好燃烧器在窑口的最佳位置。

② 燃烧器每班移动 1～2 次，前后移动，这样对保护窑皮有好处，防止结圈。

③ 要经常观察各风道上的压力表显示情况，根据压力表上的参数进行操作。

④ 各风道的间隙调整是主要调节方式，没有特殊情况，调节好后不允许再作任何调节，可根据各风道上的蝶阀进行调节，蝶阀是微调。

⑤ 煤粉燃烧器上的设备应保持完好无损，发现问题及时处理。否则会影响到火焰的性能。

⑥ 每次停窑时，净风机不要停，应保持一定的风量，不要太大，避免燃烧器头部件烧坏或变形。

⑦ 选择相适应的配料方案。

四风道燃烧器的煤粉燃烧速度快，火焰温度高，除了配合高窑速外，还要有相适应的生料配方。

（2）燃烧器偏斜的不利

①很难形成完整火焰；②影响二次风被挟带进火焰，易产生还原气氛；③易形成前结圈及"雪人"；④加剧硫循环，易发生结皮及堵塞；⑤对水泥强度和凝结时间不利。

（3）燃烧器伸入窑内位置过多的不利

①不利于再循环火焰形成；②降低熟料冷却速度；③降低了二、三次风温度；④容易形成"蜡烛"。

（4）燃烧器的操作

燃烧器的操作原则："五个稳定"（风、煤、料、窑速、温度稳定），"三配合"（内、外净风，煤风与煤的匹配）。

① 位置调整

根据窑型的不同，火焰的长短，燃烧情况等确定燃烧器在窑内空间的最佳位置。按如前所述方法确定好燃烧器的位置后，生产中可据实际情况适当调整。位置的调整可通过燃烧器行走小车上的调节机构来完成。

② 火焰形状调节

调节方法：燃烧器可利用净风（外净风和内净风）管道上的蝶阀的开度大小来调整火焰，亦可通过改变风道的轴向位移改变喷嘴出口端截面积大小来调整火焰形状。加大内风时，火焰短而粗，加大外风时，火焰细而长。

调节依据：在燃烧器的操作中，应结合系统的煅烧情况，与窑内物料的负荷量及窑速相配合，根据窑内温度、熟料质量、窑衬和窑皮情况，合理使用内流风、外流风及煤风，寻求一种最佳火焰。

③ 燃烧器的点火

冷窑点火：用油燃烧器点燃煤粉，一般用轻柴油，首先先将油燃烧器点燃。

热窑点火：当窑衬温度≥800℃时，可直接向窑内喷煤粉，即可形成火焰。

其他方法点火：如用木柴点火、棉纱球浸油点火等。

（5）燃烧器的调整

1）调整位置，变动高温点燃

燃烧器喷嘴在窑位置对窑内物料的烧成、窑皮和筒体安全有很大影响。实践要求燃烧器宜略偏向物料层，使火焰平直，不要使物料翻滚时压住火焰，并且要求火焰不扫窑皮。火焰高温点对尾温、筒体温度敏感，一般认为燃烧器喷嘴伸入窑口 $100 \sim 200mm$ 为宜。若尾温低，排除其他因素，可将燃烧器伸入窑内，火焰高温点后移，尾温增高；反之，燃烧器前移，冷却带缩短，出窑熟料温度很高，使窑头罩温度增高，使燃烧器端部温度升高，使用寿命缩短。若窑皮厚度（一般要求在 $200 \sim 300mm$ 左右）不正常，由主机电流曲线和筒体温度值反映窑皮是否过厚、过薄或结圈、垮圈，这时可用移动燃烧器位置处理；在生产过程中，为防止筒体温度过高和保护窑皮，每班至少要前后移动喷嘴一至两次。

2）调节内、外风比例，改变火焰形状

预分解窑采用多风道燃烧器，使改变火焰形状变得容易。当煤风量一定时，内风决定火焰形状，外风控制火焰长度。影响火焰形状的因素很多，除煤燃烧性能、颗粒大小外，最敏感的是烧成带燃烧空气量和内外风的比例。对窑外分解窑来说，如改变排风量会使全系统流场发生变化，影响面大，故在生产操作中不宜用传统改变窑尾排风量的操作法来控制火焰形状。当内风比例增大时，旋流强度也提高了（试验研究资料介绍，内外风比例由30%提高到 60%～70%，其旋流强度依次为 0.07、0.26、0.348），致使火焰底部仍有微弱外部回流，有助于煤粉后期燃烧速率的提高。一般多风道燃烧器内、外风由一台风机供给，当总量调定后，增大内风，外风减少，内风旋流强度增加，火焰变短变粗，增大强化火焰对熟料的热辐射，烧成带升温；加大外风使火焰变细、变长。通过改变多风道燃烧器上旋流叶片的结构或调整内外风比例（操作时采用的方式，主要是依靠调节各风管上阀门的开度或调节燃烧器上的拉丝，改变喷口截面积来实现）或一次风量，形成合理的火焰形状。

3）根据窑况操作燃烧器

① 烧成带温度偏低

当烧成带温度偏低，此时尾温又低时，还可采取加大内风、减少外风的操作法，使火焰变短，尽快提高烧成带温度；若此时窑尾温度高，除关小外风，增加内旋流风，以提高烧成带温度外，还可将燃烧器推进窑内，缩短火焰。

② 烧成带温度偏高

当熟料发黏结块，窑皮脱落或升重偏高时，表明窑头温度过高，应适当减少煤量，采用增大外风、减少内风的操作法，使烧成带适当拉长，降低烧成带温度，此时若尾温高，宜将燃烧器拉出，若尾温低，宜将燃烧器推进窑内。

（6）燃烧器使用时的注意事项

为保持燃烧器的使用寿命和火焰形状，要求如下：

① 经常移动燃烧器，以免筒体局部高温和结圈；

② 燃烧器头部落下灰尘时应及时清理；

③ 停窑，要退出煤管，以防燃烧器弯曲变形，而且一次风机还得继续运行，起到冷却喷煤管的作用；

④ 生产中发现燃烧器变形或浇注料受损，出现不正常的火焰形状时，必须及时更换燃烧器；

⑤ 在燃烧器浇注料施工中，要注意保护各通道不被浇注料堵塞，使之畅通；

⑥ 当燃烧器外部浇注料严重剥落时要更换燃烧器；

⑦ 若净风机出现故障，燃烧器应停止使用，退出冷却。这时供煤风机应将其内部煤粉吹净且等待燃烧器冷却后才可停止供风。

二、异常情况的处理

（一）燃烧器的常见故障

燃烧器常见设备故障有：（1）喷煤管弯曲变形；（2）耐火浇注料损坏；（3）外风喷出口环形间隙的变形；（4）喷出口堵塞；（5）喷出口表面的磨损；（6）内风管前端内支架磨损严重。

（二）根据窑况操作燃烧器

1. 回转窑的烧成带与窑尾温度均比较低

操作中发现回转窑的烧成带与窑尾温度均比较低时，窑内表现为火焰长且温度低，窑皮及物料温度比正常温度低，窑内为暗红色，并且熟料被带起的高度低，颗粒细而发散，还有粉尘扬起，窑内浑浊不清，出窑熟料表面疏松无光泽。此时，可适当增大喂煤量，可采取加大内风、减少外风的操作方法，使火焰变短，尽快提高烧成带温度，适当增加一、二次风的风量，加强风煤混合，集中提高煅烧温度，待窑内火焰明亮清晰、温度正常后，恢复正常操作。

2. 烧成带温度偏高

当熟料发黏结块，窑皮脱落或升重偏高时，表明窑头温度过高，应适当减少煤量，采用增大外风、减少内风的操作方法，使烧成带适当拉长，降低燃烧带温度，此时若窑尾温高，宜将燃烧器拉出，若窑尾温低，宜将燃烧器推进窑内。

3. 回转窑的烧成带温度低，窑尾温度高

当操作中发现回转窑的烧成带温度低，窑尾温度高时，窑内火焰表现为黑火头长，火焰亦长，窑尾温度长时间高达1200℃以上，窑皮与物料温度都低于正常温度，烧成带物料被窑壁带起的高度低，窑况波动性较大，熟料结粒较小、质量差。此时应该关小系统排风，将火焰缩短，降低窑尾温度，同时关小燃烧器的外轴流风，增加内旋流风，提高煤粉的质量，加快煤粉燃烧速度，提高烧成带的温度，必要时加大旋流风旋流叶片角度，增加风煤的配合，将燃烧器伸进窑内，提高煤粉的燃烧速度，缩短黑火头。

4. 回转窑的烧成带温度高，窑尾温度低

当操作中发现回转窑的烧成带温度高，窑尾温度低时，应当增大排风，拉长火焰，提高窑尾温度，同时适当减煤，关小内旋流风，开大外轴流风或者调整风翅角度，削弱风煤混合，以减慢煤粉的燃烧速度，降低烧成带温度，还可将燃烧器推进窑内，改变风煤混合速度，减慢煤粉燃烧速度，拉长火焰提高尾温。

5. 回转窑的前面的温度高，而烧成带后面部分温度正常

当操作中发现回转窑的前面的温度高，而烧成带后面部分温度正常，说明燃烧器的位置离物料远了，或者火焰可能分叉、发散、火力不集中，如果烧成带后面部分温度较低，烧出来的熟料大小不一，结粒不均齐，说明燃烧器此时相对于Y轴处于低位置。如果烧成带后面部分温度较高，特别是Ⅱ轮带左右及其以后筒体温度高达390℃以上，说明燃烧器此时相对于Y轴处于高位置。

6. 回转窑的烧成带窑皮脱落或窑头温度高

当操作中发现回转窑的烧成带窑皮脱落或窑头温度高时，窑工况其他正常时，若入窑生料成分低，窑头煤逐渐减少，保证正常的煅烧，一次风机压力可适当控制低于正常值一个压力，窑电流适当减少，但保持平稳，防止烧过窑皮大幅度垮落。若入窑生料成分高，飞砂大，窑头煤可适当加大，窑电流可控制高点，出窑熟料质量f-CaO含量不能太高，一次风机压力可适当提高，窑头烧亮，窑皮挂上即可。

7. 窑内有厚窑皮或结圈

如果发现窑内有厚窑皮或结圈时，应及时处理掉，否则会影响到熟料的产量和质量，将燃烧器全部送入窑内，外风蝶阀全开，内风蝶阀少开，中心风蝶阀也要开大，使火焰变长，烧成带后移，提高圈体温度，如果发现烧成带有扁块物料，证明后圈已掉，将燃烧器全部退到窑口位置，外风蝶阀关小开度，内风蝶阀开大，中心风蝶阀也要关小，缩短火焰，提高窑速，控制好熟料结粒温度，保护好烧成带窑皮。

（三）火焰扫窑皮

1. 燃烧器的位置问题。燃烧器的位置是相当重要的，如安装不合适，将直接影响到回转窑内的煅烧情况和耐火材料的使用寿命，甚至影响到回转窑筒体的使用安全。要调整好安装位置。

2. 火焰的形状不好。内风过大，火焰发散造成扫窑皮现象。如果结构设计没问题，则

通过内外风的调节和配合改变其工作状态，可减少因火焰形状造成的扫窑皮现象。

3. 燃烧器喷头处有异物。如由煤粉带入的泡沫、塑料袋、碎布等杂物夹在喷口处，造成火焰变形或分叉，发现后应及时清理。

4. 燃烧器喷头处有结焦或窑衬脱落，导致燃烧器喷头变形等，发现后应及时处理或更换。

（四）燃烧器位置与窑皮的对应关系

1. 燃烧器位置适中

从筒体扫描上看，从窑头到烧成带筒体温度均匀分布在 250～300℃之间。过渡带筒体温度在 350～370℃之间，且烧成带的坚固窑皮长度占窑长的 40％，过渡带没有较低的筒体温度，表明燃烧器位置合适。此时的火焰形状顺畅有力，分解窑处在最佳的煅烧状态，烧成带窑皮形状平整，厚度适中，熟料颗粒均匀，质量佳。

2. 燃烧器位置离物料远且下偏

当筒体扫描反映出窑头筒体温度高，烧成带筒体温度慢慢降低，说明燃烧器位置离窑内物料远，并且偏下，使窑头窑皮薄，烧成带窑皮越来越厚。此时的熟料颗粒细小，没有大块。但是熟料中 f-CaO 含量容易偏高，窑内生烧料多。应将燃烧器稍向料靠，并适当抬高一点儿。也存在另外一种情况，即此时燃烧器的位置是合适的，但风、煤、料发生了变化，这时也应该把燃烧器先移到适当的位置，待风、煤、料调整过来后，再把燃烧器调回到原来的位置。

3. 燃烧器位置离物料远且上偏

如果窑头温度过高，接近或超过 400℃，而烧成带筒体温度低，过渡带筒体温度也较高，形状类似"哑铃"，说明火焰扫窑头窑皮，使其窑皮太薄，耐火砖磨损大，烧成带的窑皮厚，火焰不顺畅，易形成短焰急烧，可以断定燃烧器位置离窑内物料远，且偏上。此时应将燃烧器往窑内料靠，并稍降低一点儿，以使火焰顺畅，避免短焰急烧。

4. 燃烧器位置离物料太近且低

从窑头到烧成带的筒体温度均很低，而且过渡带筒体温度也不高时，说明窑内窑皮太厚，这种状态下火焰往料里扎，熟料易结大块，f-CaO 含量高。因此可判断燃烧器位置离料太近，并且低，火焰不能顺进窑内。此时应将燃烧器稍抬高一点儿，并离窑内物料远一点儿。这样才能使火焰顺畅，烧出熟料质量好。

上述几种情况不是绝对不变的，当入窑生料或煤粉的化学成分突然发生变化，上述几种情况中不合适的燃烧器位置就可能变成合适的位置。但是，当生料或煤粉的成分正常后，燃烧器位置不合适的仍然不合适。因此，应随时掌握风、煤、料的变化情况以及来自篦冷机的二次风的情况，根据筒体扫描温度随时调整燃烧器的位置。

复习思考题

1. 燃烧器具体调节原则是什么？

2. 为保持燃烧器的使用寿命和火焰形状，应注意哪些事项？

3. 燃烧器主要工艺参数有哪几个？

4. 火焰扫窑皮是由哪些因素引起的？

5. 烧成带温度偏高，怎样调节燃烧器使其正常？

任务7　中控仿真系统

任务简介： 2014年10月我院在实训中心S205室上了一套5000t/d新型干法水泥熟料生产线仿真系统，屏幕由15块显示器（无缝连接）组成，网络由80台电脑、1台教师机和1台服务器组成。经安装、调试及试运行，2015年3月投入使用，2013级材料工程技术专业三个班的《水泥熟料煅烧过程与操作》在S205室完成的，取得了比较好的效果。仿真室如图4-10所示。

图4-10　新型干法水泥熟料生产线仿真室

知识目标： 掌握模拟中控室水泥烧成系统异常情况处理；熟悉中控室水泥烧成系统开车顺序、停车顺序；了解水泥仿真软件功能。

能力目标： 具备处理水泥烧成系统异常情况的能力；能操作模拟系统。

一、5000t/d新型干法水泥熟料生产线仿真系统简介

1. 仿真软件架构

仿真软件由MSP多学科仿真平台、GVIEW人机交换界面和测评系统组成。

（1）MSP平台是具有自主研发的仿真机软件支撑平台（图4-11）

仿真机软件支撑平台和测评软件之间的通讯以TCP/IP协议为基础，数据库能够在存储大量数据的同时提供高性能的数据查询和访问操作。仿真机软件支撑平台和测评软件授权为网络授权模式，授权计算机数量不受限制。

MSP平台主要负责对数学模型的运算、网络通讯、运算控制和数据库管理。

（2）GVIEW人机交换界面

GVIEW是面对培训人员的操作界面（图4-12），仿真真实工厂的DCS界面，包括二级窗口。操作风格让培训人员身临其境。

（3）测评系统

GConsole测评系统（图4-13）具有如下功能：

图 4-11　MSP 仿真平台

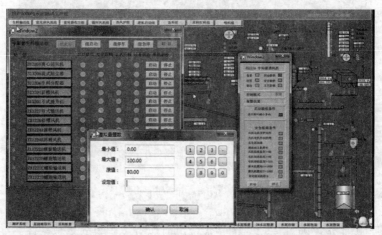

图 4-12　GVIEW 操作界面

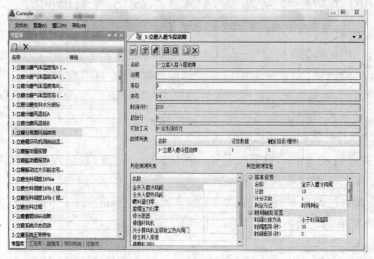

图 4-13　GConsole 测评系统

故障库：可自由添加、删减故障，是触发故障现象的集合；

工况库：可以自由添加、删减工况，可以根据考试需要保存任意工况；

考题库：可以根据工况库和故障库任意组合考题，教师可以自己出题，可以设置考题难度，编写考题评分标准和考题时间；

试卷库：可以出必考题和随机题，题目可以任意组合，可以分难度等级出题；

培训终端：可以显示学生机与教师机的联接状态，教师机可通过培训终端控制任意学生机的考试、练习状态。考试结束后，考生成绩自动发送到培训终端。

现有题库不少于 100 道，并且可以根据教师需求自由扩展。GConsole 测评标准可以由教师自行修改。GConsole 测评系统要科学可靠（测评系统要有隐藏功能，考题库、试卷库要求操作员看不到，仅教师机可见）。试题具有提示功能，教师可以输入文体提示，或设置图片提示。

2. 仿真系统仿真模型建立原则

（1）数学模型方程遵循能量、质量和动量守恒定律。主要系统和被仿真设备按质量、能量和动量转换定律严格推导。

（2）采用分布参数建立数学模型，用单一模型反映运行全过程。

（3）流体特性计算精度满足仿真全过程，不出现不连续点。

（4）仿真系统所有的模型，应符合物理学、数学和水泥生产物理规律的基本定律，而不是用预定的关系曲线来代替，任何近似的假设和计算方法，都不应该降低甲方对模型逼真度的要求。

（5）传热和摩擦损失的计算表达式严格地从公认的工程关系式导出，符合传热机理和流动特性。

（6）流体物理特性由公式或查表方式计算，其精确度满足仿真全工况过程的稳态精度要求。

（7）部件故障的仿真从故障的最初点来引发，指明引起故障的原因，产生的结果根据第一定律和相关作用计算出来。

（8）采用的迭代率满足模型运算的精度要求。

（9）在建模中所作的全部假设和简化合理，不影响仿真系统的仿真范围、逼真度和精度。

（10）全部控制操作、逻辑保护与实际水泥生产线采用的控制系统一致。

（11）精确。所有的模型都能良好地反映其动态过程，具有较高的静态精确度，能够实现对仿真对象的连续、实时的仿真，仿真效果与实际机组运行工况一致，仿真环境应使受训人员在感觉上和视觉上与被仿真机组环境一致。关键参数的暂态偏差应小于 1%，非重要参数的暂态偏差应小于 2%。

3. 仿真软件功能描述

（1）仿真机软件可实时地反映机组设备故障、装置损坏和自动控制功能失灵等异常和事故工况，能仿真程度不同和渐变的故障，故障的仿真结果要求能正确反映真实故障过程。

（2）本仿真软件仿真对象控制系统 Hollysy. macsv5.0；可依据当地水泥生产实际情况对原料成分、水泥型号作适当调整。

（3）控制系统的模型在功能上实现 1：1 的仿真，其调节特性和控制逻辑应与参考系统相同。

（4）仿真平台的仿真精度可以达到 10ms 量级，以满足对较快过程分析研究的需要。

（5）仿真软件的画面要基于 32 位真彩色的矢量画面。要能够在投影仪上投放完整画面，不能通过拖拽实现。

（6）提供人员培训，学习如何利用仿真支撑平台开发仿真培训装置，并提供至少 1 年期限的免费开发咨询。

（7）仿真机房的所有计算机均能单机运行水泥仿真系统，可以任意分组、多人协同操作一套仿真系统，每个分组内计算机数量不少于 80 台。

（8）仿真对象是新型干法日产 5000t 水泥熟料生产线。工艺流程由原材料堆取、生料粉磨、生料均化、窑尾窑中、烧成窑头、废气处理、煤粉制备、水泥调配、水泥粉磨、水泥存储、水泥包装等水泥生产全流程组成，即操作员在控制室内所有的监视和操作，以及这些监视和操作所涉及的水泥设备、系统都予以仿真。具体如图 4-14 至图 4-17 所示。

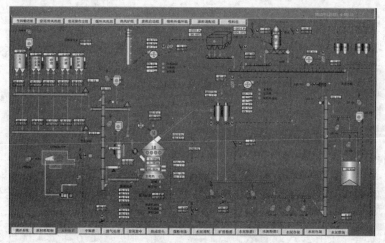

图 4-14　原料粉磨及废气处理系统

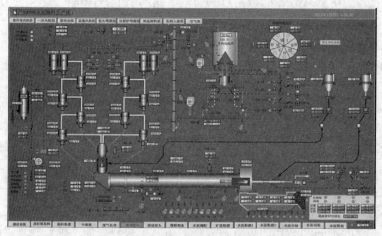

图 4-15　生料均化及生料入窑系统

（9）生料粉磨系统由 400t/h 立磨系统、中卸磨系统这两个生料制备系统组成，可以替代使用。

（10）窑尾窑中系统由双系列五级旋风预热器—分解炉—回转窑系统组成，篦冷机为第四代篦冷机。

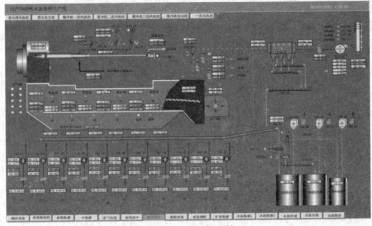

图 4-16　烧成系统

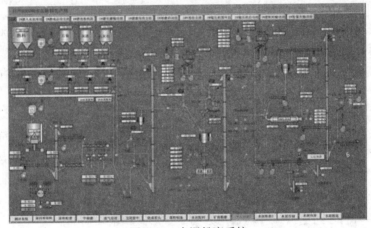

图 4-17　水泥粉磨系统

（11）水泥粉磨系统为辊压机和 V 型选粉机构成预破碎系统，再配以管磨机构成的挤压联合粉磨系统（共两套）。

（12）仿真界面中显示的参数可以看到其建模的变量名及其物理意义。

（13）仿真平台提供了强大的数据库功能，能够实现保存和读取仿真工况。可以运行到任意状态下保存工况；可以随时读取已保存的工况。平台能够监测到数据的变化趋势曲线，能够暂停、冻结数据运算，也可以后台控制变量值。具有声音报警触发功能，能够根据仿真设备运行情况，触发设备运行的录音。

（14）仿真系统的加、减速能在正常速度的 0.1 至 10 倍之间进行调整。

（15）提供合乎现场实际运行情况的标准工况，工况保存的数目应没有任何限制，且以直观的方式进行工况命名，以方便记录培训结果。

二、烧成系统

（一）系统简介

烧成系统是水泥厂生产的核心环节，它包含了烧成窑尾、烧成窑中、烧成窑头和熟料输送及储存。

本系统采用了高效低阻五级旋风预热器带 TDF 分解炉系统；熟料冷却采用第四代控制流推动篦式冷却机，熟料烧成设计热耗不超过 3200kJ/kg，出冷却机熟料温度小于 65℃＋环境温度（小于 25mm 的熟料），冷却效率大于 70%。

烧成系统包括从生料喂入一级旋风筒进风管道开始，经预热、预分解后入回转窑煅烧成水泥熟料，通过水平推动篦式冷却机的冷却、破碎并卸到链斗输送机输送入熟料库为止。本系统可为生料预热与分解、三次风管、熟料煅烧、熟料冷却破碎及熟料输送四大部分。

1. 生料预热与分解

窑尾系统由五级旋风筒和连接旋风筒的气体管道、料管以及分解炉构成。生料粉经计量后由提升机、空气输送斜槽送入二级旋风筒出口管道，在气流作用下立即分散、悬浮在气流中，并进入一级旋风筒。经一级旋风筒气料分离后，料粉通过重锤翻板阀转到三级旋风筒出口管道，并随气流进入二级旋风筒。这样经过四级热交换后，生料粉得到充分预热，随之入分解炉内与来自窑头罩的三次风及喂入的煤粉在喷腾状态下进行煅烧分解。预分解的物料，随气流进入五级旋风筒，经过五级旋风筒分离后喂入窑内；而废气沿着逐级旋风筒及其出口管道上升，最后由一级旋风筒出风管排出，经增湿塔由高温风机送往原料粉磨和废气处理系统。

为防止气流沿下料管反蹿而影响分离效率，在各级旋风筒下料管上均设有带重锤平衡的翻板阀。正常生产中应检查各翻板阀动作是否灵活，必要时应调整重锤位置，控制翻板动作幅度小而频繁，以保证物料流畅、料流连续均匀，避免大幅度地脉冲下料。

预热器系统中，各级旋风筒依其所处的地位和作用侧重之不同，采用不同的高径比和内部结构型式。一级旋风筒采用高柱长内筒型式以提高分离效率，减少废气带走飞灰量；各级旋风筒均采用大蜗壳进口方式，减小旋风筒直径，使进入旋风筒气流通道逐渐变窄，有利于减少小颗粒向筒壁移动的距离，增加气流通向出风管的距离，将内筒缩短并加粗，以降低阻力损失，各级旋风筒之间连接风管均采用方圆变换形式，增强局部涡流，使气料得到充分的混合与热交换。正常情况下，系统阻力损失为 4500～5500Pa，总分离效率可达 95% 以上，出一级筒飞灰量小于 $80g/Nm^3$，废气温度为 310～340℃。

分解炉的燃烧空气由炉底颈部以 30m/s 左右的速度喷入炉内，预热生料由分解炉柱体底部喂入，燃煤由炉下锥体中部喂入。由于喷腾效应，生料与燃煤充分混合于气流中，且气料两相间产生相对运动，有利于燃煤燃烧及生料的吸热分解，也有利于炉内温度场稳定均匀和使物料颗粒在炉内停留足够的时间。炉温可稳定控制在 850～900℃ 之间，从而入窑物料表观分解率可达 90%～95%。

三次风管热风管道外径为 $\phi2800mm$，共有三档支承，其目的是把窑头罩的热风引入窑尾分解炉以保证炉内燃料的充分稳定燃烧。另外管道上设有电动高温调节阀来调节窑与分解炉的风量匹配，平衡窑与分解炉的气流，便于烧成系统操作控制。

2. 熟料煅烧

预热分解的料粉喂入窑进料端，并借助窑的斜度和旋转慢慢地向窑头运动，在烧成带用窑头煤粉所提供的燃烧热将其烧结成水泥熟料。$\Phi4.8m\times72m$ 回转窑的斜度为 3.5%，三档支承，窑尾和窑头配有特殊的密封圈，窑的传动为单侧，除主电动机外，还设有辅助传动电动机供特殊情况下使用，各托轮轴承为油润滑、水冷却，配置的液压挡轮可调节窑筒体上下窜动。

窑内煅烧所需的煤粉来自于煤粉制备及输送车间的计量、输送系统，通过四风道喷煤管，与一次风机的冷风和冷却机的二次热风一起进入窑内充分燃烧。与一次风机并列的还有一台事故风机，可保护喷煤管在一次风机异常停车时及时吹风冷却而不被高温气流损坏。喷煤管吊装在电动移动小车上，可随意上下、左右、前后移动以满足煅烧要求。另外，窑头还设有一套供窑点火用的燃油系统，包括油箱、油泵、管路系统及油枪等。

3. 烧成窑头

篦冷机对来自回转窑约1300℃的炽热熟料进行快速急冷。高温熟料经各冷却风机鼓入冷却空气冷却至环境温度+65℃（小于25mm的熟料），并经熟料破碎机破碎至小于25mm（占90%以上），以便输送、储存和粉磨。同时，风机鼓入的冷却风经热交换吸收熟料中的热能后作为二次风入窑、三次风入分解炉，多余废气（约180～250℃）将通过熟料电收尘器净化后，由锅炉引风机排入大气。窑头负压可通过引风机前的百叶阀开度来调节、控制。当窑头废气温度高时，可通过冷却机喷水系统调节、控制废气温度及含湿量，以满足电收尘器的操作要求，提高收尘效率。由冷却机篦板缝隙间漏下的熟料送至带式输送机入熟料库。

熟料带式输送机将冷却、破碎后的熟料和电收尘器的回灰一起输送至熟料库顶。

（二）烧成系统启停

1. 开车顺序

（1）全关篦冷风室 F1～F11 冷却风机入口阀门；

（2）全关窑尾高温风机入口阀门；

（3）关窑头风机入口阀门，全关窑头至沉降室的入口阀门；

（4）全关入分解炉三次风阀门；

（5）全开窑尾点火烟囱阀；

（6）全开一次风机出口放风阀；

（7）启动供油三螺杆泵，窑内点火烘窑；

（8）启动主一次风机，逐步关小一次风机出口放风阀；

（9）窑尾温度升至200℃时，启动窑辅传电动机，缓慢转窑；

（10）窑尾温度升至500℃时，开窑头喂煤罗茨鼓风机出口门，启动窑头喂煤罗茨鼓风机（启动前确保鼓风机电动放风阀门全开）；

（11）启动窑头煤粉仓下料秤，喂煤；

（12）煤粉燃烧稳定后（温度稳定上升），停止供油三螺杆泵，增大窑头喂煤量，并相应增大一次风机转速，注意观察一级分离器出口氧气浓度，控制在2%以上；

（13）启动篦冷风室冷却风机风机一组，并相应调整冷却风机入口阀门开度（入口阀门打至较小开度，足够提供窑头煤粉燃烧所需空气量即可）；

（14）根据实际情况，选择熟料入库库号，启动袋除尘器和除尘器通风机，并打开对应的电液推杆和带式输送机；

（15）启动熟料输送组，启动篦冷机油站循环电动机，打开篦冷机对应的势能阀；

（16）启动窑头收尘组；

（17）启动窑头废气风机冷却风机，启动窑头废气风机变频器，并将窑头废气风机入口挡板全开，窑头热风阀全开；

（18）启动篦冷风室冷却风机风机二组和风机三组，并相应调整冷却风机入口阀门开度；

（19）调整窑头废气风机转速，使窑头负压维持在0～-50Pa；

（20）窑尾温度升至800℃时，停止窑辅传电动机；

（21）启动窑主传电动机减速机油站，启动窑主传电动机冷却风机；

（22）启动窑主传电动机；

（23）启动高温风机高压柜，启动高温风机油站，启动高温风机电动机油站，启动高温风机冷却风机，启动高温风机变频器，全开入口阀门，并调整高温风机转速；

（24）全开高温风机至增湿塔电动门；

（25）全关窑尾点火烟囱阀；

（26）分解炉出口温度升至650℃时，逐步增大窑头喂煤量；

（27）全开分解炉喂煤罗茨鼓风机出口门，启动分解炉喂煤罗茨鼓风机（启动前确保鼓风机电动放风阀全开）；

（28）启动分解炉煤粉仓下料秤；

（29）适当打开入分解炉三次风阀门，满足分解炉内煤粉燃烧所需空气量；

（30）分解炉出口温度升至850℃时，启动生料入窑组，启动入窑斗提机下料电动闸板门，启动下料空气输送斜槽，启动库底输送斜槽袋式除尘器，启动除尘器离心通风机；

（31）启动库底卸料组，打开罗茨风机对应出口门及至库底风门，打开稳流仓下空气输送斜槽充气阀，启动库底均化系统；

（32）启动生料喂料机；

（33）逐步增大窑头和分解炉喂煤量，相应调整用风量，并调整窑转速；

（34）启动增湿塔排灰组，启动增湿塔，开启增湿塔喷水阀A，控制废气温度小于150℃；

（35）逐步增大生料喂料量，同时根据温度变化增大喷煤量，调节相应用风量，维持窑头负压−50Pa，并相应调整篦冷机篦床速度。

2. 停车顺序

（1）逐步减小生料喂料量到40t/h；

（2）喂料量在40～60t/h时，设置分解炉喂煤为0t/h，停止分解炉煤仓下料秤；

（3）分解炉出口温度为600～650℃时，设置生料给料量为0t/h，停止生料喂料秤，停止生料入窑组，关闭入窑斗提机下料电动闸板门，停止下料空气输送斜槽，停止库底卸料组，关闭罗茨风机对应出口门及至库底风门，停止稳流仓下料空气输送斜槽充气阀，停止库底输送斜槽除尘器，停止除尘器通风机；

（4）逐步降窑速到1r/min；

（5）降低窑头喂煤量设定值；

（6）降低高温风机转速；

（7）减小三次风阀门开度；

（8）继续降低窑头喂煤量设定值；

（9）关闭增湿塔喷水阀A，关闭增湿塔，停止增湿塔排灰组，减小篦冷风室冷却风机入口阀门开度；

（10）设置窑头喂煤量为0t/h，停止煤粉仓下料秤；

（11）逐步降低窑头排风机转速，高温风机转速，并减小窑尾排风机入口阀门开度；

（12）停止窑尾袋收尘组；

（13）将窑转速设置为0r/min，停止窑主电动机；

（14）启动窑辅传电动机；

（15）进一步减小篦冷风室冷却风机入口阀门开度；

（16）进一步降低窑头排风机转速；

（17）停止窑头收尘组；

（18）停止熟料输送组；

（19）关闭熟料库对应的电液推杆和带式输送机；

（20）停止风机一组至风机三组；

（21）停止一次风机；

（22）将高温风机转速设置为 0r/min，停止高温风机变频器，停止高温风机高压柜；

（23）将窑头风机转速设置为 0r/min，停止窑头风机变频器；

（24）停止各风机的油站。

（三）稳定工况下界面主要参数

中控仿真室操作界面如图 4-18、图 4-19 所示。

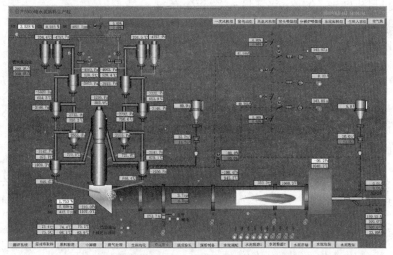

图 4-18 中控仿真室窑中、窑尾操作画面

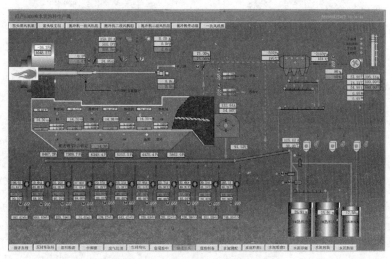

图 4-19 中控仿真室窑头操作画面

1. 一级旋风筒出口温度：334℃（310～350℃）；

2. 一级旋风筒出口 O_2 含量：2.538%（2%～3.0%）；

3. 一级旋风筒出口 CO 含量：0.018%（小于0.2%）；

4. 分解炉出口温度：884℃（850～900℃）；

5. 窑尾温度：1107℃（1050～1150℃）；

6. 窑尾 O_2 含量：1.753%（1.0%～2.0%）；

7. 窑头火焰温度：1668℃（1600～1800℃）；

8. 窑头罩负压：－26.2Pa（－50～－20Pa）；

9. 二次风温度：1050℃（1000～1200℃）；

10. 三次风温度：945.9℃（900～1000℃）；

11. 烧成带的窑筒体温度：333℃（300～350℃）（视筒体冷却风机的开停而定）；

12. 窑头废气温度：195℃（180～250℃）；

13. 出篦冷机熟料温度：91℃（＋65℃环境温度，80～105℃）；

14. 窑头排风机转速 600r/min（最大725r/min）；

15. 窑头排风机入口阀门开度：90%；

16. 窑头电收尘器前冷风阀门开度：10%；

17. 窑头废气至煤磨系统阀门开度：80%；

18. 篦速设定：14.3（与喂料量、喂煤量相配合，保证出篦冷机熟料温度及二、三次风温）；

19. 窑速设定：3.7；

20. 三次风阀门开度：80%（保证分解炉煤粉燃烧所需氧气）；

21. 窑头喂煤量：10t/h，分解炉喂煤量：13.7t/h。

注：此界面参数仅供参考，允许在合理范围内变化，视不同工况、不同操作者而定。

复习思考题

1. 如何成为一名合格的窑操作员？

2. 窑中控操作的基本原则是什么？

3. 烧成系统开车顺序如何？

4. 事故停窑的操作如何？

5. 计划停窑的操作如何？

项目五 预分解窑用耐火材料

内容简介：预分解窑系统需要根据预分解窑的工艺特性及不同工艺部位对耐火材料的不同要求，合理选用不同品种的耐火材料。耐火材料的性能是评价耐火材料质量的重要指标。耐火材料的砌筑质量对窑衬的寿命、窑的安全运转及窑的产质量有重大的影响。

学习目标：熟悉预分解窑用耐火材料的主要性能和品种，掌握预分解窑的工艺特性及对耐火材料的要求，预分解窑不同部位对耐火材料的要求，合理选用耐火材料；掌握耐火材料的砌筑方法。

任务 1 耐火材料在预分解窑的使用

任务简介：本任务主要讲授预分解窑用耐火材料的主要性能，预分解窑常用耐火材料的品种及特性，预分解窑的工艺特性及对耐火材料的要求，了解耐火材料的砌筑方法。

知识目标：熟悉预分解窑用耐火材料的主要性能，熟悉预分解窑常用耐火材料的品种及特征，掌握预分解窑的工艺特性及对耐火材料的要求，掌握预分解窑不同部位对耐火材料的要求，了解耐火材料的砌筑方法。

能力目标：能根据预分解窑不同部位对耐火材料的要求，合理选用耐火材料。

一、耐火材料的主要性能

耐火材料的定义各国规定有所不同：ISO 出版的国际标准中规定，耐火材料是指耐火度至少为 1500℃的无机非金属材料；在我国，耐火材料是耐火度不低于 1580℃的无机非金属材料。

耐火材料种类繁多，通常按耐火度高低分为普通耐火材料（1580~1770℃）、高级耐火材料（1770~2000℃）和特级耐火材料（2000℃以上）；按化学成分可以分为酸性耐火材料、中性耐火材料和碱性耐火材料；按矿物质组成可分为氧化硅质、硅酸铝质、镁质、白云石质、橄榄石质、尖晶石质、含炭质、含锆质耐火材料及特殊耐火材料；按制造方法可分为天然矿石和人造制品；按其形状可分为块状制品和不定形耐火材料；按热处理方式可分为不烧制品、烧成制品和熔铸制品；按其密度可分为轻质耐火材料及重质耐火材料；按其制品的形状和尺寸可分为标准砖、异型砖、特异型砖、管和耐火器皿等；还可按其应用分为高炉用、水泥窑用、玻璃窑用、陶瓷窑用等；此外，还有用于特殊场合的耐火材料。

耐火材料的性能主要包括其物理性能、热学性能、力学性能和高温使用性能等，它们是评价耐火材料质量的重要指标。

（一）耐火材料的物理性能

耐火材料的物理性能主要包括气孔率、吸水率、透气度、气孔孔径分布、体积密度、真密度等，是影响耐火材料使用性能的重要因素。这些性能之间是相互关联的，耐火材料的气孔直接决定它的气孔率、吸水率、体积密度和透气度等性能指标。

1. 气孔率

气孔率是多数耐火材料的基本技术指标。它的大小几乎影响耐火制品的所有性能，特别是强度、热导率、抗渣性和抗热震性。一般来说，气孔率增加，强度降低，热导率降低，抗侵蚀性降低。但气孔率对热震性的影响比较复杂。

2. 体积密度

体积密度是耐火制品的质量与其总体积（包括气孔）的比值。它直观地反映了耐火材料的致密程度，是耐火原料和耐火制品质量水平的重要衡量指标。制品的体积密度高，其气孔率小，对强度、抗渣性、高温荷重软化温度等一系列性能有利。在窑炉设计和砌筑工程中，体积密度也是计算材料用量、砌体荷重和结构应力的重要数据；在耐火材料生产中，它又是控制和检测生产工艺条件稳定性的重要指标，对于致密耐火制品，提高体积密度是提高产品质量的重要途径。

3. 真密度

真密度是耐火制品的质量与其真体积（不包括气孔体积）之比。它可以反映材质成分的纯度以及晶型转变的程度、比例等，由此可以推知在使用过程中可能发生的变化。

4. 吸水率

吸水率是耐火制品全部开口气孔所吸收的水的质量与干燥试样的质量百分比。它实质上反映了材料中开口气孔的数量。耐火原料生产中习惯上用吸水率来鉴定熟料的煅烧质量，原料煅烧得越好，吸水率数值越低，一般应小于 5%。

5. 透气度

透气度是耐火制品允许气体在压差下通过的性能。透气度主要是由贯通气孔的大小、数量、结构和状态决定的，并随制品成型时的加压方向而异。

（二）耐火材料的热学性能

由于耐火材料经常在高温条件下使用，因此耐火材料的热学性质也是其主要的性质方面。耐火材料的热学性能包括比热容、热导率、热膨胀性等。

1. 比热容

比热容是指 1kg 耐火材料温度升高 1℃所吸收的热量。比热容可按下式计算：

$$C = \frac{Q}{m(t_1 - t_0)} \tag{5-1}$$

式中　C——耐火材料的恒压比热容，kJ/（kg·℃）；

　　　Q——加热试样所消耗的热量，kJ；

　　　m——试样的质量，kg；

　　　t_0——试样加热前的温度，℃；

　　　t_1——试样加热后的温度，℃。

材料的比热容，在设计和控制炉体升温、冷却，特别是蓄热能力的计算中具有重要的意义。

2. 热膨胀性

热膨胀性是指耐火制品在加热过程中的长度或体积随温度的升高而增大的现象，其表示方法有线膨胀率和线膨胀系数两种。线膨胀率是指由室温至试验温度间，试样长度的相对变化率，单位为%。线膨胀系数是指由室温至试验温度间，温度每升高 1℃，试样长度的相对变化率，单位为 $10^{-6}℃^{-1}$。

耐火材料的热膨胀与其晶体结构和化学键强度密切相关。由离子键或共价键形成的矿物，其热膨胀较小；而以分子键结合的矿物，热膨胀则非常大。化学组成相同的材料，由于结构的差异，热膨胀不同。通常结构越紧密的矿物晶体，其热膨胀系数越大；而类似于无定形的玻璃，则热膨胀往往较小。

耐火材料的热膨胀系数对其热震稳定性有直接影响，热膨胀性是耐火材料使用时应考虑的重要性能之一。炉窑在常温下砌筑，而在高温下使用时炉体要膨胀。为抵消热膨胀造成的应力，需预留膨胀缝。线膨胀率和线膨胀系数是预留膨胀缝和砌体总尺寸结构设计计算的关键参数。

常用耐火制品的平均线膨胀系数见表 5-1。

表 5-1　常用耐火制品的平均线膨胀系数

材料名称	黏土砖	莫来石砖	莫来石刚玉砖	刚玉砖	半硅砖	硅砖	镁砖
平均线膨胀系数 $(20\sim1000℃)/10^{-6}℃^{-1}$	4.5～6.0	5.5～5.8	7.0～7.5	8.0～8.5	7.0～7.9	11.5～13	14～15

3. 热导率

耐火材料的导热系数在 0.7～5.8W/（m·℃）之间，绝大部分耐火材料的导热系数是随温度升高而增大。但是镁砖和镁铬砖例外，其导热系数随温度升高而减小。

（三）耐火材料的力学性能

1. 耐压强度

耐压强度是耐火材料在一定温度下单位面积上所能承受的极限载荷。它是衡量耐火材料质量的重要性能之一。耐火材料的耐压强度分为常温耐压强度和高温耐压强度。

1）常温耐压强度

常温耐压强度是指耐火材料在室温下单位面积上所能承受而不破坏的极限载荷，超过此值，材料破坏。用 S 表示常温耐压强度（MPa），A 表示试样受压的总面积，P 表示压碎试样所需的极限压力，则

$$S=\frac{P}{A}\qquad(5\text{-}2)$$

耐火材料的常温耐压强度对于该制品的生产、运输、使用性能均有极大的影响，而且在多数情况下，也直接影响到使用寿命，由此我们希望制品达到较高的耐压强度值。

2）高温耐压强度

高温耐压强度是指耐火材料在指定的高温条件下单位面积上所能承受的极限压力。耐火材料的高温耐压强度决定了该制品的使用范围，它是耐火材料选择的重要依据之一。

2. 抗折强度

耐火材料抗折强度是指试样单位面积承受弯矩时的极限折断应力，又称抗弯强度。

耐火材料抗折强度分为常温抗折强度和高温抗折强度。常温下测得的抗折强度称为常温抗折强度；耐火制品在规定的高温条件下所测得的强度值称为该温度下的高温抗折强度。高温抗折强度高的制品，在使用的高温条件下，对于物料的冲击、磨损、液态渣的冲刷等，均具有较好的抵抗能力。

抗折强度测定时将试样置于规定距离的支点上，在上面施加负荷，得出断裂时所承受的极限负荷，抗折强度可按下式计算：

$$R = \frac{3WL}{2bd^2} \qquad (5\text{-}3)$$

式中　R——抗折强度，MPa；

W——断裂时所施加的最大荷重，N；

L——两支点间的距离，mm；

b——试样的宽度，mm；

d——试样的厚度，mm。

3. 粘结强度

粘结强度是指两种材料粘结在一起时，单位界面之间的粘结力。耐火材料粘结强度主要是表征不定形耐火材料在各种温度及特定条件，主要是使用条件下的强度指标。不定形耐火材料在使用时，要有一定的粘结力，以使其有效地粘结于施工基体。

4. 弹性模量

材料在其弹性限度内受力作用产生变形，当外力除去后，仍恢复到原来的形状，此时应力和应变的比例称为弹性模量，它表示材料抵抗变形的能力，可表示为：

$$E = \sigma \frac{l}{\Delta l} \qquad (5\text{-}4)$$

式中　E——弹性模量，MPa；

σ——材料所受压力，MPa；

$l/\Delta l$——材料的相对长度变化。

5. 耐磨性

耐磨性是指耐火材料抵抗坚硬的物体或气流的摩擦、磨损、冲刷的能力。耐火材料的耐磨性取决于其矿物组成、组织结构和颗粒结合的牢固性以及材料本身的密度和强度等。

常温耐磨性常用磨损体积来表示，其测定方法是：将磨损介质垂直吹到试样表面上，测定试样的磨损体积，按下式进行计算磨损量：

$$A = \frac{m_1 - m_2}{\rho_{\mathrm{b}}} \qquad (5\text{-}5)$$

式中　A——磨损量，cm^3；

ρ_{b}——试样的体积密度，$\mathrm{g/cm}^3$；

m_1、m_2——分别为试样磨损前后的质量，g。

（四）耐火材料的高温使用性能

耐火材料的使用性能是指耐火材料在高温下使用时所具有的性能，包括耐火度、荷重软化温度、重烧线变化、抗热震性、抗酸碱性、抗氧化性、抗水化性和抗 CO 侵蚀性等。

1. 耐火度

耐火度指耐火材料在无荷重时抵抗高温作用而不熔融和软化的性能，用于表征耐火材料抵抗高温作用的性能。耐火度与熔点不同，熔点是结晶体的液相与固相处于平衡时的温度。绝大多数耐火材料都是多相非均质材料，无一定熔点，其开始出现液相到全部熔融为液相是一个渐变过程。在这两个固定温度之间的高温范围内，固液相并存。

耐火材料的耐火度通常都用标准测温锥的锥号表示。耐火度的测定方法是：将材料做成截头三角锥，与已知耐火度的标准高温锥一起置于锥台上。在规定的加热条件下，与标准高温锥弯倒情况作比较。直至试锥顶部弯倒接触底盘，此时与试锥同时弯倒的标准高温锥所代表的温度即为该试锥的耐火度。试锥在不同阶段的熔融弯倒情况如图 5-1 所示。

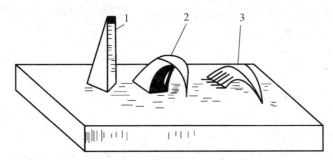

图 5-1 试锥在不同阶段的熔融弯倒情况

1—熔融开始以前；2—在相当于耐火度的温度下；3—在高于耐火度的温度下

各国标准测温锥规格不同，锥号所代表的温度也不一致。世界上常见的测温锥有德国的塞格尔锥（缩写为 SK）、国际标准化组织的标准测温锥（ISO）、中国的标准测温锥（WZ）和前苏联的标准测温锥（IIK）等。其中 ISO、WZ、IIK 是一致的，采用锥号乘以 10 即为所代表的温度。

耐火制品的化学成分、矿物组成及其分布状态是影响耐火度的最基本因素。各种杂质成分，特别是具有强熔剂作用的杂质成分，会严重降低制品的耐火度。因此，提高耐火材料耐火度的主要途径是采取适当措施来保证和提高原料的纯度。

2. 荷重软化温度

耐火材料的荷重软化温度是耐火材料在一定的重负荷和热负荷共同作用下达到某一特定压缩变形时的温度，也称为高温荷重变形温度。它是耐火材料的高温力学性质的一项重要指标，它表征了耐火材料对重负荷和高温热负荷共同作用的抵抗能力。

图 5-2 是荷重软化点测试原理图，配重通过压棒在试样（$\phi 50mm \times 50mm$）上加压 $0.2MPa/cm^2$，试样被加热后出现荷重膨胀（图 5-3），达到 a 之前是弹性膨胀，由于液相的出现，a 点之后是塑性膨胀，b 点为最大膨胀，之后开始荷重收缩，c 点为收缩量为样高 0.5%（$0.25mm$）的点，对于这一点的温度即为荷重 $0.2MPa/cm^2$ 的软化开始变形温度。收缩量为样高的 1%、2% 时的温度则为 1% 变形、2% 变形时的温度，即为 T_2、T_3 变形温度。

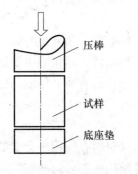

图 5-2 荷重软化温度测试原理图

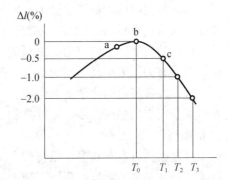

图 5-3 荷重软化温度曲线

3. 高温体积稳定性

耐火材料在高温下长期使用时，其外形尺寸保持稳定不发生变化的性能称为高温体积稳定性。它是耐火材料在高温长期停留时体积发生的不可逆变化，它主要是耐火材料烧成不够而引起的。通常用重烧线变化来判定制品的高温体积稳定性。

重烧线变化是指耐火制品试样加热到规定温度，保温一定时间，冷却到室温后所产生的残余膨胀或收缩。计算公式为：

$$L_\mathrm{C} = \frac{L_1 - L_0}{L_0} \times 100\%$$ (5-6)

式中　L_C——试样重烧线变化率，%；

　　　L_1——加热后试样长度，mm；

　　　L_0——加热前试样长度，mm。

按上式计算的结果可能为正值或负值，正值表明膨胀，负值表明收缩。

耐火制品的重烧变形量对判别制品的高温体积稳定性，保证砌体的稳定性，减少砌体的缝隙，提高其密封性和耐侵蚀性，避免砌体整体结构的破坏，都具有重要意义。

4. 抗热震性

抗热震性是指耐火制品对温度迅速变化所产生损伤而不破坏的抵抗性能，也称为耐急冷急热性、热震稳定性、抗温度急变性等。

耐火材料在使用过程中，经常会经受到环境温度急剧变化的情况，导致制品产生开裂、剥落，甚至崩塌。此种破坏作用不仅限制了制品和窑炉的加热和冷却速度，限制了窑炉操作的强化，而且也是制品、窑炉损坏较快的主要原因之一。因此，当耐火材料在使用中工作温度有急剧变化时，必须考虑其抗热震性。

要提高材料的抗热震性，避免材料产生裂纹，必须提高材料的强度，特别是抗拉强度、剪切强度，以提高抵抗裂纹形成的能力，同时应降低材料的弹性模量及泊松比，从而降低可能产生的热应力。

5. 抗渣性

抗渣性指耐火材料在高温下抵抗熔渣侵蚀和冲刷作用而不破坏的能力。这里熔渣的概念是指高温下与耐火材料相接触的水泥熟料、燃料灰分和气态物质等。熔渣侵蚀是耐火材料在使用过程中最常见的一种损坏形式，在实际使用中，约有 50% 是由于熔渣侵蚀而损坏。因此，抗渣性是耐火材料重要的使用性能。

熔渣物质在高温下多形成液态物质直接与耐火材料接触，有些固体物质甚至气体，在高温下与耐火材料接触后，最终也会形成液相。熔液侵蚀过程主要是耐火材料在熔渣中的溶解过程和熔渣向耐火材料内部侵入（渗透）过程。

耐火材料的抗渣性主要与耐火材料的化学组成及组织结构有关，另外也与熔渣的性质及其相互的条件有关。采用高纯耐火材料，改善制品的化学矿物组成，尽量减少低熔物高杂质的耐火材料，改善制品的化学矿物组成，尽量减少低熔相及杂质的含量，使制品中产生液相及与外界开始反应的温度提高，是提高制品抗渣性能的有效方式。

6. 抗蚀性

抗蚀性是耐火材料在高温下抵抗酸、碱侵蚀的能力。耐火材料在使用中会受酸、碱、气体的侵蚀。例如在高炉冶炼过程中，随着加入的原料带入含碱的矿物，这些矿物对铝硅系及碳质耐火材料炉衬的侵蚀受碱的浓度、温度和水蒸气的影响。它关系到窑炉炉衬的使用寿命。提高耐火制品的抗蚀性，可以延长耐材的使用寿命。

7. 抗氧化性

抗氧化性是指含碳耐火材料在高温氧化气氛下抵抗氧化的能力。含碳耐火材料优良的抗渣及抗热震性使其应用越来越广泛。但是碳在高温下易氧化，这是含碳耐火材料损坏的重要原因。要提高碳耐火材料的抗氧化性，可选择抗氧化能力强的碳素材料；改善制品的结构特征，增强制品致密程度，降低气孔率；使用微量添加剂，如 Si、Al、Mg、Zr、SiC、B_4C 等。

8. 抗水化性

抗水化性是碱性耐火材料在大气中抵抗水化的能力。它是碱性耐火材料是否烧结良好的重要指标之一。碱性耐火材料烧结不良时，其中的 CaO、MgO，特别是 CaO，在生产、保存及使用过程中，会与环境中的水发生水化反应，生成氢氧化物，使制品强度丧失，甚至发生粉化，严重影响了制品的生产和应用。

二、预分解窑常用耐火材料品种和特征

预分解窑用耐火材料品种，随着水泥生产工艺技术进步，从单一品种发展为多品种，一般有耐火砖（包括碱性耐火砖、硅铝质耐火砖）、不定形耐火材料、隔热耐火材料等。它们又都各成系列以满足不同规模不同工艺部位之需。

（一）碱性耐火砖

预分解窑系统常用的品种有尖晶石砖、白云石砖、镁钙锆砖等。碱性耐火砖具有耐高温煅烧和对碱性渣有较强的抗侵蚀能力等优良性能，主要应用于水泥回转窑烧成带和上、下过渡带等高温区域。

1. 尖晶石砖

尖晶石砖是以镁砂和尖晶石砂为主要原料，经压制烧成的耐火制品，其主要成分是镁铝或铝镁尖晶石，即以 MgO 和 Al_2O_3 为主，主要晶相为方镁石和镁铝尖晶石，属于镁铝系砖。

尖晶石砖出现在 20 世纪 90 年代，具有以下特点：

（1）抗热震稳定性好。尖晶石砖的重要矿物组成是方镁石（MgO）和镁铝尖晶石（Mg·Al_2O_4），它们的膨胀系数不同，砖在高温烧成时出现固相反应，同时也会造成一部分尖晶石颗粒与方镁石基质之间产生有效分离，尖晶石颗粒被气孔所包裹，当砖在使用过程中受到应力和温度变化时，这些微气孔可吸收能量和阻止砖的损坏。

（2）体积稳定性强。由于水泥生产以煤为燃料，窑中经常会在局部地区出现不完全燃烧，存在过量的一氧化碳，由于氧含量的变化，直接结合镁铬砖中的铁的组分就会发生氧化还原反应，如镁铁尖晶石砖（Mg·Fe_2O_3），当三价铁还原成二价铁时，即产生 20% 体积收缩，反之体积增大。反复循环，会损坏直接结合镁铬砖的结构，而尖晶石砖不存在铁，所以没有这种体积变化效应，体积稳定性强。

（3）耐高温。尖晶石砖中 SiO_2 含量低，所以熔点低的硅酸盐矿物很少，均是由熔点高的矿物组成，如方镁石（熔点2850℃）、镁铝尖晶石（熔点2135℃），因此它具有耐高温的性能。

（4）抗侵蚀能力强。尖晶石砖的组成主要是方镁石和镁铝尖晶石，硅酸盐相极少，所以抗碱侵蚀能力强。

（5）无害环保。尖晶石砖中没有铬成分，它是一种环保产品。

但高档尖晶石砖的导热系数比直接结合镁铬砖还要大些，800℃的导热系数为3.0W/（m·K），因此，尖晶石砖在水泥窑过渡带浮窑皮或无窑皮处使用较长时间后，残砖厚度到100～120mm 时，最好不要采用较长火焰煅烧，如过渡带温度过高，由于砖的导热系数大，有可能产生筒体过热现象。

各种尖晶石砖的性能见表 5-2。

表 5-2　各种尖晶石砖的主要理化性能指标

理化性能 ＼ 砖种类	镁铁尖晶石	镁铁/铁铝尖晶石砖	镁铁/镁铝尖晶石砖	镁铝/镁铁尖晶石砖	镁铝/铁铝尖晶石砖	镁铝尖晶石（锆）砖
MgO（%）	85	85	85	85	85	85
Al_2O_3（%）	1~2	3~4	4~5	4~6	4~6	5~7
SiO_2（%）	1.5	1.5	1.5	1.5	1.5	1.5
Fe_2O_3（%）	6~8	4~6	4~6	2~3	2~3	1
显气孔率（%）≤	17	20	20	20	20	20
体积密度（g/cm³）≥	3.00	3.00	3.00	3.00	3.00	3.00
常温耐压强度（MPa）≥	45	45	45	45	45	45
0.2MPa 荷重软化温度 $T_{0.6}$（℃）≥	1650	1650	1650	1650	1650	1650
热震稳定性（950℃，空冷）（次）≥	100	100	100	100	100	100
热导率（1000℃）[W/（m·K）]≤	2.8	2.9	2.9	2.9	2.8	3.0

由于尖晶石砖不但具有较强的挂窑皮能力，而且在抗碱、硫熔融物和熟料液相侵蚀，抗热震和窑体变形产生的机械应力，及在抗热负荷等方面，具有一系列的性能优势，使其成为当今世界碱性砖技术发展的主流。

2. 白云石砖

白云石砖是由煅烧过的白云石砂（MgO·CaO）制成的耐火材料制品。通常 CaO 含量在 40% 以上，MgO 含量在 35% 以上，还含有少量的 SiO_2、Al_2O_3、Fe_2O_3 等杂质。若砖中的 CaO/MgO 比小于 1.39，则称为镁质白云石砖。

镁质白云石砖的高温性能好，荷重软化温度在 1700℃ 以上，另外由于白云石砖的成分与生料的成分比较接近，所以这种砖的挂窑皮性能比较好，也不会与料发生反应，故主要应用于水泥回转窑烧成带。但是当窑皮发生掉落时，窑砖也可能会有一部分与窑皮一起掉落。

白云石砖最大的缺点是抗水化性能较差，在制造、运输、储存、砌筑、使用中都应避免接触水及蒸汽。

水泥回转窑用白云石砖的性能见表 5-3。

表 5-3　白云石砖的理化性能

项目	指标
CaO（%）	30
MgO（%）	65
体积密度（g/cm³）	2.80~2.90
显气孔率（%）	13~15
常温耐压强度（MPa）	≥50
荷重软化温度 $T_{0.6}$（℃）	≥1600
热震稳定性（1100℃，风冷）（次）	≥3

3. 镁钙锆砖

镁钙锆（$MgO\text{-}CaO\text{-}ZrO_2$）砖于 1993 年问世。镁锆砖含有 ZrO_2，ZrO_2 熔化点为 2715℃，温度超过 1660℃才被熟料侵蚀；ZrO_2 颗粒的另一特点是颗粒四周形成微裂纹，从而吸收外部应力，在热态和冷态条件下，具有较大的抗断裂强度。因此，镁钙锆砖耐火度高、热震稳定性好。同时，镁钙锆砖因含有 CaO，可与水泥生料中的 C_2S 反应生成 C_3S，因此，有较好的挂窑皮性能；同时，大部分 CaO 与 ZrO_2 反应生成锆酸钙（$CaO \cdot ZrO_2$），使其抗水化性能得到极大的提高。由于镁锆砖具有耐火度高、优良挂窑皮性能、抗水化性、热震稳定性、抗侵蚀性等特点，可应用于水泥窑烧成带。

（二）铝硅质耐火砖

铝硅质耐火砖是以氧化铝、氧化硅为主要成分的耐火砖，该耐火砖具有较高的抗压强度和荷重软化温度以及较好的热震稳定性，主要应用于预热器、分解炉、三次风管、窑门罩、篦冷机、水泥回转窑分解带和上、下过渡带。

目前，预分解窑系统用铝硅质耐火砖主要有耐碱耐火砖、抗剥落高铝砖、硅莫系列耐火砖和高荷软磷酸盐砖。

1. 耐碱砖

耐碱砖是以低铝耐火黏土为主要原料制成的一种新型耐碱黏土砖，砖内含有一定数量的 R_2O。其根据性能不同分为普通耐碱砖 PNJ、高强耐碱砖 GNJ、隔热耐碱砖 GRNJ，其中，普通耐碱砖根据使用部位不同又分为普通耐碱砖 PNJ-1 和拱顶耐碱砖 PNJ-2。耐碱砖的主要性能见表 5-4。

耐碱砖适用于预分解窑窑尾系统和三次风管等部位。

表 5-4 耐碱耐火砖的理化性能指标

项目		指标		
		普通耐碱砖 PNJ		高强耐碱砖 GNJ
		普通耐碱砖 PNJ-1	拱顶耐碱砖 PNJ-2	
显气孔率（%）		≤21	≤20	≤19
常温抗压强度（MPa）		≥30	≥40	≥60
0.2MPa 荷重软化温度（$T_{0.6}$）（℃）		≥1300	≥1350	≥1250
热震稳定性（1100℃，水冷）（次）		≥10	≥10	≥25
耐碱性（1100℃×5h）		一级		
化学成分	Al_2O_3（%）	25~40		
	Fe_2O_3（%）	≤2.0		

2. 抗剥落高铝砖

抗剥落高铝砖是以高铝矾土为主要原料，添加含氧化锆材料或其他原料，经压制成型和烧成后，具有良好的抗剥落性能的定形耐火制品。抗剥落高铝砖主要性能应满足表 5-5 的要求。

表 5-5　抗剥落高铝砖的主要理化性能

项目	指标	
	GKBL-70	KBL-70
Al_2O_3（%）	≥70.0	≥70.0
ZrO_2（%）	≥6.0	—
Fe_2O_3[a]（%）	≤1.5	≤1.5
体积密度（g/cm^3）	≥2.55	≥2.55
显气孔率（%）	≤22	≤20
常温耐压强度（MPa）	≥60	≥60
荷重软化温度 0.2MPa（$T_{0.6}$）（℃）	≥1470	≥1470
抗热震性（1100℃，水冷）（次）	≥20	≥15

a 该项指标为选择性指标。

　　抗剥落高铝砖中的 ZrO_2，在随着温度变化发生晶型转变，同时伴有体积膨胀，使制品在烧结时产生显微裂纹，缓冲热应力，阻止已形成的裂纹的扩展，从而提高制品的热震稳定性和抗剥落的能力，并且该产品还具有高铝砖所具有的抗钾、钠、碱盐侵蚀能力强，荷重软化点高，重烧线变化小，导热率低等性能，是水泥窑分解带、过渡带理想的衬砖材料。

　　3. 硅莫系列耐火砖

　　硅莫砖是在传统铝硅质耐火材料中引入 SiC 而制得的新一代 Al_2O_3-SiO_2-SiC 系耐火材料。它以特级高铝矾土熟料和碳化硅为主要原料，经高压成型、高温烧成而制得。按荷重软化温度指标分为 GM1650、GM1600、GM1550 三个牌号。该类材料具有荷重软化温度点高、高强度、高耐磨蚀、低导热及良好的抗剥落性能，对机械应力、热应力、化学反应和过热、热疲劳等综合损坏作用的抵抗能力比较强。主要理化性能见表 5-6。

表 5-6　硅莫系列耐火砖的主要理化性能

项目	指标		
	GM1650	GM1600	GM1550
Al_2O_3（%）	≥65	≥63	≥60
体积密度（g/cm^3）	≥2.65	≥2.60	≥2.55
显气孔率（%）	≤17	≤17	≤19
耐压强度（MPa）	≥85	≥90	≥90
荷重软化温度 0.2MPa（$T_{0.6}$）（℃）	≥1650	≥1600	≥1550
抗热震性（1100℃，水冷）（次）	≥10	≥10	≥12
常温耐磨性（cm^3）	≤5		
热膨胀率[a]（%）	提供实测数据		

a 热膨胀率的温度可由供需双方商定。
注：特殊要求产品的技术要求可由供需双方商定。

　　由于碳化硅具有较强的抗碱性能，与碱反应后，生成一层黏性极高的又无裂纹的保护层，减缓了材料的侵蚀，延长了使用寿命。同时，由于 SiC 具有极高的导热性能和耐磨蚀性能，所以引入 SiC 后，铝硅质耐火材料的荷重软化温度、抗热震性、耐磨性和抗侵蚀性均得到大幅度改善，能满足烧成系统分解炉、回转窑、窑门、篦冷机、三次风管、前窑口等不同部位工况和需求。

（三）不定形耐火材料

不定形耐火材料是由骨料、细粉和结合剂混合而成的散状耐火材料。不定形耐火材料的种类很多，根据工艺特性可分为浇注或浇灌耐火材料（简称浇注料或浇灌料）、可塑耐火材料（简称可塑料）、捣打耐火材料（简称捣打料）、喷射耐火材料（简称喷射料）、投射耐火材料（简称投射料）和耐火泥等。不定形耐火材料具有生产工艺简单、生产耗能少、性能优良、适应范围广、产品整体性强、可机械化施工等特点。水泥回转窑系统中使用的不定形耐火材料主要有各类浇注料、喷涂料、可塑料和耐火泥浆等。

1. 浇注料

浇注料是一种不定形材料，以干料交货，并在使用前混合，施工后不用加热便在环境温度下开始硬化，达到生坯强度。

适用于水泥窑的耐火浇注料主要包括刚玉质浇注料、高铝质浇注料、耐碱浇注料和轻质浇注料等。随着耐火浇注料性能的不断完善和施工技术的提高，其使用量逐年增加，目前已广泛应用于窑系统内各处不动设备的异型部位、顶盖、直墙和下料管等处。

通用耐火浇注料的主要性能应满足表 5-7 的要求。窑口、燃烧器用浇注料性能应满足表 5-8 的要求。

表 5-7 通用耐火浇注料的主要性能

材料名称	抗压强度（MPa）		抗折强度（MPa）		线变化（%）	耐磨性（cm³）	相应标准
	110℃×24h	1100℃×3h	110℃×24h	1100℃×3h	1100℃×3h	1100℃×3h	
轻质耐碱浇注料	≥40	≥35	≥4.0	≥3.5	±0.5	—	—
耐碱浇注料	≥70	≥70	≥7.0	≥7.0	±0.5	—	JC/T 708
高铝质浇注料	≥80	≥80	≥10	≥12	±0.4	—	
莫来石质浇注料	≥100	≥100	≥10	≥12	±0.4	≤8	
抗结皮浇注料	≥65	≥65	≥8.0	≥8.0	±0.3	—	YB/T 4193
高耐磨浇注料	≥100	≥110	≥10	≥11	±0.4	≤5	

表 5-8 窑口、燃烧器用浇注料的主要性能

材料名称	抗压强度（MPa）			抗折强度（MPa）			线变化（%）	耐磨性（cm³）
	110℃×24h	1100℃×3h	1400℃×3h	110℃×24h	1100℃×3h	1400℃×3h	1100℃×3h	1100℃×3h
刚玉质浇注料	≥60	≥80	≥80	≥8	≥10	≥10	±0.4	±0.5
刚玉碳化硅质浇注料	≥70	≥100	≥70	≥7	≥10	≥8	±0.4	±0.5
刚玉莫来石质浇注料	≥80	≥100	≥80	≥10	≥10	≥8	±0.4	±0.5
刚玉尖晶石浇注料	≥80	≥100	≥80	≥10	≥10	≥8	±0.4	±0.5
红柱石质浇注料	≥60	≥80	≥0	≥7	≥8	≥8	±0.2	±0.4

2. 喷涂料

特殊粒度组成的浇注料加入增塑剂后，即配制成喷涂料。喷涂是利用特殊设备和空气将不定形耐火材料输送到施工面。喷涂料具有很好的抗震磨损和高温耐腐蚀性，抗冲击、附着力强，施工快，点火烘烤时间短，缩短常规工期的 60% 以上。缺点是有一定的反弹料，浪费较大，炉衬密度不够。

喷涂料分为干法喷涂和湿法喷涂，其主要产品的性能应满足表 5-9 和表 5-10 的要求。

表 5-9　耐火干法喷涂料的主要性能

材料名称	抗压强度（MPa）			线变化（%）		导热系数 [W/（m·K）]
	110℃×24h	1100℃×3h	1350℃×3h	1100℃×3h	1350℃×3h	热面 600℃
莫来石质喷涂料	≥30	≥20	≥25	±0.5	±0.8	—
轻质保温喷涂料	≥5.0	≥3.0（815℃×3h）	—	±0.4（815℃×3h）	—	≤0.35

表 5-10　耐火湿法喷涂料的主要性能

材料名称	抗压强度（MPa）			线变化（%）	
	110℃×24h	1100℃×3h	1350℃×3h	1100℃×3h	1350℃×3h
刚玉莫来石质湿法喷涂料	≥70	≥80	≥80	±0.3	±0.5
莫来石质湿法喷涂料	≥60	≥80	≥80	±0.3	±0.5
高铝质湿法喷涂料	≥60	≥70	—	±0.3	—
抗结皮湿法喷涂料	≥60	≥70	—	±0.3	—
耐碱湿法喷涂料	≥45	≥45	—	±0.3	—

3. 捣打料

捣打料是指用捣打（人工或机械）方法施工并在高于常温的加热作用下硬化的不定形耐火材料，由具有一定级配的耐火骨料、粉料、结合剂、外加剂加水或其他液体经过混炼而成。捣打料按材质分类有高铝质、黏土质、镁质、白云石质、锆质及碳化硅质耐火捣打料等。预分解窑用捣打料的主要性能见表 5-11。

表 5-11　耐磨捣打料的主要性能

抗压强度（MPa）		抗折强度（MPa）		线变化（%）	耐磨性（cm³）
110℃×24h	1100℃×3h	110℃×24h	1100℃×3h	1100℃×3h	1100℃×3h
≥60	≥80	≥8	≥10	±0.4	≤6

4. 可塑料

可塑料是以捣打、振动或挤压方法施工的泥坯状或泥团状不定形耐火材料，由一定级配的耐火骨料、粉料、结合剂、外加剂加水或其他液体经过充分混炼而成。可塑料按耐火骨料分为黏土质、高铝质、刚玉质、硅质、镁质、铬质、锆英石质和碳化硅质耐火可塑料等，按结合剂种类分为水玻璃、磷酸盐、硫酸盐和有机结合剂耐火可塑料等，按硬化方式分为气硬性和热硬化耐火可塑料两种。预分解窑用可塑料的主要性能见表 5-12。

表 5-12　耐磨可塑料的主要性能

抗压强度（MPa）		抗折强度（MPa）		线变化（%）	耐磨性（cm³）
110℃×24h	1100℃×3h	110℃×24h	1100℃×3h	1100℃×3h	1100℃×3h
≥50	≥60	≥7	≥8	±0.4	≤6

5. 耐火泥浆

耐火泥主要分为以下几种：

（1）铸性火泥，亦称气凝性火泥，可用于窑头燃烧器做保护耐火层，也可在预热器的某些部分做耐火衬料，一般以灌浆的方式施工。

（2）绝缘性火泥，适用于窑筒体变形的平面进行修复平整，或者用于冷却机的顶棚做隔热。

（3）耐火泥，又称为热凝性火泥，主要是指砌砖时用以胶结耐火砖，故又称为接缝料，由一定颗粒配比的耐火粉料、结合剂和外加剂组成，加水或液态结合剂调成浆状。耐火泥浆作为接缝材料，可以调整砖的尺寸偏差，使砌体整齐和负荷均衡，并可以使砌砖结合为严密的整体，以抵抗外力的破坏和防止气体、熔融液体的侵入。砌体接缝通常是砌体的薄弱环节，在多数情况下先于砌体损坏，因此，其质量与砌体的整体寿命有密切关系。

耐火泥浆的材质应与耐火砖的材质相匹配，水泥回转窑系统用耐火材料与常用耐火泥浆的匹配建议见表 5-13。

表 5-13　耐火砖与耐火泥相匹配的建议

耐火材料	相匹配的耐火泥浆
耐碱砖	耐碱火泥、特种胶泥
抗剥落高铝砖	高铝质火泥、特种胶泥
硅莫系列耐火砖	硅莫火泥、特种胶泥
碱性耐火砖	碱性火泥、特种胶泥
硅酸钙板	配套胶结剂

（四）隔热耐火材料

隔热材料是以轻质耐火物料制成的隔热制品，具有多孔结构、质轻、导热系数小、保温性能好等特性。水泥窑系统需要进行保温、节能等部位均需要使用隔热耐火材料，它与不定形耐火材料、耐火砖配合使用或单独使用。水泥窑系统常用的隔热耐火材料主要包括硅酸钙板、陶瓷纤维制品、黏土质隔热砖、隔热浇注料。

1. 硅酸钙板

水泥窑用的轻质隔热材料主要是硅酸钙板，它是以硅藻土和石灰为主要原料，加入增强纤维制成的隔热耐火制品。GB/T 10699《硅酸钙绝热制品》规定，硅酸钙制品分为Ⅰ型（650℃）和Ⅱ型（1000℃），根据其加入的增强纤维，分为有石棉和无石棉两种，因石棉有毒，我国停止生产石棉硅酸钙制品，按密度分为 270、240、220、170 和 140 五种。硅酸钙隔热耐火材料的主要理化性能见表 5-14。

表 5-14 硅酸钙隔热耐火材料的主要理化性能

产品类别		Ⅰ 型			Ⅱ 型			
		240 号	220 号	170 号	270 号	220 号	170 号	140 号
体积密度（kg/m³）		≤240	≤220	≤170	≤270	≤220	≤170	≤140
质量含湿率（%）		≤7.5			≤7.5			
抗压强度（MPa）		≥0.5	≥0.4		≥0.5		≥0.4	
抗折强度（MPa）		≥0.3	≥0.2		≥0.3		≥0.2	
导热系数，600℃ [W/（m·K）]		≤0.130	≤0.130		≤0.130		≤0.130	
最高使用温度（℃）	均温灼烧试验温度（℃）	650			1000			
	线收缩率（%）	≤2			≤2			
	裂纹	无贯彻裂纹			无			
	剩余抗压强度（MPa）	≥0.40	≥0.32		≥0.40		≥0.32	

2. 黏土质隔热砖

黏土质隔热砖是以耐火黏土为主要原料制成的 Al_2O_3 含量为 $30\%\sim48\%$ 的隔热耐火制品，主要用于隔热层或不受熔融和气体侵蚀的预热带。耐火度在 SK35 以下。

国家标准 GB/T 3994 将黏土质隔热砖按体积密度分为 NG140-1.5、NG135-1.3、NG135-1.2、NG130-1.0、NG125-0.8、NG120-0.6、NG115-0.5 七个牌号，数字 140、135 分别代表黏土质隔热砖加热永久线变化试验温度的前三位数字，1.5、1.3 分别代表砖的体积密度。其主要理化指标见表 5-15。

表 5-15 黏土质隔热砖的主要理化性能

项目	指标						
	NG140-1.5	NG135-1.3	NG135-1.2	NG130-1.0	NG125-0.8	NG120-0.6	NG115-0.5
体积密度（g/cm³）	≤1.5	≤1.3	≤1.2	≤1.0	≤0.8	≤0.6	≤0.5
常温耐压强度（MPa）	≥6.0	≥5.0	≥4.5	≥3.5	≥2.5	≥1.3	≥1.0
加热永久线变化（%）	1400℃×12h	1350℃×12h		1300℃×12h	1250℃×12h	1200℃×12h	1150℃×12h
	−2～1						
导热系数，平均温度 350℃，[W/（m·K）]	≤0.65	≤0.55	≤0.50	≤0.40	≤0.35	0.25	≤0.23

3. 隔热浇注料

隔热浇注料包括普通型隔热浇注料、高强隔热浇注料、普通型耐碱隔热浇注料和低水泥型耐碱隔热浇注料。

通常隔热浇注料采用高铝水泥作结合剂，普通型隔热浇注料采用膨胀珍珠岩、膨胀蛭石和废轻质砖等作为骨料；高强隔热浇注料采用耐火黏土陶粒、粉煤灰陶粒、页岩陶粒等作为骨料；耐碱隔热浇注料则采用耐碱轻质骨料。

隔热浇注料的主要理化性能见表 5-16。

表 5-16　隔热浇注料的主要理化性能

材料名称	体积密度（g/cm³）	抗压强度 (1100℃)（MPa）	导热系数［W/（m·K）］	
			热面 800℃	热面 1000℃
隔热浇注料	≤1.10	3.5	≤0.28	≤0.30

三、预分解窑对耐火材料的要求

新型干法窑特别是大型预分解水泥窑，在生产工艺上有一系列特点，因而对耐火材料提出了不同于传统水泥窑的要求：

（1）碱、硫、氯等挥发性组分侵蚀严重。

由于预分解窑充分利用余热预热入预热器的生料，碱的硫酸盐和氯化物等组分挥发、凝聚，反复循环，导致这些组分的富集，比普通生料的碱要高出很多倍，同时，窑气中这些组分的含量也大为增加。

耐火材料表面温度为 800～1200℃ 的部位，包括预热器、分解炉、上升烟道、下料斜坡、窑筒体后部甚至窑门罩和冷却机热端所用的黏土砖和普通高铝砖受到来自窑料和窑气碱化合物的侵蚀，形成膨胀性矿物使耐火材料开裂剥落，发生"碱裂"破坏。所以这些部位的耐火材料必须要有足够的耐碱性能。

（2）窑温更高，对耐火材料的损坏加剧。

大型预分解窑多采用热回收率高的篦式冷却机和一次风比例小得多风道燃烧器，窑头又加强了密闭和隔热，燃料的燃烧充分，火焰集中，出窑熟料温度可达 1400℃，入窑二次风温度可高达 1200℃，造成窑系统内过渡带、烧成带、冷却带及窑头罩、冷却机喉部和高温区以及燃烧器外侧等部位的工作温度远高于传统窑上的相应部位。温度提高不仅对耐火材料提出更高的耐火要求，而且温度的提高加剧了窑中物料对耐火材料的化学侵蚀。因此，这些部位的耐火材料的耐火度、耐磨性、抗热震热腐蚀要求高，一般采用碱性耐火材料、高铝质浇注料、耐磨硅砖等。

（3）窑速快，单位产量提高，耐火材料的机械应力和疲劳破坏加大。

传统窑的窑速一般仅仅有 60～70r/h，大型预分解窑常达 180～210r/h，甚至 240r/h。在高转速、大直径和高温度的大型窑上，窑衬所受的热应力、机械应力和化学侵蚀的综合破坏效应比传统窑大得多；而且，由于窑衬每转一周所受到的周期性温差的频率的增加而造成热冲击的热应力破坏也同时加剧。这就要求耐火材料在冷态和热态下，要有足够的强度和稳定性，在耐火材料的制造和设计中都要保证更严格的要求，并要有严格的施工组织和技术要求。

（4）窑直径加大，保护性窑皮的稳定性差。

大型预分解窑的直径增大，2000t/d 的窑直径为 4m，5000t/d 窑直径为 4.8m，又加之窑速加快，机械振动加剧，因而作为高温带窑衬的保护性窑皮更易脱落，不易补挂，所以要求用于高温带耐火材料除有更耐高温熟料侵蚀及热震稳定性，还需有更易粘挂窑皮的性能。

（5）窑系统结构复杂，机械电气设备故障增加，频繁开停窑导致热震破坏加剧。

预分解窑由预热系统、回转窑和冷却机系统组成，结构比传统窑要复杂得多。对耐火材料的品种要求多，施工组织要求很高，特别是对生产管理要求更高。目前各干法线主要采用耐火砖、浇注料，为提高其保温性能和整体性能，也有采用浇注料和硅钙板的复合内衬，这样施工工序多、复杂。不仅要焊牢锚固件，贴好硅钙板，做好防水，更要做好浇注料的施工组织和技术把关。预热器及篦冷机系统表面积很大，是预分解窑表面散热损失的主体。为了降低能耗，必须采用多种隔热材料与耐火材料组成复合衬里，达到降低装备表面温度的目的。

综上所述，预分解窑由于碱、硫等挥发性组分的富集、窑温提高、窑径加大、窑速加快、结构复杂等原因，造成对耐火材料的化学侵蚀、高温破坏、机械应力和热应力等综合破坏效应比传统窑要大，必须针对预分解窑的各部位不同的要求配套选用相应的耐火材料。

四、预分解窑用耐火材料的选择

预分解窑系统需要砌筑耐火材料的工艺部位有预热器、分解炉、三次风管、回转窑、窑门罩、燃烧器、冷却机，如图 5-4 所示。预分解窑系统使用的耐火材料，需要根据预分解窑的工艺特性及不同工艺部位对耐火材料的不同要求，选用不同品种的耐火材料，并注意合理匹配，才能取得良好的效果。

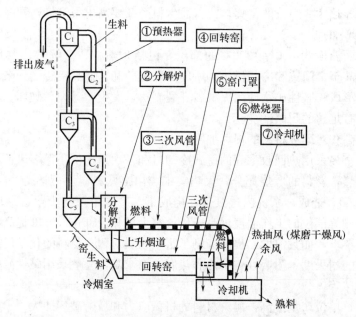

图 5-4　一个典型的新型干法水泥回转窑系统的简单流程图

（一）预分解窑不同部位对耐火材料的选择

1. 回转窑

根据所用耐火材料类型，现代干法水泥窑的窑衬基本上可划分为六个带。从生料进入端开始依次是进料带、预热带、上过渡带、烧成带、下过渡带和卸料端，预分解窑窑衬的整体分布如图 5-5 所示，各带的长度见表 5-17。

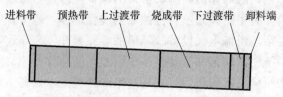

图 5-5　沿轴向分布的回转窑的各个热工带

表 5-17　预分解窑（$\phi \geq 4m$）窑衬整体分布

区段	卸料带	下过渡带	烧成带	上过渡带	安全带	预热带	进料带
长度	※	$(1\sim2)D$	$(6\sim8)D$	$(2\sim4)D$	$2D$	$(12\sim16)D$	约 1m

※ 挡砖圈上坡一侧，最多 2 圈。

在选择耐火材料时，一般是根据各带的温度、负荷不同进行选择，要注意耐火材料与窑筒体的膨胀系数要比较接近。

（1）卸料带

这是一个最小的衬带，长约 0.4～1m。出料端耐火材料主要承受炽热的熟料、高温的二次风和火焰热辐射作用以及熟料对其产生的机械磨损和化学侵蚀。该处所用的耐火材料应具有良好的抗磨蚀性和高温热稳定性。

卸料带可选用耐火砖和浇注料两种衬里。当用砖筑衬，采用的砖质必须有极高的耐磨能力，热震稳定性好且热态强度高，才能承受由于经常温度变化和由窑体带来的机械应力造成的卸料段部位的严重磨蚀，如硅莫系列耐火砖。若用浇注料筑衬，一般选用高耐磨且热震稳定性良好的刚玉质浇注料、刚玉莫来石质浇注料、刚玉碳化硅质浇注料、红柱石质浇注料等专用浇注料。

（2）下过渡带

该带长约 $(1\sim2)D$，温度梯度较陡，受热冲击和磨损的严重影响，机械应力影响也加剧了，要求该带耐火材料具有良好的高温热稳定性和抗磨蚀性。镁尖晶石砖是最适用于该带的耐火材料。

（3）烧成带

烧成带长度为 $(6\sim8)D$ 之间。熟料在这里形成，并形成能保护窑衬的稳定的窑皮。衬料主要承受高温（1600℃）和化学侵蚀作用，以及来自下落熟料块磨损和冲击的物理作用。该带窑衬受热冲击力较少。故对该处耐火材料除要求有足够的耐火度外，还要求在高温下易于挂窑皮。

窑的烧成带普遍使用的是尖晶石砖、白云石砖和镁钙锆砖。从理论上应首推白云石砖或镁钙锆砖，因为其与水泥物料的亲和性到目前为止是最好的；但由于 CaO 的水化问题在国内暂未得到普遍的推广。现在我国应用比较成熟的较为理想的烧成带耐火材料为镁铁尖晶石砖，因为它在形成和维护窑皮方面具有明显的优越性，并且其耐火度也高。

（4）上过渡带

上过渡带长 $(2\sim4)D$，处于高低温相接区域，该带窑衬主要受热冲击和化学侵蚀作用，化学侵蚀过程来自窑衬和熟料中的 SiO_2 的反应及碱性硫酸盐与窑内气体中挥发物的作用；另外，该带还存在磨损问题。

该带与烧成带相邻，温度变化频繁，筒体温度较高，窑皮时挂时脱，窑皮的不稳定性使得窑衬处于热冲击之下，引起砖剥落。因此，要求该带耐火材料应具有抗高温冲击性能，热态抗折强度高，耐侵蚀、磨损。当前，该带常用的耐火材料有硅莫砖和尖晶石砖等。

（5）预热带

从上过渡带末尾到窑尾锥部前约 1m 处，该带主要承受碱性气体和物料的侵蚀、磨蚀，故要求该带的耐火材料具有良好的耐侵蚀性和耐磨蚀性。在其热端部位，已经产生硫酸盐熔体和部分熟料熔体，因而易粘挂不稳定的浮窑皮，甚至结圈，大型窑的这一部位，如砖受侵蚀较快，寿命太短，也可采用尖晶石砖，否则可采用抗剥落高铝砖、硅莫砖以及硅莫红砖；分解带的其余部位，则选用高铝质砖。

(6) 进料带

进料带包括进料带（长约1m）和进料锥部，该处温度在800～1000℃之间，受碱侵蚀和磨损作用，故要求该带的耐火材料具有良好的抗碱和耐磨蚀性。通常，进料带用抗剥落高铝砖、硅莫系列耐火砖，进料锥部用莫来石质浇注料、刚玉莫来石质浇注料并相应锚固。

表5-18为某大型新型干法水泥回转窑窑耐火材料配制方案。

表5-18 大型新型干法水泥回转窑耐火材料配制方案

部位	前窑口		烧成带上过渡带前	上过渡带后	下过渡带	分解带	后窑口
材料	浇注料G17K	高耐磨砖	镁铁砖	优质硅莫砖	优质硅莫砖	硅莫砖	高铝质浇注料
寿命（月）	10	12	约12	约12	10	20	24

2. 不动设备

系统中不动设备如预热器、分解炉、三次风管、窑门罩、篦冷机、燃烧器等，其工作部位的温度虽然比回转窑低，不存在烧结和结块的问题，但仍属于高温范畴，同样受气流中粉尘冲刷和碱性侵蚀作用，因此，耐火材料的配用一方面要有一定的耐火度和具有抗碱、耐磨性；另一方面，因设备安装在操作平台上或支撑在窑尾框架上，因此配置尽可能轻的耐火材料。

(1) 预热器分解炉

预热器与分解炉的温度，从第一级预热器到第五级预热器和分解炉依次为：不高于450℃、650℃、750℃、900℃、1100℃和1100℃，自上而下，温度逐渐升高。在这样的煅烧温度下，煅烧物料基本没有液相出现，基本上不存在结块和烧结。加之系统的热工状态比较稳定，因而预热器和分解炉中的耐火材料的配置无须过高的耐火度，无须太高的强度；由于预热器和分解炉位于整个热气流的尾端，温度变化的频度和幅度较小，因此无须过高的热震稳定性。

另外，在800～1200℃范围内是碱金属氧化物发生冷凝沉积的温度带，因此在碱含量较高的原、燃材料下，预热器耐火材料在受到热侵蚀的同时，也要经受得住碱金属氧化物的化学侵蚀。

针对上述热工环境，各级预热器耐火材料的配置应遵循如下原则：

①预热器和分解炉均为静止设备，设备外壳较大，需选用导热系数低，保温效果好，工作面层具有一定的强度和抗碱侵蚀性的耐火材料，以降低设备外壳温度，达到节能的目的。

②对形状复杂和细管道较多的部分采用浇注料，对直筒和规则部位采用耐碱砖。

③根据各旋风筒温度不同和节约成本，分段设计不同材料。如对一、二级旋风筒综合考虑耐火和保温，可选用黏土质耐碱耐火材料，而三级以下的预热器，则考虑使用温度能达1100℃以上的耐碱材料。

④对五级筒到烟室及分解炉以下部分耐火浇注料表面易结皮，应采用抗结皮浇注料。

(2) 篦式冷却机

冷却机是使出窑高温熟料从1400℃冷却到80℃以下的风冷设备，因此前后温差较大，极易损坏的部位集中在一段前墙和矮墙，同时与窑头接口悬梁部分由于受高温气体冲刷，也容易提早损坏。篦式冷却机壳体及耐火材料均是静止的，因此外层可以采用强度不高，但导热系数很低的保温材料；而内表面由于要承受1300～1450℃的高温熟料接触摩擦带来的热侵蚀和高温磨蚀，所选耐火材料应具有较强的耐磨性能，同时一段冷却机耐火材料还要承受热负荷较高的性能要求。

由于篦冷机有大面积的直墙，因此在采用耐火砖砌筑时，必须考虑采用特型的锚固件，强化耐火砖与壳体的连接，以防止直墙的坍塌。现较多采用耐火浇注料。

（3）窑门罩

窑头罩是回转窑与冷却机连接部分，是入窑风和三次风入口处，风压极为不稳，在整个窑系统中极易产生正压的地方，同时气体温度从800℃到1300℃，温差较大，而且熟料颗粒的冲刷比较强烈，故顶部及入口处易损坏。因此要求耐火材料具有良好的热震稳定性和耐磨性。

（4）燃烧器

由于燃烧器处于窑口与冷却机一段高温气体中，同时煤粉在燃烧器头部附近燃烧，受高温辐射和还原气氛的影响较大，同时煤燃烧时化学成分对其影响较大，因此燃烧器头部板易损坏。因此耐火材料更强调其高耐火度和高耐磨性，以及更高的热震稳定性和抗剥落性能。

燃烧器外保护衬一般采用低水泥型刚玉质耐火浇注料、高铝质耐火浇注料以及钢纤维增强的耐火浇注料等。

（5）三次风管

三次风管是利用窑头富氧高温气体引导至分解炉风管通道，在800～900℃温度气体中含有大量的熟料颗粒，对拐弯处耐火材料的冲刷磨损较严重。因此要考虑该系统的耐碱性和耐磨性，一般直筒部分采用高强耐碱砖加硅酸钙板，而不规则部分采用高耐磨浇注料加硅酸钙板。

表5-19为我国水泥厂对窑头罩、喷煤管与三次风管耐火材料配置情况。

表5-19 我国水泥厂窑头罩、喷煤管与三次风管耐火材料配置

序号	窑头罩	喷煤管	三次风管
1	硅钙板＋低水泥高铝耐火浇注料	刚玉质高强低水泥耐火浇注料	硅钙板＋高强耐碱砖＋高强耐火浇注料
2	硅钙板＋高铝砖＋低水泥高铝耐火浇注料	刚玉质高强低水泥耐火浇注料	硅钙板＋高强耐碱砖＋刚玉质高强耐火浇注料
3	硅钙板＋磷酸盐结合高铝砖＋低水泥高铝耐火浇注料	刚玉质高强低水泥耐火浇注料	硅钙板＋高强耐碱砖＋刚玉质高强耐火浇注料

（二）预分解窑系统耐火材料配置方案

预分解窑系统耐火材料配置时应遵循以下几个原则：

① 耐火材料应满足衬里所在部位的热、机械应力和化学侵蚀的需求；

② 耐火材料使用周期应满足表5-20的要求，宜为大修周期的整数倍；

③ 使用性能得到验证的耐火材料；

④ 应符合环保要求；

⑤ 应考虑运输、储存、施工、生产和经济性。

表 5-20　主要部位耐火材料正常周期

序号	主要部位	正常使用周期
1	燃烧器	≥6 个月
2	出料段	≥8 个月
3	下过渡带	≥10 个月
4	烧成带	≥12 个月
5	上过渡带	≥12 个月
6	分解带	≥36 个月
7	入料段	≥36 个月
8	窑头罩	≥24 个月
9	三次风管直管	≥48 个月
10	三次风管弯头	≥24 个月
11	篦冷机热段	≥24 个月
12	预热器系统	≥60 个月
13	分解炉直筒	≥36 个月
14	分解炉锥体	≥12 个月

根据以上配置原则,《水泥回转窑用耐火材料使用规程》对预分解窑系统用耐火材料的配置建议如表 5-21 所示。

表 5-21　水泥回转窑用耐火材料的配制建议

工艺部位	工作层材料	隔热层材料
预分解系统	耐碱砖、抗剥落高铝砖、硅莫系列耐火砖、耐碱浇注料或喷涂料、抗结皮浇注料或喷涂料	硅酸钙板、陶瓷纤维制品、轻质浇注料、隔热砖
窑门罩	高铝质浇注料或喷涂料、莫来石质浇注料或喷涂料、抗剥落砖、硅莫系列耐火砖	
三次风管	耐碱砖、耐碱浇注料、高耐磨浇注料、复合砖、喷涂料	
冷却机	高铝质浇注料或喷涂料、莫来石质浇注料或喷涂料、高耐磨浇注料	
燃烧器	刚玉质浇注料、刚玉莫来石质浇注料、刚玉碳化硅质浇注料、红柱石质浇注料	—
出料段	刚玉质浇注料、刚玉莫来石质浇注料、刚玉碳化硅质浇注料、红柱石质浇注料、硅莫系列耐火砖	
过渡带（窑头端）	镁铁尖晶石砖、镁铁铝尖晶石砖、镁铝铁尖晶石砖、镁铝尖晶石砖、硅莫系列耐火砖	
下过渡带	镁铁尖晶石砖、镁铁铝尖晶石砖、镁铝铁尖晶石砖、镁铝尖晶石砖	
烧成带	镁铁尖晶石砖、镁铁铝尖晶石砖、镁铝铁尖晶石砖、烧成带用镁铝尖晶石砖、白云石砖、镁白云石砖、镁钙锆砖	
上过渡带（热端）	镁铁尖晶石砖、镁铁铝尖晶石砖、镁铝铁尖晶石砖、镁铝尖晶石砖	
上过渡带（冷端）	镁铁尖晶石砖、镁铁铝尖晶石砖、镁铝铁尖晶石砖、镁铝尖晶石砖、硅莫系列耐火砖	
分解带	抗剥落高铝砖、硅莫系列耐火砖、耐碱砖	
入料端	莫来石质浇注料、刚玉莫来石质浇注料、抗剥落高铝砖、硅莫系列耐火砖	

注：配置材料满足不了生产过程中所出现的应力需求，可作调整。

五、预分解窑用耐火材料的砌筑

（一）砌筑前的准备工作

1. 现场环境要求与控制

应采取防止耐火材料暴晒和雨淋的措施，并应有良好的通风和照明条件，易于耐火材料存放。施工场地清洁、排水畅通，不应有杂物。施工用水应符合 GB 5749《生活饮用水卫生标准》的要求，水温 15～30℃为宜，储水装置应清洁无污染。

衬里施工适宜的作业环境温度在 5～35℃。温度高于 35℃时，应采取夏期措施，温度低于 5℃时，可选择采取以下措施：用 40℃左右的热水搅拌耐火浇注料（在保证耐火材料初凝正常的情况下调整热水的温度）；添加促凝剂控制初凝时间；并利用高功率的电灯或类似的热源在耐火材料初凝阶段维持其温度。直到耐火材料已经硬化（至少要求 24h），才可允许降低温度。

2. 施工前检查

（1）耐火砖的外观质量检查

耐火砖（包括直接结合镁铬砖、镁铝尖晶石砖和抗剥落高铝砖）的存放有效期为 1 年，严禁过期的耐火砖进入施工现场。而运至施工现场的耐火砖在进行砌筑前，应先从以下几方面检查砖的外观质量：

① 尺寸公差检查。砖的长度方向最大公差为±2mm，高度方向最大公差为±4mm。

② 缺边情况。允许砖的大头和小头边长损坏总计不超过 40mm，但边长损坏的深度总计不超过 20mm。

③ 缺角情况。砖的大头和小头，只允许有一处角损，允许砖角损处 3 条棱的角损长度之和不超过 60mm。

④ 裂纹情况。砖面允许有发丝状的微细裂纹，但不允许有平行于磨损面（耐火砖的小头端面）的裂纹，严格地讲，若发现砖的外部有裂纹，都要拒绝使用。

⑤ 凹坑和鼓包情况。砖面允许有最大直径为 10mm 的凹坑和最大直径为 0.5mm 的鼓包。

⑥ 受潮情况。耐火砖在运输、保管储存、搬运过程中因操作不当所引起的局部受潮或整块砖受潮，应拒绝使用。

（2）预分解窑系统的全面检查

砌筑前要消除回转窑筒体内壁的积灰和渣屑，对窑体做全面检查，要特别注意筒体上凸起的地方，还要检查筒体上的铆钉是否活动，如活动要及时处理。

砖衬砌筑前应对窑壳体进行全面检查，并打扫干净。在砌砖部位，要注意检查窑筒体表面是否有凹陷或凸出现象，因为窑筒体表面不平整，会影响到砖与砖之间的紧密度，粉料或者蒸汽很容易进入到砖缝中造成侵蚀。

（二）预分解窑用耐火材料的施工

1. 预分解系统

预热器中的砌筑主要分成三部分进行，即直筒、顶盖及下料管。预热器中的耐火材料的工作温度及负荷比窑内要低一些，一般很少损坏。在建预热器的时候就可以进行耐火砖砌筑，砖是由下向上砌，在旋风筒的外壁上都留有一些孔，供砌砖时搭架用。

（1）直筒

旋风筒锥体面与直筒部分采用的是两层衬里结构。旋风筒底部锥体部位可用耐火砖，也可采用浇注料来砌筑。锥体施工应分段进行，斜度要准确，为防止旋风筒底部堵塞，衬里表面要平滑。对于旋风筒柱状上部通常采用的是弧形的定型砖来进行砌筑。

（2）预热器和分解炉的顶盖

预热器和分解炉顶盖衬里结构主要有隔热层加耐火浇注料、耐火砖、耐火砖和耐火浇注料复合衬里三种。

1）耐火浇注料顶盖

在顶部预留浇注料施工用孔和排气孔，下部支模。由上部加料并插入振动棒振动密实。施工时应注意以下几点：

① 振动棒应从开孔处沿不同方向快插慢拔进行振捣，振动间距不宜过大，应振捣均匀、密实，应尽量避免振动棒接触硅钙板。

② 浇注料顶盖和所在壳体的衬墙间留设膨胀缝，建议用木质三合板预留膨胀缝，三合板应用底部的模板夹紧、固定，预留膨胀缝的深度为浇注料的施工厚度减 50mm，两道膨胀缝的间距建议为 1～1.5m。

2）耐火砖顶盖

在旋风筒顶盖采用"工"字形吊砖，吊砖用的吊架必须平整，间距偏差≤1mm，相邻吊架的间距必须平直，与砖面相接触处的尺寸偏差≤1mm。

吊顶与吊架必须配合良好，并应在两者的接触面上留设适当空隙。相邻两排吊砖的间隙应≤1.5mm。

3）耐火砖和耐火浇注料复合顶盖

悬挂在简单的 T 型梁上，吊顶的顶部敞开以便施工中可以从顶上将浇注料充填空间，并随后砌入块状隔热材料。

（3）预热器和分解炉的下料管及阀板

下料管内可设单层衬里，但大型预热器的下料管内应增设隔热层衬里。衬里工作层表面必须光滑，以免滞料。

2. 回转窑

回转窑是水泥厂中带耐火衬料运转的设备之一，是唯一的热负荷最大的运转设备，尤其是新型干法窑，窑的转数常达 180～200r/h 甚至达到 240r/h，窑衬承受着较大的热负荷、机械负荷和化学侵蚀，因此窑衬砌筑质量的好坏极其重要。

（1）砌筑前的放线工作

回转窑耐火砖砌筑前应做好窑内放线工作，严禁不放线施工。回转窑轴向基准线要沿圆周长每 1.5m 放一条，每条线都要与窑的轴向中心线平行。回转窑环向基准线每 10m 放一条，施工控制线交错砌筑时，每 5m 放一条，环砌时，每 1m 放一条，闭合的环向线所成平面要相互平行，且垂直于回转窑轴线。这些定位线将是砌筑过程中常规检验的标准。多次检验，并及时调整和纠偏，将有效地防止砌筑过程中累积较大偏差。回转窑轴线的放线，应由专业测量人员实施，使用认可的测量仪器进行测量放线。

（2）回转窑砌筑方法

窑内砌筑方法按支撑方式不同，分为两大类：一类是转动窑体的砌筑法，包括支撑法、

U型钢件和螺栓法、胶结法；一类是不转动窑体的砌筑法，包括木规法、螺棒顶砖法、拱架法（砌砖机法）。现行常用的方法是支撑法和拱架法（砌砖机法），应根据窑径大小和施工条件分别采用。

1）支撑法

支撑法是在回转窑内最古老也可能是最广为人知的砌砖方法。使用顶杆可将砖衬压至紧贴窑体，以防止在转窑过程中发生掉砖。这种方法适用于直径≤4m的窑。对于大窑来讲，由于顶杠较长而过于沉重，而且容易压弯造成危险，任何时候采用这种砌筑技术都需要在顶杠脚与砖之间嵌入木板或垫板。钢脚不能直接接触于砖上，反之可能造成顶杠滑动或使耐火砖遭到破坏。砌筑时从窑圆周的下半部分开始砌砖，砌砖方向与窑回转方向相反。顶杠之间距离取决于窑径的大小，如对于ø4.0m窑，可沿轴向0.8～1.0m间距设置。

支撑法的操作程序如图5-6所示，主要分五步进行：

第一步：先砌窑筒的下半侧。一个砌筑段的最大长度为5m。用所需的任一砌筑方法都可以，即洁净法或火泥砌法或钢板砌法。然后将厚80～140mm的长方形垫木顶在沿窑轴两侧的砖衬上，用窑撑顶紧垫木，固定住砖衬。相邻窑撑的间距不大于800mm。

第二步：窑撑紧好后转动窑筒，直至整组窑撑在窑内处于垂直位置上。

第三步：继续砌砖到窑筒中心的高度，支好第二组窑撑，其间距可以较大一些。

第四步：再转动窑筒至第二组窑撑到垂直位置为止，再砌砖到窑筒中心的高度。

第五步：转动窑筒使锁砖带位于7～8点钟位置内进行锁缝。

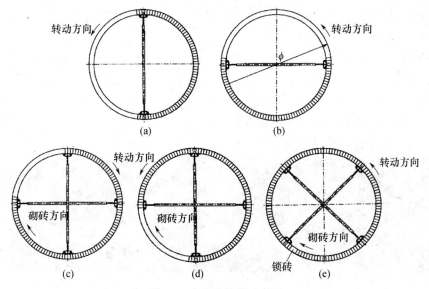

图5-6 支撑法操作示意图

支撑法的优点是：①支撑和砌砖工具的投资低；②窑检修中能够转动；③在砌砖工艺角度上砌砖总是在最佳位置上进行，即在6到9点钟的区域内，可以取得优良的窑衬质量。

但支撑法每次砌筑段的最大长度只有5m，且在砌筑过程中需几次转动窑体，对行程和线路要作必要调整。

2）拱架法

拱架法是窑筒体下半圈利用人工砌，上半圈利用砌砖机进行固定，砌砖机在窑内移动非常方便，砌砖过程中不需要转窑，在窑截面的任何一个地方都可以砌砖。砌筑速度快，质量好。砌筑长度不限，在整套窑衬砌筑过程中不需转窑，适于直径≥4m的窑，国内大型窑上目前大都采用这一方法。

砌砖机由两部分组成，一部分是操作平台，操作平台是由钢管焊接而成，平面上铺有木板。平台由四个滚轮支撑，下面留有空间，供铲斗车与行人通过。整个操作平台可用人力在窑内推动，不需要搬运。另一部分是架在平台上的撑砖圈，呈半圆状，在它的下部有导轨与操作平台相连，撑砖圈与操作平台间也可以相对移动。

撑砖圈上部共有两排垫子，全部采用气动，前面一排用于砌上半圈砖（除顶部外），撑砖圈的顶部设有垫子，各垫子均有其各自的控制阀。每砌完一块砖，便可以用气垫将砖顶好。全部砌完以后（顶部的一部分没有砌），在未砌砖的空位中加一个气动的夹紧器将砖夹紧，然后松开第一排气垫（砖在夹紧器的压力下不会掉落），推动撑砖圈在导轨上向前移动，将第二排气垫停到第一排气垫的位置，把气垫顶起，将砖顶好。第二排气垫只有一个开关进行控制，然后松开气动夹紧器，进行收尾砖的作业。

采用拱架法砌砖，可以将砌砖作业分成下半圈和上半圈两个操作面。运砖的小车可在砌砖机底部通过运送窑砖，也可以将铲斗举起，把砖放到操作平台上，运砖非常方便。上下两个操作面可以同时进行工作，操作空间互不影响，有利于效率的提高。新砌一圈砖时，下半圈每圈砖砌到窑径的一半高度就结束。大约砌17圈左右，窑头有一定的空间，此时可以使用砌砖机在上半圈进行操作。

砌砖工作最费时的就是收尾砖，不管是每圈砖的收尾还是最后一块砖的收尾。每圈砖收尾时，要根据实际的情形选择收尾砖，但一定要保证耐火砖底部与窑筒体贴紧，前部、底部不可留有缝隙，砖彼此之间要整面贴紧。

如果是每圈的砖收尾，收尾砖可以从边部放入，如果是最后一块砖收尾，耐火砖只有从下部进入到砖缝中。首先将砖的下端尺寸量好，假设有5块砖要砌，要使4块砖的小端与另一块砖的大尺寸之和等于或小于下端尺寸，这样，最后一块砖才能放进去。然后在砖缝间打入1~2块厚2mm左右的铁板，使砖接触更加紧密。

拱架法的具体操作示意图如图5-7所示。

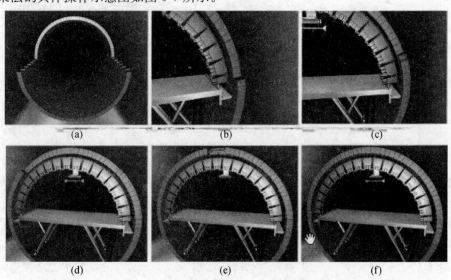

图 5-7　拱架法操作示意图（雷法公司）
(a) 180°底皮；(b) 砌砖机安装；(c) 砌两侧肩部；(d) 撑压豁口；(e) 锁口；(f) 下一环

3. 回转窑前后窑口

目前，新型干法窑的前后窑口通常使用耐火浇注料，在浇注料中间需设有锚固件使浇注料更稳固。为防止锚固件受热膨胀而将浇注料胀裂，锚固件焊好后应在其上涂一层厚 2mm 的沥青漆（或石蜡），再在锚固件的热端缠上一层厚 2mm 的黑胶布，作为膨胀空间。

在浇注料施工之前要将窑口筒体表面打扫干净，并按图纸设计的要求分段焊接锚固件。浇注时，在窑体上圆弧上按 600～1200mm 长划分，分段施工。施工方法有封闭模板施工方法和敞开模板施工方法。

封闭模板施工要求：

（1）从 7 点钟方向开始支撑，边模宜采用钢模，挡模和盖模宜采用木模。

（2）每次支撑高度不宜超过 400mm。

（3）膨胀缝宜采用三合板，并垂直于壳体。

（4）当施工接近一半时，宜停顿 2～4h，待材料硬化，再继续施工。

敞开模板施工要求：

（1）从 6 点钟位置支模浇注，边模宜采用钢模，挡模宜采用木模。

（2）支模长度宜为 1～2 块护铁长度。

（3）浇注料应满足快速硬化施工要求。

（4）一模浇注完成后，待材料硬化，转窑，砌筑部位中心线仍在 6 点钟位置继续施工。

4. 燃烧器

燃烧器耐火浇注料的砌筑过程如下：

（1）锚固件的制作

燃烧器部位用锚固钉推荐使用的材质为 Cr25Ni20，使用 THA402 电焊条进行焊接。

（2）锚固件的热膨胀处理

锚固件焊接牢固后，应在锚固件和燃烧器筒体表面均匀地涂刷一层 2mm 厚的沥青漆（风干后方可进行下一步施工），现场不具备条件的，可以在锚固件上缠一层胶布。

（3）模板的制作

模板建议使用不低于 3mm 厚的铁板制成，其直径大小由燃烧器的直径和衬里的施工厚度来确定；模板应由上下两部分组成，中间用螺栓进行固定和连接。在支设模板以前，模板表面应光滑。

（4）耐火材料的浇注施工

施工方法有立式施工方法和卧式施工方法。

立式施工要求：

① 应确保燃烧器垂直并固定牢固，四周搭设脚手架和防护网；

② 施工由下向上依次进行，模板高度不宜超过 1m；

③ 环向膨胀缝应在模板交界处用陶瓷纤维制品留置；

④ 距头部 1m 以内部位应设置不少于 2 道轴向膨胀缝。

卧式施工要求：

① 上下分开浇注，先浇注下半模；

② 下模浇注完成后应留设膨胀缝，支设上模板，从浇注孔进行浇注；

③ 距头部 1m 以内部位应设置不少于 2 道轴向膨胀缝，宜采用陶瓷纤维制品；

④ 环向膨胀缝宜采用三合板。

（5）脱模

正常的带模时间不低于 48h，冬期施工温度较低时，养护时间要适当延长。冬期施工时，可以使用火炉对燃烧器进行烘烤。

5. 窑门罩

由于窑头罩是静止设备，因此可以采用耐火材料和保温材料分别承担耐火和隔热两种功能。窑头罩耐火层可以采用耐火砖砌筑，也可采用耐火浇筑料。

砌筑前应认真检查测温和测压管是否敷设并采取了防堵措施；高温摄像机和其他观察孔位置是否已设定，是否已经预埋模芯。壳体应认真清扫和除锈。先将硅钙板粘贴在壳体上，然后进入砌筑。

（1）窑头罩拱顶的砌筑

窑头罩拱顶与窑门罩前门墙均须架起拱台架，依托拱台架进行砌筑。砌筑时应先砌直墙和拱角砖，砌好后架起拱台架。对于弓形拱（小于半圆）拱角砖应在水平方向上有可靠的定位，以防止出现拱角砖向外侧位移而造成弓形拱的坍塌。砌前门拱时，应自两边开始向中间砌。拱圈锁紧时，与窑筒体锁紧砖的砌筑方法类似。拱台架的宽度可为拱砖宽的 1～2 倍，待砌好一排拱时将拱台架移到下一位置，再砌下一排，以此类推。

窑头罩上部有预留孔的，最后一圈拱圈应设置在其下部，封顶砖可通过预留孔从上至下牢牢嵌入。然后用硅盖板将预留孔严密封塞。最后一排拱圈，如果架起拱台架无法砌砖，可一边砌砖一边作支架。设备上有安装仪表需要的预留孔时，要先对耐火砖加工处理后再砌筑。或将此位置空开，用浇筑料封堵。

（2）大面积直墙的砌筑

对于直墙要布置足够的锚固砖。锚固材料应使用不低于 Cr20Ni15 牌号的耐热钢。锚固作业结束后，应用陶瓷耐火纤维将锚固件孔塞实。应在直墙接缝处设置 ⌐ 型膨胀缝。长度超过 2m 的直墙，还应在中间适当位置也设置膨胀缝。

膨胀缝的设置应注意结合托砖板的位置来设置。托砖板的缝隙应使用陶瓷耐火纤维塞紧。

如果采用耐火浇注料进行窑头罩的砌筑，应特别注意膨胀缝的预留，或在砌筑作业完成后，采用切割机在适当位置切割出一定宽度的膨胀缝，其深度应基本割穿浇注料。

（3）窑头罩与篦冷机之间的补偿

窑头罩和篦式冷却机往往由两个生产厂家生产，中间连接的是错开一定水平距离的下料溜子，通常作为非标件处理。

这个非标件应有效补偿设备金属外壳的膨胀。通常的做法是，设置一个膨胀节或预留膨胀缝，在进行耐火材料砌筑时，留出适当宽度的膨胀缝，并使用陶瓷耐火纤维塞紧。

6. 三次风管

三次风管的砌筑较为简单，在粘贴完硅钙板后，直管按耐火砖砌筑的要求进行，风管拐弯处多以耐火浇注料砌筑。

具体施工过程如下：

（1）画线。按照三次风管的纵向中线，在三次风管内至少画出几条平行于三次风管的纵向中心线，以及 4m 一段的横向（环向）线，以便控制砌砖的质量。

（2）隔热层的铺砌。硅酸钙板在平面部分，可用大块直接铺砌，圆弧面需切割成小条进行镶砌。在硅酸钙板与壳体间可使用 2～3mm 的硅酸钙板的粘结胶泥。当工作层为耐火浇注料时，为防止硅酸钙板吸水，导致浇注料水分不充分，影响强度，应在硅酸钙板与浇注料交接处，涂防水材料如沥青等。硅酸钙板是脆性材料，极易损坏，必须小心轻放，在切割时，可使用钢锯、木锯等工具。工人在施工过程中不能损坏硅酸钙板，应保持其完整形态。

（3）耐火砖的砌筑。三次风管耐火砖宜用拱架法砌筑，施工顺序为从窑头至窑尾施工。在硅酸钙板衬砌一段后，可以在下半圆弧壁开始砌筑耐火砖。三次风管每段的第一列砖从三次风管下半部开始，准确地按画在风管壳体上的纵向直线和以三次风管为导面进行砌筑，直至砌好下半部分。

三次风管下半圆弧砖砌筑好之后，开始进行周圈砌筑并锁口。首先安装好拱台架模具，两端紧固在砖壁之上，使其用木楔尖塞紧、稳定牢固。砌筑时，自两边开始向中间砌，当耐火砖剩有 6～7 列砖时，即对锁口进行组合排列，窑衬在最后 2～3 列外锁口，锁口处的 2～3 列要同时砌筑，锁砖面侧面打入，每段最后一块砖不能从侧面加入时，要用加工砖，封顶砖要牢牢嵌入，使其接缝尽量窄，封顶砖不能用加工砖，加工砖要离封顶 3～4 块的距离；最后在周围的几块砖缝内打入铁板，使其牢固。

最后一排砖砌筑时不用拱台架，可以一边砌筑一边作支撑，不断地用支撑件顶住不致使砖掉下来。

（4）浇注料的施工。按图纸和设计说明选择正确的耐火材料，运到施工地点，按照要求加入适量的水，水的用量要严格控制，按照耐火材料的施工要求，再结合现场实际情况，跟发包人、供货厂家、监理、施工质检员一道确定加水量的比例，并在施工中要严格控制，以免影响砌筑质量。

① 浇注前要将浇注的壳体事先清扫干净。

② 图纸要求焊锚固件，擦拭掉锚固件上的铁锈并涂上 2mm 厚的沥青漆。

③ 备好模板。

④ 浇注边用振动器捣固，力求密实。

⑤ 浇注好的部位，至少养护 48h 才能拆模。

复习思考题

1. 预分解窑系统常用的耐火材料有哪些？它们的主要性能如何？

2. 什么是碱性耐火砖？预分解窑常用的品种有哪些？

3. 什么是铝硅质耐火砖？预分解窑常用的品种有哪些？

4. 回转窑各带如何选用合理的耐火材料？

5. 简述回转窑筒体窑衬的砌筑方法？

项目六 水泥熟料煅烧的节能与环保

内容简介：本项目主要介绍水泥生产线纯低温余热发电系统与水泥窑协同处置危险废物和城市生活垃圾。20世纪80年代水泥生产发展新型干法窑为主，由于水泥窑增加了预热器及分解炉，窑尾烟气温度大幅度降低，对余热发电系统提出了一个难题，1995年带补燃锅炉余热发电系统在山东投入生产，1997年从国外引进全套的纯中低温余热发电系统，我国进入了纯低温余热发电系统时代；将垃圾处理和水泥熟料烧成两个独立系统进行有机融合和无缝对接，创建一种新的垃圾处理方式。通过工程设计、工艺优化、系统集成等方法，解决了垃圾气化后的低温废气及灰分对水泥熟料烧成系统的影响，实现了利用水泥窑安全、稳定、无害化处理生活垃圾的目标。

学习目标：通过本项目学习，了解国内外水泥窑余热发电技术现状、明确我国在该方面的成熟技术及参数等；明确水泥回转窑协同处置工业废弃物和生活垃圾技术及参数等。

任务1 水泥窑纯低温余热发电的应用

任务简介：本任务主要介绍了我国水泥窑纯低温余热发电系统流程、参数、技术应用等。

知识目标：掌握我国水泥窑余热发电成熟技术；熟悉其工艺流程；了解国内外水泥窑余热发电技术现状。

能力目标：具备水泥窑纯低温余热发电操作能力；能看懂水泥窑纯低温余热发电流程工艺图。

能源和环保是制约水泥工业发展的突出问题，因此节能与环保已经成为新型干法水泥企业新的重大课题。水泥窑余热发电技术是节能和环保的有效途径之一，它既可以提高能源综合利用率，又可以降低水泥生产成本，保护环境。

一、余热发电的发展历程

我国水泥窑余热发电技术的发展从第一个五年计划开始起步，经过了半个多世纪的发展，水泥窑余热发电技术的研究、开发、推广、应用工作主要经历了四个阶段。

（1）第一阶段，即1953~1989年。这三十多年主要是开展了中空窑高温余热发电技术及装备的开发、推广、应用工作。在这期间形成了不同主蒸汽参数、余热锅炉形式、装机容量的高温余热发电系统，为我国水泥窑中低温余热发电技术及装备的研究开发奠定可靠基础。

（2）第二阶段，即"八五"期间，国家安排了水泥行业科技攻关课题。其一是"带补燃锅炉的中低温余热发电技术及装备的研究开发"，该课题在1996年完成了攻关工作，为我国开发水泥窑纯低温余热发电技术及装备工作积累了丰富的经验。其二是"水泥窑纯低温余热发电工艺及装备技术的研究开发"。

世界上单纯以余热利用为目的的预分解窑低温余热发电在20世纪80年代初有了较大发展，这对水泥企业资源综合利用，提高经济效应具有重大意义。

（3）第三阶段，即 1997～2005 年，是推广、改进"带补燃锅炉的水泥窑中低温余热发电技术"和"水泥窑纯低温余热发电技术"的关键时期。

（4）第四阶段，2005 年以后，各地 5000t/d 水泥生产线的建设速度非常快，大规模水泥厂的建设也推动了中低温纯余热发电技术的开发和应用。

二、我国水泥窑余热发电技术现状

节能降耗是水泥工业持续发展的需要，在降低烧成热耗和水泥综合电耗的同时，人们已将干法回转窑废气中高温余热（高温≥650℃，中温 350～650℃，低温≤350℃）利用于余热发电、原燃料烘干等。利用水泥烧成系统进行发电，不需要燃煤，不会增加粉尘等排放，是一种重要的节能减排的工艺环节。

（一）国外技术

国际水泥工业余热发电技术最先进的是德国和日本。20 世纪 60 年代末期，水泥生产线纯低温余热发电技术开始研制，20 世纪 80 年代初期，无论是热力系统还是装备都已进入实用阶段，技术较为成熟。以日本川崎的纯低温余热发电闪蒸技术为例，5000t/d 水泥生产线装机容量已经发展到 9MW，吨熟料发电量达到 36～38kW·h/t，该技术不但在日本二十几条预分解窑水泥生产线上得到应用，而且出口到我国台湾、韩国等一些国家和地区。我国的海螺集团建成多条水泥生产线余热电站，前期项目的发电量在 7MW，后期投产的项目也达到 9MW。

（二）国内技术

20 世纪 90 年代，我国才开始进行干法水泥生产线低温余热发电技术的研究。2004 年以前，主要以补燃电站为主；2004 年以后，真正意义上的纯低温余热发电技术研究、开发才正式开始。由于国家在产业政策上积极支持、鼓励实现纯低温余热发电技术、设备的国产化，国内纯低温余热发电技术也得以迅速发展。

进入 21 世纪以来，我国的预分解窑技术得到了长足的发展，尤其是装备的国产化和大型化趋于完善，加工工艺和加工能力得到迅速提升，国产 5000t/d 规模水泥厂的综合技术经济指标优化了许多，使得建厂的经济效益十分看好，加上国家的有关建材行业产业导向，因此，近几年来，国家相关产业政策规定了水泥生产线与中低温纯余热发电系统必须同时建设。

推广建设中低温纯余热发电系统从能源利用方面看，随着能源价格的提高，能源的消耗在产品成本中的比率较大，节能降耗已成为企业技术创新的首要目的，水泥窑的纯余热发电可在新型干法窑上满足工艺自身的原、燃料烘干后，再回收 30～40kW·h/t 的电力，可进一步降低熟料的成本，提高企业的经济效益。另外，随着水泥生产规模的加大，纯余热发电的投资效益也越来越明显。

从保护环境的角度来看，中低温纯余热发电项目的投资建设可减少温室气体的排放。回收 1kW·h 电力相当于减排 1.055kg 的二氧化碳，以吨熟料计相当于每生产 1t 熟料向大气少排放 24～37kg 的二氧化碳，有助于缓解大气的温室效应，对环境保护将起到非常积极的作用。

在国内，经过最近十多年的开发、研究和大量实际工程投产运行，对于水泥窑余热发电来讲，纯低温余热发电技术无论是热力循环系统还是国产化设备都已相当成熟可靠。水泥窑纯低温余热发电完全符合国家的相关产业政策，是 21 世纪的新技术产业。

截止到 2013 年年底，我国已投产的预分解窑生产线达 1714 条，熟料年设计能力达到 17 亿 t，采用纯低温余热发电技术的预分解窑生产线已超过 1000 条，可见纯低温余热发电技术已在我国水泥行业得到广泛应用，并取得了特别显著的经济效益、社会效益和环境效益。

（三）纯低温余热发电系统的优点

纯低温余热发电系统的优点：（1）技术成熟；（2）环保效果好；（3）系统投资较低；（4）操作运行、管理简单。

与带补燃锅炉系统相比，虽然其单位水泥熟料的发电量低，发电量只够满足水泥生产用电量 20%～25%，且发电与水泥生产运转紧密相连，但具有投资省、生产过程中不增加粉尘等废弃物排放的优点，具有经济效益、社会效益和良好的应用前景，符合我国的产业政策，是当前节能和环保要求下的必然趋势与产物，也是我国水泥工业实现可持续发展的一项重要举措。

（四）余热电站介绍

1. 余热电站概况

采用纯低温余热发电技术，将排放到大气中占熟料烧成系统热耗 30% 的废气余热进行回收，通过余热锅炉、低参数汽轮机等热能利用设备，可将热能转化为电能（即利用出水泥窑预热器和篦冷机中部的 350℃ 左右的烟气余热产生饱和蒸汽和过热蒸汽，过热蒸汽推动汽轮机做功发电）。

可利用的余热条件如下：

（1）5000t/d 水泥生产线窑头熟料篦冷机中部取风余热 230000m³/h（标况），温度为 380～980℃，具有约 8639×10^4 kJ/h 的热量。

（2）5000t/d 水泥生产线窑尾预热器废气余热量为 345000m³/h（标况），温度为 300～330℃，具有 6603×10^4 kJ/h 的热量。

2. 余热电站的效益

利用水泥生产过程中的余热建设电站后，电站的产品——电力将回收用于水泥生产，大约减少熟料生产过程 50% 的购电量。

这套系统在回收水泥生产过程中产生的大量余热的同时，又减少了水泥厂对环境的热污染以及粉尘污染，窑头锅炉沉降的粉尘回收到熟料系统，窑尾余热锅炉沉降的粉尘通过输送设备回到生料系统。

水泥生产线通过增设纯低温余热电站后，只计算节省电费一项，一般吨熟料成本可降低 13 元左右。一套 9MW 的余热发电系统，减少锅炉排污量及粉尘排放量约 14t/h，这将给企业带来巨大的经济效益。

在当前电价、煤价持高不下的情况下，余热发电的补充不仅满足国家的节能减排要求，也是水泥企业降低成本的有效途径。

以常山南方某企业为例：2×5000t/d 水泥生产线，外加两套水泥粉磨，总用电负荷大约在 4.4 万 kW 左右，而余热发电发电量能达到 1.8 万 kW，实际网购电量 2.6 万 kW 左右。一条 9MW 余热发电年供电量 58350 万 kW·h 相当于节约标煤 2.04 万 t。

3. 余热电站主要参数

余热发电的主机设备包括窑头（AQC）和窑尾（SP）的余热锅炉各一套，汽轮机、发电机、水处理设备、循环冷却设备和 DCS 控制设备各一套。

利用窑头窑尾的废气温度，进行纯低温余热发电，烟气自上而下通过过热器、蒸发器、省煤器，省煤器出口分别供给 AQC 锅炉蒸发器和 SP 锅炉蒸发器。

主蒸汽额定蒸汽压力：1.27MPa；

主蒸汽额定蒸汽温度：320～330℃；

进汽压力：1.15MPa；

进汽温度：290℃。

4. 水泥厂余热发电技术的发展

早期余热电站 1998 年在海螺集团宁国水泥厂和冀东水泥厂投产，那时的余热电站在水泥行业中所占比重不大。

2005 年以后，余热电站在水泥行业遍地开花。到目前为止，基本上达到有水泥生产线，必配套余热发电机组。

早期的水泥行业，设计院对发电机组配置比较保守，2500t/d 生产线配 3000kW 机组，5000t/d 生产线配 6000kW 机组，吨熟料发电量可以达到 28kW·h/t。

随着余热发电机组不断成熟，目前配置：2500t/d 生产线配 4500kW 机组，5000t/d 生产线配 9000kW 机组。吨熟料发电量可以达到 38kW·h/t。

三、中低温余热发电系统流程

中低温余热发电系统流程如图 6-1 所示。

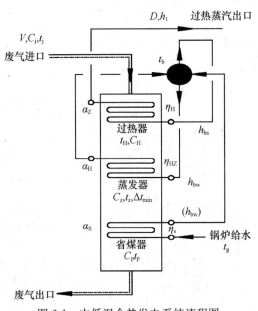

图 6-1　中低温余热发电系统流程图

（一）目前水泥行业已经推广应用的几种纯低温余热发电技术

以蒸汽参数来分，基本上有两类：一类为 0.69～1.27MPa—280～340℃的低压低温系统；一类为 1.57～2.47MPa—325～400℃的次中压中温系统。

1. 对于 0.69～1.27MPa—280～340℃的低压低温系统，其热力系统构成有如下三种模式：

（1）单压不补汽式纯余热发电技术（图6-2）

在水泥窑窑头熟料篦冷机中部设一个抽取篦冷机废气的取气口，抽取350℃左右的废气，通过设置AQC炉，生产0.8～1.6MPa、温度接近320℃的蒸汽；窑尾设置SP余热锅炉，产生0.8～1.6MPa、温度接近320℃的蒸汽，两股蒸汽合在一起，进入汽轮机做功，拖动发电机发电。该系统AQC炉排气温度在150℃左右，水泥生产线废气余热没有被充分利用，发电量较低。

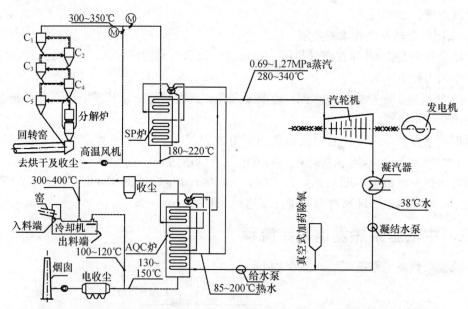

图6-2　单压不补汽式纯余热发电热力循环系统、循环参数及废气取热方式

（2）复合闪蒸补汽纯余热发电技术（图6-3）

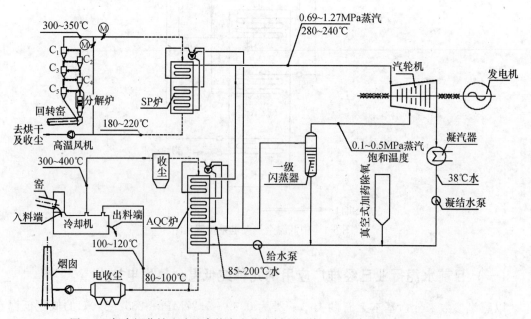

图6-3　复合闪蒸补汽式纯余热发电热力循环系统、循环参数及废气取热方式

利用水泥窑窑尾预热器排出的300~350℃废气余热，设置窑尾预热器余热锅炉（简称SP炉），SP炉生产0.8~1.6MPa温度为280~320℃的蒸汽；在水泥窑窑头熟料篦冷机中部设一个抽取篦冷机废气的抽气口，抽取废气，通过设置AQC炉，生产0.8~1.6MPa、温度接近320℃的蒸汽，同时生产高压饱和水，饱和水进入闪蒸器，通过闪蒸产生饱和蒸汽。过热蒸汽和饱和蒸汽从不同部位进入汽轮机做功发电。此种技术发电量较高，但系统复杂，厂用电耗量大。

（3）多压补汽式纯余热发电技术（图6-4）

将AQC炉、SP炉生产的0.8~1.6MPa过热蒸汽及AQC炉生产的0.1~0.5MPa低压过热蒸汽分别通过不同部位进入汽轮机做功发电。此种技术发电量较高，系统简单，厂用电耗量小，是效率最高的余热发电系统。

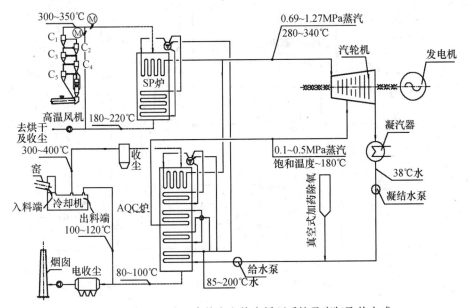

图6-4　多压补汽式纯余热发电热力循环系统及废气取热方式

利用水泥窑窑尾预热器排出的350℃以下废气设置一台窑尾预热器余热锅炉（简称SP锅炉），如图6-5所示；利用水泥窑窑头熟料冷却机排出400℃以下废气设置一台熟料冷却机废气余热锅炉（简称AQC炉），如图6-6所示。两台锅炉设置一台蒸汽轮机，发电系统主蒸汽参数为0.69~1.27MPa—280~340℃。

图6-5　窑尾采用SP余热锅炉

图6-6　窑头采用AQC余热锅炉

上述三种技术没有本质的区别，共同的特点：都是利用在窑头熟料篦冷机中部增设抽废气口或直接利用冷却机尾部废气出口的 400℃ 以下废气及窑尾预热器排出的 300～350℃ 的废气余热；最重要的特点是采用 0.69～1.27MPa—280～340℃ 低压低温主蒸汽。区别仅在于：窑头熟料冷却机在生产 0.69～1.27MPa—280～340℃ 低压低温蒸汽的同时或同时再生产 0.1～0.5MPa—饱和～160℃ 低压低温蒸汽，或同时再生产 85～200℃ 的热水；汽轮机采用补汽式或不补汽式汽轮机。

2. 对于 1.57～2.47MPa—325～400℃ 的次中压中温系统，其热力系统构成有如图 6-7 所示的模式：

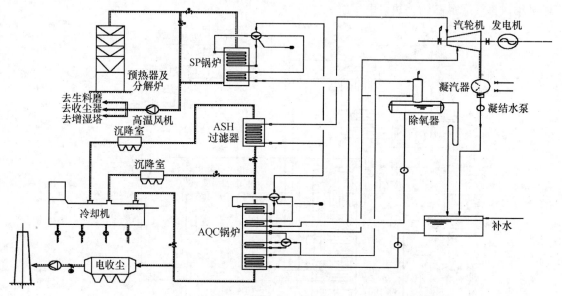

图 6-7　1.57～2.47MPa—325～400℃ 的次中压中温系统热力系统

利用水泥窑窑尾预热器排出的 350℃ 以下废气设置一台窑尾预热器余热锅炉（简称 SP 锅炉）；利用熟料冷却机排出的 400℃ 以下废气设置一台熟料冷却机废气余热锅炉（简称 AQC 炉），或者通过改变窑头熟料冷却机废气排放方式，利用熟料冷却机排出的部分 360℃ 以下废气设置一台 AQC 余热锅炉，利用熟料冷却机排出的部分 500℃ 以下废气设置一台熟料冷却机废气余热过热器；将 AQC 炉排出的废气部分或全部返回冷却机，窑头熟料冷却机冷却风采用循环风方式；利用两台锅炉或者增设的余热过热器设置补汽式蒸汽轮机，发电系统主蒸汽参数为 1.57～3.43MPa—340～435℃、补汽参数为 0～0.15MPa—饱和～160℃。

（二）应用水泥窑纯低温余热发电技术应遵循的基本原则

不影响水泥生产、不增加水泥熟料热耗及电耗、不改变水泥生产用原燃料的烘干热源、不改变水泥生产的工艺流程及设备是应用水泥窑纯低温余热发电技术应遵循的基本原则。

1. 对水泥生产影响的控制

水泥窑配套建设余热电站，原则上要求不影响水泥生产，但由于在一条完整的熟料生产线窑头、窑尾各串接相应的余热锅炉，因此，余热电站对水泥生产不产生任何影响是不可能的。根据已投产的余热电站实际生产运行情况，对于遵循上述原则配套建设的余热电站，投入运行后对水泥生产的影响主要集中在如下几个方面：

（1）窑尾高温风机

在窑尾 SP 锅炉漏风控制、结构设计、受热面配置、清灰设计、除灰设计、废气管道设计合适的条件下，电站投入运行后，窑尾高温风机负荷将有所降低，这种影响是正面的。

（2）增湿塔

将随着电站的投入或解出调整喷水量，直至停止或全开喷水。

（3）生料磨及煤磨

随着电站的投入或解出，烘干废气温度将产生较大幅度的变化，需要根据烘干废气温度的变化调整烘干废气量或磨的运行方式。

（4）窑尾电收尘器

如果窑尾采用电收尘器，电站投入运行后对其收尘效果总是有影响的，只是由于地区不同、配料不同、燃料不同或其他条件不同，对收尘效果的影响程度不同。但当窑尾采用袋收尘器时，电站投入运行对提高收尘效果是有显著作用的。

（5）窑头电收尘器

电站投入运行后，窑头电收尘器工作温度大为降低，粉尘负荷也相应降低。

（6）窑系统操作

由于窑系统增加了两台余热锅炉，而余热锅炉废气不但取自还要送回水泥窑系统，因此势必需要增加窑系统窑头、窑尾、废气处理、生料粉磨、煤制备系统的操作环节。

对水泥窑生产造成的上述几方面的影响，综合起来为两个方面：

（1）增加了水泥窑生产的操作环节（例如：随着电站的投入、运行和解出，水泥窑需调整窑尾高温风机、增湿塔喷水、生料磨及煤磨、窑头排风机等系统的运行参数）；

（2）如果窑尾采用电收尘器，电站投入运行后对其收尘效果总是有或大或小的影响。

对水泥窑生产造成的影响应当而且必须控制在上述范围以内，在目前水泥熟料烧成工艺技术及设备、纯低温余热发电热力循环系统配置技术及设备条件下，为了提高发电量而采用抽取三次风或窑头罩等高温风、生料或燃料烘干改用燃烧燃料而将原来用于烘干的废气用于发电等措施都是不可取的。采用这些措施，表面上增加了发电量，实际不但不会有助于水泥生产综合能耗的降低，反而由于熟料热耗的增加会使水泥生产综合能耗增加。

（三）系统特点

（1）在各台余热锅炉进出口废气温度相同的条件下，由于实现了废气余热按其温度梯级利用，其发电能力提高 14.5%～31.25%。

（2）SP 余热锅炉内设置少量的过热器，既能提高窑尾锅炉产汽量，又能在水泥窑临时事故状态下不停机。

（3）系统可采用滑参数运行，主蒸汽压力和温度运行变化范围可以达到 1.27～2.57MPa—310～390℃，在提高余热发电能力的同时，由于主蒸汽参数运行范围比较宽，发电系统的运转率、可靠性、对水泥窑生产波动的适应性较强。

（4）设置了独立的 ASH 过热器，可以通过调整过热器的烟气量达到调整主蒸汽温度，保证汽轮机进汽参数能够长期处于保证汽轮机寿命和效率所要求的参数，从而保证汽轮机的寿命和效率。

（5）窑尾设置调整锅炉，实现了窑尾双压系统，可以使窑尾废气经余热锅炉温度降至170～215℃后经窑尾高温风机用于生料烘干及收尘。

（6）AQC余热采用双压系统，使窑头如箅冷机温度降至96℃，充分利用了窑头余热，这是单压系统所不能达到的。

（7）采用常规热力除氧器，用130℃以下低温废气余热除氧，与化学或真空除氧相比降低了药品或电站自用电量，即降低了电站运行成本同时提高了除氧的可靠性。

（8）解决了SP、AQC两台锅炉给水串联后互相影响的问题。

四、纯低温余热电站主要设备及其作用

低温余热发电的主要设备有余热锅炉、汽轮发电机组、锅炉水处理设备和电气设备。

（一）余热锅炉组成部分

余热锅炉是利用废热烟气作为能源的锅炉。在中低温纯余热发电系统中，一般设置两台余热锅炉，一台为窑尾余热回收锅炉，通常简称SP；另一台为窑头余热回收锅炉，通常简称AQC。

余热锅炉工作原理：给水进入余热炉的省煤器加热后被送入汽包，汽包内的水通过下降管再分配到蒸发器再次加热产生饱和蒸汽和饱和水混合物回到汽包，产生的蒸汽通过汽包上部送到过热器，使饱和的水蒸气变成过热蒸汽。

1. SP锅炉

SP锅炉设置在C_1级预热器和窑尾主排风机之间。废气温度为300～400℃，含尘浓度一般为50～80g/m³（标准状态）。

SP锅炉一般由换热器、过热器和汽包组成。

SP锅炉各部分作用如下：

（1）锅炉本体：吸收炉膛中的热量，产生饱和蒸汽。

（2）过热器：将饱和蒸汽进一步加热，提高蒸汽温度为过热蒸汽。

（3）省煤器：利用烟气的余热提高给水温度，降低排烟温度，提高锅炉热效率。

（4）汽包：汽包是锅炉蒸发设备中的主要部件，是汇集炉水和饱和蒸汽的圆筒形容器，是加热、蒸发、过热三个过程的分界点。

2. AQC锅炉

AQC锅炉大都设在箅冷机与窑头除收尘器之间。箅冷机排出的废气虽然含尘量不大，为10～20g/m³（标准状态），但磨蚀性大。因此，这种设置一般还需加预除尘装置以减轻粉尘对AQC锅炉内换热管的磨蚀。由于窑头粉尘为熟料颗粒，黏性不强，所以AQC锅炉的结灰不严重，一般均采用立式锅炉。

锅炉型式为立式，锅炉由省煤器、蒸发器、过热器、汽包及热力管道等构成。

AQC锅炉各部分作用如下：

（1）过热器：将饱和蒸汽变成过热蒸汽的加热设备，通过对蒸汽的再加热，提高其过热度（温度之差），提高其单位工质的做功能力。

（2）蒸发器：通过与烟气的热交换，产生饱和蒸汽。

（3）省煤器：设置这样一组受热面，对锅炉给水进行预热，提高给水温度，避免给水进入汽包，冷热温差过大，产生过大热应力对汽包安全形成威胁。同时也避免汽包水位波动过

大，造成自动控制困难。一方面最大限度地利用余热，降低排烟温度；另一方面，给水预热后形成高温、高压水，作为闪蒸器产生饱和蒸汽的热源。

（4）沉降室：利用重力除尘的原理将烟气中的大颗粒熟料粉尘收集，避免粉尘对锅炉受热面的冲击、磨损。

（二）汽轮机部分

汽轮机是由汽轮机本体、调速系统、危急保安器及油系统组成，它们的作用如下：

（1）汽轮机本体：由锅炉输出的高温高压蒸汽吹动叶轮转动，将热能变换为机械能。

（2）调速系统：使汽轮机在负荷变化时，自动增大和减小蒸汽的进汽量，保持汽轮机在额定转速（3000r/min）下稳定运行。

（3）危急保安器：当汽轮机调速系统失灵，转速超过3300r/min，危急保安器动作，将主汽门关闭，防止汽轮机损坏。

（4）油系统：它是供给汽轮机和发电机各处轴承的润滑油和调速系统用油。

蒸汽的能量转换成为机械功的旋转式动力机械称为汽轮机，又称蒸汽透平机。汽轮机是用具有一定温度和压力的蒸汽来做功的回转式原动机。由于其具有热效率高、运转平稳输出功率大、事故效率低等优点，广泛应用于拖动发电机、大型风机水泵及船舶的动力设备。

最简单的单级汽轮机结构由轴、转轮、叶片和喷嘴组成，工作原理为：具有一定压力和温度的蒸汽通入喷嘴膨胀加速，此时蒸汽压力、温度降低速度增加，蒸汽能转变为动能。然后，具有较高速度的蒸汽由喷嘴流出，进入动叶片流道，在弯曲的叶片流道内，改变气流方向，给叶片以冲动力，产生了使叶轮旋转的力矩，带动主轴旋转，输出机械功，完成动能到机械能的转换。热能→动能→机械能，这样一个能量转换的过程，便构成了汽轮机做功的基本单元部分，通常称这个做功单元为汽轮机的级。由于单级汽轮机的功率较小，且损失大，故使汽轮机发出更大功率，需要许多级串联起来，制成多级汽轮机。多级汽轮机的第一级又称为调节级，该级在机组负荷变化时，是通过改变部分进汽量来调节汽轮机负荷的，而其他级任何工况下都为全周进汽，称为非调节级。

用于余热利用的汽轮机发电机组其特点是以汽定电，所以要求带负载的能力在较大范围内波动，采用的蒸汽参数较低，受余热品位制约。汽轮发电机组的选型要考虑能超过设计发电量的15%左右。目前，市场上用于中低温纯余热发电系统的汽轮发电机组有两种：一种为单压系统的低参数凝汽式汽轮机，特点是系统简单，适合3000kW及其以下的小机组；另一种为混压系统，汽轮机除主蒸汽进汽口外，还有1～2个补汽口，并辅助采用了热水闪蒸技术，用闪蒸的饱和蒸汽混入汽轮机做功，特点是系统复杂，但系统热效率较高，适合6000kW以上的机组。

（三）锅炉水处理设备

锅炉水处理原理及其设备与小电站相同，由于纯余热发电系统的蒸汽参数低，所以对于水处理的要求较低。水处理分以下几个部分：

1. 给水处理

原料水含有各种机械悬浮杂质、溶解的矿物盐和气体，是锅炉受热面生成水垢和腐蚀的物质来源，必须进行水质处理和除去气体（常称除氧）后才能成为锅炉的给水。给水处理通常在炉外进行，基本方法是原料水通过沉淀、过滤和凝聚设备除去固相杂质，然后用阴、阳离子交换树脂将溶解水中会结垢的硬度盐除去而称为软化水，软化水除氧后作为给水送入锅炉。

2. 炉水处理

炉水处理通常在运行中进行。其方法是将化学药物加到汽包中去，使药物与炉水中的杂质反应生成沉淀物排除掉或变成不生垢的软水，并使炉水保持适当碱性，防止对锅炉腐蚀。余热发电的炉水处理方式如下：

（1）热力除氧。采用系统的低温热源供除氧用，一般除氧后的水在 105℃ 左右。其在补燃炉的发电系统使用普遍，费用较低。

（2）化学除氧。采用加化学药物的方法。

（3）真空除氧。利用抽真空可使水的沸点降低而呈沸腾状态，以降低气体在水中的溶解度。

后两种方法用于纯余热发电系统较为普遍，使给水温度较低以实现较低的排烟温度，提高回收效率，但费用较高。

3. 循环水冷却系统

循环水冷却系统的功能是冷却在凝汽器中提高了温度的冷却水，使其循环利用。循环水冷却系统分类如下：

（1）直流供水系统。该系统直接把江河作为冷却单元，直接取水和排水。过去认为经济，现在却认为有热污染，所以不建议采用。

（2）循环供水冷却系统。该系统也称闭式供水系统，必须采用专门冷却装置将从凝汽器中流出的工作过的水加以冷却然后循环使用。循环冷却系统包括循环冷却水泵、冷却构筑物或冷却器及循环水管网。该系统运行时，循环冷却水泵自循环水池抽水送至冷却构筑物或冷却器，供循环冷却水泵继续循环使用。循环冷却水系统的用量一般与环境温度有关，也与采用的冷却设备的给排水温度及效率有关，约有循环蒸汽量的 30 倍。

（四）电气部分

电气部分由发电机、变压器、高低压配电装置、输电线路及厂用电和综合自动化系统组成，它们的作用如下：

（1）发电机：将机械能转换为电能。

（2）变压器：将发电机输送出的电能的电压升高或降低。厂用变压器供辅助设备用电。

（3）高低压配电装置：它是按主接线的要求，由开关设备、保护测量电器、母线和必要的辅助建筑构成的总体，其作用是在正常时用来接受和分配电能，在系统故障时迅速切断故障部分，恢复正常运行。

（4）输电线路：向用户输送电能与系统联络，以保证供电的可靠性。

（5）厂用电系统：供给发电厂生产用电、照明、机修等自用电。

（6）综合自动化系统：由 DCS 自动化控制系统、二次仪表、综合保护装置、电气测量系统、电气计量系统、电站自动统计报表系统等组成；完成遥控、遥测、遥信、遥脉、综合保护功能。

五、低温余热发电工程实例

部分水泥工厂纯余热发电系统工程实例详见表 6-1。

表 6-1 部分水泥工厂纯余热发电系统工程实例

水泥厂	海螺某水泥厂	广西某水泥厂	佳木斯某水泥厂	伊春某水泥厂
熟料生产规模（t/d）	4000	3300	5000	5000
窑型	预分解窑（四级）	预分解窑（四级）	预分解窑（五级）	预分解窑（五级）
电站装机（MW）	6.48	6	10	12.5
投运年份	1994 年	2004 年	2014 年 9 月 9 日	2015 年
设计发电量（MW）	6.48	5.93	8.5	11.05
实际发电量（MW）	6.48～7.2	5.92	7.0	10.7
预热器排烟温度（℃）	390	A 窑系列：390 B 窑系列：410	320～330	330
冷却机排烟温度（℃）	238	250	300～400	380
AQC 锅炉基本参数	进汽温度：360℃ 排气温度：91℃ 废气流量（标准状态）：165300m³/h 立式，自然循环	进汽温度：360℃ 排气温度：90℃ 废气流量（标准状态）：19100m³/h 立式，自然循环	进汽温度：380℃ 排气温度：95℃ 废气流量（标准状态）：240000Nm³/h 立式，自然循环	进汽温度：380℃ 排气温度：83.2℃ 废气流量（标准状态）：205000Nm³/h 立式，自然循环
SP 锅炉基本参数	进汽温度：350℃ 排气温度：250℃ 废气流量（标准状态）：258882m³/h 卧式，强制循环	进汽温度： A 炉 380℃ B 炉 400℃ 排气温度：230℃ 废气流量（标准状态）： A 炉 85000m³/h B 炉 132200m³/h 卧式，强制循环	进汽温度：330℃ 排气温度：218℃ 废气流量（标准状态）：360000Nm³/h 立式，自然循环	进汽温度：330℃ 排气温度：202.2℃ 废气流量（标准状态）：340000Nm³/h 卧式，强制循环
除氧方式	化学除氧	化学除氧	化学除氧	化学除氧
汽轮机	二级补气混压凝汽式	凝汽式	凝汽式	凝汽式
主蒸汽及补汽参数	主蒸汽：2.45MPa，335℃ 一级补汽：0.47MPa（饱和） 二级补汽 0.07MPa（饱和）	主蒸汽：1.6MPa，347℃	主蒸汽：1.6MPa，320℃	主蒸汽：1.05MPa，325℃

复习思考题

1. 水泥窑纯低温余热发电系统的优点有哪些？
2. 三种工艺流程的区别。
3. 主要设备及其作用。
4. 主要技术参数有哪些？
5. 系统特点如何？

任务 2 水泥窑协同处置废弃物技术的应用

任务简介：主要讲授水泥窑协同处置工业废弃物和城市生活垃圾的优势、工艺流程、特点、工程实例等。

知识目标：掌握水泥窑协同处置工业废弃物和城市生活垃圾的工艺流程和特点；熟悉水

泥窑协同处置工业废弃物和城市生活垃圾的工程实例；了解水泥窑协同处置工业废弃物和城市生活垃圾的优势。

能力目标： 具备利用水泥窑协同处置工业废弃物和城市生活垃圾的能力；能分析处理工程上出现的问题。

一、水泥窑焚烧处理危险废物和城市生活垃圾

(一) 工业废弃物和城市生活垃圾

随着现代工业的发展，固体废弃物的产生量逐年增多，对人类环境造成的危害也越来越严重。尤其是现代电子信息技术、医药化工技术的发展，导致产生了许多危险废物。同时我国城市化进程的加快，城市人口有了很大的发展，因此作为城市公害的生活垃圾发生量与日俱增。无论是工业发达国家，还是发展中国家，都面临着危险废物和城市生活垃圾处置的问题。消除危险废物和城市生活垃圾的污染，实现其无害化、减量化和资源化，已成为我国必须解决的重大问题。

(二) 城市生活垃圾危害性

1. 占用耕地，污染土壤及农作物；
2. 污染地下水和地表水，污染大气；
3. 造成白色污染；
4. 有碍人体健康，含有的危险废物造成重金属中毒和致癌等；
5. 垃圾直接堆放和简易填埋场对环境和人体健康影响更加严重。

焚烧法处理危险废物和城市生活垃圾是众多处理方法中实现减量化、无害化和资源化最好的一种方法。焚烧处置可以分为两种途径：一种是建立专门的焚烧设备，这种方法处理的危险废物和城市生活垃圾种类多，但是对焚烧设备的设计要求很高，并且面临诸如选址、运行投资以及如何处理二次污染等问题；另外一种是在现有工艺的改造基础上进行危险废物和城市生活垃圾的焚烧处理。

(三) 垃圾焚烧场的弊端

(1) 心理影响；(2) 臭味影响；(3) 飞尘影响；(4) 空气中氧气含量减少，CO、CO_2、SO_2 等含量增加；(5) 铅、汞、镉等重金属会随飞尘飘到千家万户；(6) 二噁英、呋喃等致癌物质不可避免。

生活垃圾中含有大量塑料制品、氯化物等，在垃圾不完全燃烧过程与其他物质化合生成二噁英。因此，生活垃圾焚烧所产生的烟气是可能产生污染的主要来源之一。在发达国家，焚烧城市生活垃圾所产生的二噁英占二噁英总生成源中的95％。

每吨垃圾焚烧后会产生大约 $5000 \sim 7000 m^3$ 废气，且组成极其复杂，例如：一氧化碳、一氧化氮、二氧化氮、硫化氢、二氧化硫、二噁英等有毒有害物质。当今最好的焚烧设备，在运转正常的情况下，也会释放出数十种有害物质，很难全部净化。

二噁英的危害：

(1) 二噁英：是指含有两个氧键连接两个苯环的有机氯化物，是氯化三环芳烃类化合物。二噁英类物质共有210种化合物，被誉为环境中的"重复杀手"，是一种毒性极强的特

殊有机化合物。其毒性比砒霜高 900 倍，相当于氰化钾的 1000 倍，被称之为"地球上毒性最强的毒物"。其致癌性超过黄曲霉素，目前被列为一级致癌物，可引起皮肤痤疮、头痛、失聪、忧郁、失眠等症状，长期接触（吸入）可引起癌、畸形等顽疾。它能够导致严重的皮肤损伤性疾病，具有强烈的致癌、致畸作用，同时还具有生殖毒性、免疫毒性和内分泌毒性。如果人体短时间暴露于较高浓度的二噁英中，就有可能会导致皮肤的损伤如出现氯痤疮及皮肤黑斑，还出现肝功能的改变。如果长期暴露则会对免疫系统、发育中的神经系统、内分泌系统和生殖功能造成损害。

研究表明，暴露于高浓度的二噁英环境下的工人其癌症死亡率比普通人群高 60 个百分点。

（2）二噁英的最大危害是具有不可逆的"三致"毒性，即致畸、致癌、致突变。它可能引起发育初期胎儿的死亡、器官结构的破坏以及对器官的永久性伤害，或发育迟缓、生殖缺陷；还可能造成儿童的免疫能力、智力和运动能力的永久性障碍，比如多动症、痴呆、免疫功能低下等。根据病例报告和动物实验的最新报告结果，一生持续摄入 1pg/kg 体重，其致癌概率可达 1/1000～1/100。二噁英类物质是目前已经认识的环境荷尔蒙中毒性最大的一种。

二噁英又是一类持久性有机污染物，在环境中持久存在并不断富集。一旦摄入生物体就很难分解或排出，会随食物链不断传递和积累放大。人类处于食物链的顶端，是此类污染的最后集结地。

（3）二噁英对人的影响可谓"一锤定音"。一般的污染物质要达到一定的剂量才会产生明显的有害作用，而至今还没有研究出二噁英的作用，只要"超微量"的剂量，就可能产生危害，对于婴幼儿的损害更明显和无可挽回。

（4）二噁英危害的另一个特点是它的长期性和隐匿性，在表现出明显的症状之前有一个漫长的潜伏过程，它影响的可能是人类的子孙后代。因此，有科学家甚至担心，人类的进化是否将会被这类物质终止。

水泥窑是发达国家焚烧处理危险废物和城市生活垃圾的重要设施，得到了广泛的认可和应用。德国、瑞士、法国、英国、意大利、挪威、瑞典、美国、加拿大、日本等发达国家利用水泥窑处置危险废物和城市生活垃圾已经有四十多年的历史，积累了丰富的经验。随着水泥窑焚烧废物的理论与实践的发展与各国相关环保法规的健全，该项技术在经济和环保两方面显示出了巨大优势，形成产业规模，在发达国家城市危险废物和城市生活垃圾处理中发挥着重要作用。

（四）我国废物的特性

据《2014 年中国环境状况公报》统计，2014 年全国工业固体废物产生量为 325620.0 万 t，综合利用量（含利用往年贮存量）为 204330.2 万 t，综合利用率为 62.13%。

2014 年城市生活垃圾清运量 1.79 亿 t，城市生活垃圾无害化处理量为 1.62 亿 t，无害化处理率达 90.3%。无害化处理能力为 52.9 万 t/d。其中，卫生填埋处理量为 1.05 亿 t，占 65%；焚烧处理量为 0.53 亿 t，占 33%；其他处理方式占 2%。全国生活垃圾焚烧处理设施无害化处理能力为 18.5t/d，占总处理能力的 35.0%。全国设市城市粪便清运量为 1546 万 t，处理量为 691 万 t，粪便处理率为 44.7%。

生活垃圾成分比较复杂，包括厨房厨余物、废纸、废塑料、废织物、废金属、废玻璃陶瓷碎片、废渣土、粪便、庭院废弃物；以及废弃的家具、电脑、电视、电冰箱等生活用品；

废旧轮胎、绿化废弃物等。资料显示，历年来堆积的垃圾已经超过60亿 t，侵占了300多万亩的土地并对周边产生严重的环境污染甚至灾难，全国660多座城市有2/3被垃圾包围。据统计，目前我国每年城市垃圾产生量在1.8亿 t左右，90％为填埋，只有7％为焚烧，其余为堆肥等处理方式。在全国1636个县城里，每年的垃圾产生量在5000万 t左右。在全国660多座城市当中，325个城市还没有建设生活垃圾处理设施。大量的垃圾只是作简单的堆放，在城市里产生了大量的异味以及一氧化碳等，严重污染了水体、大气、土壤。据专家预测，2020年中国城市垃圾年产量将达2.1亿 t。

（五）水泥窑处置工业废弃物、城市垃圾是一条有效途径

处置工业废弃物、城市垃圾的原则是实现"无害化、资源化、减量化、安全化"。目前，我国处置垃圾主要采取填埋法、焚烧法和物理化学法三种方法。填埋法仍然是我国主要采用的城市垃圾处理方式。填埋法工艺简单、操作方便、投资与施工费用低，但其弊端有三：一是占用了土地资源；二是二次污染严重；三是存在潜在的、未可知的危险。我国目前采取的焚烧法有两种，一种是纯焚烧炉，另一种是垃圾焚烧发电。焚烧法的缺点是投资大、成本高。焚烧技术也有一些缺陷，例如只有当垃圾的发热值较高时才适于使用，焚烧炉焚烧后仍有少量废渣需要处理。另外由于温度和排放问题仍带来了诸如二噁英和重金属排放等二次污染的难题。物理化学法适合城市生活垃圾和部分地区，对工业废弃物不适用。

国外于20世纪70年代开始研究利用水泥回转窑处置工业废弃物，80年代逐渐在发达国家推广。20世纪90年代末，我国的水泥科研院所、大专院校也进行了深入的研究，并在北京水泥厂、上海万安集团企业总公司、广州水泥厂等企业进行了实践，已经取得了良好的效果。

利用水泥厂回转窑处理城市垃圾，只需要建立和完善垃圾分拣、除铁、破碎和喂料系统，而不需要建立专门的焚烧炉，不需要专门的气体净化装置，不产生废渣，真正实现了垃圾的"减量、再用、循环"的无害化处理。

专家们在研讨中指出：水泥生产中利用粉煤灰、煤矸石、各种尾矿及工业生产中排出的废渣代用天然原料在我国已非常普遍，并取得了非常可贵的经济效益和社会效益。通过大量的研究和实践证明，水泥回转窑处理危险工业废弃物具有得天独厚的优势。水泥回转窑燃烧温度高，物料在窑内停留时间长，又处于负压状态下运行，工况稳定，对各种有毒性、易燃性、腐蚀性、反应性的危险废物具有很好的降解作用，水泥窑在处置过程中不产生废渣，热能也能得到充分利用，并能取代部分燃料和原料，因而被国际公认为处置工业废弃物的最有效方法。如法国的拉法基公司的水泥厂利用可燃废物作燃料的替代生产能耗率达到50％～55％，降低燃料成本33％，同时减少了500万 t CO_2 气体的排放。瑞士豪西蒙公司在比利时的工厂使用可燃废物的替代率高达80％。德国海德堡水泥公司的水泥厂的替代率在40％～60％。美国有58座水泥回转窑焚烧从社会上收集的废物，美国环保署有一项政策：每个工业城市保留一个水泥厂，在部分满足生产水泥需求的同时用于处理城市产生的有害废物。美国的水泥厂一年焚烧的有害工业废物是用焚烧炉处理有害废物的4倍。多年的实践表明，采用了可燃性废物生产出的水泥质量符合标准，环保排放也达标，有些废物燃烧后残留的重金属包裹在水泥熟料中，不会对环境产生影响。利用水泥回转窑比专业焚烧炉在经济性、防止二次污染、无害化处理的彻底性方面显示出突出的优势。

专家们认为，焚烧有害废弃物所需的条件：一是焚烧温度高，一般碳氢废物焚烧温度为900～1100℃，难以处理的废物是1200～1400℃，过剩空气量大，炉内应有湍急气流使其得

以彻底焚烧；二是被焚烧物体在炉内滞留时间应为 20～30min，废气在炉内高温区滞留时间不小于 2s；三是系统需在全负压状态下运行，有毒、有害气体不能溢出；四是废气出焚烧炉后，要有快速的降温措施，防止因缓慢降温而提供在 200～300℃的温度段生成二噁英的条件；五是由于废气中的粉尘附有重金属等有毒成分，所以对废气的粉尘排放要求较高。

（六）我国利用水泥窑协同处置危险废物和城市生活垃圾优势

作为先进的新型干法水泥回转窑，自身具有得天独厚的优势，自动化控制程度高，均化设施完善，水泥回转窑完全可以满足上述要求，其具有以下优越性：

（1）水泥窑内温度高，气体和物料温度分别可达到 1750℃和 1450℃（焚烧炉的温度最高 1200℃）。

（2）水泥窑内气体通过时间长，一般为 40min，在大于 1100℃的通过时间一般为 4s 左右（焚烧炉内仅 2s），且水泥窑热惯性大，工况稳定。

（3）水泥窑内高温气体湍流强烈，有利于气固两相的混合、传热、传质、分解、化合、扩散。

（4）水泥窑内的碱性物质可以和废料中的酸性物质相化合为稳定的盐类，便于其废气的净化（脱酸）处理。

（5）水泥窑可以将废料中的绝大部分重金属固定在熟料中，避免再次扩散。

（6）焚烧废物的残渣混入水泥熟料，最终进入水泥成品，不再对环境产生二次污染物。

（7）可燃废弃物可替代部分燃料，可减少水泥工业对燃料的需要量，节约一次能源，同时也可减少 CO_2 等废气的排放。

通过比较可以看出，利用水泥回转窑焚烧工业废弃物，由于其自身的特点，可弥补一般焚烧废物工艺过程中的不足，有效地控制二次污染。同时水泥回转窑燃烧温度高，物料在窑内停留时间长，又处于负压状态下运行，工况稳定，对各种有毒性、易燃性、腐蚀性、反应性的危险废弃物具有很好的降解作用，不向外排放废渣，焚烧物中的残渣和绝大部分重金属都被固定在水泥熟料中，不会产生对环境的二次污染。由于水泥生产的特点，只要通过一定的技术改造，就能焚烧城市工业、生活垃圾和固体废弃物等。在走循环经济之路、建设节约型社会的今天，利用水泥回转窑处置废弃物必将成为行业发展中一个新的亮点。

二、水泥窑协同处置生活垃圾技术

（一）水泥工业处理城市生活垃圾技术

（1）垃圾焚烧后的灰渣或飞灰作为生产水泥的替代原料（日本）；

（2）垃圾制成垃圾衍生燃料，以此作为水泥烧成的替代燃料（欧美）；

（3）垃圾分选后分别作为生产水泥的替代原料和替代燃料（其他国家）。

存在缺陷：分选和后处理系统复杂，存在二次污染，投资和运行费用较高。

（二）主要工艺流程

将垃圾处理和水泥熟料烧成两个独立系统进行有机融合和无缝对接，创建一种新的垃圾处理方式。通过工程设计、工艺优化、系统集成等方法，解决了垃圾气化后的低温废气及灰分对水泥熟料烧成系统的影响，实现了利用水泥窑安全、稳定、无害化处理生活垃圾的目标。

生活垃圾通过收集车运送到垃圾坑内储存，用行车进行搅拌和均化，破碎后用行车送入垃圾供料系统，定量输送至气化炉中气化焚烧。投入炉内的垃圾与炉内高温流动介质（流化砂）充分接触，一部分通过燃烧向流动介质提供热源，另一部分气化后形成可燃性气体送往水泥窑分解炉内进一步焚烧。垃圾气化后气体中有害物质经分解炉焚烧分解，分解后的生成物被水泥窑内碱性物料吸收固化，剩下的废气经水泥窑尾废气处理系统净化后排出。垃圾中的不燃物在流动介质中不断沉降，到了炉底部时排出。从排出的炉渣中分离出金属，剩下的块状物料作为水泥原料进行配料。垃圾坑中的垃圾污水经过收集和过滤后，送入分解炉进行氧化分解，达到无害化处理的目的。

（三）系统组成

水泥窑协同处置生活垃圾技术的系统组成有前处理及供料系统、垃圾气化系统、灰渣处理系统、垃圾污水处理系统、除氯系统等。具体如图 6-8 所示。

图 6-8　水泥回转窑和垃圾焚烧炉联合处置垃圾系统图

（四）特点

1. 对垃圾适应性强

生活垃圾通过密闭垃圾车送入厂区，系统内设置一系列破碎、均化、计量、喂入设备，物流顺畅，处理彻底，能够顺利处理低热值的垃圾。

2. 资源化程度高

垃圾焚烧产生的热量可替代部分水泥窑燃料，采用分选设备分选出炉渣、金属，炉渣可替代部分水泥原料，游离态铁、铝等金属可分别回收。

3. 处理流程简洁

利用水泥窑烧成系统代替垃圾焚烧处理工艺的尾气净化系统，简化了处理流程，降低了相应投资。

4. 对水泥窑生产无影响

针对我国生活垃圾现状，采用气化炉技术，气化时空气消耗量小，产生废气量少，对水泥生产影响小，能源利用率高。

5. 高效处理二噁英

水泥窑系统的分解炉内温度高，垃圾气化气体在窑内完全燃烧后停留时间长，气化炉中产生的二噁英在分解炉中完全分解，再与高温、高细度、高浓度、高吸附性、高均匀性分布的水泥碱性物料充分接触，有利于吸收氯离子，控制氯源，避免二噁英类物质的二次生成。

6. 有效控制恶臭

垃圾坑和处理厂房采用全密封结构，且用通风机将垃圾坑内产生的垃圾臭气抽出送入气化炉内燃烧，使垃圾坑处于负压状态，避免了垃圾恶臭的扩散。另外，还配置了除臭机，当气化炉和水泥窑停止运行时，将垃圾坑内臭气抽出净化后排出，防止垃圾臭气的污染。

7. 无害化处理污水技术

垃圾坑渗出的垃圾渗滤液喷射到气化炉或水泥窑分解炉内进行高温氧化处理，完全分解有机成分，实现无害化。

8. 安全固化重金属

在垃圾气化过程中生成的二噁英，在水泥窑分解炉内进行有效分解。二噁英分解后的氯离子在预热器内被水泥生料充分吸收，形成稳定的 $2CaO \cdot SiO_2 \cdot CaCl_2$ 进入水泥窑内煅烧。在水泥窑窑尾烟室处设置除氯系统，抽取部分含氯粉尘气体，通过冷却系统急冷后用收尘设备回收粉尘，消除对水泥窑运行及产品质量的影响。

（五）我国应用现状

我国水泥行业利用粉煤灰等固体废物作替代原料的数量每年约 3 亿 t，是固体废物利用的重要行业，国家在此方面有比较完备的政策、技术标准和鼓励措施。然而，目前国家在替代燃料方面的政策却基本是空白。

近几年，我国水泥行业利用水泥窑协同处置废弃物有了积极的尝试，并取得了显著的成果，已逐步建立了一套协同处置的技术体系，但仍与发达国家差距巨大。我国水泥行业使用替代燃料的时间短、种类少，约 5000 家水泥厂中仅有十余家水泥厂使用替代燃料，年替代量不足 5 万 t 标煤，行业总体的燃料替代率接近 0%。

三、水泥窑处置废弃物应用实例

1. 广州某水泥有限公司

该公司将 1 条 6000t/d 水泥熟料生产线改造成日处理 600t（含水 80%）城市污泥工程（图6-9）。自 2009 年 8 月 21 日投运，共处置了广州市生活污泥 20 多万吨。该系统运行可靠，操作简便，对污泥的适应性强。按照 600t/d 的设计处理能力运行，该项目每年可节约标准煤 1.36 万 t，减少 CO_2 排放 3.4 万 t，避免污泥填埋且减少甲烷排放 5000t，相当于每年减少 CO_2 排放 10.5 万 t。

2. 铜陵某水泥公司

2008 年铜陵某水泥公司建设世界首条利用水泥工业新型干法窑和气化炉相结合处理城市生活垃圾示范项目。铜陵市政府负责垃圾收集、运输系统建设、运营、支付给水泥公司垃圾处理费用；水泥公司负责垃圾处理系统建设、运营。原计划整个项目投资利用日元贷款资金，因日元贷款流程繁杂不能满足工程建设工期的要求，铜陵市政府委托该水泥公司投资建设垃圾处理系统。

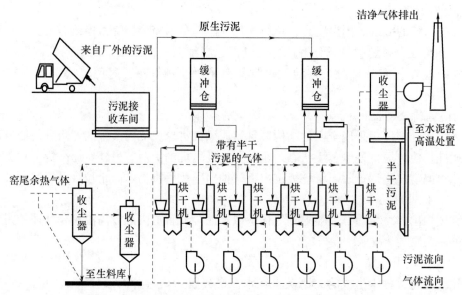

图 6-9　广州某水泥有限公司日处理 600t 城市污泥工程图

　　项目利用该水泥公司 2 条日产 5000t 干法水泥熟料生产线，日处理垃圾能力 600t（2×300t/d 系列），年处理总量达 20 万 t。项目于 2008 年 10 月开工建设，2010 年 4 月 10 日第一套 300t/d 垃圾处理系统正式建成投运。项目工程总投资 1.6 亿元左右，每吨垃圾处理运行费用约 70 元，每吨垃圾处理总成本约 200 元。截止到 2010 年 11 月底，垃圾处理量已达 5.5 万 t，经检测各项环保指标完全合格，物料和水泥产品重金属浸出法含量控制在国家相关标准范围内。

　　3. 湖北某水泥股份有限公司

　　湖北某水泥股份有限公司充分利用公司战略合作伙伴——瑞士 Holcim 公司在水泥窑协同处置废弃物领域中 30 多年的经验，大力发展可替代原燃料事业，承担了在国内首次采用水泥窑协同处理技术处置农药废弃物的重任。

　　该公司分别于 2007 年、2008 年、2009 年对湖北省收缴的含甲胺磷、对硫磷、甲基对硫磷、久效磷、磷胺等 5 种高毒农药在内的共 1650 余吨废弃及高毒农药进行了水泥窑协同处理。

　　2008 年初，该公司投资 500 万元建立了具有世界水平 AFR 实验室。2008 年底，湖北省环保局批准该公司对 HW02 医药废物、HW03 废药物药品、HW04 农药废物、HW06 有机溶剂废物、HW09 油/水等 13 类有害废弃物进行无害化处理。

　　从 2008 年开始，水泥厂与三峡总公司接触，就利用水泥窑协同处理三峡库区漂浮物事宜进行技术沟通。经过多次技术和商务谈判，该项目于 2009 年初正式开工建设并于 2010 年初投入试运行。该处置设施的年漂浮物处理能力为 15 万 m^3，日接收处置能力 1000m^3。从 2010 年 7 月起至 9 月中旬，已累计接收和处置漂浮物约 5 万 m^3。具体如图 6-10 所示。

　　4. 北京某水泥有限责任公司

　　2004 年北京某水泥有限责任公司建成了全国首条处置城市工业废弃物的环保示范线（图 6-11），年可处置和综合利用工业废弃物能力达 10 万 t，被列为国家火炬计划项目之一。该公司当前可处置《国家危险废物名录》中的废化学试剂、焚烧残渣、污泥等 30 类工业危险废弃物。

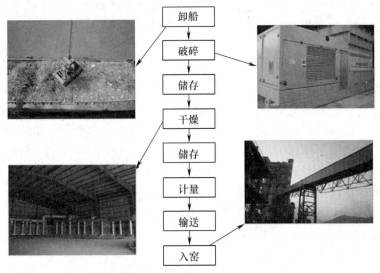

图 6-10　湖北某水泥股份有限公司水泥窑协同处置废弃物

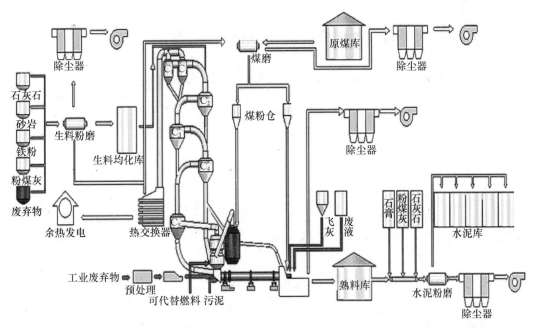

图 6-11　北京某水泥有限责任公司建成了全国首条处置城市工业废弃物流程图

　　公司还自主研发了废液处置系统、化学试剂处置系统、废酸处置系统、飞灰处置系统、垃圾筛上物处置系统、玻璃钢处置系统、污泥泵处置系统、浆渣制备系统八套废弃物处置系统。

　　公司从 1995 年 5 月开始用水泥回转窑试烧废油墨渣、树脂渣、油漆渣、有机废液，研发了全国第一条处置工业废弃物环保示范线，并成功将废弃物处置技术与水泥熟料煅烧技术结合。自主研发的浆渣制备系统、废液处置系统、污泥泵处置系统等 8 条具有自主知识产权的废弃物预处理工艺线，可处置工业污泥、燃料、漆料、工业垃圾、有毒有害品、化学试剂、废塑料、废轮胎等，实现了原料替代、燃料替代等多种利用方式。经有关环保机构对废气排放进行监测，排出废气中有害物及重金属的排放浓度和排放量远远低于允许排放标准；对试烧过程中的熟料和回灰做重金属浸出试验，其浸出量低于地表水二级标准；对熟料和水泥的质量无影响。

5. 上海建材集团总公司所属某水泥公司

上海建材集团总公司所属某水泥公司 1996 年开始利用上海先灵葆制药有限公司生产氟洛氖产品过程中产生的氟洛氖废液，进行了替代部分燃料生产水泥的试验。该企业总公司采用的技术路线是：液体废料贮存在专用贮库内，然后用泵从窑头将其直接送入窑内燃烧；将其他固体废料与煤一起入煤磨，与煤粉混用；将半固体的废料装入小编织袋，每袋 5kg，用本企业自己开发的"窑炮"从窑头打入烧成带焚烧，已经作到节能 25％。上海市环境监测中心对试烧过程中排放的废气进行了跟踪监测，测试结果表明，废气中的有害成分含量均低于上海市的排放标准，不存在对大气污染的问题；经中国建筑材料检验认证中心测定，试烧的水泥产品质量指标均在国家标准控制范围内，说明掺烧一定比例的氟洛氖废液对水泥产品质量无影响，对环境大气亦无污染。

复习思考题

1. 垃圾焚烧场的害处有哪些？
2. 你对水泥窑协同处置工业废弃物和生活垃圾知道多少？
3. 我国水泥窑协同处置工业废弃物和生活垃圾的水平如何？
4. 我国利用水泥窑协同处置危险废物和城市生活垃圾优势有哪些？

项目七　预分解窑系统热工参数测量

内容简介： 在水泥生产过程中，需要对各种热工设备（如预热器、回转窑等）的操作参数（压力、温度、流量等）进行测量，用来测量这些参数的仪表称为热工测量仪表。通过对热工设备有关操作参数的测量，可以对某些参数进行适当调节，使之符合工艺要求，提高劳动效率和产品质量，降低生产成本，延长设备使用寿命，保证安全正常生产。

本项目以预分解窑系统热工测量参数的类型来设计教学任务，通过温度、压力、流量、气体成分、含尘率与湿度五个任务训练，使学生熟悉这些热工测量仪表的工作原理，掌握其使用方法。

学习目标： 通过学习，使学生了解预分解窑系统热工测量参数的种类；掌握熟料煅烧过程中温度、压力、流量、气体成分、含尘率和湿度热工参数测量的原理、仪器、方法；会进行热工测量仪器的调试、测量、维护等工作；能结合热工测量结果，对测量的准确性及熟料煅烧设备的运行情况进行分析和评价。

任务 1　预分解窑系统温度的测量

任务简介： 本任务介绍了预分解窑系统最重要的测量参数——温度的测量。在基本知识中介绍了温度的基本概念和测量方法；温度测量仪表的种类及选用。然后介绍了水泥企业热工测量中经常使用的温度测量仪表的结构、原理以及测温技术的应用，包括：膨胀式温度计、压力式温度计、热电偶温度计、热电阻温度计、光学高温计、辐射高温计、红外测温计等。

知识目标：（1）了解温度的基本概念及测量方法；（2）熟悉温度测量仪表的测温范围及选用原则；（3）掌握各种温度测量仪表的结构、工作原理和使用。

能力目标：（1）具备温度及温度测量仪表的基本知识，能进行温度测量仪表的正确选用；（2）具备温度测量仪表的使用能力，能进行烧成系统温度参数的测量。

一、温度测量的基本知识

温度是国际单位制（SI）7 个基本物理量之一。温度的高低是生产过程运行状态的重要标志，故温度成为热力生产中最普遍、最重要的测量参数之一。在水泥生产过程中，温度影响着产品的质量、产量以及安全生产，熟料煅烧过程必须控制在一定的温度范围内才能有效地进行。

（一）温度和温标

温度是用来表示物体受热程度的，是物体分子运动平均动能大小的标志。受热程度不同的物体接触时必然发生热交换，即热量从温度高的物体传给温度低的物体，直到两个物体的温度平衡时为止。物体的温度变化时，它的某些物理性质（如几何尺寸、应力、电阻、热电势和辐射强度等）会随着变化。利用物体的这种物性便能测量物体的温变，也就是说，将某一物体与被测物体相接触，待它们达到温度平衡后，通过对该物体某种物理性质的测量来判断被测物体温度的高低。温度测量的原理就是选择合适的物体作为温度热敏元件，通过热敏元件与被测对象的热交换，测量被测对象的温度。

为了客观地计量物体的温度，必须建立一个衡量温度的标尺，即温度标尺，简称温标。建立温标就是规定温度的起点及其基本单位，国际上现在用得最普遍的有三种温标：摄氏温标（℃）、华氏温标（℉）和国际温标（K）。

摄氏温标是根据水银受热后体积膨胀，并认为体积膨胀随温度的变化为线性变化而建立起来的。它规定标准大气压下纯水的冰点为 0℃，纯水的沸点为 100℃，中间划分成 100 等份，每一等份称为摄氏一度。摄氏温度单位用符号"℃"表示，温度符号为"t"。

华氏温标也是根据水银受热后体积膨胀，并认为体积膨胀随温度的变化为线性变化而建立起来的。只是分度方法与摄氏温标不同。规定冰的熔点为 32 ℉，水的沸点为 212 ℉，中间划分为 180 等份，每一等份称为华氏一度。华氏温度单位用符号"℉"表示，温度符号为"t_F"。

$$t_F = \frac{9}{5}t + 32 \tag{7-1}$$

国际温标是在热力学温标的基础上，为了使用方便而建立的一种具有一定科学技术水平的温标。在 1990 年国际温标中规定水的三相点热力学温度为 273.15K，水的沸点为 373.15K，水的沸点和水的三相点热力学温度之间均匀地划分为 100 等份，每一等份称为绝对温标一度。绝对温度单位用符号"K"表示，温度符号为"T"。

$$t \text{（℃）} = T \text{（K）} - 273.15 \tag{7-2}$$

国际单位制的温度是用热力学温标（K）表示的。

（二）温度测量方法

按测温的感温元件是否与被测温物体相接触来分，有接触式测温和非接触式测温两种测温方法。

1. 接触式

由热平衡原理可知，两个物体接触后，经过足够长的时间达到热平衡，则它们的温度热相等。如果其中之一为温度计，就可以用它对另一物体实现温度测量，这种测温方法称为接触法。其特点是温度计要和被测物体有良好的热接触，使两者达到热平衡。用接触法测温时，感温元件要与被测物体接触，因此，往往要破坏被测物体的热平衡状态，并受到被测物体的腐蚀作用，所以，对感温元件的结构、性能要求苛刻，但用此种方法测温的准确度高。

2. 非接触式

感温元件不与被测物体接触，而是利用物体的热辐射能量随温度变化的原理测定物体温度，这种测温方法称为非接触式。它的特点是，温度计不与被测物体接触，因而也不改变被测物体的温度分布，而且，热辐射与光速一样快，热惯性很小。通常用来测定 1000℃ 以上的移动、旋转或反应迅速的高温物体的温度。近年来，随着材料和制造、标定方法不断改进，使得非接触式温度计（特别是红外测温仪）的测温范围不断扩大（已用于测量 20～100℃ 的低温物体），精确度亦接近或达到接触式测温的水平。

（三）测温仪表的分类

常用测温仪表（按其测量原理）的分类及性能见表 7-1。

表 7-1 常用测温仪表的分类及性能

	温度计的分类	工作原理	测量范围（℃）	主要特点
接触式	热膨胀式温度计 ①液体式（玻璃温度计） ②固体式（双金属温度计）	液体（水银、酒精等）或固体（金属片）受热时产生热膨胀	−100～600 −80～600	结构简单、价格低廉、用于就地测量
	压力式温度计 ①气体式 ②液体式 ③蒸汽式	封闭在一定容器中的气体、液体或某些液体的饱和蒸汽受热时其体积或压力变化	−200～600	具有防爆性、不怕振动、可转换成电信号；准确度不高、滞后性大
	热电偶温度计	物体的热电性质	0～1700	价格低廉，测温范围广，能远距离传输，适宜中、高温测量；需要自由端温度补偿
	热电阻温度计 ①金属热电阻 ②半导体热敏电阻	导体或半导体受热后电阻值变化	−260～600 −260～350	准确度高，响应快，适宜中、低温测量；测点温较困难
非接触式	辐射式温度计 ①光学高温计 ②比色高温计 ③红外光电温度计	物体辐射能随温度变化	−20～3500	不干扰被测温度场、可对运动体测温、响应快；结构复杂、价格高、需定期标定

（四）测温仪表的选用

测温仪表在选用时要注意以下事项：

1. 根据热工要求，正确选用温度测量仪表的量程和精确度。正常使用的测温范围一般为全量程的 30%～90%。

2. 用于现场进行接触测温的仪表有玻璃温度计（用于指示精确度较高和现场没有振动的场合）、压力式温度计（用于就地集中测量、要求指示清晰的场合）、双金属温度计（用于要求指示清晰并且有振动的场合）、半导体温度计（用于间断测量固体表面温度的场合）。

3. 用于远传接触测温的有热电偶、热电阻温度计。应根据工艺条件与测温范围选用适当的规格品种、惰性时间、连接方式、补偿导线、保护套管及插入深度等。

4. 测量细小物体和运动物体的温度，或测量高温，或测量具有振动、冲击而又不能安装接触式温度计的物质的温度，应采用光学高温计、辐射高温计、光电高温计、比色高温计等不接触式温度计。

5. 用辐射高温计测温时，必须考虑现场环境条件，如受水蒸气、烟雾、一氧化碳、二氧化碳、臭氧、反射光等的影响，并应采取相应措施，防止干扰。

二、温度测量仪表及使用

（一）膨胀式温度计

膨胀式温度计是利用液体或固体热胀冷缩的性质制作的测温计，它有液体膨胀式和固体膨胀式两种。

1. 液体膨胀式温度计

液体膨胀式温度计就是玻璃液体温度计，我们经常使用的室内温度计、寒暑表、体温计等都属于液体膨胀式温度计，被广泛用于设备、管道、容器上的温度测量，其测量范围为-200～500℃。这种温度计的优点是结构简单、使用方便、价格便宜和精确度高。

温度计毛细管里面充满液体，常用的液体有水银或某种有机液体，如甲苯、酒精、煤油、戊烷和石油醚等。前者测量范围0～500℃，后者多用来测量低温，最低可测-200℃。

普通玻璃管温度计按其本身形状和结构，可分为三种基本类型，即棒式温度计、内标式温度计和外标式温度计。

棒式温度计如图 7-1 (a) 所示，由温包 1 连接一根厚壁的玻璃毛细管 2 而成。温度标尺 3 可直接刻在毛细管的外表面上。安全泡 5 的作用是避免在温度过高时，液体顶破温度计。

内标式温度计如图 7-1 (b) 所示，由温包 1 和一根较薄的玻璃毛细管 2 相连，在毛细管后面有一片乳白色玻璃的温度标尺 3，毛细管同标尺板均固装在一根圆形的玻璃外壳 4 内，套管一端封闭，另一端熔接在温包上。内标式温度计有较大的热惰性，但在生产和普通实验条件下使用时，观测是比较方便的。

外标式温度计如图 7-1 (c) 所示，由接有温包 1 的毛细管 2 直接固定在刻有温度标尺 3 的板上而成（板可用塑料、木料、金属等制成）。这种温度计的测量液体一般是采用染成红色或蓝色的酒精。它基本上只用于测量不超过50～60℃的空气温度。

玻璃温度计按其测量精度可分为三类：工业用、实验室用和标准温度计。

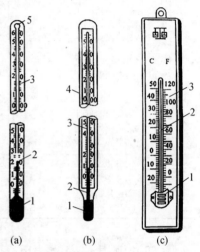

图 7-1 玻璃液体温度计

(a) 棒式温度计；(b) 内标式温度计；
(c) 外标式温度计

1—温包；2—毛细管；3—温度标尺；
4—套管；5—安全泡

标准水银温度计分度值一般为 0.05～0.1℃，用于校准其他温度计；分度值为 0.1℃、0.2℃的一般用于实验室；分度值为 0.5℃、1℃、2℃、5℃的一般适合工业上使用。

工业用温度计大多为内标式水银温度计，其尾部可以做成直的或弯成一定角度。安装在工业设备上的温度计，为保护其安全起见，通常放在专用的金属保护套管内。为改善套管内壁和温包间的传热，在温包和套管壁间的环形空隙内注入油（当温度计刻度在 200℃ 以下时）或石墨粉、铜屑（当温度计刻度在 750℃ 以下时）。在套管中注入油或石墨粉、铜屑的高度只要盖住温度计的温包即可，过多会增加仪表的热惰性。

2. 固体膨胀式温度计

固体膨胀式温度计具有一定的耐振性能，可用来测量气体或液体的温度，它采用叠焊在一起的双金属片作为测量元件，如图 7-2 所示。这两金属片的线膨胀系数不同，当双金属片受热温度升高时，金属片 A 伸长量小，金属片 B 伸长量大，引起双金属片弯曲，温度变化越大，金属片的弯曲程度就越大，这样就把温度的变化转化为位移量的变化。

为了增大仪表的灵敏度，常将双金属片制成盘旋形（图 7-3）或螺旋形（图 7-4），把它们的一端固定，另一端的变形通过传动放大，就能带动指针指示出温度值。

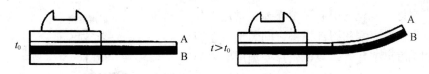

图 7-2 固定膨胀式温度计中的双金属片

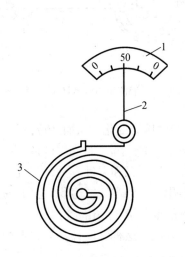

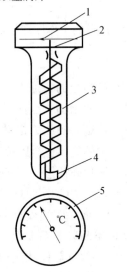

图 7-3 盘旋形双金属片温度计示意图
1—刻度盘；2—指针；3—盘旋形双金属片

图 7-4 螺旋形双金属片温度计示意图
1—指针；2—转轴；3—螺旋形双金属片；4—轴承；5—刻度盘

（二）压力式温度计

压力式温度计的测温原理是：封闭在容器中的液体、气体或低沸点有机液体的饱和蒸汽受热后温度升高，体积膨胀而产生压力变化，其变化的值通过弹簧管压力计显示出温度来。

压力式温度计的测量距离最大可达 60m，精度为 1.5 级和 2.5 级。这种温度计的优点是不怕振动，缺点是测温距离远时，滞后性大。压力式温度计有指针式、记录式、报警式（带电接点）等类型。水泥企业报警式压力温度计常用于袋式收尘器温度监测、煤磨混合气体的温度测量以及磨机轴承润滑油油温的测量等。

压力式温度计的结构如图 7-5 所示，由温包、毛细管和弹簧管压力计组成。温包作为测温元件，温包内所充工作介质可以是液体、气体，也可以是某种液体的蒸汽。压力式温度计按其工作介质不同，分成液体式、气体式和蒸汽式三种。

液体压力式温度计所充的工作介质以水银最为广泛，测温范围可达 650℃。测量 150℃ 和 400℃ 以下的温度可分别采用甲醇和二甲苯。当温包周围温度变化时，温包内的液体体积就要膨胀或收缩，其变化量等于弹簧管内容积随其变形而产生的容积变化量（图 7-6）。温度计在使用时，毛细管和弹簧管中液体也会因受到周围温

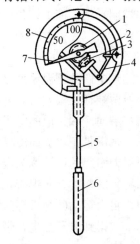

图 7-5 压力式温度计
1—机心齿轮；2—弹簧管；3—扇形；4—连杆；
5—毛细管；6—温包；7—指针；8—刻度盘

217

度变化而发生体积变化，引起测量误差。常用的纠正方法是在弹簧管自由端和指针机构之间装上一条双金属片，当周围温度变化时，双金属片受温度影响而膨胀，偏转的方向与盘弹簧扭转方向相反，借以补偿其误差。

气体压力式温度计的工作原理是基于查理定律的：

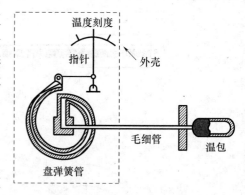

$$\frac{P_1}{T_1}=\frac{P_2}{T_2} \qquad (7-3)$$

在气体容积保持恒定的条件下，气体绝对压力随气体的绝对温度增加而增加。因此，当含有一定容积气体的温包受热时，增大的压力推动盘弹簧动作。由

图 7-6 液体压力温度计工作原理图

于盘弹簧和毛细管中的气体也会因感受了周围温度变化而产生压力变化，从而造成测量误差，此误差也可用双金属片来补偿，其工作气体以氮气用得最广，它能测量的最高温度是 550℃。

蒸汽压力式温度计的工作原理是：低沸点液体的饱和蒸汽压只和温度有关，并且仅是和分界面（气、液分界面）的温度有关。在温包的一部分容积内（约占 2/3 容积）盛放易挥发的液体，而在其他空间以及毛细管、盘弹簧内是这种液体的饱和蒸汽，由于分界面处于温包内，因而这种温度计的读数仅和温包温度即被测介质温度有关。这种温度计不会因毛细管和盘弹簧周围温度的变化以及整个容积的变化而影响读数。

对于蒸汽压力式温度计，由于初始填充压力和系统的工作压力一般都比较低，因此，大气压力变化会造成仪表测量附加误差，可以在使用仪表前在现场重新校正仪表零点，以减小此项误差。

（三）热电偶温度计

热电偶是目前温度测量领域里应用最广泛的测温元件之一。它与其他温度测量元件相比具有突出的优点：性能稳定，准确可靠，测温范围宽，有足够的测量精确度，能测量较高的温度；热电偶能直接把温度信号转换成电压信号，因而便于信号的远传和记录，也有利于集中检测和控制；结构简单，信号测量方便，经济耐用，维修方便等。正是由于它具备了这些突出的优点，所以无论是在工业生产还是科学研究领域都广泛地使用热电偶来测温。

1. 热电偶的测温原理

在讲述热电偶的测温原理之前，首先弄清楚两个概念：温差电势和接触电势。

当导线两端存在温差时，两边的分子热运动程度不同，温度高的运动更剧烈。在这种情形下，由热端向冷端扩散的电子数就会多于冷端向热端扩散的电子数，在总电荷量保持不变的条件下，热端带正电荷而冷端带负电荷。所以冷热两端就会产生一个电势差，由于这个电势差是由温差引起的，被称为温差电势。

不同材料的两种金属焊接在一起，内部的自由电子可以相互移动，由于两种金属的电子密度不同，自由运动的结果导致自由电子密度高的金属失去电子数多，带有正电荷；而电子密度低的金属得到电子数多，带负电荷。焊接点的这种电势差是由于金属材料不同导致的，被称为接触电势。

最简单的热电偶测温系统如图 7-7 所示。它由热电偶（感温元件）、测量仪表（动圈仪表或电位差计）以及连接热电偶和测量仪表的导线（铜导线及补偿导线）组成。

在热电偶测温系统中，热电偶是必不可少的测温元件，它是由两种不同材料的导体 A 和 B 焊接而成，焊接的一端称为热电偶的工作端或热端，和导线连接的一端称为自由端或冷端。把 A 和 B 焊接组成闭合回路，当两个接点的温度不同时（$t \neq t_0$），在回路中就会有电流出现，这是由于在回路中存在着接触电势和温差电势。这种由于温差而产生电信号的现象称为热电效应。若热电偶冷端温度为 t_0℃，热端温度为 t℃，则此时热电偶产生的电动势表示为 E（t，t_0）。

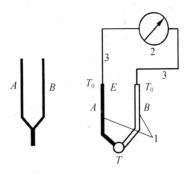

图 7-7　热电偶测温系统
1—热电偶；2—测量仪表；3—导线

在用热电偶实际测温中，我们将热电偶的热端插入需要测温的设备中，冷端置于设备外端，如果两端所处的温度不同，则在热电偶回路中产生热电势，此时热电偶产生的电势信号与待测温度值一一对应。热电偶的材料不同，所产生的电势信号与待测温度的对应关系也不同，标准热电偶有统一的分度表，分度表是在冷端温度为 0℃时，热端温度（即待测温度）与电势值的对应关系，所以测量热电偶的电势信号，然后通过查分度表，就可以得到热端的温度值。

2. 常用热电偶及其材料

（1）热电偶材料

根据热电偶的测温原理，在实际应用中需要选择合适的热电极材料，对热电极材料一般有以下要求：

1）在测温范围内热电性能稳定，不随时间和被测对象而变化。

2）在测温范围内物理化学性质稳定，不易氧化和腐蚀，耐辐射。

3）要有足够的灵敏度，热电势随温度的变化率要足够大，并且与温度的关系最好成线性或接近线性。

4）电导率高，电阻温度系数小。

5）力学性能好，机械强度高，材质均匀；工艺性好，易加工，复制性好；制造工艺简单，价格便宜。

（2）常用热电偶

常用热电偶可分为标准热电偶和非标准热电偶两大类。标准热电偶是指国家标准规定了其热电势与温度的关系及允许误差值，并有统一的标准分度表的热电偶，它有与其配套的显示仪表可供选用。非标准热电偶在使用范围或数量上均不及标准热电偶，一般也没有统一的分度表，主要用于特殊场合的温度检测。

标准化热电偶我国从 1988 年 1 月 1 日起，热电偶和热电阻全部按 IEC 国际标准生产，并指定 S、B、E、K、R、J、T 七种标准化热电偶为我国统一设计型热电偶。热电偶的分度号有主要有 S、R、B、N、K、E、J、T 等几种。其中 S、R、B 属于贵金属热电偶，N、K、E、J、T 属于廉金属热电偶。

以下介绍常见热电偶的结构及特性：

1）铂铑 10—铂热电偶（S 型热电偶）

铂铑 10—铂热电偶（S 型热电偶）为贵金属热电偶。偶丝直径规定为 0.5mm，允许偏差 −0.015mm，其正极（SP）的名义化学成分为铂铑合金，其中含铑为 10%，含铂为 90%，负极（SN）为纯铂，故俗称单铂铑热电偶。该热电偶长期最高使用温度为 1300℃，短期最高使用温度为 1600℃。

S型热电偶在热电偶系列中具有准确度高，稳定性好，测温温区宽，使用寿命长等优点。它的物理、化学性能良好，热电势稳定性及在高温下抗氧化性能好，适用于氧化性和惰性气氛中。

S型热电偶不足之处是热电势，其热电势率较小，灵敏度低，高温下机械强度下降，对污染非常敏感，贵金属材料昂贵，因而一次性投资较大。

2）铂铑13-铂热电偶（R型热电偶）

铂铑13-铂热电偶（R型热电偶）为贵金属热电偶。偶丝直径规定为0.5mm，允许偏差−0.015mm，其正极（RP）的名义化学成分为铂铑合金，其中含铑为13％，含铂为87％，负极（RN）为纯铂，长期最高使用温度为1300℃，短期最高使用温度为1600℃。

R型热电偶在热电偶系列中具有准确度高，稳定性好，测温温区宽，使用寿命长等优点。其物理、化学性能良好，热电势稳定性及在高温下抗氧化性能好，适用于氧化性和惰性气氛中。由于R型热电偶的综合性能与S型热电偶相当，在我国一直难以推广，除在进口设备上的测温有所应用外，国内测温很少采用。英国NPL、美国NBS和加拿大NRC三大研究机构曾进行了一项合作研究，其结果表明，R型热电偶的稳定性和复现性比S型热电偶均好。

R型热电偶不足之处是热电势，其热电势率较小，灵敏度低，高温下机械强度下降，对污染非常敏感，贵金属材料昂贵，因而一次性投资较大。

3）铂铑30-铂铑6热电偶（B型热电偶）

铂铑30-铂铑6热电偶（B型热电偶）为贵金属热电偶。偶丝直径规定为0.5mm，允许偏差−0.015mm，其正极（BP）的名义化学成分为铂铑合金，其中含铑为30％，含铂为70％，负极（BN）为铂铑合金，含铑为6％，故俗称双铂铑热电偶。该热电偶长期最高使用温度为1600℃，短期最高使用温度为1800℃。

B型热电偶在热电偶系列中具有准确度高，稳定性好，测温温区宽，使用寿命长，测温上限高等优点，适用于氧化性和惰性气氛中，也可短期用于真空中，但不适用于还原性气氛或含有金属或非金属蒸汽气氛中。B型热电偶有一个明显的优点是不需用补偿导线进行补偿，因为在0～50℃范围内热电势小于$3\mu V$。

B型热电偶不足之处是热电势，其热电势率较小，灵敏度低，高温下机械强度下降，对污染非常敏感，贵金属材料昂贵，因而一次性投资较大。

4）镍铬硅-镍硅热电偶（N型热电偶）

镍铬硅-镍硅热电偶（N型热电偶）为廉金属热电偶，是一种最新国际标准化的热电偶，是在20世纪70年代初由澳大利亚国防部实验室研制成功的。它克服了K型热电偶的两个重要缺点：K型热电偶在300～500℃间由于镍铬合金的晶格短程有序而引起的热电动势不稳定；在800℃左右由于镍铬合金发生择优氧化引起的热电动势不稳定。正极（NP）的名义化学成分为：Ni：Cr：Si＝84.4：14.2：1.4，负极（NN）的名义化学成分为：Ni：Si：Mg＝95.5：4.4：0.1，其使用温度为−200～1300℃。

N型热电偶具有线性度好，热电动势较大，灵敏度较高，稳定性和均匀性较好，抗氧化性能强，价格便宜，不受短程有序化影响等优点，其综合性能优于K型热电偶，是一种很有发展前途的热电偶。

N型热电偶不能直接在高温下用于硫化、还原性或还原、氧化交替的气氛中和真空中，也不推荐用于弱氧化气氛中。

5）镍铬-镍硅热电偶（K型热电偶）

镍铬-镍硅热电偶（K型热电偶）是目前用量最大的廉金属热电偶，其用量为其他热电偶的总和。正极（KP）的名义化学成分为：Ni : Cr＝90 : 10，负极（KN）的名义化学成分为：Ni : Si＝97 : 3，其使用温度为－200～1300℃。

K型热电偶具有线性度好，热电动势较大，灵敏度高，稳定性和均匀性较好，抗氧化性能强，价格便宜等优点，能用于氧化性惰性气氛中，广泛为用户所采用。

K型热电偶不能直接在高温下用于硫化、还原性或还原、氧化交替的气氛中和真空中，也不推荐用于弱氧化气氛中。

6）镍铬-铜镍热电偶（E型热电偶）

镍铬-铜镍热电偶（E型热电偶）又称镍铬－康铜热电偶，也是一种廉金属的热电偶，正极（EP）为：镍铬10合金，化学成分与KP相同，负极（EN）为铜镍合金，名义化学成分为：55％的铜，45％的镍以及少量的锰、钴、铁等元素。该热电偶的使用温度为－200～900℃。

E型热电偶热电动势之大，灵敏度之高属所有热电偶之最，宜制成热电堆，测量微小的温度变化。对于高湿度气氛的腐蚀不灵敏，宜用于湿度较高的环境。E型热电偶还具有稳定性好，抗氧化性能优于铜-康铜，铁-康铜热电偶，价格便宜等优点，能用于氧化性和惰性气氛中，广泛为用户采用。

E型热电偶不能直接在高温下用于硫化、还原性气氛中，热电势均匀性较差。

7）铁-铜镍热电偶（J型热电偶）

铁-铜镍热电偶（J型热电偶）又称铁-康铜热电偶，也是一种价格低廉的廉金属的热电偶。它的正极（JP）的名义化学成分为纯铁，负极（JN）为铜镍合金，常被含糊地称为康铜，其名义化学成分为：55％的铜和45％的镍以及少量却十分重要的锰、钴、铁等元素，尽管它叫康铜，但不同于镍铬-康铜和铜-康铜的康铜，故不能用EN和TN来替换。铁－康铜热电偶的覆盖测量温区为－200～1200℃，但通常使用的温度范围为0～750℃。

J型热电偶具有线性度好，热电动势较大，灵敏度较高，稳定性和均匀性较好，价格便宜等优点，广为用户采用。

J型热电偶可用于真空、氧化、还原和惰性气氛中，但正极铁在高温下氧化较快，故使用温度受到限制，也不能直接无保护地在高温下用于硫化气氛中。

8）铜-铜镍热电偶（T型热电偶）

铜-铜镍热电偶（T型热电偶）又称铜-康铜热电偶，也是一种最佳的测量低温的廉金属的热电偶。它的正极（TP）是纯铜，负极（TN）为铜镍合金，常称之为康铜，它与镍铬-康铜的康铜EN通用，与铁-康铜的康铜JN不能通用，尽管它们都叫康铜，铜－铜镍热电偶的覆盖测量温区为－200～350℃。

T型热电偶具有线性度好，热电动势较大，灵敏度较高，稳定性和均匀性较好，价格便宜等优点，特别在－200～0℃温区内使用，稳定性更好，年稳定性可小于±3μV，经低温检定可作为二等标准进行低温量值传递。

T型热电偶的正极铜在高温下抗氧化性能差，故使用温度上限受到限制。

（3）常用热电偶的测温范围

在国标GB/T 26282《水泥回转窑热平衡测定方法》中，温度测量仪表如果选用热电偶的话，可以选用镍铬-镍硅热电偶、铂铑30-铂铑6热电偶、铂铑-铂热电偶或铜-康铜热电偶。在使用热电偶测试时，应将感温部分插入被测物料或介质中，深度不应小于50mm。

这几种热电偶适用的温度测量范围见表7-2。

表7-2　常用热电偶适用的温度测量范围

热电偶类型	分度号	测温范围（℃）	推荐使用的最高测温范围（℃）	
			长期	短期
铜-康铜	T	−200～350	350	400
镍铬-镍硅	K	−200～1300	800	1300
铂铑30-铂铑6	B	0～1800	1700	1800
铂铑-铂	R和S	0～1700	1300	1700

3. 热电偶的结构

为了保证热电偶使用时能够正常工作，热电偶需要有良好的电绝缘并需用保护套管将其与被测介质隔离。工业热电偶的典型结构有普通型和铠装型两种形式。

（1）普通热电偶

为了避免遭受有害介质的化学作用，以及避免机械损伤，普通热电偶一般都装在带有接线盒的保护套管中。带有保护套管的热电偶的结构如图7-8所示，下部为保护套管3，上部为接线盒4；接线盒内有接线柱5，可以借助于接线柱把热电偶和连线连接起来。接线盒除了可以方便地进行接线外，还有防尘和防水的作用。有的保护套管上还安装热电偶用的安装螺丝6或安装法兰7。

热电偶1的两根热电极是用电弧、乙炔焰等方法把它们焊接在一起的。焊接点的形式有三种，如图7-9所示。对焊点的要求是焊接光滑、无夹渣和裂纹，焊点直径应不超过热电极直径的2倍，以保证测温的可靠性和准确性。

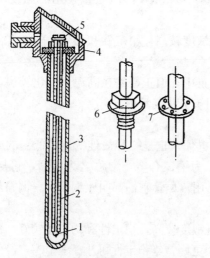

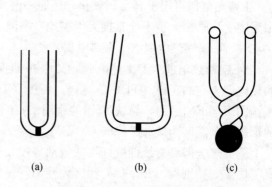

图7-8　带有保护套管热电偶的结构

1—热电偶；2—绝缘子；3—保护套管；4—接线盒；
5—接线柱；6—安装螺丝；7—安装法兰

图7-9　热电偶工作端焊接形式

（a）点焊；（b）对焊；（c）绞接点焊

保护套管要求气密性好，有足够的机械强度，导热性能好，物理化学特性稳定。根据热电偶使用条件不同，保护套管最常用的材料有铜、不锈钢、石英、陶瓷等，保护套管材料及适用温度范围见表 7-3。热电偶插在保护套管里，为了避免两金属丝之间的短路，在两金属丝之间还要用绝缘套管 2 隔开。普通热电偶的长度由安装条件和插入深度决定，一般为 350～2000mm。普通热电偶的热容量大，对温度变化的响应慢。

表 7-3　保护套管常用材料及适用温度范围

名称	建议上线温度（℃）	性能及使用场合
烧结氧化钍	2500	耐熔炼过程中的熔渣作用，抗热震性较差
纯氧化铝	1900	气密性较好，抗还原性气氛和抗热震性好，耐腐蚀，有一定刚度和强度；各种窑炉使用较多
金属陶瓷（氧化镁＋钼）	1800	抗氧化性气氛和机械性能好，抗热震性好，可用于钢水等液态金属测温
高铝瓷	1500	抗热震性好，耐腐蚀，气密性较差，价格便宜，使用较为广泛，常用于各种窑炉
金属陶瓷（氧化铝＋铬）	1300	抗热震性好，气密性一般，刚度和强度一般
高温不锈钢	1200	抗氧化性，有一定抗还原性，耐腐蚀，机械性能好
石英	1100	抗热震性好，气密性好
不锈钢	900	抗氧化性一般，耐腐蚀，机械性能较好，使用较广泛
碳钢	600	易腐蚀，气密性一般，价格便宜，在中性介质中使用较多
热强度钢	600	机械强度高，抗蠕变性能好，在震动和冲击下易断裂，适用于高压大流速介质中
黄铜	400	抗氧化性较好，气密性好，镀铬后耐腐蚀

（2）铠装热电偶

铠装热电偶又称缆式热电偶，是 20 世纪 60 年代发展起来的一种小型化、长寿命、结构牢固的新型热电偶。它是由热电极、绝缘材料和金属套管三者组合加工而成的坚固的组合体，其检测端有露头型、接壳型和绝缘型三种基本形式（图 7-10）。这种热电偶外直径 D 最细可达 0.25mm，最粗为 12mm。其长度可以根据实际需要截取，最短可制成 100mm 以下，最长可达 100m。套管材料为铜、不锈钢或镍基高温合金等。热电极和套管之间的绝缘材料有氧化铝、氧化镁等。

铠装热电偶的主要优点是：工作端热容量小，对温度变化响应快，如 $\phi2.5mm$ 的露头型时间常数 $T=0.05s$，碰底型 $T=0.3s$，不碰底型 $T=1.5s$；机械强度高，耐强烈振动和耐冲击，挠性好，在测量中可根据需要进行弯曲，可以安装在狭窄或结构复杂的测量场合。因此，被广泛应用于各工业部门。

若热电偶的冷端温度为 0℃，则可以直接通过查分度表来确知热端的温度，但在实际工业测量中，要使热电偶的冷端温度为 0℃ 是很困难

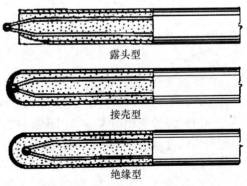

露头型

接壳型

绝缘型

图 7-10　铠装热电偶测量端的形式

的，而且冷端距离待测高温点很近，容易受到测温点的影响而产生波动。只有对冷端进行冷端温度补偿才能准确测量。在工业使用中，冷端温度补偿的方法有以下两种：

1）补偿导线法

热电偶本身由于材料价格的原因，不可能过长，所以利用补偿导线将冷端延伸到温度恒定的地方。补偿导线在选材上，既要考虑廉价，同时保证热电特性在 0～100℃ 范围内与所连接的热电偶近似相同。在使用补偿导线时，要注意与热电偶匹配，同时不能将补偿导线正负极接反。

2）仪表机械零位调整法

对于具有零位调整的显示仪表而言，如果热电偶的冷端温度 t_0 较为恒定，可在测温系统未工作前，预先将显示仪表的机械零点调整到 t_0 上，当系统投入工作后，显示仪表的显示值就是实际的被测温度值。

（3）表面温度计

表面温度计是为了测量物体表面（主要是移动、旋转的物体）温度而设计的特殊热电偶。如水泥窑热工测量中必须测窑筒体表面温度，而且回转窑还在转动，所以能适应这种情况使用的热电偶的结构就比较特殊，下面以 WMEA-22 型表面温度计为例进行介绍。

图 7-11 为 WMEA-22 型表面温度计，其热电极 1 是由镍铬－康铜组成，制成 $0.5mm \times 0.1mm$ 薄片，弯成弓形。在热电极两旁有两片和热电极形状相似的弹簧片 2 保护。它们都安装在支架 3 上，支架上装有 4 个滚轮 4，支架和支杆 5 之间靠螺栓 6 和旋钮 7 连接在一起，支杆末端是手柄 8。热电极靠 1.5m 长的补偿导线 9 和显示仪表毫伏计相接。测定时，用手拿住手柄，将 4 个滚轮压在转动的筒体 10 上，支架不动，滚轮随筒体转动。热电极的热接点贴在筒体上，受热温度升高，其产生的热电势通过补偿导线传至毫伏计显示出温度，该温度就是筒体表面温度。要调节支杆和支架之间的角度时，可旋动旋钮 7，松开后调至方便测定为止。

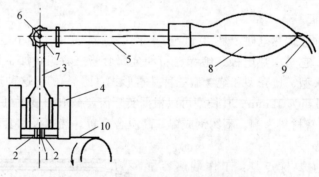

图 7-11　WMEA-22 型表面温度计

1—热电极；2—弹簧片；3—支架；4—滚轮；5—支杆；6—螺栓；7—旋钮；8—手柄；9—补偿导线；10—筒体

（4）抽气热电偶

在水泥厂测量回转窑的二次空气温度时，由于周围环境（熟料、窑皮、火焰等）温度很高，辐射传热影响相当大。如用普通热电偶插入测量二次空气温度，热电偶除受到二次空气以对流传热方式将热量传给热电偶外，还受周围环境的辐射传热，因此测出温度偏高。用抽气热电偶测二次空气温度可以大大减小误差，其结构如图 7-12 所示。测量时将抽气热电偶插入窑内二次空气出口处，借喷射器 1 将二次空气从隔离罩 4 的入气孔 5 吸入，通过缩颈 6 中热电极 2 的热端 3，沿着排气管 7 进入喷射器 1 和喷射器中的压缩空气混合后，一起排出至大气中。由于隔离罩的存在，大大削弱了周围环境对热电偶热端的辐射传热，因而提高了测量的准确度。

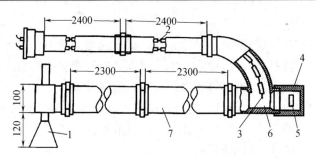

图 7-12　测量回转窑二次空气温度用的抽气热电偶

1—喷射器；2—热电极；3—热端；4—隔离罩；5—入气孔；6—缩颈；7—排气管

（四）热电阻温度计

目前，测量温度的方法，除了热电偶以外，热电阻温度计也在测量温度中得到广泛的应用。尤其是工业生产中在 $-200 \sim 850℃$ 范围内的温度常常使用热电阻温度计。在特殊情况下，热电阻温度计测量温度最低可达 $-270℃$，最高可达 $1000℃$。热电阻温度计由热电阻体、测量电阻值的显示仪表及连接导线所组成。

热电阻测温的优点是信号可以远传，灵敏度高，输出信号大，无须冷端温度补偿，互换性好，准确度高；其缺点是感温部分体积大，热惯性大。

1. 热电阻的测温原理

热电阻是测量温度的感温元件，它之所以能用来测量温度，是因为导体或半导体的电阻具有随温度而变化的性质。实验证明大多数金属当温度升高 $1℃$ 时，其阻值要增加 $0.4\% \sim 0.6\%$，而半导体的阻值要减小 $3\% \sim 6\%$。热电阻温度计是基于金属导体或半导体电阻值与本身温度呈一定函数关系的原理实现温度测量的。

金属导体电阻与温度的关系一般可表示为：

$$R_t = R_{t0} \left[1 + \alpha \left(t - t_0 \right) \right] \tag{7-4}$$

式中　R_t——温度为 t 时的电阻值；

$\quad R_{t0}$——温度为 t_0 时的电阻值；

$\quad \alpha$——电阻温度系数，即温度每升高 $1℃$ 时电阻的相对变化量。

由于一般金属材料的电阻与温度关系并非线性，故 α 值也随温度而变化，并非常数。金属或半导体的电阻与温度函数关系一旦确定之后，就可以通过测量置于测温对象之中并与测温对象达到热平衡的热电阻的阻值而求得对象的温度。也就是说导体和半导体的电阻值是温度的函数（而且这种函数关系是比较简单的），只要事先知道这种函数关系，而且能把导体或半导体的电阻值测量出来，那么就可以知道导体或半导体的温度，从而也就知道被测介质的温度，这就是热电阻测量温度的基本原理。

2. 常用热电阻材料

热电阻是基于金属（或半导体）的电阻值随温度变化而变化的性质制成的感温元件。但并不是所有金属都能制造出工业上有实用价值的热电阻，因为工业上对用来制造热电阻的金属有严格的要求：

1）选择电阻随温度变化成单值连续关系的材料，最好呈线性或平滑特性，用分度公式和分度表描述。

2）有尽可能大的电阻温度系数。电阻温度系数与金属的纯度有关，金属越纯，电阻温度系数越大，灵敏度就越高。

3）有较大的电阻率，以便制成小尺寸元件，减小测温的热惯性。

4）在测温范围内物理化学性质稳定，能长时期适应较恶劣的测温环境。

5）复现性好，复制性强，易于得到高纯物质，价格低廉。

根据感温元件的材质，热电阻可分为金属热电阻和半导体热电阻两大类，金属热电阻有铜、铂、镍、铁等，目前工业上广泛应用的是铂电阻和铜电阻（表7-4），并已列入标准化生产。半导体热电阻有锗和热敏电阻等。

表 7-4　工业用热电阻分类及特性

项目	铂 热 电 阻		铜 热 电 阻	
分度号	Pt100	Pt10	Cu100	Cu50
R_0（Ω）	100	10	100	50
α	0.00385		0.00428	
测温范围（℃）	−200～850		−50～150	
特点	精度高，体积小，测温范围宽，稳定性好；再现性好。但价格较贵，高温下只适合在氧化气氛中使用		线性较好，价格低；但体积较大，热响应慢，可作为测量区域平均温度的感温元件	

3. 热电阻温度计的结构

金属热电阻温度计一般由电阻体、引线、绝缘子、保护套管及接线盒等组成，其外形与热电偶温度计相似。工业热电阻温度计通常也有普通型和铠装型两种形式。

（1）普通型热电阻温度计

图7-13为普通型热电阻温度计，电阻体是用热电阻丝绕制在绝缘骨架上制成的。一般工业用热电阻丝，铂丝多为 ϕ0.07mm 裸线；铜丝多为 ϕ0.1mm 漆包线或丝包线。为消除绕制电感，通常采用双线并绕（亦称无感绕制）。这样，当线圈中通过变化的电流时，由于并绕的两导线电流方向相反，磁通互相抵消，消除了电感。电阻丝绕完之后应经退火处理，以消除内应力对电阻温度特性的影响。

引线的作用是将热电阻体线端引至接线盒，以便与外部导线及显示仪表连接。引线的直径较粗，一般约为 1mm，以减小附加测量误差。引线材料最好与电阻丝相同，并且与电阻丝的接触电势要小，以免产生附加热电势。为了节约成本，工业用铂热电阻温度计一般用银丝作引线，而标准或实验室用铂热电阻温度计采用

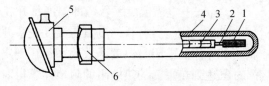

图 7-13　普通型热电阻温度计
1—电阻体；2—引线；3—绝缘子；4—保护套管；
5—接线盒；6—安装螺母

直径为 0.3mm 的铂丝作引线，铜电阻温度计常用镀银铜丝作引线。

绝缘子套在引线上，以防止引线之间及引线与保护套管之间短路。绝缘子材料的选用是根据使用温度范围来确定的。工业用热电阻温度计一般采用圆柱形双孔绝缘瓷珠。

保护套管的作用是防止电阻体遭受化学腐蚀和机械损伤。工业用热电阻温度计的保护套管有黄铜管、碳钢管和不锈钢管。使用时可根据被测介质温度和性质来选取。

接线盒是用来固定接线座和作为热电阻温度计与外部连接导线相连接的装置，通常用铝合金制成。

（2）铠装型热电阻温度计

铠装型热电阻温度计由金属保护管、绝缘材料和感温元件（电阻体）三者组合经冷拔、旋锻加工而成，如图7-14所示。铠装型热电阻温度计中的电阻体是用细铂丝绕在陶瓷或玻璃支架上制成，引线一般为铜导线或银导线。

铠装型热电阻温度计有如下特点：

1）热惰性小，反应迅速。如保护管直径为 $\phi 12\text{mm}$ 的普通铂电阻温度计，其时间常数为25s；而金属套管直径为 $\phi 4.0\text{mm}$ 的铠装热电阻温度计，其时间常数仅为5s左右。

2）具有可弯曲性能。铠装热电阻温度计除头部外，可以做任意方向的弯曲，因此它适用于结构较为复杂、狭小设备的温度测量。

3）具有良好的耐振动、抗冲击性能。

4）使用寿命长，铠装热电阻温度计的电阻体由于受到氧化镁绝缘材料的覆盖和金属套管的保护，热电阻丝不易被有害介质所侵蚀，因此它的寿命较普通热电阻长。

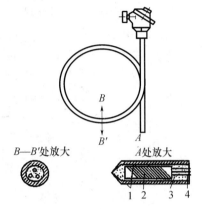

图 7-14 铠装型热电阻温度计
1—金属套管；2—感温元件；
3—绝缘材料；4—引出线

工业热电阻安装在测量现场，其引线对测量结果有较大影响，热电阻的引线方式有二线制、三线制和四线制（图7-15）。工业热电阻的引线多用三线制，即在热电阻的一端连接两根导线（其中一根作为电源线），另一端连接一根导线。当热电阻与测量电桥配用时，分别将两根引线接入两个桥臂，就可以较好地消除引线电阻的影响，提高测量精度。

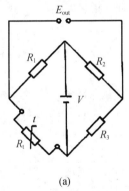 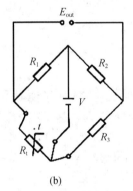 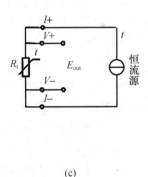

(a)   (b)   (c)

图 7-15 热电阻测量连接方式
(a) 二线制；(b) 三线制；(c) 四线制

（五）非接触式测温仪表

在某些工业生产过程中，受到测温现场条件的限制，比如腐蚀等恶劣环境、运动物体、微小目标等，又如在水泥生产中水泥窑内燃烧温度高达1700℃左右，而熟料温度也在1400℃以上，一般的接触式测温仪表是不能测量的，都得使用非接触式测温仪表才能实现。

目前常用的非接触式测温仪表为热辐射式测温仪表。它是利用受热物体的热辐射作用来测量物体本身温度的。任何受热物体都有一部分热能转变为辐射能，在热辐射时，热能以电磁波的形式传递，不同物体是由不同的原子组成的，因此发出不同波长的波，各种波长光的性质不同，有些光波能够被物体吸收，并重新转变为热能，这个过程即为热辐射。物体受到热辐射后，视物体本身的性质，能将它吸收、透射或反射。而受热物体放出的辐射能的多少，与它的温度有一定的关系，热辐射式测温仪表就是根据这种热辐射原理制成的。

辐射式测温仪表主要由光学系统、检测元件、转换电路和信号处理等部分组成，如图 7-16 所示。光学系统包括瞄准系统、透镜、滤光片等，将物体的辐射能通过透镜聚焦到检测元件，检测元件为光敏或热敏器件，转换电路和信号处理系统将信号转换、放大、辐射率修正和标度变换后，输出与被测温度相应的信号。

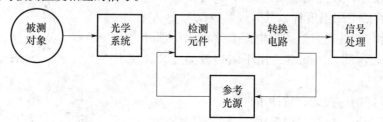

图 7-16　辐射测温仪表结构示意图

由于不与测温对象接触，辐射式测温计具有以下特点：

（1）由于传感器与被测对象不接触，不存在因接触传热而产生的测温传热误差，还可测量运动物体的温度并进行遥测。

（2）测温上限不受测温传感器材料的限制，测温可高达 2000℃以上。

（3）在测量过程中传感器不必与被测对象达到热平衡，故检测速度快，响应时间短，适于快速测温。

（4）因低温物体的辐射能力很弱，因此辐射式仪表多用来测 700℃以上的高温。但用红外测量仪表，也可测低达 100℃左右的温度。

常用的热辐射式测温仪表有：光学高温计、光电高温计、辐射高温计、红外测温仪等。

1. 光学高温计

物体温度变化时，某些单色辐射力的变化比全辐射力的变化更为显著，因此利用单色辐射力与温度的关系实现测温时，仪表灵敏度较高。

光学高温计的原理结构如图 7-17 所示。测温时，用眼通过目镜 4 和物镜 1 瞄准被测对象。调节目镜使眼睛清晰地看到仪表中的钨丝灯灯丝后，再调节物镜，使对象成像于灯丝平面上，以便与灯丝亮度进行比较，由于红色滤光玻璃的吸收作用，眼睛只能看到对象与灯丝的红色光（$\lambda = 0.65\mu m$）。聚焦图像清晰后，由目镜可以看到如图 7-18 所示的某一种图像，图 7-18（a）为背景（即被测对象）亮度大于灯丝亮度，灯丝发暗；图 7-18（b）为灯丝亮度高于背景亮度；图 7-18（c）中两者亮度相等，看上去好像灯丝中断一样。当出现图 7-18（a）、（b）的情况时，可以用手调节图 7-17 中的滑线电阻，改变灯丝电流，使得灯丝亮度与被测对象亮度相等后，即可由电流表上的温度刻度读出被测温度值。

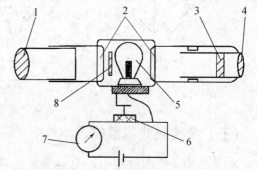

图 7-17　光学高温计的原理结构

1—物镜；2—光阑；3—滤光玻璃；4—目镜；
5—钨丝灯；6—滑线电阻；7—指示仪表；8—吸收玻璃

 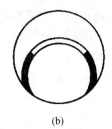 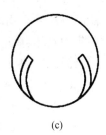

(a)   (b)   (c)

图 7-18   光学高温计亮度比较的三种情况

(a) 钨丝亮度低；(b) 钨丝亮度高；(c) 钨丝与对象亮度相同

仪表中灰色吸收玻璃可减弱对象亮度，从而扩展仪表量程。当不使用灰色吸收玻璃时，仪表量程为 700～1400℃；当使用灰色吸收玻璃时，仪表量程可扩展为 1200～2000℃。

光学高温计的特点是结构简单、使用方便、量程比较宽，可以达到较高的精确度。由于物体的温度达到一定程度（＞700℃）才能发出足够亮度的可见光，光学高温计才能测定其温度，所以它的测温范围下限是 700℃，广泛用来测量 700～3200℃温度范围内的温度。但这种温度计只能测量亮度而不能直接测量真实温度，在水泥生产和热工测量中用于测量窑内温度。此外，它是通过人眼的瞄准和对亮度进行比较实现测温的，测量结果带有人为的主观误差，且不能自动记录和控制温度。

2. 光电高温计

光电高温计是在光学高温计的基础上发展起来的能自动连续工作的测温仪表，它根据的是光谱辐射亮度的原理。其传感器是能感受光谱辐射亮度变化的光电检测器件，它把亮度信号转换成电信号，将电信号放大后即可被测量，最后显示温度。它依靠特殊的单色滤光片（单色器）保证仪表在一定的波长下工作。为提高仪表的性能，仪表可采用负反馈的工作原理。光电高温计测量精度很高，国际温标规定在 961.78℃以上温度，光电高温计代替光学高温计作为测温基准器。

图 7-19 所示为光电高温计的工作原理示意图。被测物体发出的辐射能由物镜聚焦，通过孔径光阑和遮光板上的孔 3 和红色滤光片入射到硅光电池上，调正瞄准系统使光束充满孔 3。瞄准系统由透镜、反射镜和观察孔组成。从反馈灯发出的辐射能通过遮光板上的孔 5 和同一红色滤光片，也投射到同一硅光电池上。在遮光板前面装有调制片，调制器使调制片作机械振动，交替打开遮盖孔 3 及孔 5，被测物体和反馈灯发出的辐射能交替地投射到硅光电池上。当反馈灯亮度和被测物体亮度不同时，硅光电池将产生脉冲电流，光电流信号经放大处理调整通过反馈灯的电流，改变反馈灯亮度。当反馈灯亮度与被测物体相同时，脉冲光电流接近于零。这时由通过反馈灯电流的大小就可以得知被测物体温度。

光电高温计具有以下优点：

1）既可在可见光，又可在红外光波长下工作，有利于用辐射法测低温。

2）分辨率高。光学高温计最高为 0.5℃，而光电高温计可达 0.01～0.05℃。

3）精确度高。由于采用性能良好的干涉滤光片（或单色器），提高了仪表的单色性因而不确定度减小。例如：2000℃时不确定度可小到±0.25℃。

4）采用光敏器件为感受元件，系统自动进行亮度平衡，可以连续测温，避免了人工误差，灵敏度高，响应快。

3. 辐射高温计

辐射高温计是根据全辐射定律实现测温的仪表。它以热电堆作检测元件，由于热电堆对不同波长辐射能的响应率是均匀的，因此该仪表被称为全辐射高温计。辐射高温计是利用物体发出的辐射能集中到热电堆上，就有热电势输出，可用毫伏计或其他显示仪表进行指示或记录，所以它的测温范围的下限可至400℃。

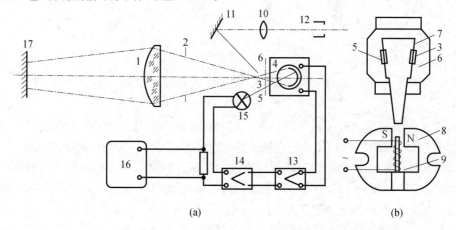

图 7-19　光电高温计工作原理示意图

1—物镜；2—孔径；3，5—孔；4—光电器件；6—遮光板；7—调制片；8—永久磁铁；9—激磁绕组；10—透镜；
11—反射镜；12—观察孔；13—前置放大器；14—主放大器；15—反馈灯；16—电位差计；17—被测物体

图 7-20 为辐射高温计的原理结构。当通过目镜及物镜用眼瞄准被测对象后，对象的辐射通过物镜 1 聚焦，再经光阑 2 投射到玻璃泡内的热电堆 4 上。热电堆是由多支热电偶顺序串联，并将热端集中在一起但相互间绝缘的感温件，由于热电势串联，其输出灵敏度较高。辐射高温计中的热电堆由 4 支热电偶串联构成，其热端集中夹在玻璃泡中心十字形的铂箔上。铂箔涂以黑色，以增大黑度，加强对辐射的吸收能力。投射到热电堆上的辐射能，经铂箔吸收后转化为热能，使之温度升高，通过热电堆又转变为热电势输出，送至显示仪表指示出被测物体的温度值。目镜前的灰色滤光片可以在瞄准被测对象聚焦时，减弱辐射以保护人眼。

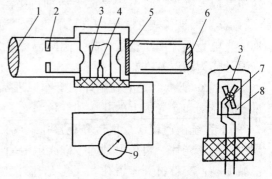

图 7-20　辐射高温计的原理结构

1—物镜；2—光阑；3—玻璃泡；4—热电堆；
5—灰色滤光片；6—目镜；7—铂箔；
8—云母片；9—显示仪表

由于被测对象全辐射力不仅与温度有关，还与其黑度有关，故辐射高温计只能规定被测对象为黑体时的辐射—温度关系刻度。因此用全辐射高温计测量物体温度时，高温计上的温度读数 t_p 必须加以修正。修正的方法是先确定被测物的黑度ε（可从表7-5查阅有关各种工程材料的黑度），然后从表7-6查得物体真实温度。

表 7-5　常用工程材料的黑度

材料名称	温度（℃）	ε 值	材料名称	温度（℃）	ε 值
精密磨光的纯铜	80～150	0.018～0.023	高铝砖、硅砖、镁砖、镁铝砖	—	0.8
无光泽的黄铜	20～350	0.22			
磨光的钢件	770～1040	0.52～0.56	碳化硅板	1300～4000	0.9～0.94
新轧制的钢	20	0.24	藻土粉	—	0.25

材料名称	温度（℃）	ε 值	材料名称	温度（℃）	ε 值
钢板具有氧化层表皮	20	0.82	水泥板	1000	0.63
表面氧化的钢件	940～1100	0.8	水泥	—	0.54
氧化后的铁	125～525	0.78～0.82	水（厚度>0.1mm）	0～100	0.95～0.96
铸铁	500～1200	0.85～0.95	石膏	20	0.8～0.9
玻璃	22～90	0.94	石棉水泥板	20	0.96
红砖	20	0.93	石棉粉	—	0.4～0.6
耐火黏土砖	20	0.85	煤	100～600	0.81～0.79
耐火黏土砖	1000	0.75	雪	0	0.8
耐火黏土砖	1200	0.59	木材	20	0.8～0.92
抹灰的砖体	20	0.94	硬橡皮	20	0.95

表 7-6　在不同 ε 值时的真实温度

辐射温度（℃） ＼ ε 值	1.00	0.95	0.90	0.85	0.80	0.75	0.70	0.65	0.60	0.55	0.50
400	400	408	417	427	437	448	461	474	489	505	523
600	600	611	623	636	649	664	680	698	718	739	763
800	800	814	828	844	861	880	900	921	945	972	1002
1000	1000	1016	1034	1053	1073	1095	1119	1144	1173	1204	1240
1200	1200	1219	1239	1261	1284	1310	1337	1367	1400	1437	1478
1400	1400	1422	1445	1469	1496	1525	1556	1590	1628	1669	1716
1600	1600	1624	1650	1678	1707	1740	1775	1813	1855	1902	1954
1800	1800	1827	1855	1886	1919	1955	1993	2636	2082	2134	2192
2000	2000	2030	2063	2096	2128	2173	2212	2262	2309	2371	2430

4. 红外测温仪

波长约在 $0.8～100\mu m$ 范围的射线称为红外线。任何物体在温度较低时向外辐射的能量大部分都是红外辐射，红外辐射能够被物体吸收并转变为热能，因此也是一种热射线。

WDL-31 型光电红外线温度计的组成原理如图 7-21 所示。它由感温器和显示仪表两大部分组成。被测物体的表面辐射能量由物镜会聚，经调制盘（又称切光片）反射到滤光片，一定波长的红外线透过滤光片到达探测元件上而被接收。仪器中用作参考辐射源的参比灯的辐射能量，通过另一路聚光镜 6，经反射镜 5 反射到调制盘并被调制后，也到达探测元件上被接收。被测物体辐射能量和参比灯辐射能量是交替地被红外探测元件接收的，从而产生两个相位相差 180°的电信号。从探测元件输出的脉冲信号是这两个信号的差值。此信号经放大、相敏检波成直流信号，再经直流放大处理，以调节参比灯工作电流，使其辐射能量与被测能量相平衡。参比灯的辐射能量始终精确跟踪被测辐射能量，保持平衡状态，再将参比灯的电参数经过电子线路进一步处理，输出 4～20mA（DC）统一信号送显示仪表，指示、记录被测的温度值。为了适应辐射能量变化的特点，电路设有自动增益控制环节，在量程范围内，保证仪器电路有适当的灵敏度，保持正常工作。

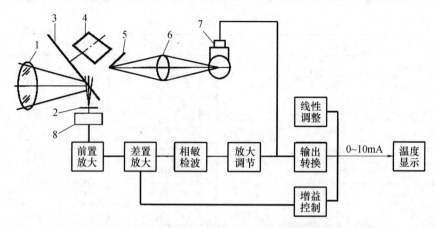

图 7-21　WDL-31 型光电红外线温度计组成原理

1—物镜；2—滤光片；3—调制盘；4—微电动机；5—反射镜；6—聚光镜；7—参比灯；8—探测元件

仪表的测量范围分为 150～300℃、200～400℃、300～600℃、400～800℃、600～1000℃、800～1200℃、900～1400℃、1100～1600℃（可扩展至 2500℃）等几挡。在 400～800℃ 及以下各量程，采用硫化铅光敏电阻作探测元件，并配合锗滤光片，工作波长为 $1.7～1.8\mu m$。在 600～1000℃ 及以上量程，采用硅光电池作探测元件，并配合有色光学玻璃滤光片，工作波长为 $0.81～1.1\mu m$。仪表的准确度可达测量上限的 $\pm 1\%$。

三、测温技术的应用

1. 烟道中烟气温度检测

正确测量烟气温度，对分析燃烧情况，充分利用余热是很重要的。一般采用热电偶测温，但是应注意套管的导热误差以及它与周围温度较低壁面之间的辐射引起的误差，增大烟气与热电偶之间的对流传热系数。具体做法如下：

1）减少导热误差。在热电偶根部与烟道管壁接触处加强保温，以提高壁面温度。尽量增加热电偶插入深度，把热电偶插入到烟道中心位置，最好倾斜 45°并逆向气流。

2）减少辐射误差。减少辐射误差的办法是增加对流传热，以减少套管和壁面之间的温差。加强烟道管壁保温，采用黑度低的材料做保护套管。在热电偶周围加上采用镍、铬材料的热屏蔽罩，一般 1～2 层为宜。

3）采用抽气热电偶。抽气热电偶广泛应用于窑炉、燃烧室中烟气温度的测量。通过在测温点高速抽气（通过抽气套管向外抽气），减少测温误差，能在 1400～1600℃ 环境下长期工作，在 1600～1800℃ 下能短期工作。而且抽气口既能接喷射器，也能接吹尘器，吹尘器的最高使用温度为 600℃，能在一定粉尘浓度下工作。

2. 液体表面温度检测

液体温度测量有接触式和非接触式两种方法。通常采用接触法测量液体温度，即直接将测温元件浸入液体中进行测温。由于液体的比热容及热导率都比较大，接触性好，辐射又难以透过，用接触式温度计容易获得较高的测温准确度。

3. 固体表面温度测量

接触法测量固体表面温度主要用热电偶和热电阻，热电偶应用较为广泛。

敏感元件与被测物体表面接触形式有点接触、片接触、等温线接触和分立接触等，如图 7-22 所示。点接触式如图 7-22（a）所示，其导热误差最大，等温线接触式如图 7-22（c）

所示，其测量端散热量最小，准确性最高。

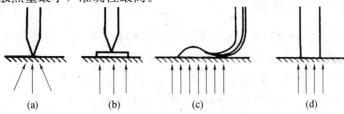

图 7-22 热电偶与被测物体的接触形式

(a) 点接触；(b) 片接触；(c) 等温线接触；(d) 分立接触

非接触式测量固体表面温度通常用辐射高温计。使用中需注意使用条件和安装要求，以减少测量误差。主要有如下几点：

1) 合理选择测量距离，满足仪表的距离系数 L/D 要求。温度计的距离系数规定了对一定尺寸的被测对象进行测量时最长的测量距离 L，以保证目标充满温度计视场。目标直径为视场直径 D 的 1.5～2 倍，以满足足够的辐射能量。

2) 设法提高目标发射率，减小发射率影响。如改善目标表面粗糙度，目标表面涂敷耐温的高发射率涂料，目标表面适度氧化等。

3) 减少光路传输损失。包括窗口吸收，烟、尘、气吸收，光路阻挡等。

4) 降低背景辐射影响。可相应地加遮光罩、窥视管或选择特定的工作波长等。

复习思考题

1. 什么是温标？常用温标有哪几种？几种温标之间如何换算？

2. 简述常用测温仪表的种类、工作原理及测温范围？

3. 热电偶的测温原理是什么？它由哪几部分构成？各部分的作用？

4. 为什么用抽气热电偶测量烧成系统二次风温可以提高测量准确性？

5. 简述光学高温计、辐射高温计的测温原理。

任务 2　预分解窑系统压力的测量

任务简介： 本任务介绍了压力的基本概念、表示方法及检测方法；气体压力参数测量仪表的结构、工作原理，包括液柱式压力计（U 型管液柱压力计、单管液柱压力计、倾斜管微压计）和弹力式压力表（弹簧管压力表、电接点压力表、膜片压力表、膜盒压力表和波纹管压力表）；压力测量仪表的选择及测压系统的安装。

知识目标： 了解压力的基本概念及测量方法；掌握气体压力测量仪表的结构、工作原理和使用；掌握压力测量仪表的选择及测压系统的安装方法。

能力目标： 具备压力及压力测量仪表的基本知识，能选择合适的压力测量仪表进行气体压力的测量；具备压力测量仪表的使用能力，能进行预分解窑系统气体动压、静压及全压的测量。

一、压力测量的基本知识

压力是水泥生产和热工测量过程中的重要工艺参数之一，正确地测量和控制压力是生产过程良好运行的重要保证。此外，生产过程中的一些其他参数（如：流量）的测量，有时也需要换转为压力或压差的测量。

（一）压力的概念及单位

在工程上，"压力"定义为垂直均匀作用于单位面积上的力，通常用 P 表示。单位力作用于单位面积上，为一个压力单位。在国际单位制中，定义 1 牛顿力垂直均匀地作用在 1 平方米面积上所形成的压力为 1 帕斯卡，简称为帕，符号为 Pa，即 $1Pa=1N/m^2$。

过去，在不同的行业曾经使用多种压力单位，如工程大气压、物理大气压、标准大气压、巴、毫米水柱、毫米汞柱等。表 7-7 列出了各压力单位之间的换算关系。

表 7-7　压力单位换算

换算值 单位	帕（Pa）	巴（bar）	工程大气压 （kgf/cm²）	标准大气压 （atm）	毫米水柱 （mmH₂O）	毫米汞柱 （mmHg）
帕（Pa）	1	1×10^{-5}	1.019716×10^{-5}	0.9869236×10^{-5}	1.019716×10^{-1}	0.75006×10^{-2}
巴（bar）	1×10^{-5}	1	1.019716	0.9869236	1.019716×10^{4}	0.75006×10^{3}
工程大气压 （kgf/cm²）	0.980665×10^{5}	0.980665	1	0.96784	1×10^{4}	0.73556×10^{3}
标准大气压 （atm）	1.01325×10^{5}	1.01325	1.03323	1	1.03323×10^{4}	0.76×10^{3}
毫米水柱 （mmH₂O）	0.980665×10	0.980665×10^{-4}	1×10^{-4}	0.96784×10^{-4}	1	0.73556×10^{-1}
毫米汞柱 （mmHg）	1.333224×10^{2}	1.333224×10^{-3}	1.35951×10^{-3}	1.3158×10^{-3}	1.35951×10	1

（二）压力的表示方法

压力在工程上有几种不同的表示方法，它们的关系如图 7-23 所示。不同表示法有相应的测量仪表，主要有如下几种：

1. 绝对压力。被测介质作用在容器表面积上的全部压力，称为绝对压力。

2. 大气压力。由地球表面空气柱重量形成的压力，称为大气压力。它随地理纬度、海拔高度及气象条件而变化，通常用气压计测定。

3. 表压力。通常压力测量仪表处于大气之中，则其测得的压力值等于绝对压力和大气压力之差，称为表压力。通常情况下，压力测量仪表测得的压力值均为表压力。

4. 真空度。当绝对压力小于大气压力时，表压力为负值，即负压力，其与大气压力差值的绝对值称为真空度。测量真空度的仪表称为真空表。

5. 差压。不同两处的压力之差，称为差压。在生产过程中常直接以差压作为工艺参数。

需要说明一点：各种压力表的指示值如果没有特殊说明，都是指表压力。

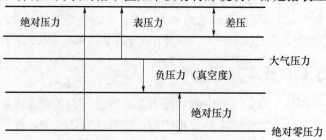

图 7-23　各种压力表示法间的关系

（三）压力检测的主要方法

压力测量仪表简称压力计或压力表，根据生产工艺过程的不同要求，可以有指示、记录和带有远传、变送、报警、调节装置等。

根据压力检测的工作原理，主要的压力检测方法有以下几种：

1. 重力平衡方法。主要有基于液体静力学原理的液柱式压力计和基于重力平衡原理的负荷式压力计。

液柱式压力计利用液柱产生的重力与被测压力相平衡，将被测压力转换为液柱高度。典型仪表是 U 形管压力计，其特点是结构简单、读数直观、价格低廉、精度高，用于就地测量。

负荷式压力计主要有活塞式压力计，利用活塞、砝码的重量与被测压力相平衡。这类压力计的特点是测量范围宽、精确度高、性能稳定，可以测量正压、负压和绝对压力，多用于压力表的校验。

2. 机械力平衡方法。将被测压力经变换元件转换成一个集中力，用外力与之平衡，通过测量平衡时的外力可以测知被测压力。这类仪表测量精度较高，但是结构复杂。

3. 弹性力平衡方法。利用弹性元件的弹性变形特性进行测量。被测压力使测压弹性元件产生变形，因弹性变形而产生的弹性力与被测压力相平衡，测量弹性元件的变形大小可知被测压力。此类压力计可以用于各种形式的压力测量，应用广泛。

4. 物性测量方法。在压力作用下，测压元件的某些物理特性发生变化。通过测量这些物理特性的变化量，间接测量被测压力。例如电测式压力计就是利用测压元件的压阻、压电等特性，将被测压力转换为各种电量。

二、压力测量仪表

（一）液柱式压力计

液柱式压力计是利用液柱高度产生的压力与被测压力相平衡的原理制成的测压仪表。它具有结构简单、使用方便、制造容易、测量精确度高和价格低廉等特点，常用来测量工业中的液体、气体、蒸汽的低压、负压和差压。

液柱式压力计的结构形式有三种：U 形管压力计、单管压力计（又称杯形压力计）和倾斜管压力计。

1. U 形管液柱压力计

U 形管液柱压力计由 U 形玻璃管、封液、刻度尺组成，如图 7-24 所示。其内部封液可以是水、水银、四氯化碳或其他液体。

如果 U 形玻璃管的一端通大气，而另一端接通被测压力，原来左右两边管内液面在 0—0 平面，那么这时右管液面升至 2—2 平面，左管液面降至 1—1 平面，形成液面高差。

根据静力学基本方程式得：

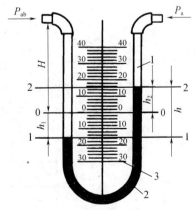

图 7-24　U 形管压力计

1—U 形玻璃管；2—工作液；3—刻度尺

$$P_{ab} = \rho g h + P_a$$

$$P = P_{ab} - P_a = \rho g h \tag{7-5}$$

注意，此式（7-5）仅适用被测介质为气体。

式中　P_{ab}——被测压力（绝对压力），Pa；

　　　P_a——大气压力，Pa；

　　　P——被测压力（表压），Pa；

　　　h——液柱高度差，m；

　　　ρ——U形管内工作液的密度，kg/m³。

对润湿管壁的液体（酒精、水等）应根据液面的凹入部分底面来读数，而对于不润湿管壁的液体（水银）则根据弯液面的凸出部分顶面来读数。

2. 单管液柱压力计

把U形管的一个管改换成大直径的杯，即成为单管液柱压力计，如图 7-25 所示。

单管液柱压力计的工作原理和 U 形液柱压力计相同，只是左边杯的内径远大于右边管子的内径。由于左边杯内工作液体积的减小量始终是与右边管子内工作液体积的增加量相等，即：

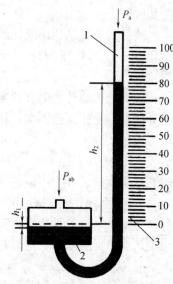

$$\frac{\pi}{4}D^2 h_1 = \frac{\pi}{4}d^2 h_2$$

$$h_1 = \left(\frac{d}{D}\right)^2 h_2$$

图 7-25　单管液柱压力计

1—测量管；2—宽口容器；3—刻度尺

根据静力学基本方程式：

$$P = \rho g h = \rho g \left(h_1 + h_2\right) = \rho g \left[\left(\frac{d}{D}\right)^2 h_2 + h_2\right] = \rho g h_2 \left[\left(\frac{d}{D}\right)^2 + 1\right]$$

由于 $D \gg d$，所以：

$$P \approx \rho g h_2 \tag{7-6}$$

因此，单管液柱压力计只需一边读数，使用方便。虽然有很小的误差 $\left(\text{当} \dfrac{d}{D} \leqslant 0.1 \text{时，由只读 } h_2 \text{ 引起的误差小于 } 1\%\right)$，但由于使用时只需一次读数，其绝对误差是 U 形液柱压力计二次读数（两边读数）的绝对误差的 $1/2$，精确度是满足工作上要求的。

3. 倾斜管微压计

倾斜管微压计常简称斜管微压计。它是单管液柱压力计的变形，将单管液柱压力计的管子倾斜放置就成为倾斜管微压计，如图 7-26 所示。

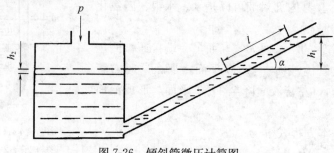

图 7-26　倾斜管微压计简图

根据单管液柱压力计的公式：

$$P=\rho gh_2=\rho gL\sin\alpha \tag{7-7}$$

式中　α——管的倾斜角，(°)；

　　　L——斜管中液柱面斜升的距离，m。

从上式可见，$\sin\alpha$ 越小（即 α 角度越小），刻度放大的倍数就越大，但 α 不宜过小，否则液体的弯月面延伸过长，且易冲散，读数不容易准确，实际上 α 不宜小于 $15°$。

倾斜管微压计可制成两种形式：管子的倾斜角度为固定的和管子的倾斜角度为可变的（图 7-27）。

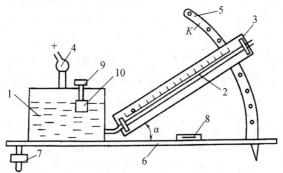

图 7-27　可变倾斜角的倾斜管微压计

1—宽容器；2—玻璃管；3—刻度板；4—连接管；5—支架；6—平台；7—调整螺钉；
8—水准器；9—调节螺钉；10—调节块

可变倾斜角的倾斜管微压计在使用时，首先要用调整螺钉 7 将仪器调整水平（以水准器 8 为准），然后将玻璃管中的液面调整到零点（拧动调节螺钉 9，调节块 10 就上下移动，可使宽容器中的液面也上下移动）。待测的压力，较高的接在"＋"上，较低的接在"－"上。在支架 5 上有孔，一个孔代表一个常数 K（$K=\rho g\sin\alpha$），刻度板 3 固定在支架的某一孔上，其刻度板上的读数乘上 K 值就是待测的压力（Pa）。

目前市场上供应的倾斜管微压计刻度是用工程单位制的，玻璃管上的刻度（mm）乘上孔上的系数 K，就是待测的压力，单位为毫米酒精。

（二）弹力式压力表

弹力式压力表是利用各种形式的弹性元件，在被测介质压力的作用下，使弹性元件受压后产生弹性变形的原理而制成的测压仪表。这种仪表具有结构简单、使用可靠、读数清晰、测量范围广以及有足够的精确度等优点。若增加附加装置，如：记录机构、电气变换装置、控制元件，则可以实现压力的记录、远传、信号报警、自动控制等。

1. 弹簧管压力表

按弹簧管形式不同，有多圈和单圈弹簧管压力表之分。多圈弹簧管压力表（又称螺旋管压力表）灵敏度高。单圈弹簧管压力表（简称弹簧管压力表）可用于高达 $10^9\mathrm{Pa}$ 的高压测量，也可用于真空度测量，它是工业生产中应用最广泛的一种测压仪表，精度等级为 $1.0\sim4.0$ 级，标准表可达 0.25 级。下面以单圈弹簧管压力表为例进行介绍。

弹簧管压力表主要由弹簧管、齿轮传动放大机构、指针、刻度盘和外壳等几部分组成，如图 7-28 所示。弹簧管 1 是一根弯成圆弧形的空心金属管子，其截面制成扁圆或椭圆形，它的一端封闭（称自由端，即弹簧管受压变形后的变形位移的输出端），另一端（称固定端，

即被测压力 P 的输入端）焊接在固定支柱上，并与管接头 9 相通。当被测压力的介质通过管接头 9 进入弹簧管的内腔中时，呈椭圆形的弹簧管截面在介质压力的作用下有变圆的趋势，弯成圆弧形的弹簧管随之产生向外挺直的扩张变形，从而使弹簧管的自由端产生位移。此位移牵动拉杆 2 带动扇形齿轮 3 做逆时针偏转，指针 5 通过同轴中心齿轮 4 的带动做顺时针方向转动，从而在面板 6 的刻度标尺上指示出被测压力（表压力）的数值。指针旋转角的大小与弹簧管自由端的位移量成正比，也就是与所测介质压力的大小成正比。

被测压力与被弹簧管自身的变形所产生的应力相平衡。游丝 7 的作用是用来克服扇形齿轮和中心齿轮的传动间隙所引起的仪表变差。调整螺钉 8 可以改变拉杆和扇形齿轮的连接位置，即可改变传动机构的传动比（放大系数），以调整仪表的量程。

2. 电接点压力表

在生产过程中，常常需要把压力控制在某一范围内，即当压力高于或低于给定的范围时，就会破坏工艺条件，甚至会发生事故。利用电接点压力表，就可简便地在压力超出规定范围时发出报警信号，提醒操作人员注意或者通过自控装置使压力保持在给定的范围内。

图 7-29 所示是电接点压力表的结构和工作原理示意图。电接点压力表由测压部分（即弹簧管压力表）和电接点装置所组成。压力表指示指针上有动触点 2，表盘上另有两根可调节的指针，一根称下限给定指针，另一根称上限给定指针，在它们上面有静触点 1 和 4。压力上限给定值由上限给定指针上的静触点的位置确定，当压力超出上限给定值时，动触点 2 和静触点 4 接触，红灯 5 的电路接通而发出红色信号。压力下限值由下限给定指针上的静触点位置确定，当压力低于下限规定值时，动触点 2 与静触点 1 接触，使绿灯 3 的电路接通而发出绿色信号。静触点 1、4 的位置可根据需要灵活调节。

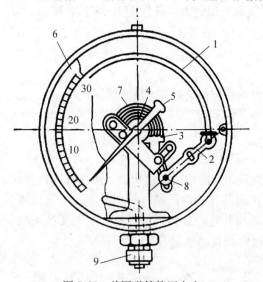

图 7-28　单圈弹簧管压力表

1—弹簧管；2—拉杆；3—扇形齿轮；4—中心齿轮；
5—指针；6—面板；7—游丝；8—螺钉；9—管接头

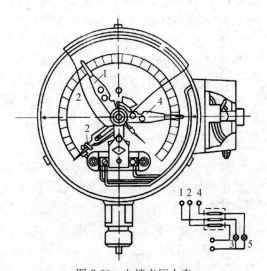

图 7-29　电接点压力表

1，4—静触点；2—动触点；3—绿灯；5—红灯

3. 膜片压力表

膜片压力表是利用金属膜片作为感压弹性元件，如图 7-30 所示，金属膜片 3 固定在两块金属盖中间，上盖 4 与仪表表壳 7 相接，下盖 2 则与螺纹接头 1 连成一个整体。当被测介质从接头传入膜室后，膜片下部承受被测压力，上部为大气压，因此膜片产生向上的位移。

此位移借固定于膜片中心的球铰链 5 及顶杆 6 传至扇形齿轮 8，从而使齿轮 9 及固定在它轴上的指针 10 转动。这样，在刻度盘上就可以读出相应的压力数值。

膜片压力表最大的优点是可用来测量黏度较大的介质压力。如果膜片和下盖是用不锈钢制造或膜片和下盖内侧涂以适当的保护层（如 F-3 氟塑料），还可以用来测量某些腐蚀介质的压力。

4. 膜盒压力表

用两个同心波纹膜片焊接在一起，构成空心的膜盒作为膜盒压力表的感压弹性元件。如图 7-31 所示，当被测介质从管接头 16 引入波纹膜盒时，波纹膜盒受压扩张产生位移。此位移通过弧形连杆 8，带动杠杆架 11 使固定在调零板 6 上的转轴 10 转动，通过连杆 12 和杠杆 14 驱使指针轴 13 转动，固定在转轴上的指针轴 13 转动，固定在转轴上的指针 5 在刻度板 3 上指示出压力值。指针轴上装有游丝 15 用以消除传动机构之间的间隙。在调零板 6 的背面固有限位螺钉 7，以避免膜盒过度膨胀而损坏。为了补偿金属膜盒受温度的影响，在杠杆架上连接着双金属片 9。在机座下面装有调零螺杆 1，旋转调零螺杆 1 可将指针调至初始零位。

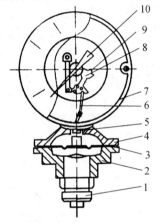

图 7-30　膜片压力表

1—螺纹接头；2—下盖；3—膜片；4—上盖；
5—球铰链；6—顶杆；7—表壳；8—扇形齿轮；
9—中心齿轮；10—指针

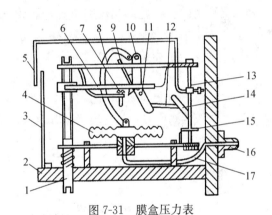

图 7-31　膜盒压力表

1—调零螺杆；2—机座；3—刻度板；4—膜盒；5—指针；
6—调零板；7—限位螺钉；8—弧形连杆；9—双金属片；
10—转轴；11—杠杆架；12—连杆；13—指针轴；
14—杠杆；15—游丝；16—管接头；17—导压管

膜盒压力表按外形有圆形和矩形两种。矩形膜盒压力表有指示式和电接点式两种。膜盒压力表适用于测量空气和对铜合金不起腐蚀作用的气体的微压和负压。

三、压力测量仪表的使用

（一）测压仪表的选择

选择合适的仪表要根据生产过程提出的技术要求、被测介质的性质以及现场环境条件，结合各类压力表的特点，合理地选择测压仪表的种类、型号、量程和精度等级等。有时还需要考虑是否要带报警、远传、变送等附加装置。

1. 量程的选择

为了保证测压仪表安全可靠地工作，仪表的量程要根据被测压力的大小及在测量过程中被测压力变化的情况等条件来选取。选取仪表量程要留有余地，在测量稳定压力时，最大被测压力不能超过测量上限值的 2/3；在测量脉动压力时，最大被测工作压力不能超过测量上限值的 1/2；在测量高压时，最大被测压力不能超过上限值的 3/5。一般被测压力的最小值应不低于测量上限值的 1/3。根据被测压力的最大值和最小值计算出仪表的上下限后，要按压力仪表的标准系列选定量程。

2. 精度的选择

仪表的测量精度，要根据被测压力所允许的最大绝对误差来确定，不必追求高精度，以经济、实惠的原则确定仪表的精度等级。一般工业用压力表 1.5 级或 2.5 级已足够，科研或精密检测用 0.5 级或 0.35 级的精密压力计或标准压力表。

测压仪表在使用中要定期进行校验，以保证测量结果有足够的准确性。常用的用于校验压力仪表的标准仪表有液柱式压力计、活塞式压力计等，其允许绝对误差要小于被校仪表允许绝对误差的 1/5～1/3。

（二）测压系统的安装

压力仪表应安装在易于观测和检修的地方，仪表安装处尽量避免振动和高温，对于特殊介质要采取必要的防护措施。当仪表位置与取压点不在同一水平高度时，要考虑液体介质的液柱静压对仪表示值的影响，并进行必要的修正。

实际压力需要一个完整的压力测量系统，除了压力测量仪表外，还包括取压口、引压管路等。

1. 取压点位置和取压口形式

为了真实反映被测压力，要合理选择取压点，注意取压口形式，选择原则如图 7-32 所示。

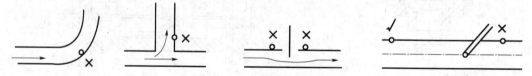

图 7-32　取压点选择原则示意图

1）取压点位置避免处于管路弯曲、分叉、死角或流动形成涡流的区域。不要靠近有局部阻力或其他干扰的地点，当管路中有凸出物体时，取压点应在其前方。

2）取压口开孔的轴线应垂直于设备的壁面，其内端面与设备内壁平齐，不应有毛刺或凸出物。

3）测量液体介质的压力时，取压口应在管道下部，以避免气体进入引压管；测量气体介质的压力时，取压口应在管道上部，以避免液体进入引压管。

2. 引压管路的敷设

引压管路的敷设应保证压力传递的精确性和快速响应。

1）引压管的内径、长度的选定与被测介质有关，一般情况下，内径为 6～10mm，长度不得超过 50～60m。

2）引压管路水平敷设时，要保持一定的倾斜度，以避免引压管中积存液体或气体，应有利于积液或积气的排出。当被测介质为液体时，引压管向仪表方向倾斜；当被测介质为气体时，引压管向取压口方向倾斜。倾斜度一般大于 3%～5%。

3）当被测介质容易冷凝或冻结时，引压管路需有保温伴热措施。

4）根据被测介质情况，在引压管路上要加装附件。为排除积液或积气加装集液器、集气器，对腐蚀性介质加装隔离器，对高温蒸汽介质加装凝液器等。

5）在取压口与仪表之间要装切断阀，以备仪表检修时使用，切断阀应靠近取压口。

复习思考题

1. 简述压力的定义及各种表示方法。

2. 测压仪表有哪几类？各基于什么原理？

3. 测压的弹性元件有哪几种？并说明各自的特点？

4. 简述弹簧管压力计的主要组成及测压过程？

5. 某压力控制指标为（15±0.5）MPa，要求就地指示，请选择合适的压力表？并给出压力表的测量范围和测量精度？

任务3　预分解窑系统流量的测量

任务简介：本任务介绍了流量的基本概念、流量测量的方法及测量仪表；流量测量仪表的结构、工作原理，包括动压式流量计、转子流量计和测量流速的风速计；测点位置的选择和测量仪表的使用。

知识目标：了解流量的基本概念及测量方法；掌握流量测量仪表的结构、工作原理和使用；掌握流量测量时测点位置的选择方法。

能力目标：具备流量及流量测量仪表的基本知识，能选择合适的流量测量仪表进行气体流量的测量；具备动压式流量计的使用能力，能使用普通毕托管和防堵毕托管进行预分解窑系统气体动压的测量，并计算气体流速和流量；具备风速测量仪表的使用能力，能使用风速计测量环境风速、方向以及窑炉的漏风。

一、流量测量的基本知识

流量测量在工业生产过程中显得十分重要。生产过程中各种流动介质，如液体、气体或蒸汽、固体粉末等的流量反映了生产过程中物料、工质或能量的产生和传输的量，因此连续测量流量可以保证设备的安全、经济运行，为管理和控制生产过程提供依据。

（一）流量的基本概念及单位

流量通常指在单位时间内通过某一流通截面的流体量，称为瞬时流量，简称流量。如果流量用流体的体积来表示则称为瞬时体积流量，简称体积流量；如果流量用流体的质量来表示则称为瞬时质量流量，简称质量流量。它们的表达式分别是：

$$q_v = \frac{\mathrm{d}V}{\mathrm{d}t} = vA \tag{7-8}$$

$$q_m = \frac{\mathrm{d}M}{\mathrm{d}t} = \rho vA \tag{7-9}$$

式中　q_v——体积流量，m^3/s；

　　　q_m——质量流量，kg/s；

　　　V——流体体积，m^3；

　　　M——流体质量，kg；

υ——流体平均速度，m/s；

A——流通截面面积，m^2；

ρ——密度，kg/m^3。

当流体的压力和温度参数未知时，体积流量的数据只模糊地给出了流量，严格地说要用"标准体积流量"表达，即指在温度为 20℃（0℃），压力为 $1.013 \times 10^5 Pa$ 下的体积数值。

从 t_1 到 t_2 一段时间间隔内流体通过管道横截面的流体总量称为累积流量，累积流量可以通过该段时间内瞬时流量对时间的积分得到。与流量相对应，有体积累积流量或质量累积流量，它们的表达式是：

$$V = \int_{t_1}^{t_2} q_v \mathrm{d}t \qquad (7\text{-}10)$$

$$m = \int_{t_1}^{t_2} q_m \mathrm{d}t \qquad (7\text{-}11)$$

累积流量除以相应的时间间隔就称为该段时间内的平均流量。

在单位制中，体积流量的单位为 m^3/s；质量流量的单位为 kg/s。在工程中常用的体积流量单位有 m^3/h；常用的质量流量单位有 kg/h。

（二）流量测量方法及测量仪表

流量的测量方法可以分为体积流量检测和质量流量检测两大类，测量流量的仪表称为流量计，测量流体总量的仪表称为计量表。常用的流量检测方法及仪表见表 7-8。

表 7-8 流量检测方法及仪表

类　别		仪　表　名　称
体积流量测量	容积法	椭圆齿轮流量计、腰轮流量计、皮膜式流量计
	差压法	节流式流量计、均速管流量计、靶式流量计、浮子流量计
	速度法	涡轮流量计、电磁流量计、超声波流量计
质量流量测量	推导法	体积流量经密度补偿或温度、压力补偿计算推导质量流量
	直接法	科里奥利流量计、热式流量计、冲量式流量计

二、流量测量仪表及使用

（一）动压式流量计

流体流动时，除去它的静压外，还有因流动而产生的动压，动压与静压之和称为全压，动压与流速之间有一定的关系，因此，测出动压就能知道流速。对一定直径的管道而言，在其横截面上测出若干点的流速，即可算出平均流速和流量。

1. 普通测速管（皮托管）

（1）皮托管测速原理

图 7-33 为测速管测速原理图。在管道中插入两根小管，一根弯成 90°，管口对着流体流动方向，如图 7-33 中 A 所示，故它测出的压头为动压和静压之和，（$P_k + P_s$）称为全压。另一根为直管，管口与气体流动方向平行，如图 7-33 中 B 所示，测出的压头为静压（P_s）。故两者所测压头之差为 A 点流体的动压 P_k。

又知：

$$P_k = \rho' \omega^2 / 2 \qquad (7-12)$$

式中 P_k——测点的动压，Pa；

ρ'——被测流体的密度，kg/m³；

ω——测定点的流速，m/s。

由式（7-12）可得：

$$\omega = \sqrt{\frac{2}{\rho} P_k} \qquad (7-13)$$

其动压的大小可以从与小管连接的 U 形液柱压力计的液柱差求得，即：

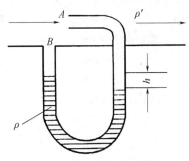

图 7-33 测速管测速原理图

$$P_k = \rho g h \qquad (7-14)$$

式中 ρ——U 形液柱压力计中工作液体的密度，kg/m³。

在实际应用中，测速管（皮托管）的结构如图 7-34 所示。由量柱 1、连接管 2 和接头 3 组成。量柱头部孔 A 和"＋"接头相通；量柱中部四周孔 B 和"－"接头相通。测量时，量柱和管道中的流速平行，A 孔感受的全压通过"＋"接头上的胶皮管和 U 形液柱压力计的一端连接；B 孔感受的静压通过"－"接头上的胶皮管和 U 形液柱压力计的另一端连接。读出 U 形液柱压力计的液面差 h 就可算出该测点的流速。

（2）流量的测量方法

求管道中流体的流量，可将管道截面分成若干个相等的小面，测出每个小面中心的流速，近似认为小面上各点流速是相等的，将测出的流速乘上该小面的面积就得到通过该小面的流量。把通过这些小面的流量加在一起就是管道的流量。

1）圆形管道中流量的测定

圆形管道中流量的测定采用等分面积法。将半径为 R 的圆管，分成 n 个面积相等的同心圆环，如图 7-35 所示。

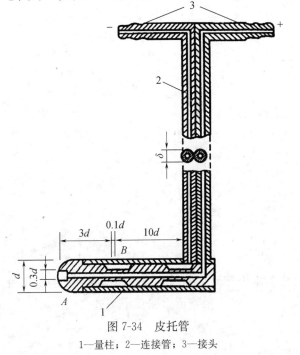

图 7-34 皮托管

1—量柱；2—连接管；3—接头

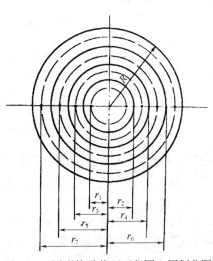

图 7-35 圆形管道截面面积同心圆划分图

再将每个圆环分成两个面积相等的部分，即得 $2n$ 个圆环。$2n$ 个面积相等的圆环的半径为：r_1、r_2、$r_3 \cdots r_{2n-2}$、r_{2n-1}、R。n 个圆环上等分面积圆周线的半径为 r_1、r_3、$r_5 \cdots r_{2n-1}$，这些半径的求法如下：

$$\frac{\pi R^2}{2n} = \pi r_1^2 = \pi (r_2^2 - r_1^2) \cdots = \pi (r_{2n-1}^2 - r_{2n-2}^2) = \pi (R^2 - r_{2n-1}^2)$$

解得：

$$r_1 = R\sqrt{\frac{1}{2n}}$$

$$r_3 = R\sqrt{\frac{3}{2n}}$$

$$r_5 = R\sqrt{\frac{5}{2n}}$$

$$\vdots$$

$$r_{2n-1} = R\sqrt{\frac{2n-1}{2n}} \tag{7-15}$$

在管道上开一孔，孔的大小以能放进测速管为限，不宜过大，在上述半径的圆周上测出对称两点的流速，得 ω_1、ω_2、ω_3、$\cdots$、ω_{2n-2}。

则可以求得管道中流体的流量为：

$$V = \omega_1 \frac{F}{2n} + \omega_2 \frac{F}{2n} + \cdots + \omega_{2n} \frac{F}{2n} = F \times \frac{\omega_1 + \omega_2 + \cdots + \omega_{2n}}{2n} = F\omega_{au} \tag{7-16}$$

式中　V——管道中流体的流量，m^3/s；

　　　F——管道的截面积，m^2；

　　ω_{au}——管道中流体的平均流速，m/s。

由式（7-13）可知：

$$\omega_1 = \sqrt{\frac{2}{\rho'}P_{k1}}、\omega_2 = \sqrt{\frac{2}{\rho'}P_{k2}}、\cdots、\omega_{2n} = \sqrt{\frac{2}{\rho'}P_{k2n}}$$

则：

$$\omega_{au} = \frac{\omega_1 + \omega_2 + \cdots + \omega_{2n}}{2n} = \frac{1}{2n}\left(\sqrt{\frac{2}{\rho'}P_{k1}} + \sqrt{\frac{2}{\rho'}P_{k2}} + \cdots + \sqrt{\frac{2}{\rho'}P_{k2n}}\right)$$

$$= \frac{1}{2n}\sqrt{\frac{2}{\rho'}}\left(\sqrt{P_{k1}} + \sqrt{P_{k2}} + \cdots + \sqrt{P_{k2n}}\right) \tag{7-17}$$

式（7-17）用 $\sqrt{P_{kau}} = \frac{1}{2n}\left(\sqrt{P_{k1}} + \sqrt{P_{k2}} + \cdots + \sqrt{P_{k2n}}\right)$ 代入得：

$$\omega_{au} = \sqrt{\frac{2}{\rho'}P_{kau}} \tag{7-18}$$

将上式代入式（7-16）得管道中流体流量为：

$$V = F\sqrt{\frac{2}{\rho'}P_{kau}} \tag{7-19}$$

在流量的测定过程中，需要将管截面分成若干个等面积的同心圆环，不同直径的圆形管道的等面积环数、测量直径数及测点数见表7-9，一般一根管道上测点不超过 20 个。

表 7-9 圆形管道分环及测点数的确定

管道直径（m）	等面积环数	测定直径数	测点数
<0.3	—	—	1
0.3~0.6	1~2	1~2	2~8
0.6~1.0	2~3	1~2	4~12
1.0~2.0	3~4	1~2	6~16
2.0~4.0	4~5	1~2	8~20
>4.0	5	1~2	10~20

测点的计算是很麻烦的，为了使用方便，将计算好的测点离管壁的距离（以直径的百分比计）列于表 7-10 中，使用时，将表中的数值乘以管道直径，即为测点与管壁的距离。

表 7-10 测点与管道内壁距离（管道直径的分数）

测定号	环 数				
	1	2	3	4	5
1	0.146	0.067	0.044	0.033	0.026
2	0.854	0.250	0.146	0.105	0.082
3		0.750	0.296	0.194	0.146
4		0.933	0.704	0.323	0.226
5			0.854	0.677	0.342
6			0.956	0.806	0.658
7				0.895	0.774
8				0.967	0.854
9					0.918
10					0.974

2）矩形管道中流量的测定

对于矩形管道，也可按照等面积的原理测定，将断面积划分为许多等面积的小矩形，在每个小矩形中心测定风速。小矩形的数量按表 7-11 中规定选取，一般一根管道上测点数不超过 20 个。

表 7-11 矩形管道小矩形划分及测点数的确定

管道面积（m²）	等面积小矩形长边长度（m）	测点总数
<0.1	<0.32	1
0.1~0.5	<0.35	1~4
0.5~1.0	<0.50	4~6
1.0~4.0	<0.67	6~9
4.0~9.0	<0.75	9~16
>9.0	≤1.0	≤20

矩形面积的划分如图 7-36 所示。其划分等面积的原则是尽可能接近于正方形，在可能的情况下小矩形面积适当小一点对测定正确性有利。测定数据得到后，其流量的计算和圆形

管道的计算一样。

2. 防堵皮托管

在一般气流中测量气体流量，可用上述的普通皮托管进行测量。当遇到气流中含尘浓度较大时，就可能使普通皮托管的通气孔堵死，无法进行测定。此时可采用特制的防堵皮托管。防堵皮托管的作用原理与普通皮托管相似，都是用测定动压来计算风量。两者的区别在于：普通皮托管的全压管孔和静压管孔的位置是互相垂直的，而防堵皮托管的两个测压孔是互相平行的。

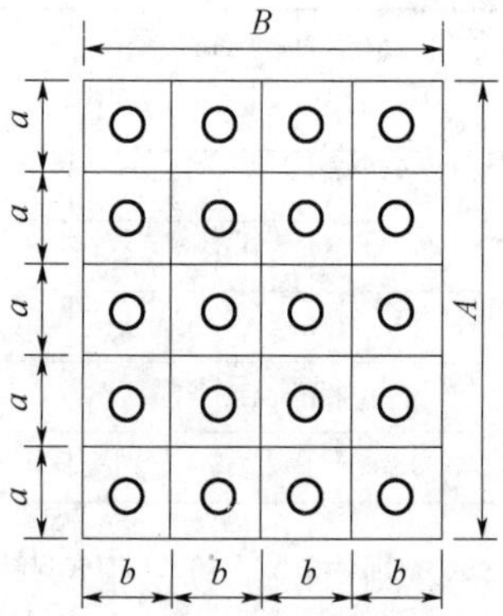

图 7-36　矩形管道断面的划分

（1）遮板式防堵皮托管

遮板式防堵皮托管的结构如图 7-37 所示。它是用两根细管（传压管 2），将一端封住，靠近封端侧面开一孔（测压孔），两孔面对着，中间隔一块铜质薄片（遮板 1）。背着气流方向的孔则因灰尘的惯性作用不易进入孔内堵塞孔口；面对着气流方向的孔则因有薄片遮蔽，灰尘也不易进入，所以防堵皮托管可以在含尘浓度较高的气流中测定流量。套管 3 将两根细管连接成一整体。管接头 5 上的孔和测压孔相通。

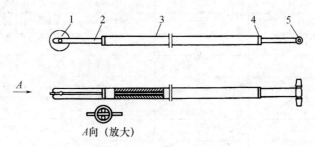

图 7-37　遮板式防堵皮托管

1—遮板；2—传压管；3—套管；4—堵板；5—管接头

防堵皮托管的两个测压孔，面向气流的测压孔，因为有薄片挡着，感受到的是近似静压；背向气流的测压孔，因管孔前面有薄片挡着，将冲向薄片的气流挡回，使管口感受到近似全压。所以防堵皮托管在使用前都要进行校正，较简易的方法是用标准皮托管来校正防堵皮托管。校正是在清洁的风管中进行的，此风管要直而长，直管的长度及标准皮托管和防堵皮托管的相对位置可参照上述"测定位置的选择"部分介绍的原则来决定。

防堵皮托管经校正后，可得到一个校正系数 K。

$$K = \sqrt{\frac{P_k}{P'_k}}$$
(7-20)

防堵皮托管校正后，其头部要注意保护不要碰撞，否则改变了测压孔和薄片之间的相对位置，其已校正的系数发生改变，造成新的测量误差。

（2）靠背式防堵皮托管

靠背式防堵皮托管的结构如图 7-38 所示。它的两个测压管孔，一个迎着气流感受全压，另一个背着气流感受近似的静压（受旋涡的影响）。因此靠背式防堵皮托管在使用前也要用标准皮托管校正。

靠背式防堵皮托管的防堵性能较遮板式稍差，但结构简单，加工容易。

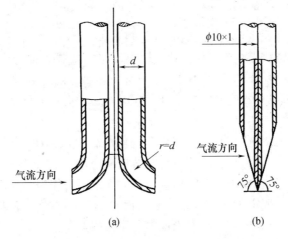

图 7-38　靠背式防堵皮托管

（a）弯管式；（b）锥式

（3）笛形测速管

笛形测速管的测量原理和普通测速管的测量原理一样。不同的是普通皮托管测速方法是一点一点地测动压，再求平均动压。而笛形测速管是在一直管上，按要求测点的位置上开一个小孔，其形状如一根笛，放在风管中，一次测出其平均动压，如图 7-39 所示。

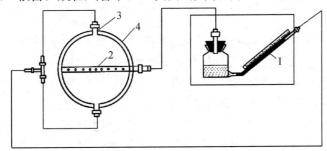

图 7-39　笛形测速管装置示意图

1—倾斜管压力计；2—笛形管；3—静压测定管；4—圆形风管

测出平均动压 P_{kau} 后，就可利用普通测速管计算流量的公式，计算出流量。

安装笛形管时应注意以下几点：

1）测定风道的静压管管头要垂直管道中心线，最好焊接在管道外壁上。要是插入管道壁中再焊时，则插入部分不应超过管道内壁，要刚好和管道内壁平齐。交接处要平滑，不应有毛刺。

2）为使测量结果精确，可在管道四周对称地安装 2 个或 4 个静压管。

3）笛形管应装在管道中心位置并与气流流动方向垂直，测管小孔应迎着气流方向。笛形管一般采用外径为 10～20mm 的铜管，小孔直径为 1～2mm。开孔处应打光，不应有毛刺。为了测量准确，开孔位置要用等面积同心圆环法确定。

这种测速管可长期安装在测点上，全套仪器可自制，使用方便，还能看出瞬间变化，它最适合于测回转窑一次风。但不宜用于含尘气体的流量测定，因气体中的粉尘很快会将小孔堵塞。

3. 测点位置的选择

1）气体管道上的测孔，应尽量避免选在靠弯曲、变形和有闸门的地方，避开涡流和漏风的影响。

2）测孔位置的选择原则：测孔上游直线管道长大于 $6D$，测孔下游直线管道长大于 $3D$（D 为管道直径）。如果遇到测定孔不可避免地要设在拐弯或其他造成涡流的装置附近，那么上游直线管道最小不要少于 $3D$，原则是必须避免在涡流的地方测定，否则会在测定时出现不稳定或不正常的现象，影响测定准确性。同时，为了更好地防止涡流，可在管道测定点上游安装整流器。

3）圆形管道流量的测定过程中，需要将管道分成适当数量的等面积同心环，各测点选在各环等面积中心线与呈垂直相交的两条直径线的交点上。直径小于 $0.3m$，流速分布比较均匀、对称并符合测点位置要求的小圆形管道，取管道中心作为测点。

4）矩形管道流量的测定过程中，管道断面面积小于 $0.1m^2$，流速分布比较均匀、对称并符合测点位置要求的小矩形管道，取管道中心作为测点。

（二）转子流量计

转子式流量计是一种比较常用的流量测量仪表，适用于小于 150mm 的中小管径、中小流量、低雷诺数的流量测量，具有结构简单、直观、压力损失小、测量范围大、维修方便等优点。但仪表测量精度受被测介质的密度、黏度、温度、压力、纯净度以及安装位置的影响。

1. 结构和测量原理

转子流量计主要由一根自下向上扩大的垂直锥形管和一只可以沿锥形管轴向上下自由移动的转子（也称浮子）组成，如图 7-40 所示。流体由锥形管底部进入从顶部流出。转子受流体的作用悬浮于其中，从锥形玻璃管的刻度上可以读出流量来。转子边缘上刻有斜槽，在通过槽内的流体作用下，使转子能稳定于管中央旋转，而不致搁置于管壁上。

当流体通过转子与锥形管的环形缝隙时，由于流道截面积缩小，流速增大，因此流体的静压下降，使转子上下产生一个压力差，即产生一个向上的推动力。当总压力差大于转子的净重力（转子质量减去流体对转子的浮力）时，转子将上升；当总压力差小于转子的净重力时，转子将下沉；当总压力差与转子的净重力相等时，转子则处于平衡状态，即停留在一定位置上。平衡位置的高度与所通过的流量有对应关系，这个高度就代表流量值的大小。

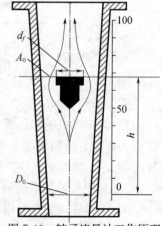

图 7-40　转子流量计工作原理

转子流量计一般有两种类型：采用玻璃锥形管的直读式转子流量计和采用金属锥形管的远传式转子流量计。直读式转子流量计主要由玻璃锥形管、浮子和支撑结构组成。流量值直接刻在锥形管上，由浮子位置高度就可以直接读出流量值。远传式转子流量计采用非导磁金属锥形管，测量转换机构将转子的移动转换为电信号或气信号进行远传及显示。

2. 转子流量计的修正

转子流量计是一种非标准化仪表，在大多数情况下宜个别地按照实际被测介质进行刻度。仪表制造厂在进行刻度时，对于液体介质用水来标定，对于气体介质用空气来标定，其标定是在 20℃、101325Pa（760mmHg）状态下进行的。也就是说转子流量计的流量标尺上的刻度值，对测量液体来说是代表 20℃时水的流量值；对测量气体来说则是代表 20℃、

101325Pa压力下空气的流量值。每台转子流量计都附有出厂标定的流量数据。但在实际使用时，由于被测介质的不同（液体不是水，气体不是空气，因而密度不同）和所处的工作状态（温度和压力）的不同，使转子流量计的指示值和被测介质实际流量值之间存在一定差别。为此，必须对流量指示值进行修正。

对于气体，转子流量计的换算为：

$$\frac{V_a}{V_g} = \left(\frac{\rho_g}{\rho_a}\right)^{\frac{1}{2}}$$ (7-21)

式中 V_a、V_g——空气和气体的流量，m^3/s；

ρ_a、ρ_g——空气和气体的密度，kg/m^3。

3. 转子流量计使用

转子流量计用来测量中小流量。测量基本误差约为刻度最大值的$\pm 2\%$，量程比为$10:1$。

转子流量计安装要注意测量范围、工作压力和介质温度等，使之符合有关规定，仪表应垂直安装在管道上，流体必须自下而上通过流量计。流量计前后应有截断阀，并安装旁通管道。仪表的主管道上应装过滤器，以避免脏物沾附于转子上而影响测量精度。流量计投入运行时，前后阀门要缓慢开启，投入运行后要关闭旁路阀。

（三）风速计

风速计是测量洁净和常温气体流速最简单的一种仪器。通过风速计可以计算管道中的气体流量。热工测量中主要用于测量环境风速和方向、窑炉的漏风等。常用的有翼轮式风速计和热球式风速计。

1. 翼轮式风速计

翼轮式风速计有两种形式，即转轮式和转杯式。

1）转轮式风速计

转轮式风速计适用于气流速度为0.5～10m/s的范围。若测定较高流速时，叶片容易变形，影响其准确性。

转轮式风速计是由四片或八片薄铝板叶片组成的翼轮和电传、显示等部分组成，如图7-41所示。叶片倾斜40°～50°角，当气流的压力作用在叶片上时，使翼轮转动，其转速与气流的速度成正比，借电传装置，在显示屏上显示出风速和温度。风速计上装有制动钮，可使指针转动或停止，以便控制测定时间。

2）转杯式风速计（风速风向仪）

转杯式风速计的测量范围为1～60m/s，它的感应部分是由三个或四个圆锥形或半球形的空杯组成。空心杯壳固定在互成120°的三叉星形支架上或互成90°的十字形支架上，

图7-41 转轮式风速计

杯的凹面顺着一个方向排列。当气流吹在杯的凹面时，就产生转动力矩，使翼轮转动。顶部有指针，可指示出风向。目前新型转杯风速表均是采用三杯的，并且锥形杯的性能比半球形的好。

图7-42为转杯式风速计示意图。用于测量瞬时风速风向和平均风速风向，具有显示、自动记录等功能。由风速传感器和风向传感器、气象数据采集仪、计算机气象软件三部分组

成。风杯一般采用碳纤维材料，强度高。风速测量精度达到±0.3m/s，风向测量精度达到±3°，可靠性高，使用方便。

2. 热球式风速计

热球式风速计由热球式测头和测量仪表两部分组成，测杆的头部有一直径约 0.8mm 的玻璃球。球内绕有加热玻璃球用的镍铬丝线圈和两个串联的热电偶。热电偶的冷端连接在铜质的支柱上，直接暴露在气流中。当一定大小的电流通过加热线圈后，玻璃球的温度升高，升高的程度与气流的速度有关，流速小时升高程度大，反之升高的程度小。升高程度的大小通过热电偶产生的热电势在电表上指示出来。电表以气体流速刻度，故可直接读出流速。再用校正曲线校正，得出实际流速。

QDF-6 数显风速仪是一种便携式的、可显示直接物理量的仪器，是测量低风速的基本仪器，如图 7-43 所示。该仪器结构紧凑、体积小、性能稳定、操作维护方便，可测量风速的范围为 0～30m/s，风温为 -10～40℃。但不能碰撞和震动，也不宜在灰尘过大或有腐蚀性的气体中使用。

图 7-42 转杯式风速计

图 7-43 热球式风速仪

复习思考题

1. 简述遮板式防堵皮托管的工作原理？

2. 风速计适合在什么环境下使用？

3. 用皮托管测量某烟气管道的流量，已知烟气管道为内径 1m 的圆管，请确定测点的个数及位置？

4. 在进行流量测量时，测点位置的选择原则？

5. 转子流量计是如何进行流量测量的？

任务 4 预分解窑系统气体成分的测量

任务简介：本任务介绍了气体成分分析的作用和方法；气体成分测量仪表的结构、工作原理、使用要求，包括奥氏气体分析仪、红外气体分析仪、热导式气体分析仪、氧化锆氧分析仪和烟气分析仪。

知识目标：了解气体成分测量的方法；掌握预分解窑系统废气的种类及气体成分分析的

作用；掌握气体成分测量仪表的结构、工作原理和使用。

能力目标：具备气体成分测量仪表的基本知识，能选择合适的测量仪表进行气体成分的测量；具备奥氏气体分析仪的使用能力，能使用奥氏气体分析仪对烧成窑尾系统废气成分进行检测；具备烟气分析仪的使用和维护保养能力，能使用烟气分析仪进行烟气成分的测量。

一、气体成分测量的基本知识

成分分析的方法有两种类型：一种是定期取样，通过实验室测定的实验室分析方法；另一种是利用可以连续测定被测物质的含量或性质的自动分析仪表。成分分析使用的仪器或仪表基于多种测量原理，在进行分析测量时，需要根据被测物质的物理或化学性质，来选择适当的手段和仪表。

所谓气体分析就是对气体组分进行定性和定量的分析，即确定气体中某些成分是什么和是多少的分析活动。它包括对各种空间、不同状态和不同组成条件下气体成分的分析。

（一）气体成分分析的作用

水泥工业窑炉在生产过程中会排出大量的废气，废气是一种含有 CO_2、N_2、O_2、CO、SO_2 等多组分的混合气体。在热工测量时，分析这些废气的成分有如下作用：

1. 通过测定窑炉废气成分，计算空气过剩系数，判定窑炉的供风情况。

2. 由窑炉废气中的 CO 量，可以推测窑炉内化学不完全燃烧的程度，结合供风情况，进而判断窑内物料煅烧状况。

3. 通过窑炉系统不同部位的废气成分分析比较，可以计算漏风量。

4. 对窑炉废气有害成分的分析，可以知道废气对大气的污染程度。

（二）气体成分分析的方法

气体分析的方法可分为化学分析法、物理分析法和物理化学分析法。化学分析法是利用气体的化学性质而确定其含量的方法；物理分析法是根据气体的物理性质，如密度、导热率、热值、折射率等进行测定的方法；物理化学分析法是根据气体的物理化学性质，如电导率、吸附性或溶解特性以及光吸收特性等进行测定的方法。

1. 化学分析法

用化学分析法测定混合气体各组分时，应根据它们的化学性质来决定所采用的方法，常用的有吸收法和燃烧法。

2. 其他分析方法

常用的有质谱仪、气相色谱仪、红外线气体分析仪、紫外线气体分析仪、热导式气体分析仪及电化学式气体分析仪等分析方法。

二、气体成分测量仪表及使用

（一）奥氏气体分析仪

奥氏气体分析仪，是一种用于分析气体含量的仪器，多用于分析含有的氧气、二氧化碳、一氧化碳、甲烷、氮气、氢气的混合气体的各组分含量。随着技术的提升，目前的一些奥氏气体分析仪还可以分析烷烃类气体。

1. 奥氏气体分析仪的结构

奥氏气体分析仪有多种，如图 7-44 所示为改良型奥氏气体分析仪，也是国内常见的 QF-190 型奥氏气体分析仪。它主要由一支双臂式量气管、五个吸收瓶和一个爆炸瓶组成，可进行 CO_2、O_2、CO、CH_4、H_2、N_2 混合气体的分析测定。

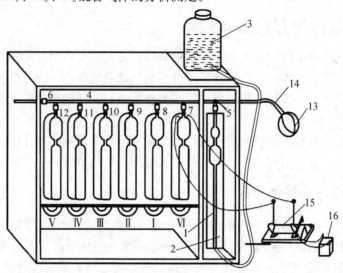

图 7-44　QF-190 型奥氏气体分析仪

1—量气管；2—恒温水套管；3—水准瓶；4—梳形管；5—四通旋塞；6～12—旋塞；13—取样器；
14—气体导入管；15—感应圈；16—蓄电池；Ⅰ～Ⅴ—吸收瓶；Ⅵ—爆炸瓶

1）量气瓶与水准瓶

量气瓶是测量气体体积的装置，一般是容积为 100mL 且带有刻度的玻璃管，下端用橡皮管与水准瓶连接。水准瓶内装满封闭液（一般为饱和盐类的酸性水溶液），上端与梳形管相连。当升高水准瓶时，管内液面上升将气体放出；下降水准瓶时，管内液面下降，将气体吸入。

2）梳形管及旋塞

梳形管是连接量气管、各吸收瓶及燃烧瓶的部件。旋塞用以控制气体的流动路线。

3）吸收瓶

吸收瓶内盛气体吸收剂，用来完成气体分析中的吸收作用。吸收瓶有接触式和气泡式两种结构。接触式吸收瓶适用于黏度较大的吸收剂，气泡式吸收瓶适用于黏度较小的吸收剂。

4）爆炸瓶

爆炸瓶是一个球形厚壁抗震玻璃容器，球的上端熔封两根铂丝电极，铂丝的外端接电源，电通过感应圈变成高压电加到铂丝电极上，使铂丝电极间隙处产生火花，从而使可燃气体爆炸。

2. 测定原理

由窑尾排出的气体是煤粉燃烧后产生的烟气，其全分析项目有 CO_2、O_2、CO、N_2 等。分析程序是先测定 CO_2，其次为 O_2，最后是 CO。它们的吸收剂是：CO_2 用苛性钾或苛性钠溶液；O_2 用焦性没食子酸碱溶液；CO 用氯化亚铜的氨溶液。

1）二氧化碳

二氧化碳是酸性氧化物，一般采用苛性钾（KOH）为吸收剂。吸收反应方程式为：

$$2KOH+CO_2 \Longrightarrow K_2CO_3+H_2O$$

2）氧气

最常用的氧吸收剂是焦性没食子酸的碱性溶液。反应分两步进行：首先是焦性没食子酸和氢氧化钾发生中和反应，生成焦性没食子酸钾，然后是焦性没食子酸钾和氧作用生成六氧基联苯钾。

3）一氧化碳

用氯化亚铜氨性溶液做 CO 的吸收剂。反应方程式为：

$$Cu(NH_3)_2Cl+2CO \Longrightarrow Cu(CO)_2Cl+2NH_3$$

以上三次测试每次读数以后都需要再通过一次甚至几次后再重新读数，以检查吸收是否完全。前后两次读数相同时，方可依次进行下一个吸收瓶的操作。

经过上述三次吸收后，剩下的气体即为氮气（N_2），即氮气百分含量为：

$$N_2=100-CO_2-O_2-CO$$

3. 奥氏气体分析仪的使用

在预分解窑系统热工标定过程中，使用奥氏气体分析仪可以检测各级旋风筒出口、分解炉出口及窑尾上升烟室采集的烟气。具体操作过程如下：

（1）仪器、试剂的准备

1）仪器

QF-190 型奥氏气体分析仪、取样球胆、真空脂、脱脂棉、镊子、洗耳球、酒精、透针或者细铁丝。

2）试剂

①300g/L 氢氧化钾溶液。称取 300gKOH 置于耐热容器中，用蒸馏水溶解并稀释至1000mL，混匀即可。配制时要注意安全，配好后用胶塞塞紧瓶口，塞上应配备二氧化碳吸收管。

②焦性没食子酸钾溶液。称取 10g 焦性没食子酸，溶于 30mL 热水中，再称取 50gKOH溶解于 50mL 蒸馏水中。使用前将上述两种溶液按（1+1）混合装入吸收瓶中。

③氯化亚铜的氨性溶液。称取 250gNH₄Cl 溶解于 750mL 热蒸馏水中，冷却后加入250gCu₂Cl₂，用胶塞塞紧瓶口并摇动，使其完全溶解，再倾入盛满铜丝的瓶中，塞紧瓶塞，使用前加入 750mL 氨水（$\rho=0.91g/L$）混合。

④试剂配制所用仪器：托盘天平一架、玻璃烧杯、玻璃棒、量筒、角匙、调温电炉、烧杯钳等。

（2）仪器清洗及气密性检查

1）清洗与安装

将奥氏气体分析仪的全部玻璃部分洗涤干净，旋塞涂好真空脂，并在各吸收瓶中加入相应的吸收液及液体石蜡隔绝空气，并按顺序安装好仪器。

2）气密性检查

①减压检查法

用量筒中吸取约 10mL 空气，使量筒与梳形管相通，而梳形管与大气隔绝。将水准瓶置于最低处，使管内形成尽量大的负压，如果 3min 后量管内液面保持稳定，表明气密性好。

如果液面下降，则表示存在漏点，应分别检查，将漏点修好。

②加压检查法

用量筒中吸取约 80mL 空气，使量筒与梳形管相通，而梳形管与大气隔绝，将水准瓶置于量管上部尽量高处使管内形成正压，如果 3min 后量管内液面及各吸收瓶液面均保持稳定，表示仪器气密性好。否则表示有漏点，需处理。

③量管上部由"0"至活塞间体积的标定

用量管准确量取 10.0mL 空气（无 CO_2）压入 KOH（NaOH）吸收瓶然后再准确吸取同样的空气 5.0mL，再把贮于 KOH 吸收瓶中的 10.0mL 空气抽回量管中，读取气体的体积，超过 15.0mL 的部分气体体积数即为量管由"0"至活塞的体积数。

（3）烟气试样的采集

1）取样口的安装

取样口是一段带有取样阀，并焊接在管道上的不锈钢管，将取样管（不锈钢管直径 8mm）从水平方向插入烟气主管道，与气流方向相逆成 45°，插入深度至管径直径 1/6 处以上，使露在外面部分的长度不超过 8~10cm（取样口的设置应避开阀门、弯头和管径发生急速变化处）。

2）气囊取样法

将皮囊上的橡胶管套牢在取样管上。将烟气充入皮囊，充满后取下。并将囊内的气体全部挤出（一边向外挤出气体，一边用手将皮囊卷成卷状，直至袋内形成真空）重复做三次，当囊内成为真空后，连接皮囊橡胶管口与取样管口，向皮囊内充入所要取的烟气样品。充满后，关闭取样管阀门，并用夹子夹紧皮囊上的橡胶管，防止空气进入袋内。

注意事项：皮囊橡胶管口要求与取样管口吻合，否则，易使空气带入，而改变烟气样品的性质；采得后的烟气样品，最多存放时间为 2h；取好的烟气样品，应填好标签，注明取样地点、取样时间、取样人员。

（4）烟气成分的测定

1）首先检查分析仪器的密封情况。关闭所有旋塞观察 3min，如果液面没有变化说明不漏气。

2）将样气送入量气管然后全部排出，置换三次，确保仪器内没有空气。准确量取样气 100mL 为 V_1。读数时保持封闭液瓶内液面与量气管内液面水平。

3）第一个吸收瓶的作用是吸收二氧化碳。因为氢氧化钾溶液可以吸收 CO_2 及少量 H_2S 等酸性气体，而其他组分对之不干扰，故排在第一。

将样气送入二氧化碳吸收瓶，往返吸收最少 8 次，然后将样气送入量气管读数，再往返吸收两次后重新读数，如果两次度数一致说明气体完全吸收，吸收至读数不变记为 V_2。

4）第二个吸收瓶的作用是吸收不饱和烃。不饱和烃在硫酸银的催化下，能和浓硫酸起加成反应而被吸收。

将样气送入不饱和烃吸收瓶，往返吸收最少 18 次，然后将样气送入量气管读数，再往返吸收两次后重新读数，吸收至读数不变记为 V_3。

5）第三个吸收瓶的作用是吸收氧气。焦性没食子酸碱性溶液能吸收 O_2，同时也能吸收酸性气体如 CO_2，所以应该把 CO_2 等酸性气体排除后再吸收 O_2。

将样气送入氧气吸收瓶，往返吸收最少 8 次，然后将样气送入量气管读数，再往返吸收两次后重新读数，吸收至读数不变记为 V_4。

6）第四、五、六个吸收瓶作用是吸收一氧化碳。氯化亚铜氨溶液能吸收 CO，但此溶液与二氧化碳、不饱和烃、氧气都能作用，因此应放在最后。吸收过程中，氯化亚铜氨溶液中 NH_3 会逸出，所以 CO 被吸收完毕后，需用 5% 的硫酸溶液除去残气中的 NH_3，因为烟气中 CO 含量高，应使用两个 CO 吸收瓶。

将样气送入第一个 CO 吸收瓶往返吸收最少 18 次，再用第二个 CO 吸收瓶往返吸收最少 8 次，再送入硫酸吸收瓶往返吸收最少 8 次，然后将样气送入量气管读数，再往返吸收两次后重新读数，吸收至读数不变为 V_5。

7）将样气送入第六个吸收瓶，取剩余样气的 1/3 送入量气管，在中心三通旋塞处加氧气，将中心三通旋塞按顺时针旋转 180°，将氧气送入量气管，混合后量气管读数为 100mL，将中心三通旋塞按顺时针旋转 45°，把量气管内气体分四次使用高频火花器点火进行爆炸，第一次爆炸体积为 10mL 左右，第二次爆炸体积为 20mL 左右，第三次爆炸体积为 30mL 左右，第四次将剩余气体全部爆炸。冷却后将全部气体送入量气管中，记下量气管读数 V_6。

8）将剩余气体送入二氧化碳吸收瓶，往返吸收最少 8 次，然后将样气送入量气管读数，再往返吸收两次后重新读数，吸收至读数不变记为 V_7。

9）通过上述的吸收及燃烧法测定后，剩余的气体体积为 N_2。

（5）数据处理及结果

根据气体分析仪测出的气体成分，可进行空气过剩系数的计算，空气过剩系数的大小有利于评价烧成系统的热工状况。过剩空气系数太小，燃料燃烧不完全，浪费燃料，甚至会造成二次燃烧；但过剩空气系数太大，入炉空气太多，炉膛温度下降，传热不好，烟道气量多，带走热量多，也浪费燃料。

空气过剩系数的计算依据下列公式：

$$\alpha = \frac{N_2}{N_2 - \frac{79}{21}\left(O_2 - \frac{1}{2}CO\right)} \tag{7-22}$$

（6）奥氏气体分析仪使用要求

1）应根据不同的烟气温度来确定和选用不同材质的取样管，以防止取样管与烟气中二氧化碳或水汽发生反应，从而改变烟气的原始成分。

2）仪器内所有连接部分要紧密，开关要涂上真空脂或凡士林油，防止漏气。

3）在进行分析时，要注意不要使试剂高出吸收器上规定的液面标记线。

4）分析器的准确性，可以用吸收空气中氧来检验，空气中氧含量约为 20.9%。

（二）红外气体分析仪

红外线气体分析仪属于光学分析仪表，它利用气体对不同红外线具有选择吸收的特性，对多组分混合气体中的 CO、CO_2、CH_4、C_2H_2、NH_3 和水蒸气等气体浓度进行测定。对双原子气体如 N_2、O_2、H_2 等及各种惰性气体如 He、Ne、Ar 等，红外气体分析仪不能测定。

（三）热导式气体分析仪

热导式气体分析仪用于测量混合气体中的 H_2、CO、CO_2、NH_3、SO_2 等组分的含量，它是根据气体混合物中待测组分含量的变化引起气体混合物导热系数变化这一特征进行测量的。这类仪表结构简单、工作稳定、体积小，使用较为广泛。

（四）烟气分析仪

烟气分析仪是利用电化学传感器连续分析测量 CO_2、CO、NO_x、SO_2 等烟气含量的设备。常用于水泥企业污染排放、烟道气及污染源附近的环境监测。

电化学气体传感器性能比较稳定，寿命较长，耗电很小，对气体的响应快，不受湿度的影响，分辨率一般可以达到 $0.1\mu mol/mol$（随传感器不同有所不同）。它的温度适应性也比较宽。然而，它受读数温度变化的影响也比较大。所以很多仪器都有软硬件的温度补偿处理。同时电化学式传感器又具有体积小、操作简单、携带方便、可用于现场监测及成本低等优点，所以，在目前各类气体检测设备中，包括烟气分析仪，电化学气体传感器占有很重要的地位。

复习思考题

1. 简述奥氏气体分析仪测量气体成分的步骤？
2. 在烧成系统热工测量中，一般需要分析气体成分有哪几种？
3. 气体成分分析的方法都有哪些？
4. 烟气分析仪的结构及工作原理？
5. 为什么要对水泥窑的烟气进行分析？如何进行分析前气体的采样？

任务5 预分解窑系统气体的含尘率和湿度的测定

任务简介： 本任务介绍了气体含尘率及湿度的基本知识；预分解窑系统气体含尘率及湿度测量仪表的结构、工作原理、测量方法及使用要求；气体含尘率测量的方法有管道内滤尘法和管道外滤尘法；气体湿度测量方法有干湿球温度计法和冷凝法。

知识目标： 了解气体含尘率及湿度的概念；掌握预分解窑系统气体含尘率和湿度测量的方法；掌握气体含尘率和湿度测量仪表的结构、工作原理和使用。

能力目标： 具备气体含尘率测量仪表的使用能力，能使用管道内滤尘法进行预分解窑系统废气含尘浓度的测量；具备气体湿度测量仪表的使用能力，能使用干湿球温度计法对预分解窑系统废气湿度进行测量。

一、气体含尘率测量仪表

水泥厂的热工设备和粉磨设备在工作过程中会排出大量带有部分固体颗粒的气体，这种含有固体颗粒的气体称为含尘气体。

测定气体中含尘率的基本原理是：将待测的气体从管道中抽出，把灰尘过滤下来，称其质量，把气体通过流量计测出其流量，将灰尘量除以气体量，得到单位气体中的灰尘量，即气体中的含尘率，其单位为 g/m^3。

气体的含尘率测定是热工标定中重要的一项，尽管现在出现了很多新的测试仪，但它的测试原理基本是一样的。从测试方法上来说，分为两类：一是利用抽气装置将管道内的含尘气体吸出来，经过过滤器把固体颗粒滤下，过滤后的气体再经流量计计量，最后排入大气，根据称量后的粉尘量和计量的气体量即可计算出含尘浓度来；二是利用光电手段，使光束通过含尘气体，光的强度会因粉尘的多少而发生改变，利用光敏电阻测出这种变化，从而确定出含尘浓度来。在回转窑热工标定中，目前一般采用管道外滤尘法和管道内滤尘法（烟尘测试仪）来进行测量。

（一）管道外滤尘法

水泥厂中常用的管道外滤尘法测定含尘率的测量系统由取样管、旋风除尘器、保温箱、湿式流量计、喷射器、微压计及温度计等组成，如图 7-45 所示。

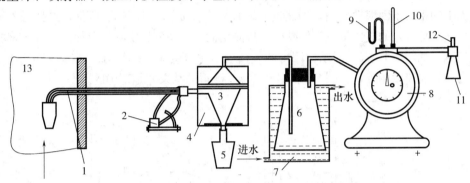

图 7-45　含尘率测定仪器装置（管道外滤尘法）

1—取样管；2—微压计；3—旋风除尘器；4—保温箱；5—集灰瓶；6—水冷凝瓶；7—水箱；8—湿式流量计；
9—压力计；10—温度计；11—喷射器；12—管道；13—烟道

烟道中的含尘气体受到喷射器产生的抽力作用进入取样嘴并沿取样管进入旋风除尘器中而受到分离，较粗颗粒落入集灰瓶中，细粉尘则被收集在绒布或玻璃棉上。经收尘后的气体流过盛有水的冷凝器中，水汽被冷凝留在瓶中，而干气体则进入湿式流量计测出流量。气体的压力和温度分别由流量计上的 U 形管和温度计读出。抽取气体的速度依靠喷射管上阀门来调节，使取样管上微压计读数在零点以达到等速取样。

1. 取样管

用于管道外滤尘的取样管如图 7-46 所示。它由 3 根管子组成，中间那一根较粗的铜管是取样管，旁边两根小铜管是外静压管和内静压管。下面一根内静压管通到取样管前端取样嘴的圆锥套管内，用来反映取样管内的静压；上面一根外静压管通到取样嘴的圆柱套管 2 中部，用来反映取样嘴外部的静压。

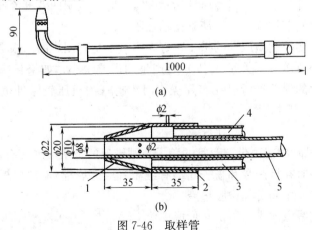

图 7-46　取样管

（a）取样管外形；（b）取样嘴构造

1—圆锥套管；2—圆柱套管；3—内静压管；4—外静压管；5—取样管

当两根静压管所反映的静压相等时则表示取样管内和取样管外的气体流速相等（气体的全压一定，静压相等动压也必然相等，即流速相等），若取样管的气流速度大于取样管外部气流速度时，稍粗的粒子由于惯性作用，不如气体和细粉灵活，取样管口范围外的部分粗粒子随气体沿原来方向向前流动未进入取样嘴内，而细粒子则易随气流被吸入，如图 7-47（a）所示，这样的结果使测定的含尘率较实际偏低；反之，若取样管内的气流速度小于取样管外部的气流速度时，则使取样管口范围内的部分气流和细粒子在取样嘴入口处改变了方向未能进入，而这部分气流中的粗粒子因惯性作用，仍然进入取样嘴内，如图 7-47（b）所示，这样进入取样嘴内的灰尘并不随进入的气体量按比例减少，故测出的含尘率就较实际情况偏高。如果取样嘴没有对准气流，如图 7-47（c）所示，测得的气体含尘率也会偏低。只有取样嘴对准气流，并且取样管内外气流速度相等，如图 7-47（d）所示，测得的结果才是正确的。

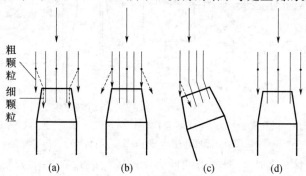

图 7-47　抽气速度对含尘率的影响

几种不同抽气速度对含尘率的影响见表 7-12。

表 7-12　几种不同抽气速度对含尘率的影响

比较项目	(a)	(b)	(c)	(d)
抽气速度	大	小	歪	正常
含尘率	低	高	低	正确

所以要测准气体的含尘率，必须使取样管内外气流速度一致。测定时可将静压管的尾部管口用橡皮管同微压计相连接，当微压计指示在零点时，表明两者气流速度相等。如果微压计指示不在零位，可调节抽气速度，使其指示在零点。

在实际操作时，要控制微压计的指示正好在零点，是有困难的。根据实验，当控制取样管内负压稍大于管外负压（不大于 50Pa）时产生的误差很小；如果管内负压略小于管外负压时，则会产生较大的误差。所以在实际操作时维持管内负压较管外负压大 0～50Pa 是可以的。

2. 旋风除尘器

图 7-48 所示旋风除尘器由带有弯管的盖子、圆锥形的下灰斗（带有进气管）、圆盘形的挡灰盘等组成，使用时在挡灰盘和盖子间垫有绒布（或玻璃棉），铁卡子用来夹紧盖子和下灰斗。为了防止漏气，中间可加橡胶垫圈。

当含尘气流从切线方向进入下灰斗形成螺旋运动，灰尘受离心力作用，粗颗粒灰尘沉降速度大，沉降于器壁，落于除尘器下部进入集灰瓶，较细的灰尘随气流上升，被绒布或玻璃棉挡住。

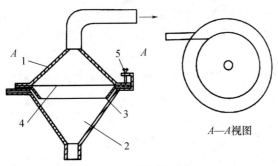

图 7-48　旋风除尘器

1—盖子；2—下灰斗；3—挡灰盘；4—绒布（或玻璃棉）；5—铁卡子

3. 保温箱

若被测气体的水分含量很高时，必须加装保温设备。保温的目的是防止水汽在除尘器内凝结，使灰尘结块堵塞管道。保温的程度应以废气温度的高低和含水汽的多少而定，使气体的温度在该气体的露点温度以上即可。保温箱的具体结构如图 7-49 所示，最好预先测出气体的温度和相对湿度，找出它的露点作为保温的参数。如果仅用保温的办法还达不到要求（使气体温度高于露点），可在保温箱内加设小电炉加热，外设一个变阻器或调压变压器，以控制箱内温度。

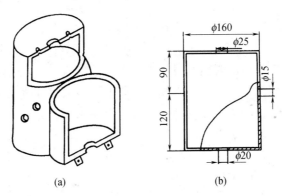

(a)　　　　　　　　(b)

图 7-49　保温箱

(a) 保温箱结构；(b) 保温箱的尺寸

4. 水冷凝瓶和水箱

气体的流量是用湿式流量计来计量的，湿式流量计里有水，而且水位有一定的高度，不能允许被测气体中的水汽凝结在里面。所以，气体在进入湿式流量计前必须将温度降下来，将其中过量的水汽在水冷凝瓶中冷凝下来。冷凝瓶中盛水高度要适当，水装得太少冷凝效果较差，水汽也随气体逸出；太多则水面跳动厉害，有可能被抽进管道进入流量计，影响测定结果。

水箱的作用是将冷凝瓶的热量带走，水箱中的水是流动的，温水不断排出，冷水不断补充，使热量不断地排出。

5. 湿式流量计

计量气体流量的湿式流量计，计量的是体积流量，而且要注明是在什么温度和压力下的体积流量。

在测定时由于灰尘不断进入除尘器，阻力也随之增加，要维持取样管内气体流速和外部气体流速一致，必须增加抽力。这时流量计上的压力计所示的负压随之增大，所以应当每隔

$3\sim5$min 记录一次负压值和温度值，以便正确计算气体量。

6. 抽气设备

(1) 真空泵

在没有压缩空气的情况下，可以考虑使用国产 V-l 型真空泵，每小时可抽 3.25m³气体。但其质量较大，携带不便，同时进真空泵的气体必须净化和去湿。

(2) 喷射器

喷射器是利用压缩空气或高压蒸汽从喷射管喷入喷射器中，在喷射管出口处速度很大，故造成该处静压很低，形成负压产生吸力，从吸气管抽取含尘气体，在混合扩散管中混合后排出。

测定时，若压缩空气或蒸汽能维持在 $0.3\sim0.4$MPa 以上的压力，一般就能满足抽力的要求。由于它的构造简单而且轻便，已广泛应用于气体含尘率、气体温度、废气湿度等测量中。

为了保证测量结果有一定的准确度，在操作时要注意以下两点：

1) 要保持整个测量系统的密闭性，防止外部空气漏入。其措施可在接头处视其温度不同，用胶布、水玻璃、石蜡等封住。

2) 应当选取气流稳定的部位作为测点，测点的位置应放在平均风速点上，平均风速点上的含尘率才能代表整个气体的含尘率。

(二) 管道内滤尘法

1. 工作原理

用管道外滤尘法测定气体的含尘率时，如果气体是高温湿气体，露点温度高，这样在除尘器及取样管内会有水汽凝结，造成粉尘黏附在壁上，影响测量精确度。要避免这种现象必须采取加热保温措施，使得装置更加复杂，操作更加不便。

用管道内滤尘法测定高露点湿气体的含尘率时，因在管道内滤尘，由于该处温度高，不用加热保温措施，装置及操作都比较简单。现在热工测定一般采用这种方法。图 7-50 为管道内滤尘法测定含尘率的方法中的一种。

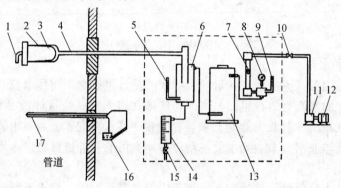

图 7-50　含尘率测定仪器装置（管道内滤尘法）

1—取样嘴；2—滤尘罐；3—滤筒；4—滤尘罐管；5，9—温度计；6—气水分离器；7—转子流量计；8—负压表；
10—阀；11—抽气泵；12—电动机；13—干燥器；14—量筒；15—放水阀；16—微压计；17—防堵皮托管

它的工作原理是：靠抽气泵的抽力作用，将管道中含尘的气体从取样嘴吸入滤尘罐内，气体中的粉尘被滤筒过滤。净化后气体经过滤尘罐管进入气水分离器，由于温度的降低，其中部分水汽冷凝下来，冷凝下来的水流入量筒中。饱和湿气体进入填有无水氯化钙的干燥器中除去水汽，干燥气体经转子流量计计量，最后经抽气泵排出。

温度计 5 用以指示饱和湿气体的温度。温度计 9 和负压表 8 用以测定通过转子流量计 7 的干燥气体的温度和负压。

气水分离器、干燥器、温度计、负压表和流量计等组装在一个箱子里，组成一套烟尘测量装置（称为烟尘测试仪），携带方便，避免每次测定时装拆的麻烦。

2. 烟尘采样仪结构

国产的 PTP-Ⅲ 皮托管平行烟尘采样仪是在原来预测流速烟尘烟气测试仪的基础上研制成功的新产品。它将采（取）样管和皮托管合二为一，测温、测压、采样可同时进行。除抽气泵与采样管以外的所有部分组成一个采样箱主机，自动跟踪烟气流速等速采样，烟尘烟气测量合二为一，采样流量：烟尘 4～40L/min；烟气 0.15～1.5L/min。采样数据自动保存，尺寸小，质量小（主机重量 8kg），使用方便。它与以往国内老的烟尘测试仪相比具有以下特点：

1）引进了烟尘等速采样显示器（以下简称显示器）和压力传感器，从而把原来的查表、运算功能等繁琐的工作全由显示器自动替代，并实现了理论等速采样流量的自动显示，这样在现场大大方便了操作者。

2）安装了直观、可信度较高的瞬时转子流量计，从而使等速跟踪精度达到较高的水平。

3）采用了手调跟踪流量的方法，只要根据仪器的等速采样显示器上的等速采样流量读数，本仪器就能在较短的时间内，方便地实现调节。实践证明，此方法快速、直观、可靠，且等速跟踪误差小。

4）摒弃了以往故障率较高、容易堵死、难以维修的刮板泵，用新型高性能隔膜式真空泵取而代之。

5）不论哪种型式的采样管，当长度为 3～6m 时都可特制成对接可卸式，从而给携带和运输带来诸多方便。

6）仪器配有加热性能良好的全加热式的采样管，可在含水量较高的烟气、废气中进行各种工业废气二氧化硫（SO_2），氮氧化物（NO_x）等的准确采样。

测定时，取样嘴放在管道内平均流速处，采样仪将通过防堵皮托管自动采集烟气管道内测点的动压值，并通过调节抽气泵的流量使取样管内气流的动压与测点气流的测量值相等，即可保持内外气流速度一致。

取样器（管）如图 7-51 所示。它主要由取样嘴 1、滤尘罐 4 和滤尘罐管 6 等组成。滤尘罐内有滤筒 5、压环 3 和锁紧盖 2 使滤筒口紧贴于滤尘罐口壁上。锁紧盖前端有一 90° 短弯管，管的一端有内螺纹，根据取样点的风速可以配上不同直径的取样嘴 1。一般取样嘴规格可根据采样速度来选取。采样速度 $\omega \leq 5.5\text{m/s}$，选用 $\phi12\text{mm}$ 取样嘴；采样速度 $5.5\text{m/s} < \omega \leq 7.7\text{m/s}$，选用 $\phi10\text{mm}$ 取样嘴；采样速度 $7.7\text{m/s} < \omega \leq 13\text{m/s}$，选用 $\phi8\text{mm}$ 取样嘴；采样速度 $\omega > 13\text{m/s}$，选用 $\phi6\text{mm}$ 取样嘴。

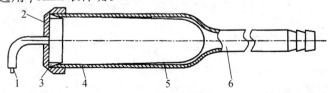

图 7-51　取样器

1—取样嘴；2—锁紧盖；3—压环；4—滤尘罐；5—滤筒；6—滤尘罐管

滤筒由超细玻璃纤维用聚醋酸乙烯树脂胶合而成，可在 250℃ 以下使用，流量在 35L/min 时，空载阻力约为 2.7kPa，最大粉尘容量约 10g。

3. 含尘计算

取样嘴外气流速度可用防堵皮托管测定，用微压计测量其动压值，其流速 ω 可用下式计算：

$$\omega = K\sqrt{\frac{2P'_k}{\rho}} \tag{7-23}$$

式中　ω——气体的流速，m/s；

　　　K——防堵皮托管的校正系数；

　　　P'_k——防堵皮托管测出的动压，Pa；

　　　ρ——气体的密度，kg/m³。

为了简化公式，气体的密度近似用空气密度代入得：

$$\omega = K\sqrt{\frac{2P'_k}{1.293 \times \frac{273}{273+t}}} = 0.075K\sqrt{P'_k(273+t)} \tag{7-24}$$

式中　t——管道内气体温度，℃。

当气体露点较低或测量仪器采取保温措施时，在测定过程中气体不会冷凝出来，这样流量计前可以不设干燥器，这时湿气体流量为：

$$V = 0.785\left(\frac{d}{1000}\right)^2 \omega \times \frac{273+t_R}{273+t} \times \frac{P_a+P}{P_a+P_R} \tag{7-25}$$

式中　V——在 t_R、P_R 状态下湿气体的流量，m³/s；

　　　d——取样嘴直径，mm；

　　　t_R——气体通过流量计时的温度，℃；

　　　P_a——大气压力，Pa；

　　　P_R——气体通过流量计时的压力，Pa；

　　　P——管道内静压，Pa。

当气体湿度较高时，流量计前必须设干燥器，则干气体流量为：

$$V_d = \frac{V(1-H_2O)}{1} \tag{7-26}$$

式中　H_2O——气体中水蒸气体积分数，%；

　　　V_d——在 t_R、P_R 状态下干气体的流量，m³/s。

气体中水蒸气体积分数可用图 7-50 量筒 14 中的水量和干燥器 13 中干燥剂吸收的水量来计算，也可用干湿球湿度计来测定。

将干气体流量 V_d 换算成标准状态下干气体的流量 V_d^0：

$$V_d^0 = V_d \times \frac{273}{273+t_R} \times \frac{P_a+P_R}{101325} \tag{7-27}$$

干气体标准状况含尘率：

$$k_f = \frac{M}{\tau V_d^0} \tag{7-28}$$

式中　M——总滤尘量，g；

　　　τ——总取样时间，s。

二、气体湿度测量仪表

在水泥厂热工标定中一般采用干湿球温度计和冷凝法来测定气体湿含量。

(一) 干湿球温度计法

干湿球温度计如图 7-52 所示。干湿球温度计为两支完全相同的温度计，其中一支温度计的温包处裹有浸水的纱布，气体通过时在温包表面进行水分的蒸发，蒸发强度与周围气体的相对湿度有关，相对湿度越小蒸发强度越大，蒸发带走的热量就越多，这支湿球温度计显示的温度就越低。另一支温度计的显示温度为气体的干球温度。根据干、湿球温度计的温差就可以查 $I-x$ 图（附录 K）得到气体的相对湿度或湿含量。

用干湿球温度计法测定气体湿含量的测量系统如图 7-53 所示。在水泥厂中，需要测定湿度的气体绝大部分是含尘率很高的气体，对干湿球的灵敏度影响很大，而且容易堵塞管道，所以应先通过除尘器将灰尘除去。

在气温高、含水量较大的气体中，往往在还未经干湿球之前由于散热冷却使气体达到露点，水蒸气凝结成水。这样用干湿球就不能正确测出其湿含量。所以测定时应使收尘器尽量靠近测孔，保证待测气体通过干湿球之前温度

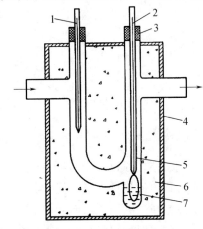

图 7-52　干湿球温度计

1—干球温度计；2—湿球温度计；3—胶塞；4—木箱；
5—玻璃温度计；6—保温材料；7—水及纱布

在露点以上。如现场条件不允许，则收尘器之前的管道应绕以石棉绳或用电热丝保温，收尘器也要加保温箱或用电加热装置加热。

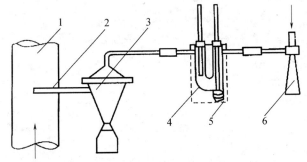

图 7-53　干湿球温度计测定系统装置图

1—所测气体管道；2—取样管（金属管）；3—除尘器；4—干湿球温度计；5—保温箱；6—喷射器

使用干湿球温度计时必须注意下列事项：

1. 组成干湿球的两支温度计，要求测量准确并要完全一样。在温度较高而且湿度较大的地方，要用 0.5℃ 刻度的温度计。

2. 作为润湿湿球的棉纱布，应用清洁的脱脂棉纱布，紧贴在球上。湿球至容器水平面的距离不得超过 80mm，否则水未到达温度计之前就蒸发完了。

3. 最好使用蒸馏水，普通水应经过煮沸沉淀后再用。

4. 测定系统中，在湿球温度计以前应完全密闭，不得有空气漏入，否则会大大影响测定结果。

5. 气体经过干湿球温度计的过程必须是绝热过程。

6. 所测气体，经过干湿球温度计时，一定要在 100℃ 以下，在露点以上。如温度在露点以下，气体有水分析出，温度发生变化，测定也不准。

7. 在实际测定中，一般应保证测定时间在 1h 左右，同时应随温度的变化连续记录测定值。

根据测定的干湿球温度值，可查 $I-x$ 图（附录 K）得出气体的相对湿度和湿含量。然后根据下式算出水蒸气的体积分数（%）：

$$H_2O = \frac{\frac{x}{0.804}}{\frac{1}{\rho_y} + \frac{x}{0.804}} \times 100\% \tag{7-29}$$

式中 ρ_y——干烟气的标态密度，kg/m^3（标准状态下）。

（二）冷凝法

使待测气体先通过一个冷凝器（蛇形或球形）冷却到常温以下（采用水冷却），使水蒸气凝结后再进入流量计计量。把收集到的冷凝水量加上出冷凝器的气体在该温度下的饱和湿度时的水蒸气量，除以通过气体的体积，即得气体的绝对湿度（kg/m^3），这种方法可以在测量气体含尘率时同时进行。只需将含尘率测量系统中收尘器后面的水冷却瓶换成冷凝器，把水冷凝收集下来即可。

复习思考题

1. 什么是气体的含尘率？用取样管取样时抽气速度对含尘率的影响？

2. 管道中含尘气体的含尘浓度如何测定？

3. 管道内滤尘法的工作原理及设备的安装顺序？

4. 什么是气体的湿含量？使用干湿球温度计必须注意什么？

5. 为什么要对气体的湿含量进行测定？如何测定？

项目八　预分解窑的热工测试

内容简介： 新型干法水泥生产是一个复杂的过程，如果仅凭人的经验是不能保障生产的稳定的，只有借助热工仪表，才能有效地检测和分析新型干法窑系统的流量、压力、温度等生产控制参数的变化，并掌握物料和气体的成分，从而以科学的方法综合判断水泥生产工艺过程的稳定性和新型干法水泥窑系统热工制度的合理性，并为生产过程提供可靠的技术参数。

预分解窑系统热工标定是检测设备运行参数及性能指标非常重要且行之有效的科学手段之一，是加强设备运行管理、优化操作参数、相关技术改进及提升设备运转率和延长使用寿命的重要工作。

学习目标： 通过对新型干法水泥熟料生产线现场热工测试和设备评价工作，摸清设备的运行情况、操作水平、存在的问题及原因等，并结合企业生产实际情况，制定相应的整改措施或方案，进一步优化操作，提升设备运转率和延长设备寿命。

任务 1　预分解窑的热工计算

任务简介： 预分解窑的热工计算包括物料平衡计算与热平衡计算两个部分。进行热工计算的目的，主要是确定新建预分解窑系统的燃料消耗量，分析生产过程中预分解窑系统的热利用情况，并计算出窑的热效率，评价预分解窑系统运行情况。

知识目标： 掌握预分解窑的热工计算的方法；熟悉物料平衡与热平衡计算过程；了解预分解窑系统运行情况。

能力目标： 具备物料平衡与热平衡计算的能力；能通过物料平衡与热平衡计算评价预分解窑系统的运行情况。

一、物料平衡计算

（一）物料平衡计算的范围

物料平衡计算的范围（图 8-1）是从冷却机熟料出口到预热器废气出口（即包括冷却机、回转窑、分解炉和预热器。对带余热锅炉的窑，本计算没有考虑余热锅炉部分的热平衡计算）。

1. 计算依据

根据热平衡参数测定结果计算，热平衡参数的测试按 GB/T 26282《水泥回转窑热平衡测定方法》规定的方法进行。预分解窑的热工计算主要是依据 GB/T 26281《水泥回转窑热平衡、热效率、综合能耗计算方法》编制而成。

2. 计算基准

温度基准：0℃；质量基准：1kg 熟料。

注：本项目中不加说明时，气体体积均指温度为 0℃，压力为 101325Pa 时的体积，单位为立方米（m^3），简称"标准立方米"。

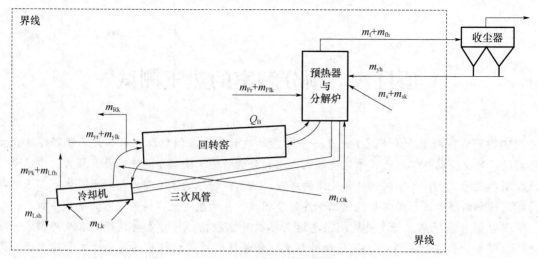

图 8-1　物料平衡范围图

(二) 收入物料

1. 燃料消耗量

1) 固体或液体燃料消耗量

固体或液体燃料消耗量计算公式见式 (8-1):

$$m_r = \frac{M_{yr} + M_{Fr}}{M_{sh}}$$

(8-1)

式中　m_r——每千克熟料燃料消耗量，kg/kg；

　　M_{yr}——每小时入窑燃料量，kg/h；

　　M_{Fr}——每小时入分解炉燃料量，kg/h；

　　M_{sh}——每小时熟料产量，kg/h。

2) 气体燃料消耗量

气体燃料消耗量计算公式见式 (8-2)，气体燃料的标况密度计算公式见式 (8-3):

$$m_r = \frac{V_r}{M_{sh}} \times \rho_r$$

(8-2)

式中　V_r——每小时气体燃料消耗体积，m³/h；

　　M_{sh}——同式 (8-1)；

　　ρ_r——气体燃料的标况密度，kg/m³。

$$\rho_r = \frac{CO_2 \times \rho_{CO_2} + CO \times \rho_{CO} + O_2 \times \rho_{O_2} + C_m H_n \times \rho_{C_m H_n} + H_2 \times \rho_{H_2} + N_2 \times \rho_{N_2} + H_2 O \times \rho_{H_2 O}}{100}$$

(8-3)

式中　CO_2、CO、O_2、$C_m H_n$、H_2、N_2、$H_2 O$——分别为气体燃料中各成分的体积分数，%；

　　ρ_{CO_2}、ρ_{CO}、ρ_{O_2}、$\rho_{C_m H_n}$、ρ_{H_2}、ρ_{N_2}、$\rho_{H_2 O}$——分别为各成分的标况密度，kg/m³，参见附录C。

2. 生料消耗量

生料消耗量计算公式见式 (8-4):

$$m_s = \frac{M_s}{M_{sh}}$$

(8-4)

式中 m_s——每千克熟料生料消耗量，kg/kg；

M_s——每小时生料喂料量，kg/h；

M_{sh}——同式（8—1）。

3. 入窑回灰量

入窑回灰量计算公式见式（8-5）：

$$m_{yh} = \frac{M_{yh}}{M_{sh}} \tag{8-5}$$

式中 m_{yh}——每千克熟料入窑回灰量，kg/kg；

M_{yh}——每小时入窑回灰量，kg/h；

M_{sh}——同式（8—1）。

4. 空气消耗量

1）进入系统一次空气量

进入系统一次空气量计算公式见式（8-6），一次空气的标况密度计算公式见式（8-7）：

$$m_{1k} = \frac{V_{y1k} + V_{F1k}}{M_{sh}} \times \rho_{1k} \tag{8-6}$$

式中 m_{1k}——每千克熟料进入系统一次空气量，kg/kg；

V_{y1k}——每小时入窑一次空气体积，m³/h；

V_{F1k}——每小时入分解炉一次空气体积，m³/h；

ρ_{1k}——一次空气的标况密度，kg/m³。

$$\rho_{1k} = \frac{CO_2^{1k} \times \rho_{CO_2} + CO^{1k} \times \rho_{CO} + O_2^{1k} \times \rho_{O_2} + N_2^{1k} \times \rho_{N_2} + H_2O^{1k} \times \rho_{H_2O}}{100} \tag{8-7}$$

式中 CO_2^{1k}、CO^{1k}、O_2^{1k}、N_2^{1k}、H_2O^{1k}——分别为一次空气中各成分的体积分数，%。

2）进入冷却机空气量

进入冷却机空气量计算公式见式（8-8）：

$$m_{Lk} = \frac{V_{Lk}}{M_{sh}} \times \rho_k \tag{8-8}$$

式中 m_{Lk}——每千克熟料进入冷却机的空气量，kg/kg；

V_{Lk}——每小时入冷却机的空气体积，m³/h；

ρ_k——空气的标况密度，kg/m³。

3）生料带入空气量

生料带入空气量计算公式见式（8-9）：

$$m_{sk} = \frac{V_{sk}}{M_{sh}} \times \rho_k \tag{8-9}$$

式中 m_{sk}——每千克熟料生料带入空气量，kg/kg；

V_{sk}——每小时生料带入空气体积，m³/h。

4）窑系统漏入空气量

窑系统漏入空气量计算公式见式（8-10）：

$$m_{LOk} = \frac{V_{LOk}}{M_{sh}} \times \rho_k \tag{8-10}$$

式中 m_{LOk}——每千克熟料系统漏入空气量，kg/kg；

V_{LOk}——每小时系统漏入空气体积，m³/h。

5. 物料总收入

物料总收入计算公式见式（8-11）：

$$m_{zs} = m_r + m_s + m_{yh} + m_{1k} + m_{Lk} + m_{sk} + m_{LOk} \tag{8-11}$$

式中　m_{zs}——每千克熟料物料总收入，kg/kg。

（三）支出物料

1. 出冷却机熟料量

出冷却机熟料量计算公式见式（8-12）：

$$m_{Lsh} = 1 - m_{Lfh} \tag{8-12}$$

式中　m_{Lsh}——每千克熟料出冷却机熟料量，kg/kg；

m_{Lfh}——每千克熟料冷却机出口飞灰量，kg/kg。

2. 预热器出口废气量

预热器出口废气量计算公式见式（8-13），预热器出口废气的标况密度计算公式见式（8-14）：

$$m_f = \frac{V_f}{M_{sh}} \times \rho_f \tag{8-13}$$

式中　m_f——每千克熟料预热器出口废气量，kg/kg；

V_f——每小时预热器出口废气体积，m^3/h；

ρ_f——预热器出口废气的标况密度，kg/m^3。

$$\rho_f = \frac{CO_2^f \times \rho_{CO_2} + CO^f \times \rho_{CO} + O_2^f \times \rho_{O_2} + N_2^f \times \rho_{N_2} + H_2O^f \times \rho_{H_2O}}{100} \tag{8-14}$$

式中　CO_2^f、CO^f、O_2^f、N_2^f、H_2O^f——分别为一次空气中各成分的体积分数，%。

3. 预热器出口飞灰量

预热器出口飞灰量计算公式见式（8-15）：

$$m_{fh} = \frac{V_f \times K_{fh}}{M_{sh} \times 1000} \tag{8-15}$$

式中　m_{fh}——每千克熟料预热器出口飞灰量，kg/kg；

K_{fh}——预热器出口废气中飞灰的浓度，g/m^3。

4. 冷却机排出空气量

冷却机排出空气量计算公式见式（8-16）：

$$m_{pk} = \frac{V_{pk}}{M_{sh}} \times \rho_k \tag{8-16}$$

式中　m_{pk}——每千克熟料冷却机排出空气量，kg/kg；

V_{pk}——每小时冷却机排出空气体积，m^3/h。

5. 煤磨抽冷却机空气量

煤磨抽冷却机空气量计算公式见式（8-17）：

$$m_{Rk} = \frac{V_{Rk}}{M_{sh}} \times \rho_k \tag{8-17}$$

式中　m_{Rk}——每千克熟料煤磨抽冷却机空气量，kg/kg；

V_{Rk}——每小时煤磨抽冷却机空气体积，m^3/h。

6. 冷却机出口飞灰量

冷却机出口飞灰量计算公式见式（8-18）：

$$m_{Lfh} = \frac{V_{pk} \times K_{Lfh}}{M_{sh}} \tag{8-18}$$

式中　K_{Lfh}——冷却机出口废气中飞灰的浓度，kg/m^3。

7. 其他支出

m_{qt}，kg/kg。

8. 物料总支出

物料总支出计算公式见式（8-19）：

$$m_{zc} = m_{Lsh} + m_f + m_{fh} + m_{pk} + m_{Rk} + m_{Lfh} + m_{qt} \tag{8-19}$$

式中　m_{zc}——每千克熟料物料总支出，kg/kg。

（四）物料平衡计算结果

物料平衡计算结果见表 8-1。

表 8-1　物料平衡计算结果

收入物料				支出物料			
项目	符号	kg/kg	%	项目	符号	kg/kg	%
燃料消耗量	m_r			出冷却机熟料量	m_{Lsh}		
生料消耗量	m_s			预热器出口废气量	m_f		
入窑回灰量	m_{yh}			预热器出口飞灰量	m_{fh}		
一次空气量	m_{1k}			冷却机排出空气量	m_{pk}		
入冷却机冷空气量	m_{Lk}			煤磨从系统抽出热空气量	m_{Rk}		
生料带入空气量	m_{sk}			冷却机出口飞灰量	m_{Lfh}		
系统漏风量	m_{LOk}			其他支出	m_{qt}		
合计				合计			

二、热平衡计算

（一）热平衡范围

热平衡范围如图 8-2 所示。热平衡按 GB/T 26282《水泥回转窑热平衡测定方法》规定的方法进行计算。

（二）收入热量

1. 燃料燃烧热

燃料燃烧热计算公式见式（8-20）：

$$Q_{rR} = m_r \times Q_{net,ar} \tag{8-20}$$

式中　Q_{rR}——每千克熟料燃料燃烧热，kJ/kg；

$Q_{net,ar}$——入窑和入分解炉燃料收到基低位发热量，kJ/kg。采用煤作为燃料时，$Q_{net,ar}$ 为入窑煤粉收到基低位发热量，不能与原煤收到基发热量混淆。

2. 燃料显热

燃料显热计算公式见式（8-21）：

$$Q_r = m_r \times c_r \times t_r \tag{8-21}$$

式中 Q_r——每千克熟料燃料带入显热，kJ/kg；

c_r——燃料比热容，kJ/ (kg · ℃)；

t_r——燃料温度，℃。

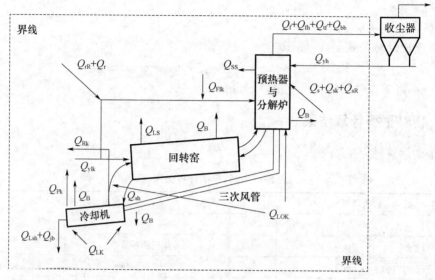

图 8-2 热平衡范围

3. 生料中可燃物质燃烧热

生料中可燃物质燃烧热计算公式见式 (8-22)：

$$Q_{sR} = m_{sr} \times Q_{net,ar} \tag{8-22}$$

式中 Q_{sR}——每千克熟料生料中可燃物质的燃烧热，kJ/kg；

m_{sr}——生料中可燃物质含量，kg/kg；

$Q_{net,ar}$——生料中可燃物质收到基低位发热量，kJ/kg。

4. 生料显热

生料显热计算公式见式 (8-23)：

$$Q_s = m_s \times c_s \times t_s \tag{8-23}$$

式中 Q_s——每千克熟料生料带入显热，kJ/kg；

c_s——生料的比热容，kJ/ (kg · ℃)；$c_s = (0.88 + 2.93 \times 10^{-4} \times t_s) \times (1 - W^s)$，
W^s 为生料的水分，%；

t_s——生料的温度，℃。

5. 入窑回灰显热

入窑回灰显热计算公式见式 (8-24)：

$$Q_{yh} = m_{yh} \times c_{yh} \times t_{yh} \tag{8-24}$$

式中 Q_{yh}——每千克熟料入窑回灰显热，kJ/kg；

c_{yh}——入窑回灰的比热容，kJ/ (kg · ℃)；

t_{yh}——入窑回灰的温度，℃。

6. 一次空气显热

一次空气显热计算公式见式 (8-25)：

$$Q_{1k} = \frac{V_{y1k}}{M_{sh}} \times c_k \times t_{y1k} + \frac{V_{F1k}}{M_{sh}} \times c_k \times t_{F1k} \tag{8-25}$$

式中　Q_{1k}——每千克熟料一次空气显热，kJ/kg；

　　　c_k——空气的比热容，kJ/（m³·℃）；

　　　t_{y1k}——入窑一次空气的温度，℃；

　　　t_{F1k}——入分解炉一次空气的温度，℃。

入窑一次空气采用煤磨放风时其比热计算公式见式（8-26）：

$$c_{k(入窑)} = \frac{CO_2^{1k} \times c_{CO_2} + CO^{1k} \times c_{CO} + O_2^{1k} \times c_{O_2} + N_2^{1k} \times c_{N_2} + H_2O^{1k} \times c_{H_2O}}{100} \tag{8-26}$$

式中　　　　　　　Q_{1k}——每千克熟料一次空气显热，kJ/kg；

　　　　　　$c_{k(入窑)}$——入窑一次空气采用煤磨放风时的比热容，kJ/（m³·℃）；

c_{CO_2}、c_{CO}、c_{O_2}、c_{N_2}、c_{H_2O}——在 $0 \sim t_{1k}$℃内，各气体定压平均体积比热容，kJ/（m³·℃）。

7. 入冷却机空气显热

入冷却机空气显热计算公式见式（8-27）：

$$Q_{Lk} = \frac{V_{Lk}}{M_{sh}} \times c_k \times t_{Lk} \tag{8-27}$$

式中　Q_{Lk}——每千克熟料入冷却机空气显热，kJ/kg；

　　　t_{Lk}——入冷却机的空气温度，℃。

8. 生料带入空气显热

生料带入空气显热计算公式见式（8-28）：

$$Q_{sk} = \frac{V_{sk}}{M_{sh}} \times c_k \times t_s \tag{8-28}$$

式中　Q_{sk}——每千克熟料生料带入空气显热，kJ/kg。

9. 系统漏入空气显热

系统漏入空气显热计算公式见式（8-29）：

$$Q_{LOk} = \frac{V_{LOk}}{M_{sh}} \times c_k \times t_k \tag{8-29}$$

式中　Q_{LOk}——每千克熟料系统漏入空气显热，kJ/kg；

　　　t_k——环境空气的温度，℃。

10. 热量总收入

热量总收入计算公式见式（8-30）：

$$Q_{zs} = Q_{rR} + Q_r + Q_{sR} + Q_s + Q_{yh} + Q_{1k} + Q_{Lk} + Q_{sk} + Q_{LOk} \tag{8-30}$$

式中　Q_{zs}——每千克熟料热量总收入，kJ/kg。

（三）支出热量

1. 熟料形成热

熟料形成热的理论计算方法有两种，可按简化公式计算，也可按照国标中的规定进行计算，参见下面计算过程。

（1）不考虑硫、碱的影响时用式（8-31）计算：

$$Q_{sh} = 17.19 Al_2O_3^{sh} + 27.10 MgO^{sh} + 32.01 CaO^{sh} - 21.40 SiO_2^{sh} - 2.47 Fe_2O_3^{sh} \tag{8-31}$$

（2）考虑硫、碱的影响时用式（8-32）计算：

$$Q'_{sh}=Q_{sh}-107.90\ (Na_2O^s-Na_2O^{sh})\ -71.09\ (K_2O^s-K_2O^{sh})\ +83.64\ (SO_3^s-SO_3^{sh})$$

$$(8\text{-}32)$$

式中　$Al_2O_3^{sh}$、MgO^{sh}、CaO^{sh}、SiO_2^{sh}、$Fe_2O_3^{sh}$、K_2O^{sh}、Na_2O^{sh}、SO_3^{sh}——熟料中相应成分
的质量分数，%；

Na_2O^s、K_2O^s、SO_3^s——生料中相应成分
的灼烧基质量
分数，%。

2. 蒸发生料中水分耗热

蒸发生料中水分耗热计算公式见式（8-33）：

$$Q_{ss}=m_s\times\frac{W^s}{100}\times q_{qh}$$

$$(8\text{-}33)$$

式中　Q_{ss}——每千克熟料蒸发生料中水分耗热，kJ/kg；

q_{qh}——水的汽化热，kJ/kg。

3. 出冷却机熟料显热

出冷却机熟料显热计算公式见式（8-34）：

$$Q_{Lsh}=\ (1-m_{Lfh})\ \times c_{sh}\times t_{Lsh}$$

$$(8\text{-}34)$$

式中　Q_{Lsh}——出冷却机熟料显热，kJ/kg；

c_{sh}——熟料的比热容，kJ/（kg·℃）；

t_{Lsh}——出冷却机熟料温度，℃。

4. 预热器出口废气显热

预热器出口废气显热计算公式见式（8-35），预热器出口废气比热容计算公式见式（8-36）：

$$Q_f=\frac{V_f}{M_{sh}}\times c_f\times t_f$$

$$(8\text{-}35)$$

式中　Q_f——每千克熟料预热器出口废气显热，kJ/kg；

c_f——预热器出口废气比热容，kJ/（m³·℃）；

t_f——预热器出口废气的温度，℃。

$$c_f=\frac{CO_2^f\times c_{CO_2}+CO^f\times c_{CO}+O_2^f\times c_{O_2}+N_2^f\times c_{N_2}+H_2O^f\times c_{H_2O}}{100}$$

$$(8\text{-}36)$$

式中　c_{CO_2}、c_{CO}、c_{O_2}、c_{N_2}、c_{H_2O}——在0~t_f℃内，各气体定压平均体积比热容，kJ/（m³·℃）。

5. 预热器出口飞灰显热

预热器出口飞灰显热计算公式见式（8-37）：

$$Q_{fh}=m_{fh}\times c_{fh}\times t_f$$

$$(8\text{-}37)$$

式中　Q_{fh}——每千克熟料预热器出口飞灰显热，kJ/kg；

c_{fh}——预热器出口飞灰的比热容，kJ/（m³·℃）。

6. 飞灰脱水及碳酸盐分解耗热

飞灰脱水及碳酸盐分解耗热计算公式见式（8-38），生料中CO_2含量比热容计算公式见式（8-39）：

$$Q_{tf}=m_{fh}\times\frac{100-L_{fh}}{100-L_s}\times\frac{H_2O^s}{100}\times6690+\left[m_{fh}\times\frac{100-L_{fh}}{100-L_s}\times\frac{CO_2^s}{100}-m_{fh}\times\frac{L_{fh}}{100}\right]\times\frac{100}{44}\times1660$$

$$(8\text{-}38)$$

式中　Q_{tf}——每千克熟料飞灰脱水及碳酸盐分解耗热，kJ/kg；

$\quad L_{fh}$——飞灰的烧失量，%；

$\quad L_s$——生料的烧失量，%；

$\quad H_2O^s$——生料中化合水含量，%；

$\quad 6690$——高岭土脱水热，kJ/kg；

$\quad CO_2^s$——生料的 CO_2 含量，%；

$\quad 1660$——$CaCO_3$ 分解热，kJ/kg。

$$CO_2^s = \frac{CaO^s}{100} \times \frac{44}{56} + \frac{MgO^s}{100} \times \frac{44}{40.3} \tag{8-39}$$

式中　CaO^s、MgO^s——分别为生料中 CaO 和 MgO 含量，%。

7. 冷却机排出空气显热

冷却机排出空气显热计算公式见式（8-40）：

$$Q_{pk} = \frac{V_{pk}}{M_{sh}} \times c_k \times t_{pk} \tag{8-40}$$

式中　Q_{pk}——每千克熟料冷却机排出空气显热，kJ/kg；

$\quad t_{pk}$——冷却机排出空气温度，℃。

注：当冷却机有多个废气出口时，应分别计算各废气出口排出空气显热。

8. 冷却机出口飞灰显热

冷却机出口飞灰显热计算公式见式（8-41）：

$$Q_{Lfh} = m_{Lfh} \times c_{Lfh} \times t_{pk} \tag{8-41}$$

式中　Q_{Lfh}——每千克熟料冷却机出口飞灰显热，kJ/kg；

$\quad c_{Lfh}$——冷却机出口飞灰的比热容，kJ/（kg·℃）。

9. 煤磨抽冷却机空气显热

煤磨抽冷却机空气显热计算公式见式（8-42）：

$$Q_{Rk} = \frac{V_{Rk}}{M_{sh}} \times c_k \times t_{Rk} \tag{8-42}$$

式中　Q_{Rk}——每千克熟料煤磨抽冷却机空气显热，kJ/kg；

$\quad t_{Rk}$——煤磨抽冷却机空气温度，℃。

10. 化学不完全燃烧的热损失

化学不完全燃烧的热损失计算公式见式（8-43）：

$$Q_{hb} = \frac{V_f}{M_{sh}} \times \frac{CO^f}{100} \times 12630 \tag{8-43}$$

式中　Q_{hb}——每千克熟料化学不完全燃烧的热损失，kJ/kg；

$\quad CO^f$——预热器出口废气中 CO 的体积分数，%；

$\quad 12630$——CO 的热值，kJ/m³。

11. 机械不完全燃烧的热损失

机械不完全燃烧的热损失计算公式见式（8-44）：

$$Q_{jb} = \frac{L_{sh}}{100} \times 33874 \tag{8-44}$$

式中　Q_{jb}——每千克熟料化学不完全燃烧的热损失，kJ/kg；

$\quad L_{sh}$——熟料的烧失量，%；

33874——碳的热值，kJ/kg。

12. 系统表面散热

系统表面散热计算公式见式（8-45）：

$$Q_B = \frac{\sum Q_{Bi}}{M_{sh}}$$ (8-45)

式中　Q_{Bi}——每千克熟料系统表面散热量，kJ/kg；

$\sum Q_{Bi}$——每小时系统表面总散热量，kJ/h。

13. 冷却水带出热

冷却水带出热计算公式见式（8-46）：

$$Q_{Ls} = \frac{M_{Ls} \times (t_{cs} - t_{js}) \times c'_s + M_{qh} \times q_{qh}}{M_{sh}}$$ (8-46)

式中　Q_{Ls}——每千克熟料冷却水带出热量，kJ/kg；

M_{Ls}——每小时冷却水用量，kg/h；

t_{cs}——冷却水出水温度，℃；

t_{js}——冷却水进水温度，℃；

c'_s——水的比热容，4.1816，kJ/（kg·℃）；

M_{qh}——每小时汽化冷却水量，kg/h；

q_{qh}——水的汽化热，kJ/kg。

14. 其他支出

Q_{qt}，kJ/kg。

15. 热量总支出

热量总支出计算公式见式（8-47）：

$$Q_{ZC} = Q_{sh} + Q_{ss} + Q_{Lsh} + Q_f + Q_{fh} + Q_{tf} + Q_{pk} + Q_{Lfh} + Q_{Rk} + Q_{hb} + Q_{jb} + Q_B + Q_{Ls} + Q_{qt}$$ (8-47)

式中　Q_{ZC}——每千克熟料热量总支出，kJ/kg。

（四）热平衡计算结果

热平衡结果见表 8-2。

表 8-2　热平衡计算结果

收入热量				支出热量			
项目	符号	kJ/kg	%	项目	符号	kJ/kg	%
燃料燃烧热	Q_{rR}			熟料形成热	Q_{sh}		
燃料显热	Q_r			蒸发生料中水分耗热	Q_{qs}		
生料中可燃物质燃烧热	Q_{sR}			出冷却机熟料显热	Q_{Lsh}		
生料显热	Q_s			预热器出口废气显热	Q_f		
入窑回灰显热	Q_{yh}			预热器出口飞灰显热	Q_{fh}		
一次空气显热	Q_{1k}			飞灰脱水及碳酸盐分解耗热	Q_{tf}		
入冷却机冷空气显热	Q_{Lk}			冷却机排出空气显热	Q_{pk}		
生料带入空气显热	Q_{sk}			冷却机出口飞灰显热	Q_{Lfh}		
系统漏入空气显热	Q_{lok}			煤磨抽冷却机热空气显热	Q_{Rk}		
				化学不完全燃烧损失	Q_{hb}		

续表

收入热量				支出热量			
项目	符号	kJ/kg	%	项目	符号	kJ/kg	%
				机械不完全燃烧损失	Q_{jb}		
				系统表面散热	Q_B		
				冷却水带出热	Q_{Ls}		
				其他支出	Q_{qt}		
合计				合计			

(五) 回转窑系统的热效率计算

回转窑系统的热效率指单位质量熟料的形成热与燃料（包括生料中可燃物质）燃烧放出热量的比值，以百分数表示（%）。回转窑系统的热效率计算公式见式（8-48）：

$$\eta_y = \frac{Q_{sh}}{Q_{rR} + Q_{sR}} \tag{8-48}$$

式中　η_y——回转窑系统的热效率，%。

(六) 冷却机的热平衡与热效率计算

1. 热平衡

（1）收入热量

1）出窑熟料显热

出窑熟料显热计算公式见式（8-49）：

$$Q_{ysh} = 1 \times c_{sh} \times t_{ysh} \tag{8-49}$$

式中　Q_{ysh}——出窑熟料显热，kJ/kg；

t_{ysh}——出窑熟料温度，℃。

2）入冷却机空气显热

入冷却机空气显热计算公式见式（8-50）：

$$Q'_{Lk} = \frac{V_{Lk}}{M_{sh}} \times c_k \times t_{Lk} + \frac{V_{LOk(冷却机)}}{M_{sh}} \times c_k \times t_{Lk} \tag{8-50}$$

式中　Q'_{Lk}——每千克熟料入冷却机总空气显热，kJ/kg；

$V_{LOk(冷却机)}$——每小时冷却机漏入空气体积，m³/h。

3）热量总收入

热量总收入计算公式见式（8-51）：

$$Q_{LZS} = Q_{ysh} + Q'_{Lk} \tag{8-51}$$

式中　Q_{LZS}——冷却机热量总收入，kJ/kg。

（2）支出热量

1）出冷却机熟料显热

按式（8-34）计算。

2）入窑二次空气显热

入窑二次空气显热计算公式见式（8-52）；每小时入窑二次空气体积计算公式见式（8-53）：

$$Q_{y2k} = \frac{V_{y2k}}{M_{sh}} \times c_k \times t_{y2k} \qquad (8\text{-}52)$$

式中　Q_{y2k}——每千克熟料入窑二次空气显热，kJ/kg；

　　　V_{y2k}——每小时入窑二次空气体积，m^3/h；

　　　t_{y2k}——入窑二次空气的温度，℃。

$$V_{y2k} = V'_k \times \alpha_y \times M_{yr} \times (1 - \varphi_{yT}) - V_{y1k} \qquad (8\text{-}53)$$

式中　α_y——窑尾过剩空气系数；

　　　φ_{yT}——窑头漏风系数视窑头密闭情况而定，一般选 $\varphi_{yT} = 2\% \sim 10\%$；

　　　V'_k——燃料完全燃烧时理论空气需要量，对固体及液体燃料，单位为 m^3/kg，对气体燃料，单位为 m^3/m^3。

①根据燃料元素分析（或成分分析）结果计算 V'_k

A. 固体及液体燃料完全燃烧时理论空气需要量计算公式见《硅酸盐热工基础》教材中情境四。

B. 气体燃料

气体燃料完全燃烧时理论空气需要量计算公式见式（8-54）：

$$V'_k = 0.0476 \times (0.5CO + 0.5H_2 + 2CH_4 + 3C_2H_4 + 1.5H_2S - O_2) \qquad (8\text{-}54)$$

式中　CO、H_2、CH_4、C_2H_4、H_2S、O_2——气体燃料中各成分体积分数，%。

②根据燃料收到基低位发热量近似计算 V'_k

A. 固体燃料完全燃烧时理论空气需要量计算公式见《硅酸盐热工基础》教材中情境四。

B. 液体燃料完全燃烧时理论空气需要量计算公式见《硅酸盐热工基础》教材中情境四。

C. 气体燃料

对于 $Q_{net,ar} < 12560 kJ/m^3$ 的煤气完全燃烧时理论空气需要量计算公式见《硅酸盐热工基础》教材中情境四。

对于 $Q_{net,ar} > 12560 kJ/m^3$ 的煤气完全燃烧时理论空气需要量计算公式见《硅酸盐热工基础》教材中情境四。

对于天然气完全燃烧时理论空气需要量计算公式见《硅酸盐热工基础》教材中情境四。

3）入分解炉三次空气显热

入分解炉三次空气显热计算公式见式（8-55）：

$$Q_{F3k} = \frac{V_{F3k}}{M_{sh}} \times c_k \times t_{F3k} \qquad (8\text{-}55)$$

式中　Q_{F3k}——每千克熟料入分解炉三次空气显热，kJ/kg；

　　　V_{F3k}——每小时入分解炉三次空气体积，m^3/h；

　　　t_{F3k}——入分解炉三次空气的温度，℃。

4）煤磨抽冷却机空气显热

按式（8-42）计算。

5）冷却机排出空气显热

按式（8-40）计算。

6）冷却机出口飞灰显热

按式（8-41）计算。

7）冷却机表面散热

冷却机表面散热计算公式见式（8-56）：

$$Q_{LB} = \frac{\sum Q_{LBi}}{M_{sh}} \tag{8-56}$$

式中　Q_{LB}——每千克熟料冷却机表面散热量，kJ/kg；

$\sum Q_{LBi}$——每小时冷却机表面总散热量，kJ/h。

8）冷却水带走热

冷却水带走热计算公式见式（8-57）：

$$Q_{LLs} = \frac{M_{LLs} \times (t_{Lcs} - t_{Ljs}) \times c'_s + M_{Lqh} \times q_{qh}}{M_{sh}} \tag{8-57}$$

式中　Q_{LLs}——每千克熟料冷却机冷却水带走热量，kJ/kg；

M_{LLs}——每小时冷却机冷却水用量，kg/h；

t_{Lcs}、t_{Ljs}——分别为冷却机冷却水出水和进水温度，℃；

M_{Lqh}——每小时冷却机汽化冷却水量，kg/h。

9）冷却机其他支出

Q_{Lqt}，冷却机其他支出，kJ/kg。

10）热量总支出

热量总支出计算公式见式（8-58）：

$$Q_{LZC} = Q_{Lsh} + Q_{y2k} + Q_{F3k} + Q_{Rk} + Q_{pk} + Q_{Lfh} + Q_{LB} + Q_{LLs} + Q_{Lqt} \tag{8-58}$$

式中　Q_{LZC}——冷却机热量总支出，kJ/kg。

（3）冷却机热平衡计算结果

冷却机热平衡计算结果见表 8-3：

表 8-3　冷却机热平衡计算结果

收入热量				支出热量			
项目	符号	kJ/kg	%	项目	符号	kJ/kg	%
出窑熟料显热	Q_{ysh}			出冷却机熟料显热	Q_{Lsh}		
入冷却机冷空气显热	Q'_{Lk}			入窑二次空气显热	Q_{y2k}		
				入炉三次空气显热	Q_{F3k}		
				煤磨抽热风显热	Q_{Rk}		
				冷却机排风显热	Q_{pk}		
				冷却机出口飞灰显热	Q_{Lfh}		
				冷却机表面散热	Q_{LB}		
				冷却水带走热	Q_{LLs}		
				去余热发电飞灰量	Q_{dfh}		
				其他支出	Q_{Lqt}		
合计				合计			

2. 冷却机的热效率计算

冷却机的热效率计算公式见式（8-59）：

$$\eta_L = \frac{Q_{y2k} + Q_{F3k}}{Q_{ysh}} \tag{8-59}$$

式中　　η_L——冷却机的热效率，%。

（七）熟料烧成综合能耗计算

熟料烧成综合能耗指烧成系统在标定期间内，生产每吨熟料实际消耗的各种能源实物量按规定的计算方法和单位分别折算成标准煤量的总和，单位为 kg。

1. 熟料烧成综合能耗计算的范围

熟料烧成实际消耗的各种能源，包括一次能源（原油、原煤、天然气等）、二次能源（电力、热力、焦炭等国家统计制度所规定的各种能源统计品种）及耗能工质（水、压缩空气等）所消耗的能源。各种能源不得重记和漏计。

熟料烧成实际消耗的各种能源，系指用于生产目的所消耗的各种能源。它包括主要生产系统、辅助生产系统和附属生产系统用能源。主要生产系统指生料输送、生料预热分解和熟料烧成与冷却系统等，辅助生产系统指排风及收尘系统等，附属生产系统指控制检测系统等。它不包括用于生活目的和基建项目用能源。

在实际消耗的各种能源中，作为原料用途的能源应包括在内；带余热发电的回转窑，若余热锅炉在热平衡范围内，余热发电消耗和回收的能源包括在内，若余热发电在热平衡范围外，余热发电消耗和回收的能源应不包括在内。

各种能源统计范围如下：从生料出库到熟料入库；从燃料出煤粉仓（或工作油罐）到废气出大烟囱。具体包括：生料输送、生料预热和分解、熟料烧成与冷却、熟料输送、排风及收尘、控制检测等项，而不包括生料和燃料制备。

2. 各种能源综合计算原则

1）各种能源消耗量，均指实际的消耗量。

2）各种能源均应折算成标准煤耗。1kg 标准煤的热值见 GB/T 2589《综合能耗计算通则》。

3）熟料烧成消耗的一次能源及生料中可燃物质，均折算为标准煤量。

4）熟料烧成消耗的二次能源及耗能工质消耗的能源均应折算成一次能源，其中耗能工质按 GB/T 2589《综合能耗计算通则》的规定折算成标准煤量。

3. 熟料单位产量综合能耗计算

熟料单位产量综合能耗按式（8-60）计算：

$$E_{cl} = \frac{e_{cl}}{P} \tag{8-60}$$

式中　　E_{cl}——熟料单位产量综合能耗，kgce/t；

　　　　e_{cl}——熟料烧成综合能耗，kgce；

　　　　P——标定期间熟料产量，t。

复习思考题

1. 预分解窑系统进行热工计算的基准是什么？

2. 以预分解窑系统为平衡范围的物料收入和物料支出分别包括哪几项？

3. 以预分解窑系统为平衡范围的热量收入和热量支出分别包括哪几项？

4. 冷却机的热平衡项目有哪些？它的热效率如何计算？

5. 什么叫熟料烧成综合能耗？

任务 2 预分解窑的热工测试

任务简介： 热工测试是通过生产线现场热工测量和相关数据处理，从而对预分解窑系统进行一次全面评价，比较其实际值与设计值及国内外先进技术水平之间的差距。本项目任务是以国家最新标准《水泥回转窑热平衡测定方法》《水泥回转窑热平衡、热效率、综合能耗计算方法》等相关规定为依据，系统地介绍热工测量，全面的数据分析，进而为企业提出具有可行性的改进措施和操作参数优化方案，为预分解窑系统进一步提产降耗提供理论依据。

知识目标： 掌握预分解窑系统热工测试过程；熟悉预分解窑系统热平衡测定方法；了解热工标定的计算过程。

能力目标： 具备预分解窑系统热平衡单项测定能力；能完成热工标定的方案制定和热工过程计算。

一、预分解窑系统的热工测试

（一）预分解窑系统热工测试的目的和意义

热工标定的目的为：通过对预分解窑系统主要参数进行现场测定，结合热工标定结果分析，真实反映主机设备运行情况，客观评价烧成系统的产量与热耗情况，深入探讨烧成系统提产降耗的可行性措施与方案，并进一步优化操作参数，进而为挖掘烧成系统潜力，提高热利用效率提供理论依据。

预分解窑系统的热工状况是决定水泥生产经济性和质量可靠性的关键。热工参数由预分解窑系统的热工仪表显示，以保证整个生产的正常运行。除此之外，还必须利用科学的测量方法，对预分解窑系统热工过程中的热工参数进行定期、准确地测量，通过对测量结果的综合分析，考察预分解窑系统的热工制度和窑的结构是否合理，了解企业的耗能状况和用能水平，找到存在的问题，为进一步建立合理的热工制度、改进窑炉结构、制定节能降耗措施提供科学依据。同时使生产技术管理和操作人员正确了解预分解窑系统的运行情况，掌握窑炉内的燃料燃烧物料和气流运动规律，使预分解窑系统达到最优化的生产效果。

（二）热工测试的实施与组织

预分解窑系统的热工测试，应依据国家标准进行。在国家标准允许范围内，水泥厂可根据本厂生产工艺特点和具体情况选用测量仪器、测定方法和计算方法。

预分解窑系统热工测试的成败，取决于有无较高水平的技术力量和严密的组织工作。目前大多数水泥企业采取与科研院所、大中专院校相结合的形式组队进行水泥窑的热工测试。这种结合形式可充分借助科研院所、大中专院校技术力量雄厚、实践经验丰富、测试仪器设备齐全、先进的优势，共同完成热工测试任务。

水泥熟料烧成系统热工标定是一项系统的工作，按其工作先后一般划分为三个阶段：首先是准备工作，准备工作是热工标定中各项工作顺利进行的前提条件；其次是现场测量，系统参数的现场正确、准确测量是标定结果真实有效的保证；第三是数据处理及标定结果分析，该工作包括对热工现场测量数据的正确处理、生产主机设备性能分析与评价、烧成系统提产降耗的改进措施与方案确立等。水泥熟料烧成系统在运行中始终处于动态平衡状态，各项参数都在一定的范围内波动，因而现场热工测量则显得尤为重要。

总之，各水泥企业应根据工厂的具体情况，制定切实可行的测定方案，落实组织工作，抓好测定设备和仪器配套，以保证测试工作的顺利进行。

（三）热平衡体系的确立

1. 热平衡体系的概念

热平衡是在生产过程中，依据能量守恒定律，对输入热量与输出热量在数量上的平衡关系进行考察和分析。

体系，又称"系统"，是指进行热平衡的对象和范围。在热工标定中，具有明确边界线的体系就是进行热平衡的对象和范围。体系之外的物体称为外界（或环境）。对外界不进行研究，仅考虑系统与外界间的物质和能量交换。

水泥窑炉的热平衡体系，可以有不同的划分方法。不同类型的窑，划分范围不一样。即使是同一种窑型，也可根据具体情况划分为不同的体系。

窑炉热平衡体系的确定，一般来讲，可以在包含窑体的前提下任意选定。但必须根据工厂的具体情况和标定要求，以测量方便、计算容易、能正确反应窑炉的实际情况并有利于测量结果的分析为原则。

2. 热平衡体系的划分

水泥回转窑的物料和热平衡体系，主要可用下列方法来划分。

1）以窑、冷却机、预热器和分解炉作为平衡体系如图 8-3 所示，其平衡范围是从冷却机熟料出口到预热器废气出口，并考虑了窑灰回窑和燃料制备与窑按闭路循环操作的情况。

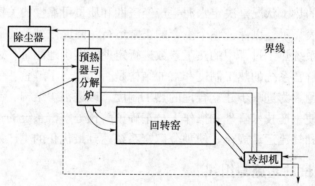

图 8-3　带预热器与分解炉回转窑热平衡体系划分

这种划分方法，由于平衡范围大，出入口物料与气体温度比较低，数据容易取得，但往往数据较多，计算内容较繁琐。故可以将回转窑和分解炉作为热平衡体系，以简化计算。

2）以窑加冷却机作为平衡体系，如图 8-4 所示。这种划分方法，其平衡范围也较大，出入口物料与气体温度较低，较容易标定，普通回转窑采用这种划分方法较好。

3）以单独的回转窑作为平衡体系，如图 8-5 所示。冷却机、立波尔加热机和预热器（或分解炉）等可以单独进行热工测量和单项计算，而不作为热平衡项目。这种划分方法，突出了窑体的测量，测量项目较少，计算也比较方便；同时，亦可求得冷却机、预热器等的热效率，基本上能反映出回转窑的技术水平。但由于温度较高，出入物料和气体均较难测量准确，因此误差较大。

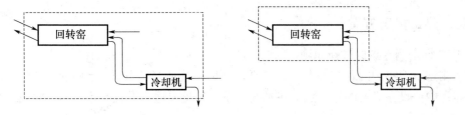

图 8-4　窑加冷却机热平衡体系划分　　　　图 8-5　单独的回转窑热平衡体系划分

（四）热工标定准备

1. 根据工厂具体情况，制定测定方案。

2. 所用各类仪器仪表及计量设备，均应定期检定或校准。

热工测量中所需测量仪表一般分为两类：

1）企业生产所用计量设备，有生料喂料计量设备、煤粉计量设备、熟料产量、电表等计量设备都应进行校准，此类设备均为生产应用中的设备，其校准一般应在标定前一个月内完成，以确保现场热工测量能在 3 天内完成；

2）标定组成员所用测量仪表，此类设备要求检测中使用的仪器仪表应在检定有效期内，检测中使用的仪器仪表应具有法定计量部门出具的校验合格证或校验印记，测量结果快捷、直观，操作和携带方便，当选定相应检测仪表后便可进行校准，以确保数据真实可信及测量工作的顺利完成。热工测量常用仪表见表 8-4。

表 8-4　烧成系统热工测量仪表

测定项目		测量仪表	备注
物料温度	生料	玻璃温度计、取样设备	自制取样设备
	预热器各级下料口物料	玻璃温度计或手持热电偶、取样设备	根据温度范围定制手持热电偶
	出窑熟料	光学高温计	
	出冷却机熟料	保温桶、台秤、玻璃温度计	自制设备
气体参数	温度	玻璃温度计或手持热电偶、热电偶及毫伏表	自制设备
	压力	铜管、橡胶管、数显压力仪表或 U 形管、水银、乙醇、水等	
	成分	取样球胆、奥氏气体分析仪	
	流量	皮托管、橡胶管、压力表、钢尺	
	含尘浓度	烟尘采样仪、滤筒及流量仪表	注意现场电源配置
系统表面散热		手持红外测温仪、钢尺、风速仪	
其他参数		大气压仪	

3. 根据测定要求，开好测孔，测孔大小应保证测量仪器配置的采样设备能伸入测孔内。同时应搭建必要的测试平台，准备好必要的工具和劳动保护用品。

4. 准备好各测定项目的数据记录表格。

5. 按要求逐项填写并及时整理测定记录，发现问题尽量重测或补测。

6. 各项测定工作，应在窑系统处于连续、正常、稳定运行的时间不小于 72h 的生产条件下进行。需要检测的项目，应尽可能同时进行，以保证测定结果的准确性。

(五) 热工标定方案

1. 热工标定测定点的选择原则

为了测定水泥窑炉的各有关参数，需要在窑炉系统适当位置设立测定点（测点）。不仅在平衡体系内应设立必要的测定点，在平衡体系之外也要适当设立测定点，以满足平衡计算的需要。

设立测定点的原则如下：

1）根据两大平衡（物料平衡和热量平衡）的需要，设立测定点。编制两大平衡时需要哪些参数，就在体系内相应的位置上设立测定点。

2）根据计算窑、预热装置、冷却装置等设备的各项参数的需要，在体系外设立必要的测定点。

3）要全面考虑设立测定点的必要性、可能性和方便性。使设立的测定点既不影响窑炉的正常生产又要便于测定；既要满足热工标定计算的需要，又尽量避免设立不必要的测定点。

2. 带旋风预热器、分解炉回转窑的标定方案

1）测点示意图

带有预热器、分解炉的干法生产回转窑系统，其热工标定测点位置如图 8-6 所示。该系统包括四级旋风预热器、分解炉、回转窑本体和冷却机等。

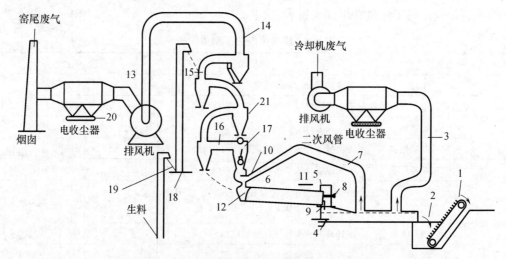

图 8-6　带旋风预热器、分解炉回转窑测点示意图

2）测点位置、测量项目、测量仪表

测点位置、测量项目、测量仪表见表 8-5。

表 8-5　带旋风预热器、分解炉回转窑的热工标定方案（测量位置、测量项目、测量仪表）

序号	测点位置	测量项目	测量仪表及用具
1	熟料冷却机	熟料产量、化学全分析、物理强度	磅秤、取样桶
2	冷却机出口	熟料温度	红外测温仪（200℃）或半导体点温计
3	冷却机烟囱	排出废气量、温度、静压、含尘率	防堵皮托管、微压计、200℃温度计、含尘率测定仪

续表

序号	测点位置	测量项目	测量仪表及用具
4	冷却机鼓风管道（高、中压风）	进风量、静压、风温	皮托管、微压计、100℃温度计
5	窑和冷却机漏风点	测风量、风温、面积	风速仪、100℃温度计、卷尺
6	窑和冷却机表面温度	表面温度、环境温度、风速、风向、表面积	表面温度计（或红外测温仪）、风速仪、卷尺
7	三次风抽风管	送分解炉三次风量、温度、静压	防堵皮托管、微压计、抽气热电偶、电位差计
8	窑喷油管	油温、油压、油量	油流量计、压力表、100℃温度计
9	窑出口	出窑熟料温度、二次风温、静压	光学高温计、抽气热电偶、电位差计、取压管、微压计
10	分解炉三次风进口	风温、静压	抽气热电偶、电位差计、取压管、微压计
11	冷却水（窑头和窑身冷却水）	冷却水量、水温	水表、100℃温度计
12	回转窑尾	出窑废气温度、静压、废气成分、物料温度、分解率	镍铬-镍硅热电偶、电位差计、取压管、微压计、取样器、奥氏气体分析仪
13	排风机出口	废气量、温度、静压、湿含量、含尘率、飞灰成分	200℃温度计、防堵皮托管、微压计、干湿球温度计、抽气泵、奥氏气体分析仪、含尘测定仪
14	第一级预热器出口	废气量、废气温度、废气成分、湿含量、含尘率、飞灰成分、静压	防堵皮托管、微压计、600℃温度计、奥氏气体分析仪、干湿球温度计、含尘测定仪
15	第一级预热器进口	气体温度、静压	电阻温度计、取压管、微压计
16	分解炉出口	气体温度、静压、物料分解率	电阻温度计、取压管、微压计、取样器
17	分解炉喷油管	油量、油温、油压	油流量计、压力表、100℃温度计
18	提升泵进风口	风量、风温、静压	皮托管、微压计、100℃温度计
19	振动筛出口	生料量、生料温度、生料化学成分	磅秤、100℃温度计、取样器
20	电收尘器卸料口	收尘量、灰温、化学分析	磅秤、200℃温度计、取样器
21	预热器和分解炉表面	表面温度、环境温度、环境风速、风向、表面积	表面温度计（红外测温仪）、风速仪

（六）回转窑的单项热工测定

1. 物料量的测定

（1）测定项目

物料量的测定项目主要是包括熟料（包括出冷却机、冷却机收尘器及三次风管收下的熟料）、入窑系统生料、入窑和入分解炉燃料、入窑回灰、预热器和收尘器的飞灰、增湿塔和收尘器收灰的质量。

（2）测点位置

物料量的测点位置应与测定项目对应，分别在冷却机熟料出口、预热器（或窑）生料入口、窑和分解炉燃料入口、入窑回灰进料口、预热器和收尘器气流出口、增湿塔与收尘器的收灰出料口。

（3）测定仪器

应该选用适合粉状、粒状物料的计量装置，精度等级一般不低于 2.5％。

（4）测定方法

1）对熟料、生料、燃料、窑灰、增湿塔和收尘器收灰，均宜分别安装计量设备单独计量，未安装计量设备的可进行定时检测或连续称量，需至少抽测三次以上，按其平均值计算物料质量。熟料产量无法通过实物计量时，可根据生料喂料量折算。

2）出冷却机的熟料质量，应包括冷却机拉链机和收尘器及三次风管收下的熟料质量。

3）预热器和收尘器飞灰量根据各测点气体含尘浓度测定结果分别按式（8-61）、式（8-62）计算，精确至小数点后一位。

预热器飞灰量：

$$M_{fh}=V_f\times K_{fh} \tag{8-61}$$

收尘器飞灰量：

$$M_{FH}=V_F\times K_{FH} \tag{8-62}$$

式中　M_{fh}、M_{FH}——分别为预热器与收尘器出口的飞灰量，kg/h；

　　　V_f、V_F——分别为预热器与收尘器出口的废气体积，m^3/h；

　　　K_{fh}、K_{FH}——分别为预热器与收尘器出口废气的含尘浓度，kg/m^3。

2. 物料成分及燃料发热量的测定

（1）测定项目

物料成分及燃料发热量的测定项目主要是测定熟料、生料、窑灰和燃料的成分及燃料发热量。

（2）测点位置

物料成分及燃料发热量的测定与物料量测定的测点位置相同。选用测点位置时，应与测定项目对应，分别在冷却机熟料出口、预热器（或窑）生料入口、窑和分解炉燃料入口、入窑回灰进料口，预热器和收尘器气流出口、增湿塔与收尘器的收灰出料口。

（3）测定方法

1）熟料、生料、窑灰和飞灰成分

对于熟料、生料、窑灰和飞灰中的烧失量、SiO_2、Al_2O_3、Fe_2O_3、CaO、MgO、K_2O、Na_2O、SO_3、Cl^- 和 f-CaO，按 GB/T 176《水泥化学分析方法》规定的方法分析。

2）燃料

①燃料成分应注明相应基准，对固体及液体燃料有收到基"ar"，空气干燥基"ad"，干燥基"d"，干燥无灰基"daf"，将角标写在主题符号的右下角。各基准之间的换算关系见《硅酸盐热工基础》教材中情境四表 4-8。

②固体燃料：按 GB/T 212《煤的工业分析方法》规定的方法分析，其项目有：M_{ad}、V_{ad}、A_{ad}、FC_{ad}。固体燃料中的 C、H、O、N 也可按 GB/T 476《煤中碳和氢的测定方法》规定的方法分析；S 按 GB/T 214《煤中全硫的测定方法》规定的方法分析；全水分按 GB/T211《煤中全水分的测定方法》规定的方法的分析。

③液体燃料：全水分按 GB/T 260《石油产品水分测定法》规定的方法分析；灰分按 GB 508《石油产品灰分测定法》规定的方法分析；残碳含量按 GB 268《石油产品残炭测定法（康氏法）》规定的方法分析；硫含量按 GB/T 388《石油产品硫含量测定法（氧弹法）》规定的方法分析；氮含量按 GB/T 17674《原油中氮含量的测定》规定的方法分析。

④气体燃料：采用色谱仪进行成分分析，其项目有：O、H_2、C_mH_n、H_2S、O_2、N_2、

CO_2、SO_2、H_2O。

3）燃料发热量

燃料发热量的测定主要分三种情况：一是固体燃料发热量按 GB/T 213《煤的发热量测定方法》规定的方法测定；二是液体燃料发热量按 GB 384《石油产品热值测定法》规定的方法测定；三是对于无法直接测定燃料发热量时，可根据元素分析或工业分析结果计算发热量，具体可以参考下面的方法。

①氧弹量热法测定和计算燃料发热量

按 GB/T 213《煤的发热量测定方法》规定的方法进行。

②烟煤、无烟煤和褐煤低位发热量

烟煤低位发热量按式（8-63）计算。

$$Q_{net,ad}=35860-73.7V_{ad}-395.7A_{ad}-702.0M_{ad}+173.6CRC \tag{8-63}$$

式中　$Q_{net,ad}$——空气干燥基煤样低位发热量，kJ/kg；

V_{ad}——空气干燥基煤样挥发分，%；

A_{ad}——空气干燥基煤样灰分，%；

M_{ad}——空气干燥基煤样水分，%；

CRC——焦渣特性。

无烟煤低位发热量按式（8-64）计算。

$$Q_{net,ad}=34814-24.7V_{ad}-382.2A_{ad}-563.0M_{ad} \tag{8-64}$$

褐煤低位发热量按式（8-65）计算。

$$Q_{net,ad}=31733-70.5V_{ad}-321.6A_{ad}-388.4M_{ad} \tag{8-65}$$

③煤低位发热量的计算

需要采用全硫计算煤的低位发热量，见式（8-66）。

$$Q_{net,ad}=6984+275.0C_{ad}+805.7H_{ad}+60.7S_{t,ad}-142.9O_{ad}-74.4A_{ad}-129.2M_{ad} \tag{8-66}$$

式中　C_{ad}、H_{ar}、$S_{t,ad}$、O_{ar}——分别为空气干燥基煤样碳、氢、全硫、氧的质量分数，%。

不需要采用全硫计算煤的低位发热量，见式（8-67）。

$$Q_{net,ad}=12807.6+216.6C_{ad}+734.2H_{ad}-199.7O_{ad}-132.8A_{ad}-188.3M_{ad} \tag{8-67}$$

④煤的收到基低位发热量

根据煤的空气干燥基低位发热量，按式（8-68）计算煤的收到基低位发热量。

$$Q_{net,ad}=(Q_{net,ad}+25M_{ad})\frac{100-M_{ar}}{100-M_{ad}}-25M_{ar} \tag{8-68}$$

⑤液体和气体燃料发热量

液体燃料发热量按式（8-69）进行。

$$Q_{net,ad}=339C_{ar}+1030H_{ar}-109(O_{ar}-S_{ar})-25M_{ar} \tag{8-69}$$

式中　C_{ar}、H_{ar}、S_{ar}、O_{ar}——分别为液体燃料中碳、氢、全硫、氧的质量分数，以百分数表示（%）。

气体燃料发热量按式（8-70）进行。

$$Q_{net,ad}=126.3CO+107.9H_2+358.0CH_4+590.5C_2H_4+231.3H_2S \tag{8-70}$$

式中　CO、H_2、CH_4、C_2H_4、H_2S——分别为气体燃料中各成分的体积分数，%。

3. 物料温度的测定

（1）测定项目

物料温度的测定项目主要包括生料、燃料、窑灰、飞灰、收灰、出窑熟料和出冷却机熟料的温度。

（2）测点位置

物料温度的测点位置与物料量测定的测点位置相同。选用测定的测点位置与测定项目对应，分别在冷却机熟料出口、预热器（或窑）生料入口、窑和分解炉燃料入口、入窑回灰进料口、预热器和收尘器气流出口、增湿塔与收尘器的收灰出料口。

（3）测定仪器

选用的测定仪器主要有玻璃温度计、半导体点温计、光学高温计、红外测温仪和铠装热电偶与温度显示仪表组合的热电偶测温仪。玻璃温度计精度等级应不低于 2.5%，最小分度值应不大于 2℃；半导体点温计和热电偶测温仪显示误差值应不大于 ±3℃；光学高温计精度等级应不低于 2.5%；红外测温仪的精度等级应不低于 2%或 ±2℃。

（4）测定方法

1）生料、燃料、窑灰、收灰的温度，可用玻璃温度计测定。

2）飞灰的温度，视与各测点废气温度一致。

3）出窑熟料温度，可用光学高温计、红外测温仪、铂铑-铂铠装热电偶或铂铑 30-铂铑 6 铠装热电偶测定。

4）出冷却机熟料温度，用水量热法测定。方法如下：用一只带盖密封保温容器，称取一定量（一般不少于 20kg）的冷水，用玻璃温度计测定容器内冷水的温度，从冷却机出口取出一定量（一般不少于 10kg）具有代表性的熟料，迅速倒入容器内并盖严。称量后计算出倒入容器内熟料的质量，并用玻璃温度计测出冷水和熟料混合后的热水温度，根据熟料和水的质量、温度和比热，计算出冷却机熟料的温度，见式（8-71）。重复测量三次以上，以平均值作为测量结果，精确至 0.1℃。

$$t_{sh} = \frac{M_{LS}\ (t_{RS} - t_{LS})\ \times C_W}{M_{sh} \times C_{sh}} + t_{RS} \tag{8-71}$$

式中　　t_{sh}——出冷却机熟料温度，℃；

　　　M_{LS}——冷水质量，kg；

　　　t_{RS}——热水温度，℃；

　　　t_{LS}——冷水温度，℃；

　　　C_W——水的比热容，kJ/（kg·℃）；

　　　C_{sh}——熟料在 t_{RS} 时的比热容，kJ/（kg·℃）；

　　　C_{sh2}——熟料在 t_{Rs} 时的比热容，kJ/（kg·℃）；

　　　M_{sh}——熟料质量，kg。

【例 8-1】　某厂采用水量热法测定出冷却机熟料温度，其测定数据如下：

第一次：用冷水量 24.45kg，冷水温度 20℃，加入熟料（有少量红料）10.1kg，料水混合后热水温度 36℃。

第二次：用冷水量 23.55kg，冷水温度 20℃，加入熟料（无红料）10.3kg，料水混合后热水温度 32℃。

解：查比热容表得熟料 200℃左右时，比热容 $c_{sh} = 0.824$kJ/（kg·℃），取水的比热容为 4.182kJ/（kg·℃），根据式（8-71）计算。

第一次：

$$t_{sh} = \frac{24.45 \times\ (36 - 20)\ \times 4.182}{10.1 \times 0.824} + 36 = 232.6\ （℃）$$

第二次：

$$t_{sh}=\frac{23.55\times(32-20)\times4.182}{10.3\times0.824}+32=171.3\ (℃)$$

取两次测定平均值为：

$$t_{sh}=\frac{232.6+171.3}{2}=202\ (℃)$$

应注意：熟料比热容的确定，可根据经验选取熟料的温度后查表，缩小测量误差。

4. 气体温度的测定

（1）测定项目

气体温度的测定项目主要包括入窑的一次空气、二次空气，及入分解炉的三次空气三次空气，冷却机的各风机鼓入的空气，生料带入的空气，窑尾、分解炉、增湿塔及各级预热器的进、出口烟气，排风机及收尘器进、出口废气的温度。

（2）测点位置

气体温度的测点位置是在各自进、出口风管和设备内部。环境空气温度的测点位置应在不受热设备辐射影响处测定。

（3）测定仪器

1）玻璃温度计；2）铠装热电偶与温度显示仪表组合的热电偶测温仪；3）抽气热电偶，其显示误差值应不大于±3℃。

（4）测定方法

1）气体温度低于500℃时，可用玻璃温度计或铠装热电偶与温度显示仪表组合的热电偶测温仪测定。

2）对高温气体的测定用铠装热电偶与温度显示仪表组合的热电偶测温仪。测定中应根据测定的大致温度、烟道或炉壁的厚度以及插入的深度（设备条件允许时，一般应插入300～500mm），选用不同型号和长度的热电偶。

3）热电偶的感温元件应插入流动气流中间，不得插在死角区域，并要有足够的深度，尽量减少外露部分，以避免热损失。

4）入窑二次空气温度的测定：抽气热电偶专门用于入窑二次空气温度的测定，使用前，需对抽气速度做空白试验。

测定步骤：测定最好在窑操作稳定是进行。测定前先将温度表的起点拨在当时的冷端温度上。在不稳定时，应注意窑的操作变动情况，对来料多少、风门大小、风量调整等都应加以记录。正常或不正常时的二次空气温度均需分别测量3次。当温度跳动比较大时，每点最少测量0.5h，如波动不大，每点测定10min即可。

5. 气体压力的测定

（1）测定项目

气体压力的测定项目主要包括窑和分解炉的一次空气、二次空气、三次空气，冷却机的各风机鼓入的空气，生料带入的空气，窑尾、分解炉、增湿塔及各级预热器的进、出口烟气，排风机及收尘器进、出口废气的压力。

（2）测点位置

气体压力的测点位置与气体温度的测点位置基本相同。一般选择测点位置都是在对应测定项目各自的进、出口风管和设备内部。环境空气温度测点位置应选择在不受热设备辐射影响处测定。

测点位置的选择：一般管道系统上均有转弯或断面不等的情况，这些地方或多或少均有涡流产生，而转弯处的涡流最大，沿气流方向距离转弯约为弯管道直径的 7.5 倍处，气流速度的分布已渐渐恢复正常，在该处开孔是合适的。

（3）测定仪器

气体压力的测定仪器一般主要选择 U 形管压力计、倾斜式微压计或数字压力计与测压管。U 形管压力计的最小分度值应不大于 10Pa；倾斜式微压计精度等级应不低于 2%，最小分度值应不大于 2Pa；数字压力计精度等级应不低于 1%。

（4）测定方法

气体压力的测定需要注意的是：在测定时测压管与气流方向要保持垂直，并避开涡流和漏风的影响。

6. 气体成分的测定

为了确定窑内燃料燃烧的完全程度、燃烧产物的成分和体积、燃烧产物内的过剩空气量，必须对烟气进行成分分析。目前，一般水泥厂多用奥氏气体分析仪进行烟气成分分析。烟气成分分析的准确性在很大程度上取决于烟气试样的代表性。

（1）测定项目

气体成分的测定主要是测定窑尾烟气，预热器和分解炉进、出口气体，增湿塔及收尘器的进、出口废气以及入窑一次空气（当一次空气使用煤磨的放风时）的气体成分，主要项目有 O_2、CO、CO_2。对于窑尾烟气，预热器和分解炉进、出口气体及窑尾收尘器出口废气，一般应该增加 SO_2 和 NO_x 的测定内容。

（2）测点位置

气体成分的测点位置是在测定窑尾烟气，预热器和分解炉进、出口气体，增湿塔及收尘器的进、出口废气以及入窑一次空气（当一次空气使用煤磨的放风时）的气体成分时各自相应的管道。

烟气取样点应尽量选择在烟气气流均匀的部位。如烟气流经的管道或烟道有局部收缩、转弯、废气停滞区（死角）和漏风等，都不能作为取样点。

此外，在取样时还应注意：一般在同一界面的管道或烟道上，烟气各种成分的分布常常是不均匀的，大截面的烟道尤其明显。为了烟气样更具有代表性，应在取样的同一截面上分点抽取各待测试样，经分别测定成分后，取其最有代表性的分析结果用于计算。

（3）测定仪器

1）取气管

一般选用耐热不锈钢管，测定新型干法生产线窑尾烟室时不锈钢管应耐温 1100℃以上。

2）吸气球

一般采用双联球吸气器。

3）贮气球胆

用篮、排球的内胆。

4）气体分析仪

测定 O_2、CO、CO_2 采用奥氏气体分析仪或其他等效仪器。对测试的结果有异议时，以奥氏气体分析仪的分析结果为准。

测定 NO_x 成分时，宜采用根据定电位电解法或非分散红外法原理进行测试的便携式气体分析仪。

对测试的结果有异议时，以紫外分光光度法的分析结果为准。

测定 SO_2 成分时，宜采用根据电导率法、定电位电解法和非分散红外法原理进行测试的便携式气体分析仪。对测试的结果有异议时，以定电位电解法的分析结果为准。

（4）烟气试样的采集方法

取样工具是指由取样管、抽气双联球和储气球串联组成取样器，如图 8-7 所示。取样时，先将夹子 8 夹紧，不断压缩抽气球 6 进行抽气。待储气球储满气体后，将夹子松开，把其中气体排出，然后迅速将夹子夹紧，再行抽气，如此重复 3 次。这就是充气过程，目的是把储气球、抽气球及各管中的残存气体排尽。到第 4 次抽气时，应将储气球装满，这部分气体用作气体分析。

取样管可用 $\phi 8 \sim 12mm$ 的铁管（钢管），长度应由取样点烟气流经的管道或烟道的直径而确定。铁管（钢管）一般只限于 $500℃$ 以下的温度条件下使用，温度高于 $500℃$ 时有可能与二氧化碳或水汽发生反应，从而改变被测气体的成分。用水冷却取样管和不锈钢管、磁管、石英管可避免这一点，能用于高达 $1000℃$ 以上高温。

在取样时，如管道或烟道内灰尘浓度过大时，还应在储气球前加装过滤瓶。

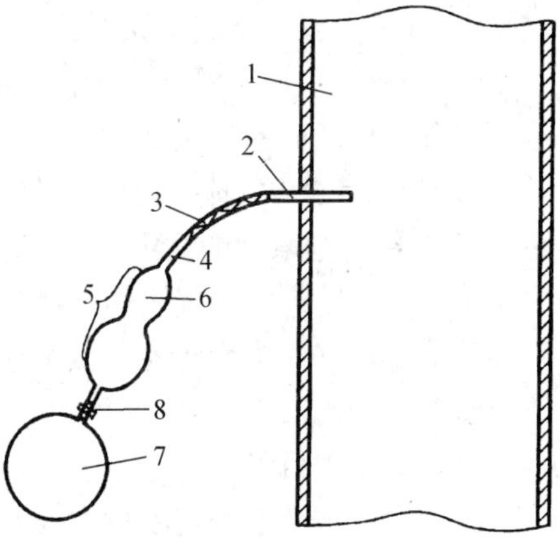

图 8-7　管道取气装置

1—管道；2—铜管或玻璃管；3—连接橡皮管；
4—玻璃管；5—抽气双联球；6—抽气球；
7—储气球；8—夹子

7. 气体含湿量的测定

（1）测定项目

气体含湿量的测定项目主要包括一次空气、预热器、增湿塔和收尘器出口废气的含湿量。

（2）测点位置

气体含湿量的测点位置是在一次空气、预热器、增湿塔和收尘器出口废气的各自相应的管道上。

（3）测定方法

根据管道内气体含湿量大小不同，气体含湿量的测定可以采用干湿球法、冷凝法或重量法中的一种进行测定。具体测试方法按 GB/T 16157《固定污染源排气中颗粒物和气态污染物采样方法》进行测定。对测定结果有疑问或无法测定时，可根据物料平衡进行计算。

在水泥厂热工测定中一般采用干湿球温度计法。

8. 气体流量的测定

（1）测定项目

气体流量的测定项目主要是指窑和分解炉的一次空气、二次空气、三次空气，冷却机的各风机鼓入的空气，生料带入的空气，窑尾、分解炉、增湿塔及各级预热器的进、出口烟气，排风机及收尘器进、出口废气的流量。

（2）测点位置

气体流量的测点位置是在窑和分解炉的一次空气、二次空气、三次空气，冷却机的各风机鼓入的空气，生料带入的空气，窑尾、分解炉、增湿塔及各级预热器的进、出口烟气，排风机及收尘器进、出口废气的流量各自相对应的管道。

（3）测定仪器

气体流量的测定仪器主要有标准型皮托管或 S 形皮托管、倾斜式微压计、U 形管压力计或数字压力计、大气压力计、热球式电风速计、叶轮式或转杯风速计。标准型皮托管和 S 形皮托管应符合 GB/T 16157《固定污染源排气中颗粒物和气态污染物采样方法》的规定；U 形管压力计的最小分度值应不大于 10Pa；倾斜式微压计精度等级应不低于 2%，最小分度值应不大于 2Pa；数字压力计精度等级应不低于 1%；大气压力计最小分度值应不大于 0.1kPa；热球式电风速计的精度等级应不低于 5%；叶轮式风速计的精度等级应不低于 3%；转杯式风速计的精度应不大于 0.3m/s。

（4）测定方法

1）除入窑二次空气及系统漏入空气外，其他气体流量均通过仪器测定。

2）用标准型皮托管或 S 形皮托管与倾斜式微压计、U 形管压力计或数字压力计组合测定气体管道横断面的气流平均速度，然后根据测点处管道断面面积计算气体流量。

3）测量管道内气体平均流速时，应按不同管道断面形状和流动状态确定测点位置和测点数。

9. 气体含尘浓度的测定

水泥工业生产中，气固体双相流是普遍存在的。尤其是以煤做燃料的水泥厂，在窑尾废气和其他排放气体中均有各种微细粉尘存在。为了有效地进行物料平衡，必须将气体中的固体粒子含量测定出来。

（1）测定项目

气体含尘浓度的测定项目主要包括预热器出口气体，增湿塔进、出口气体，收尘器进、出口气体，篦冷机烟囱和一次空气（当采用煤磨放风时）的含尘浓度。

（2）测点位置

气体含尘浓度的测点位置应选择在预热器出口气体，增湿塔进、出口气体，收尘器进、出口气体，篦冷机烟囱和一次空气（当采用煤磨放风时）的含尘浓度各自相对应的管道上。

（3）测定仪器

气体含尘浓度的测定仪器主要有烟气测定仪和烟尘浓度测定仪。烟气测定仪、烟尘浓度测定仪的烟尘采样管应符合 GB/T 16157《固定污染源排气中颗粒物测定与气态污染物采样方法》的规定。

（4）测定方法

气体含尘浓度的测定方法：将烟尘采样管从采样孔插入管道中，使采样嘴置于测点上，正对气流，按颗粒物等速采样原理，即采样嘴的抽气速度与测点处气流速度相等，抽取一定量的含尘气体，根据采样管筒内收集到的颗粒物质量和抽取的气体量计算气体的含尘浓度。

10. 表面散热量的测定

（1）测定项目

表面散热量的测定项目是指回转窑系统热平衡范围内的所有热设备，如回转窑、分解炉、预热器、冷却机和三次风管及其彼此之间连接的管道的表面散热量的测定。

（2）测点位置

表面散热量的测点位置是指回转窑系统热平衡范围内的所有热设备，如回转窑、分解炉、预热器、冷却机和三次风管及其彼此之间连接的管道等各热设备的表面。

（3）测定仪器

表面散热量的测定仪器主要有热流计、红外测温仪、表面热电偶温度计、辐射温度计和半导体点温计以及玻璃温度计、热球式电风速仪、叶轮式或转杯式风速计。热流计精度等级应不低于5%，红外测温仪、半导体点温计和玻璃温度计的精度要求和前面所讲的一样；表面热电偶温度计显示误差值应不大于±3℃；辐射温度计的精度等级应不低于2.5%；热球式电风速计的精度等级应不低于5%；叶轮式风速计的精度等级应不低于3%；转杯式风速计的精度应不大于0.3m/s。在实际运用中应根据被测热工设备的表面温度、测定的环境条件和工艺要求合理选用测温仪表。

（4）测定方法

测定表面散热损失，可通过测量热工设备的表面温度，再计算其表面散热热量，也可使用热流计直接测定。

将各种需要测定的热设备，按其本身的结构特点和表面温度的不同，划分成若干个区域，计算出每一区域表面积的大小；分别在每一区域里测出若干点的表面温度，同时测出周围环境温度、环境风速和空气冲击角；根据测定结果在相应表中查出散热系数，按式（8-72）计算每一区域的表面散热量。

$$Q_{Bi} = \alpha_{Bi} \ (t_{Bi} - t_k) \times F_{Bi} \tag{8-72}$$

式中　Q_{Bi}——各区域表面散热量，kJ/h；

　　　α_{Bi}——表面散热系数，kJ/（m^2·h·℃），它与温差（$t_{Bi} - t_k$）和环境风速及空气冲击角有关（附录J）；

　　　t_{Bi}——被测某区域的表面温度平均值，℃；

　　　t_k——环境空气温度，℃；

　　　F_{Bi}——各区域的表面积，m^2。

（5）热设备的表面散热量等于各区域散表面热量之和，按式（8-73）计算。

$$Q_B = \sum Q_{Bi} \tag{8-73}$$

式中　Q_B——设备表面散热量，kJ/h。

11. 用水量的测定

（1）测定项目

用水量的测定是指在窑系统各水冷却部位如一次风管，窑头、尾密封圈，烧成带筒体，冷却机熟料出口，增湿塔和托轮轴承等处的用水量测定。

（2）测点位置

用水量的测点位置是在窑系统各水冷却部位各自的进水管和出水口。

（3）测定仪器

用水量的测定仪器主要有水流量计（水表）或盛水容器和磅秤，玻璃温度计。水流量计（水表）的精度等级应不低于1%；磅秤的最小感量应不大于100g；玻璃温度计的精度要求和物料温度、气体温度使用的要求一样。

（4）测定方法

用水量的测定方法是用玻璃温度计分别测定进、出水的温度。采用水冷却的地方，应测出冷却水量，包括变成水蒸气的汽化水量，和水温升高后排出的水量。对进水量的测定，应在进水管上安装水表计量，若无水表的测点，可采用与出水同样的方法测定，即在一定时间里用容器接水称量。需至少抽测三次以上，按其平均值计算进、出水量，二者之差即为蒸发汽化水量。

二、预分解窑系统的热工标定实例

现选择一台 Φ4.3m×62m 五级旋风预热器回转窑系统的热工标定为例，说明对预分解窑系统的热工测试和计算过程，测点位置如图 8-8 所示。

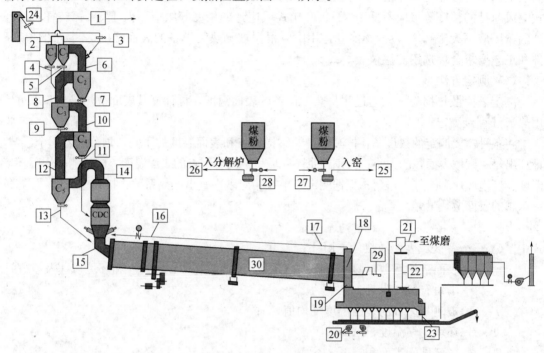

图 8-8　Φ4.3m×62m 五级旋风预热器回转窑测点（表 8-7）示意图

（一）窑系统的主要设备情况

测定系统主要设备见表 8-6。

表 8-6　主要设备情况

	工厂名称		××市××水泥有限公司	
	工厂厂址		××省××市××乡	
	窑的编号		××号窑	
	烧成方法		新型干法	
	名称	单位	规格参数	备注
回转窑	规格	m	Φ4.3×62	耐火砖厚220mm
	筒体内容积	m³	899.91	
	平均有效内径	m	3.86	
	有效长度	m	62	
	有效内表面积	m²	751.46	
	有效内容积	m³	725.16	
	斜度	%	3.5	正弦
	窑速	r/min	0.3948~3.948	主传
	电动机型号		ZSN4-355-12	
	电动机功率	kW	500	

名称			单位	规格参数	备注
分解炉	型式		—	CDC 型	由分解炉与鹅颈管组成
	分解炉规格		m	Φ6.4	
预热器	型式			五级单列旋风式	
	规格	C_1	m	2-Φ5.7	
		C_2	m	1-Φ7.8	
		C_3	m	1-Φ7.8	
		C_4	m	1-Φ8.1	
		C_5	m	1-Φ8.1	
燃烧喷嘴	窑头	型式	—	四通道	
		规格	mm	NJ-9	
	分解炉	型式	—	单通道	双进口
		规格	mm	—	
一次风机	窑头	型号		成组型罗茨风机 ZG-250	净风
		风压	kPa	29.4	
		铭牌风量	m³/min	101	
		电动机功率	kW	75	
	窑尾	型号		无	
		风压	kPa	—	
		铭牌风量	m³/min	—	
		电动机功率	kW	—	

（二）测定项目

测定项目见表 8-7。

表 8-7 测点位置及测定项目

序号	测点位置	测量项目									备注
		物料				气体					
		计量	成分	烧失量	温度	温度	压力	流量	成分	含尘浓度	
1	预热器出口					○	○	○	○	○	
2	C_1 A 出口					○	○		○		
3	C_1 B 出口					○	○				
4	C_1 A 下料口			○	○						
5	C_1 B 下料口			○	○						
6	C_2 出口					○	○		○		
7	C_2 下料口			○	○						
8	C_3 出口					○	○		○		
9	C_3 下料口			○	○						

序号	测点位置	物料				气体					备注
		计量	成分	烧失量	温度	温度	压力	流量	成分	含尘浓度	
10	C₄ 出口					○	○		○		
11	C₄ 下料口			○	○						
12	C₅ 出口					○	○		○		
13	C₅ 下料口			○	○						
14	CDC 分解炉出口					○			○		
15	窑尾烟室					○			○		
16	三次风管 A					○		○		○	
17	三次风管 B					○		○		○	
18	入窑二次风					○					④
19	出窑熟料				○						
20	冷却机风机入口					○					
21	至煤磨风					○				○	
22	至废气处理					○				○	
23	出冷却机熟料	○			○						①
24	入预热器生料	○	○		○						②
25	入窑煤粉	○	○		○						③
26	入分解炉煤粉	○	○		○						③
27	入窑煤风					○	○	○			④
28	入分解炉煤风					○	○	○			④
29	入窑一次风					○	○	○			④
30	设备表面散热					○					⑤

①熟料产量用计算法；②包括生料水分；③包括工业分析和热值；④流量用计算方法；⑤包括预热器、分解炉、窑筒体、冷却机、窑尾烟室、三次风管、窑头罩等。

（三）测定主要数据及计算结果汇总

1. 基本生产数据

基本生产数据见表 8-8。

表 8-8 基本生产数据

测定时间	20××年××月××—××月××日				
测定人员	×××、×××、×××				
天气情况	大气压力（Pa）		气温（℃）	风速（m/s）	空气湿度（%）
	90400		25	1.7	54
	测定项目	单位	测定数据	备注	
熟料	产量	kg/h	163088	3914	t/d
	温度 窑出口	℃	1340		
	温度 冷却机出口	℃	258		

测定项目		单位	测定数据	备注	
入窑生料	喂料量	kg/h	260940	折合比	1.60
	水分	%	0.3		
	温度	℃	108		
	可燃物质的含量	kg/kg	0		
入窑煤粉	喂料量　窑头	kg/h	7460	39.12%	
	喂料量　分解炉	kg/h	11610	60.88%	
	喂料量　合计	kg/h	19070		
	温度　窑用	℃	50		
	温度　炉用	℃	50		
	煤灰掺入百分比	%	100		
	种类		烟煤、无烟煤		
	产地		神木、本地		

2. 烧成系统基本参数计算结果汇总表

烧成系统基本参数计算结果汇总见表8-9。

表8-9　烧成系统基本参数计算结果汇总表

序号	项目		单位	数据	
1	窑产量		t/d	3914	
2	理论料耗		kg/kg	1.51	
3	实际料耗		kg/kg	1.60	
4	实际煤耗		kg/t	116.93	
5	标准煤耗		kgce/t	101.55	
6	熟料单位热耗		kJ/kg	2974.09	
7	回转窑	发热能力	kJ/h	189741639	窑头煤用量
		截面热力强度	kJ/ (m² · h)	16.2×10^6	
		单位容积产量	kg/ (m³ · h)	224.90	
		转速	r/min	3.8	
		热效率	%	52.68	
8	窑尾系统	出预热器废气温度	℃	289	
		出预热器工况废气量	m³/h	467187	
		出预热器标态废气量	Nm³/h	190379	
		出预热器废气含尘浓度	g/Nm³	71.9	
		窑尾系统压力损失	Pa	5000	
		入窑物料分解率	%	91.04	表观分解率
9	冷却机	出冷却机熟料温度	℃	258	
		出冷却机废气温度	℃	350	
		冷却机热效率	%	52.78	

3. 各测点气体参数汇总

各测点气体参数汇总见表 8-10。

表 8-10　气体体积与含尘量测定结果

测定项目			风量		温度	压力	含尘浓度	飞灰量	备注
			工况/（m³/h）	标况/（m³/h）	℃	Pa	g/Nm³	kg/h	
一次空气	入窑	送煤风		3264	35				
		净风		6060	31				
	入分解炉	送煤风		5868	35				
生料带入空气			0	0	0				
入冷却机的冷空气	一室平衡风机		22237.43	17124.11	35	10380			
	一室风机左一		19367.46	14914.07	46	10850			
	一室风机右一		16914.67	13025.28	38	11980			
	一室风机左二		24451.17	18828.82	33	5155			
	一室风机右二		21283.69	16389.68	31.5	4340			
	二室风机左一		13793.61	10621.88	29.5	2310			
	二室风机右一		12487.93	9616.43	30.5	3140			
	二室风机平衡风机		29948.96	23062.44	34.5	4475			
	三室风机		73442.75	56555.18	41	5200			
	四室风机		10929.37	8416.25	44	12240			
	五室风机		89382.43	68829.66	43	12512			
	六室风机		9983.56	7687.92	42	11040			
	七室风机		70878.15	54580.29	38	5420			
	总空气量		354920.3	319652	37				
预热器出口废气			467187	190379	289	−5400	71.9		含湿 4.5%
入窑二次空气				1004					
冷却机排风			423153.68	165188.69	350	−134	20.07		
煤磨抽冷却机热风			62600.67	18295.60	560	−42			
入分解炉三次空气			413293.07	81589.73	949	−863	462.2		16 号测点

4. 物料化学分析及煤的工业分析

原料成分及配比见表 8-11，生料、熟料及煤灰化学分析结果见表 8-12，煤的工业分析结果见表 8-13。

表 8-11　原料成分及配比

项目	LOSS（%）	SiO₂（%）	Al₂O₃（%）	Fe₂O₃（%）	CaO（%）	MgO（%）	K₂O（%）	Na₂O（%）	Σ（%）	配比（%）
石灰石		2.46	1.33	0.85	51.36	1.03	0.29	0.08		
钢渣粉	1.71	18.24	6.69	19.28	42.92	6.21			94.70	
砂岩	4.03	82.75	3.33	1.81	4.05	0.39			96.36	
粉煤灰	5.36	50.70	30.51	5.81	3.54	0.82			96.47	

表8-12　生料、熟料及煤灰化学分析

项目	LOSS (%)	SiO₂ (%)	Al₂O₃ (%)	Fe₂O₃ (%)	CaO (%)	MgO (%)	SO₃ (%)	K₂O (%)	Na₂O (%)	Cl⁻ (%)	∑ (%)	KH	n	P	水分 (%)
熟料	0.94	21.62	5.15	2.98	65.98	1.58		0.45	0.12		98.82	0.932	2.66	1.73	
出磨	35.20	13.96	3.18	1.96	43.67	1.00		0.25	0.07		99.29	0.965	2.72	1.62	
入窑	35.31	13.42	2.98	2.06	43.58	1.02		0.25	0.07		98.69	1.010	2.66	1.45	
煤灰		49.70	30.93	3.15	7.79	1.25					92.82				

表8-13　煤的工业分析

试样名称	水分 (%)	M_{ad} (%)	A_{ad} (%)	V_{ad} (%)	C_{ad} (%)	S_t (%)	$Q_{net,ad}$ kcal/kg	$Q_{net,ad}$ kJ/kg
入窑煤粉		1.68	18.97	17.55	61.80	0.2	6079	25435

5. 烟气分析汇总表

烟气分析结果见表8-14。

表8-14　烟气成分测量数据

测点位置	测点序号	CO₂（%）	O₂（%）	CO（%）	N₂（%）	α
预热器出口	1	34.2	3.0	0.2	62.6	1.21
C₁出口（a）	2	34.8	3.0	0.2	62.0	1.21
C₁出口（b）	3	35.4	2.4	0.2	62.0	1.16
C₂出口	6	36.6	2.0	0.0	61.4	1.14
C₃出口	8	35.8	2.0	0.4	61.8	1.12
C₄出口	10	35.6	1.6	0.2	62.6	1.10
C₅出口	12	37.0	1.6	0.2	61.2	1.10
分解炉出口	14	29.8	1.8	0.6	67.8	1.09
上升烟道	15	17.2	2.6	0.2	80.0	1.13

6. 表面散热汇总

窑筒体，三次风管，预热器、分解炉和烟室，冷却机表面散热测定结果分别见表8-15、表8-16、表8-17及表8-18，系统表面散热结果汇总见表8-19。

系统各部分散热比例示意图如图8-9所示；窑筒体表面温度曲线如图8-10所示。

表8-15　窑筒体表面散热测定结果

序号	核算面积 （m²）	平均温差 （℃）	风速 （m/s）	散热系数 [kJ/（m²·h·℃）]	ε_ϕ	散热量 （kJ/h）
1	13.502	168	1.62	111.3	1	252465.8
2	13.502	211	1.62	114.23	1	325432.4
3	13.502	245	1.62	115.97	1	383627.6
4	13.502	188	1.62	112.75	1	286201.9
5	13.502	138	1.62	103.43	1	192718.6

序号	核算面积 (m²)	平均温差 (℃)	风速 (m/s)	散热系数 [kJ/ (m² · h · ℃)]	ε_ϕ	散热量 (kJ/h)
6	13.502	149	1.62	106.61	1	214477.8
7	13.502	156	1.62	108.54	1	228619.1
8	13.502	177	1.62	112.01	1	267687.5
9	13.502	220	1.62	114.93	1	341392.7
10	13.502	235	1.62	115.55	1	366636.7
11	13.502	209	1.62	114.12	1	322037.3
12	13.502	219	1.62	114.85	1	339604.3
13	13.502	232	1.62	115.43	1	361580.3
14	13.502	238	1.62	115.67	1	371702.8
15	13.502	260	1.62	116.77	1	409923.4
16	13.502	256	1.62	116.52	1	402752.8
17	13.502	251	1.62	116.23	1	393903.7
18	13.502	255	1.62	116.47	1	401007.4
19	13.502	275	1.62	117.47	1	436172
20	13.502	244	1.62	115.92	1	381897
21	13.502	258	1.62	116.64	1	406317.3
22	13.502	240	1.62	115.75	1	375085.6
23	13.502	275	1.62	117.47	1	436172
24	13.502	238	1.62	115.67	1	371702.8
25	13.502	189	1.62	112.83	1	287928.4
26	13.502	281	1.62	117.8	1	446940.5
27	13.502	287	1.62	118	1	457258.7
28	13.502	289	1.62	118.13	1	460952.5
29	13.502	294	1.62	118.41	1	470038.9
30	13.502	297	1.62	118.58	1	475516.9
...						
62	13.502	197	1.62	113.49	1	301871.4
合计 (kJ/h)						21093263

表 8-16 三次风管表面散热测定结果

序号	核算面积 (m²)	平均温差 (℃)	风速 (m/s)	散热系数 [kJ/ (m² · h · ℃)]	散热量 (kJ/h)	合计 (kJ/h)
1	533.8	83.28	1.25	71.77	3709643	3709643

表 8-17 预热器、分解炉及烟室等表面散热测定结果

部位			核算面积 (m²)	平均温差 (℃)	风速 (m/s)	散热系数 [kJ/ (m²·h·℃)]	散热量 (kJ/h)	合计 (kJ/h)
C₁ 出风管道		A	5.3	29.75	0.55	43.6	6874.63	12623
		B	5.3	25.5	0.55	42.53	5747.93	
一级筒	直筒	A	220.87	32.75	0.55	44.35	320805.4	1345846
		B	220.87	49.13	0.55	48.43	525530.5	
	锥体	A	64.07	63.63	0.55	60.52	246726.4	
		B	64.07	37.25	0.55	45.48	108542.9	
	料管	A	21.98	44.5	0.95	47.28	46245.04	
		B	21.98	71.38	0.95	62.46	97995.52	
C₁~C₂ 连接管道			203.11	47.3	0.55	47.97	460852.7	1393154
二级筒	直筒		230.11	41.92	0.95	54.7	527647.8	
	锥体		115.5	44.75	0.36	43.5	224835.2	
	料管		24.24	95.88	1.35	77.37	179818	
C₂~C₃ 连接管道			177.25	54.17	0.95	57.97	556606.6	1942166
三级筒	直筒		161.40	57.83	1.35	67.18	627042.1	
	锥体		105.92	53.5	1.79	74.93	424607.3	
	料管		31.4	133.88	0.96	79.43	333910.4	
C₃~C₄ 连接管道			210.14	51.33	1.35	65.33	704681.1	2610067
四级筒	直筒		232.33	57.25	0.96	65.49	871075.4	
	锥体		113.35	63.13	1.25	66.54	476146	
	料管		53.85	103.81	1.62	84.14	558164	
C₄~C₅ 连接管道			212.43	67.75	0.96	61.76	888858.1	3287776
五级筒	直筒		273.33	74.58	1.62	76.99	1569437	
	锥部		124.78	67.13	1.79	78.61	658475.2	
	料管		29.52	82.25	1.20	70.43	171005.4	
分解炉	上段		372.62	74.67	1.25	69.43	1931788	7751582
	下段		237.99	144.75	1.20	87.38	3010158	
	锥体		118.2	72.75	1.20	67.93	584133.5	
分解炉~ C₅ 连接管道		1	149.06	69.25	0.36	49.84	514468.7	
		2	162.34	67.44	1.35	69.67	762761.8	
		3	199.23	61.63	1.79	77.23	948272	

表 8-18 篦冷机表面散热测定结果

序号	核算面积 （m²）	平均温差 （℃）	风速 （m/s）	散热系数 ［kJ/（m²·h·℃）］	散热量 （kJ/h）	合计 （kJ/h）
1	35.46	7.25	0.41	34.92	8977.408	
2	128	78.94	0.41	53.29	538459.2	
3	28.8	70.71	1.80	79.71	162325.3	
4	70.72	22.67	2.82	79.49	127440.1	
5	115.2	24.08	2.82	79.87	221560.7	1445984
6	57.6	12.75	2.82	77.0	56548.8	
7	70.72	29.25	1.42	60.93	126037.4	
8	115.2	23.75	1.42	59.55	162928.8	
9	57.6	12.75	1.42	56.79	41706.58	

表 8-19 系统表面散热测定结果汇总

项 目	每小时散热量（kJ/h）	单位熟料散热量（kJ/kg）
窑筒体	21093263	129.3367
篦冷机	1445984	8.866281
预热器+分解炉+烟室	18770319	115.0932
三次风管	3709643	22.74627
窑头罩	1647047	10.09913
合计	46666256	286.1416

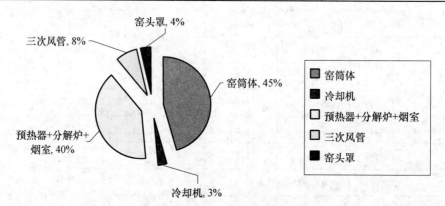

图 8-9 系统各部分散热比例示意图

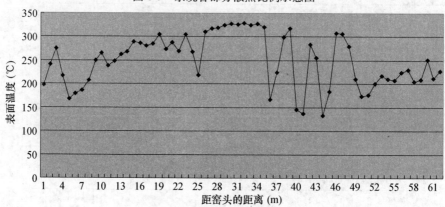

图 8-10 窑筒体表面温度曲线

7. 各级旋风筒物料表观分解率计算结果

各级旋风筒物料表观分解率计算结果见表 8-20。

表 8-20　各级筒物料表观分解率计算结果

测点位置	测点序号	烧失量（%）[1]	分解率（%）
C_1 A 下料口	4	34.24	4.61
C_1 B 下料口	5	34.72	2.56
C_2 下料口	7	34.36	1.58
C_3 下料口	9	34.02	1.50
C_4 下料口	11	33.13	3.91
C_5 下料口	13	4.25	91.04

①各级旋风筒物料的烧失量数据来源于企业实验室测试结果。

（四）系统物料平衡

物料平衡范围示意图如图 8-1 所示。

平衡计算的温度基准：0℃；质量基准：1kg 熟料。

1. 收入物料

1）燃料消耗量

$$m_r = \frac{M_{yr} + M_{Fr}}{M_{sh}} = \frac{7460 + 11610}{163088} = \frac{19070}{163088} = 0.1169 \quad kg/kg$$

2）生料消耗量

$$m_s = \frac{M_s}{M_{sh}} = \frac{260940}{163088} = 1.5999 \quad kg/kg$$

3）进入系统一次空气量

入窑头净风为：$V_{ylj} = 6060 \quad Nm^3/h$

入窑头煤风为：$V_{ylr} = 3264 \quad Nm^3/h$

则入窑一次空气为：$V_{ylk} = V_{ylj} + V_{ylr} = 6060 + 3264 = 9324 \quad Nm^3/h$

入分解炉煤风量为：$V_{Flr} = 5868 \quad Nm^3/h$

则入分解炉一次空气为：$V_{Flk} = V_{Flr} = 5868 \quad Nm^3/h$

$$m_{1k} = \frac{1.293 \times (V_{ylk} + V_{Flk})}{M_{sh}} = \frac{1.293 \times (9324 + 5868)}{163088} = 0.1204 \quad kg/kg$$

4）进入冷却机空气量

$$V_{Lk} = 319652 \quad Nm^3/h$$

$$m_{Lk} = \frac{V_{Lk}}{M_{sh}} \times \rho_k = \frac{319652}{163088} \times 1.293 = 2.5343 \quad kg/kg$$

5）窑系统漏入空气量

燃料燃烧理论空气需要量：

$$V_a^0 = \frac{0.241 Q_{net,ar}}{1000} + 0.5 = \frac{0.241 \times 25435}{1000} + 0.5 = 6.6298 \quad Nm^3/kg$$

冷却机排出气体量：$V_{pk} = 165188.69 \quad Nm^3/h$

煤磨抽冷却机空气量：$V_{Rk} = 18295.60 \quad Nm^3/h$

预热器出口处，$\alpha = 1.21$，

$$V_{Lok} = \alpha V_a^0 M_r + V_{pk} + V_{Rk} - V_{y1k} - V_{F1k} - V_{Lk}$$
$$= 1.21 \times 6.6298 \times 19070 + 165188.69 + 18295.60 - 9324 - 5868 - 319652$$
$$= 1621 \quad Nm^3/h$$

$$m_{Lok} = \frac{V_{Lok}}{M_{sh}} \times \rho_k = \frac{1621}{163088} \times 1.293 = 0.0129 \quad kg/kg$$

6）物料总收入为

$$m_{ZS} = m_r + m_s + m_{1k} + m_{Lk} + m_{Lok} = 0.1169 + 1.5999 + 0.1204 + 2.5343 + 0.0129$$
$$= 4.3844 \quad kg/kg$$

2. 支出物料

1）出冷却机熟料量

$$m_{Lsh} = 1 - m_{Lfh} \quad kg/kg$$

2）预热器出口废气量

干烟气的表态密度为：

$$\rho_0 = \frac{CO_2^f \times \rho_{CO_2} + CO^f \times \rho_{CO} + O_2^f \times \rho_{O_2} + N_2^f \times \rho_{N_2}}{100}$$
$$= \frac{34.2 \times 1.977 + 0.2 \times 1.250 + 3.0 \times 1.429 + 62.6 \times 1.2505}{100}$$
$$= 1.5043 \quad kg/Nm^3$$

湿烟气标态密度：

$$\rho = 1.5043 \times 0.955 + 0.804 \times 0.045 = 1.4728 \quad kg/Nm^3$$

气体量：

$$V_f = 190379 \quad Nm^3/h$$

则预热器出口废气量：

$$m_f = \frac{\rho_f \times V_f}{M_{sh}} = \frac{1.4728 \times 190379}{163088} = 1.7193 \quad kg/kg$$

3）预热器废气中飞灰量

烟气含尘浓度为：71.9g/Nm^3

$$m_{fh} = \frac{V_f \times K_{fh}}{M_{sh}} = \frac{190379 \times 71.9 \times 10^{-3}}{163088} = 0.0839 \quad kg/kg$$

4）冷却机排出废气量

$$m_{pk} = \frac{1.293 \times V_{pk}}{M_{sh}} = \frac{1.293 \times 165188.69}{163088} = 1.3097 \quad kg/kg$$

5）冷却机排出废气中飞灰量

废气含尘浓度为：

$$k_{Lfh} = 20.07 \quad g/Nm^3$$

$$m_{Lfh} = \frac{V_{pk} \times K_{Lfh}}{M_{sh}} = \frac{165188.69 \times 20.07 \times 10^{-3}}{163088} = 0.0203 \quad kg/kg$$

6）煤磨抽冷却机空气量

$$m_{Rk} = \frac{1.293 \times V_{Rk}}{M_{sh}} = \frac{1.293 \times 18295.60}{163088} = 0.1451 \quad kg/kg$$

7）其他支出 m_{qt}

302

8）物料总支出

$$m_{ZC}=1-m_{Lfh}+m_f+m_{fh}+m_{Pk}+m_{Lfh}+m_{Rk}$$
$$=1-0.0203+1.7193+0.0839+1.3097+0.0203+0.1451$$
$$=4.2580 \quad kg/kg$$

误差：

$$\frac{4.3844-4.2580}{4.3844}\times100\%=\frac{0.1264}{4.3844}\times100\%=2.88\%$$

3. 物料平衡计算结果

物料平衡计算结果见表 8-21。

表 8-21　物料平衡计算结果

收 入 物 料				支 出 物 料			
项目	符号	kg/kg	%	项目	符号	kg/kg	%
燃料消耗量	m_r	0.1169	2.67	出冷却机熟料量	m_{Lsh}	0.9797	22.35
生料消耗量	m_s	1.5999	36.49	预热器出口废气量	m_f	1.7193	39.21
一次空气量	m_{1k}	0.1204	2.75	预热器出口飞灰量	m_{fh}	0.0839	1.91
入冷却机空气量	m_{Lk}	2.5343	57.80	冷却机排出空气量	m_{pk}	1.3097	29.87
系统漏风量	m_{Lok}	0.0129	0.29	冷却机出口飞灰量	m_{Lfh}	0.0203	0.46
				煤磨抽冷却机空气量	m_{Rk}	0.1451	3.31
				其他支出	m_{qt}	0.1264	2.88
合计		4.3844	100	合计		4.3844	100

（五）系统热平衡

热平衡范围示意图如图 8-2 所示。

平衡计算的温度基准：0℃；质量基准：1kg 熟料。

1. 收入热量

（1）燃料燃烧热

$$Q_{rR}=m_r\times Q_{net.ar}=0.1169\times25435=2973.35 \quad kJ/kg$$

（2）燃料显热

$$Q_r=m_r\times c_r\times t_r=0.1169\times1.081\times50=6.32 \quad kJ/kg$$

生料中可燃物质燃烧热与入窑回灰的显热为 0，所以：

$$Q_{sR}=0 \quad kJ/kg$$
$$Q_{yh}=0 \quad kJ/kg$$

（3）生料显热

$$c_s=(0.88+2.93\times10^{-4}\times t_s)\times(1-w^s)+4.1816\times w^s=0.9215$$
$$Q_s=m_s\times c_s\times t_s=1.5999\times0.9215\times108=159.23 \quad kJ/kg$$

（4）一次空气显热

1）窑头净风显热

$$Q_{ylj}=\frac{V_{ylj}\times c_{ylj}\times t_{ylj}}{M_{sh}}=\frac{6060\times1.298\times31}{163088}=1.50 \quad kJ/kg$$

2）窑头煤风显热

$$Q_{ylr}=\frac{V_{ylr}\times c_{ylr}\times t_{ylr}}{M_{sh}}=\frac{3264\times1.298\times35}{163088}=0.91 \quad kJ/kg$$

3）分解炉煤风显热

$$Q_{Flj}=\frac{V_{Flj}\times c_{Flj}\times t_{Flj}}{M_{sh}}=\frac{5868\times1.298\times35}{163088}=1.63 \quad kJ/kg$$

4）一次空气显热

$$Q_{1k}=Q_{ylj}+Q_{ylr}+Q_{Flj}=1.50+0.91+1.63=4.04 \quad kJ/kg$$

（5）入冷却机空气显热

$$Q_{Lk}=\frac{V_{Lk}\times c_{Lk}\times t_{Lk}}{M_{sh}}=\frac{319652\times1.298\times37}{163088}=94.13 \quad kJ/kg$$

（6）系统漏入空气显热

$$Q_{Lok}=\frac{V_{Lok}\times c_{Lok}\times t_{Lok}}{M_{sh}}=\frac{1621\times1.297\times25}{163088}=0.32 \quad kJ/kg$$

（7）热量总收入

$$Q_{ZS}=Q_{rR}+Q_r+Q_s+Q_{1k}+Q_{Lk}+Q_{Lok}$$
$$=2973.35+6.32+159.23+4.04+94.13+0.32=3237.39 \quad kJ/kg$$

2. 支出热量

（1）熟料形成热

1）生成 1kg 熟料，干原料消耗量的计算

① 生成 1kg 熟料，煤灰的掺入量

$$m_A=m_r\times A_{ar}\times\alpha\times\frac{1}{10000}=0.1169\times18.97\times100\times\frac{1}{10000}=0.0222 \quad kg/kg$$

② 生成 1kg 熟料，生料中碳酸钙消耗量

本厂生料配料采用钢渣部分替代石灰石，钢渣配比约 7.5%，钢渣中 CaO 含量为 42.92%。

$$m_{CaCO_3}=\frac{CaO^{sh}-CaO^A\times m_A-m_s\times k_G\times CaO^G}{100}\times\frac{100}{56}$$
$$=\frac{65.98-7.79\times0.0222-1.6\times0.075\times42.92}{100}\times\frac{100}{56}$$
$$=1.0832 \quad kg/kg$$

③ 生成 1kg 熟料，生料中碳酸镁消耗量

$$m_{MgCO_3}=\frac{MgO^{sh}-MgO^A\times m_A-m_s\times k_G\times MgO^G}{100}\times\frac{84.3}{40.3}$$
$$=\frac{1.58-1.25\times0.0222-1.6\times0.075\times6.21}{100}\times\frac{84.3}{40.3}=0.0169 \quad kg/kg$$

④ 生成 1kg 熟料，生料中高岭石消耗量

$$m_{AS_2H_2}=\frac{Al_2O_3^{sh}-Al_2O_3^A\times m_A}{100}\times\frac{258}{102}=\frac{5.15-30.93\times0.0222}{100}\times\frac{258}{102}=0.1129 \quad kg/kg$$

⑤ 生成 1kg 熟料，生料中的 CO_2 消耗量

$$m_{CO_2}=\frac{CaO^{sh}-CaO^A\times m_A-m_s\times k_G\times CaO^G}{100}\times\frac{44}{56}+$$

$$\frac{MgO^{sh}-MgO^A\times m_A-m_s\times k_G\times MgO^G}{100}\times\frac{44}{40.3}$$

$$=\frac{65.98-7.79\times0.0222-1.6\times0.075\times42.92}{100}\times\frac{44}{56}+$$

$$\frac{1.58-1.25\times0.0222-1.6\times0.075\times6.21}{100}\times\frac{44}{40.3}$$

$$=0.4854\quad kg/kg$$

⑥ 生成 1kg 熟料，生料中的化合水消耗量

$$m_{H_2O}=\frac{Al_2O_3^{sh}-Al_2O_3^A\times m_A}{100}\times\frac{36}{102}=\frac{5.15-30.93\times0.0222}{100}\times\frac{36}{102}=0.0158\quad kg/kg$$

⑦ 生成 1kg 熟料，干原料的消耗量

$$m_{gy}=1+m_{CO_2}+m_{H_2O}=1+0.4854+0.0158=1.5012\quad kg/kg$$

2）吸收热量的计算

① 干物料从 0℃加热到 450℃吸收热量

$$q_1=m_{gy}\times1.058\times(450-0)=1.5012\times1.058\times450=714.72\quad kJ/kg$$

② 高岭石吸收热量

$$q_2=m_{H_2O}\times6690=0.0158\times6690=105.70\quad kJ/kg$$

③ 脱水后物料由 450℃加热到 900℃吸收热量

$$q_3=(m_{gy}-m_{H_2O})\times1.184\times(900-450)$$

$$=(1.5012-0.0158)\times1.184\times450=791.42\quad kJ/kg$$

④ 碳酸盐分解吸收热量

$$q_4=m_{CaCO_3}\times1660+m_{MgCO_3}\times1420=1.0832\times1660+0.0169\times1420=1822.11\quad kJ/kg$$

⑤ 物料由 900℃加热到 1400℃吸收热量

$$q_5=(m_{gy}-m_{H_2O}-m_{CO_2})\times1.033\times(1400-900)=1\times1.033\times500=516.50\quad kJ/kg$$

⑥ 在 1400℃时，液相形成吸收热量

$$q_6\approx109\quad kJ/kg$$

3）放出热量的计算

① 在 1000～1400℃范围内，由熟料矿物形成放出热量

$$q_7=\frac{1}{100}(C_3S\times465+C_2S\times610+C_3A\times88+C_4AF\times105)$$

$$=\frac{1}{100}(65.36\times465+12.83\times610+8.61\times88+9.06\times105)=399.28\quad kJ/kg$$

② 黏土中无定形物质结晶放出热量

$$q_8=m_{AS_2H_2}\times0.86\times301=0.1129\times0.86\times301=29.23\quad kJ/kg$$

③ 熟料由 1400℃冷却到 0℃时放出热量

$$q_9=1\times1.092\times(1400-0)=1528.80\quad kJ/kg$$

④ 碳酸盐分解出的 CO_2，由 900℃冷却到 0℃时放出热量

$$q_{10}=m_{CO_2}\times1.104\times(900-0)=0.4854\times1.104\times900=482.29\quad kJ/kg$$

⑤ 生料中化合水，由 450℃冷却到 0℃时放出热量

$$q_{11}=m_{H_2O}\times[1.966\times(450-0)+2496]$$

$$=0.0158\times[1.966\times450+2496]=53.42\quad kJ/kg$$

4）熟料形成热

$$Q_{sh} = (q_1+q_2+q_3+q_4+q_5+q_6) - (q_7+q_8+q_9+q_{10}+q_{11})$$
$$= (714.72+105.70+791.42+1822.11+516.50+109) -$$
$$(399.28+29.23+1528.80+482.29+53.42)$$
$$=1566.43 \quad kJ/kg$$

（2）蒸发生料中水分耗热

$$Q_{qs} = m_s \times \frac{W_s}{100} \times q_{qh} = 0.1169 \times \frac{0.30}{100} \times 2231.9 = 11.81 \quad kJ/kg$$

（3）出冷却机熟料显热

$$Q_{Lsh} = (1-m_{Lfh}) \times c_{sh} \times t_{Lsh} = (1-0.0129) \times 0.845 \times 258 = 215.20 \quad kJ/kg$$

（4）预热器出口废气显热

$$Q_f = \frac{V_f \times c_f \times t_f}{M_{sh}} = \frac{190379 \times 1.573 \times 289}{163088} = 530.67 \quad kJ/kg$$

$$c_f = \frac{CO_2^f \times c_{CO_2} + CO^f \times c_{CO} + O_2^f \times c_{O_2} + N_2^f \times c_{N_2} + H_2O^f \times c_{H_2O}}{100}$$

$$= \frac{34.2 \times 1.870 + 0.20 \times 1.316 + 3.0 \times 1.353 + 62.6 \times 1.312 + 4.5 \times 1.533}{100}$$

$$= 1.573 \quad kJ/(m^3 \cdot ℃)$$

（5）预热器出口飞灰显热

$$Q_{fh} = m_{fh} \times c_{fh} \times t_{fh} = 0.0839 \times 0.878 \times 289 = 21.29 \quad kJ/kg$$

（6）冷却机排出空气显热

$$Q_{pk} = \frac{V_{pk} \times c_{pk} \times t_{pk}}{M_{sh}} = \frac{165188.69 \times 1.324 \times 350}{163088} = 469.37 \quad kJ/kg$$

（7）冷却机出口飞灰显热

$$Q_{Lfh} = m_{Lfh} \times c_{Lfh} \times t_{pk} = 0.0203 \times 0.878 \times 350 = 6.24 \quad kJ/kg$$

（8）煤磨抽冷却机热风显热

$$Q_{mk} = \frac{V_{mk} \times c_{mk} \times t_{mk}}{M_{sh}} = \frac{18295.60 \times 1.350 \times 560}{163088} = 84.81 \quad kJ/kg$$

（9）化学不完全燃烧热损失

$$Q_{hb} = \frac{V_f}{M_{sh}} \times \frac{CO^f}{100} \times 12630 = \frac{190379}{163088} \times \frac{0.20}{100} \times 12630 = 29.49 \quad kJ/kg$$

（10）系统表面散热

$$Q_B = \frac{\sum Q_{Bi}}{M_{sh}} = \frac{46666256}{163088} = 286.14 \quad kJ/kg$$

（11）其他支出 Q_{qt}

（12）热量总支出

$$Q_{ZC} = Q_{sh} + Q_{qs} + Q_{Lsh} + Q_f + Q_{fh} + Q_{pk} + Q_{Lfh} + Q_{mk} + Q_{hb} + Q_B$$
$$= 1566.43 + 11.81 + 215.2 + 530.67 + 21.29 + 469.37 +$$
$$6.24 + 84.81 + 29.49 + 286.14 = 3221.45 \quad kJ/kg$$

误差：

$$\frac{3237.39 - 3221.45}{3237.39} \times 100\% = \frac{15.94}{3237.39} \times 100\% = 0.49\%$$

3. 热平衡结果

热平衡结果见表8-22。

表 8-22　热平衡计算结果

收入热量				支出热量			
项目	符号	kJ/kg	%	项目	符号	kJ/kg	%
燃料燃烧热	Q_{rR}	2973.35	91.84	熟料形成热	Q_{sh}	1566.43	48.39
燃料显热	Q_r	6.32	0.20	蒸发生料中水分耗热	Q_{qs}	11.81	0.36
生料显热	Q_s	159.23	4.92	出冷却机熟料显热	Q_{Lsh}	215.2	6.65
一次空气显热	Q_{1k}	4.04	0.12	预热器出口废气显热	Q_f	530.67	16.39
入冷却机空气显热	Q_{Lk}	94.13	2.91	预热器出口飞灰显热	Q_{fh}	21.29	0.66
系统漏入空气显热	Q_{Lok}	0.32	0.01	冷却机排出空气显热	Q_{pk}	469.37	14.50
				冷却机出口飞灰显热	Q_{Lfh}	6.24	0.19
				煤磨抽冷却机空气显热	Q_{mk}	84.81	2.62
				化学不完全燃烧热损失	Q_{hb}	29.49	0.91
				系统表面散热	Q_B	286.14	8.84
				其他	Q_{qt}	15.94	0.49
合计		3237.39	100	合计		3237.39	100

4. 回转窑热效率

$$\eta_y = \frac{Q_{sh}}{Q_{rR} + Q_{sR}} \times 100\% = \frac{1566.43}{2973.35 + 0} \times 100\% = 52.68\%$$

(六) 冷却机系统物料平衡

1. 冷却机系统收入物料

(1) 出窑熟料

按出冷却机熟料为 1kg，则应加入冷却机飞灰、由二次风带走的飞灰和三次风带走的飞灰。

二次风含尘浓度参考三次风含尘浓度计算。

1) 二次风量及含尘量

二次风量：

$$V_{y2k} = V'_k \alpha_y M_{yr}(1 - \varphi_{yt}) - V_{y1k} = 6.7819 \times 1.13 \times 7454 \times (1 - 0.08) - 9324$$
$$= 52554 - 9324 = 43230 \quad Nm^3/h$$

则含尘量为：

$$M_{2kh} = V_{y2k} \times K_{F3k} = 43230 \times 462.23 \times 10^{-3} = 19982.20 \quad kg/h$$

$$m_{2kh} = \frac{M_{2kh}}{M_{sh}} = \frac{19982.20}{163088} = 0.1225 \quad kg/kg$$

2) 三次风量及含尘量

三次风量为：

$$81589.73 \quad Nm^3/h$$

则含尘量为：

$$M_{3kh} = V_{F3k} \times K_{3kh} = 81589.73 \times 462.23 \times 10^{-3} = 37713.22 \quad \text{kg/h}$$

$$m_{3kh} = \frac{M_{3kh}}{M_{sh}} = \frac{37713.22}{163088} = 0.2312 \quad \text{kg/kg}$$

3）冷却机排气及飞灰量

冷却机排气量为：

$$165188.69 \quad \text{Nm}^3/\text{h}$$

含尘浓度为：

$$20.07 \quad \text{g/Nm}^3$$

则含尘量为：

$$m_{Lfh} = \frac{V_{pk} \times K_{Lfh}}{M_{sh}} = \frac{165188.69 \times 20.07 \times 10^{-3}}{163088} = 0.0203 \quad \text{kg/kg}$$

4）煤磨抽冷却机热风及含尘量：由于该企业煤磨抽冷却机热风中的粉尘经收尘后又进入冷却机中，所以该处含尘量已经包含在出冷却机熟料的 1kg 中，在此不予考虑。

5）出窑熟料为

$$m_{ysh} = 1 + m_{2kh} + m_{3kh} + m_{Lfh} = 1 + 0.1225 + 0.2312 + 0.0203 = 1.3740 \quad \text{kg/kg}$$

（2）入冷却机空气量

$$m_{Lk} = \frac{V_{Lk}}{M_{sh}} \times \rho_k = \frac{319652}{163088} \times 1.293 = 2.5343 \quad \text{kg/kg}$$

（3）物料总收入

$$m_{Lzs} = m_{ysh} + m_{Lk} = 1.3740 + 2.5343 = 3.9083 \quad \text{kg/kg}$$

2. 冷却机系统支出物料

1）出冷却机熟料

$$m_{sh} = 1 \quad \text{kg/kg}$$

2）入窑二次空气

$$m_{y2k} = \frac{V_{y2k}}{M_{sh}} \times \rho_k = \frac{43230}{163088} \times 1.293 = 0.3427 \quad \text{kg/kg}$$

3）二次空气含尘量

$$m_{2kh} = \frac{M_{2kh}}{M_{sh}} = \frac{19982.20}{163088} = 0.1225 \quad \text{kg/kg}$$

4）三次空气

$$m_{F3k} = \frac{V_{F3k}}{M_{sh}} \times \rho_k = \frac{81589.73}{163088} \times 1.293 = 0.6469 \quad \text{kg/kg}$$

5）三次空气含尘量

$$m_{3kh} = \frac{M_{3kh}}{M_{sh}} = \frac{37713.22}{163088} = 0.2312 \quad \text{kg/kg}$$

6）冷却机排气量

$$m_{pk} = \frac{1.293 \times V_{pk}}{M_{sh}} = \frac{1.293 \times 165188.69}{163088} = 1.3097 \quad \text{kg/kg}$$

7）冷却机排气飞灰

$$m_{Lfh} = \frac{V_{pk} \times K_{Lfh}}{M_{sh}} = \frac{165188.69 \times 20.07 \times 10^{-3}}{163088} = 0.0203 \quad \text{kg/kg}$$

8）煤磨抽冷却机热风

$$m_{mk} = \frac{1.293 \times V_{mk}}{M_{sh}} = \frac{1.293 \times 18295.60}{163088} = 0.1451 \quad kg/kg$$

9）物料总支出

$$m_{Lzc} = 1 + m_{2k} + m_{2kh} + m_{3k} + m_{3kh} + m_{Pk} + m_{Lfh} + m_{mk}$$
$$= 1 + 0.3427 + 0.1225 + 0.6469 + 0.2312 + 1.3097 + 0.0203 + 0.1451$$
$$= 3.8184 \quad kg/kg$$

误差：

$$\frac{3.9083 - 3.8184}{3.9083} \times 100\% = \frac{0.0899}{3.9083} \times 100\% = 2.30\%$$

3. 冷却机物料平衡计算结果

冷却机物料平衡计算结果见表8-23。

表8-23　冷却机系统物料平衡计算结果

收入物料				支出物料			
项目	符号	kg/kg	%	项目	符号	kg/kg	%
出窑熟料	m_{ysh}	1.374	35.16	出冷却机熟料	m_{Lsh}	1	25.59
入冷却机空气	m_{1k}	2.5343	64.84	入窑二次空气	m_{y2k}	0.3427	8.77
				二次空气含尘量	m_{2kh}	0.1225	3.13
				三次空气	m_{F3k}	0.6469	16.55
				三次空气含尘量	m_{3kh}	0.2312	5.92
				冷却机排出空气	m_{pk}	1.3097	33.51
				冷却机飞灰	m_{Lfh}	0.0203	0.52
				煤磨抽热风	M_{mk}	0.1451	3.71
				其他	m_{Lqt}	0.0899	2.30
合计		3.9083	100	合计		3.9083	100

（七）冷却机系统热平衡

1. 冷却机收入热量

1）出窑熟料显热

$$Q_{ysh} = m_{ysh} c_{ysh} t_{ysh} = 1.3740 \times 1.0716 \times 1340 = 1972.99 \quad kJ/kg$$

2）冷却机总空气显热

$$Q_{Lk} = \frac{V_{Lk}}{M_{sh}} \times c_{Lk} \times t_{Lk} = \frac{319652}{163088} \times 1.298 \times 37 = 93.77 \quad kJ/kg$$

3）热量总收入

$$Q_{Lzs} = Q_{ysh} + Q_{Lk} = 1972.99 + 93.77 = 2066.76 \quad kJ/kg$$

2. 冷却机支出热量

1）出冷却机熟料显热

$$Q_{Lsh} = 1 \times c_{sh} \times t_{Lsh} = 1 \times 0.845 \times 258 = 218.01 \quad kJ/kg$$

2）入窑二次空气显热

$$Q_{y2k} = \frac{V_{y2k}}{M_{sh}} \times c_{y2k} \times t_{y2k} = \frac{43230}{163088} \times 1.410 \times 1004 = 375.25 \quad kJ/kg$$

3) 二次空气带走物料显热

$$Q_{2kh} = m_{2kh} \times c_{y2k} \times t_{y2k} = 0.1225 \times 0.992 \times 1004 = 122.01 \quad kJ/kg$$

4) 三次空气显热

$$Q_{F3k} = \frac{V_{F3k}}{M_{sh}} \times c_{F3k} \times t_{F3k} = \frac{81589.73}{163088} \times 1.403 \times 949 = 666.10 \quad kJ/kg$$

5) 三次空气带走物料显热

$$Q_{3kh} = m_{3kh} \times c_{F3k} \times t_{F3k} = 0.2312 \times 0.985 \times 949 = 216.12 \quad kJ/kg$$

6) 冷却机排出空气显热

$$Q_{pk} = \frac{V_{pk} \times c_{pk} \times t_{pk}}{M_{sh}} = \frac{165188.69 \times 1.324 \times 350}{163088} = 469.37 \quad kJ/kg$$

7) 冷却机出口飞灰显热

$$Q_{Lfh} = m_{Lfh} \times c_{Lfh} \times t_{pk} = 0.0203 \times 0.878 \times 350 = 6.24 \quad kJ/kg$$

8) 煤磨抽冷却机热风显热

$$Q_{mk} = \frac{V_{mk} \times c_{mk} \times t_{mk}}{M_{sh}} = \frac{18295.60 \times 1.350 \times 560}{163088} = 84.81 \quad kJ/kg$$

9) 冷却机表面散热

$$Q_{LB} = \frac{\sum Q_{LBi}}{M_{sh}} = \frac{1445984}{163088} = 8.87 \quad kJ/kg$$

10) 热量总支出

$$Q_{Lzc} = Q_{Lsh} + Q_{y2k} + Q_{2kh} + Q_{F3k} + Q_{3kh} + Q_{pk} + Q_{Lfh} + Q_{mk} + Q_{LB}$$

$$= 218.01 + 375.25 + 122.01 + 666.10 + 216.12 + 469.37 + 6.24 + 84.81 + 8.87$$

$$= 2166.78 \quad kJ/kg$$

误差： $\dfrac{2066.76 - 2166.78}{2066.76} \times 100\% = \dfrac{-100.02}{2066.76} \times 100\% = -4.84\%$

3. 冷却机热平衡计算结果

冷却机热平衡计算结果见表8-24。

表 8-24 冷却机热平衡计算结果

收入热量				支出热量			
项目	符号	kJ/kg	%	项目	符号	kJ/kg	%
出窑熟料显热	Q_{ysh}	1972.99	95.46	熟料带走显热	Q_{Lsh}	218.01	10.55
入冷却机空气显热	Q_{Lk}	93.77	4.54	入窑二次空气显热	Q_{y2k}	375.25	18.16
				二次空气带走物料显热	Q_{2kh}	122.01	5.90
				三次空气显热	Q_{F3k}	666.1	32.23
				三次空气带走物料显热	Q_{3kh}	216.12	10.46
				冷却机排出空气显热	Q_{pk}	469.37	22.71
				冷却机排气飞灰显热	Q_{Lfh}	6.24	0.30
				煤磨抽冷却机热风显热	Q_{mk}	84.81	4.10
				系统表面散热	Q_{LB}	8.87	0.43
				其他	Q_{Lqt}	-100.02	-4.84
合计		2066.76	100	合计		2066.76	100

4. 冷却机热效率

$$\eta = \frac{Q_{y2k}+Q_{F3k}}{Q_{ysh}} \times 100\% = \frac{375.25+666.10}{1972.99} \times 100\% = \frac{1041.35}{1972.99} \times 100\% = 52.78\%$$

（八）单项计算

1. 系统产量、料耗、煤耗的测定及计算

（1）系统产量

在标定过程中，标定组与厂方计量专家对所使用的生料计量装置、煤粉计量装置进行了认真的检查与核对，认为生料计量装置较准确，可以采用中控室显示计量数据；煤粉计量装置不准确，中控显示数据不可取，采用煤粉仓仓重标定数据再结合生产统计数据确定煤粉用量。依此为依据，用两种方法确定熟料产量。一种方法是用生熟料折合比并与生产统计对照核算确定；一种方法是用生料烧失量及熟料中煤灰掺入量计算理论料耗，扣除窑尾飞灰和篦冷机飞灰确定实际料耗，再根据生料喂料量计算熟料产量。

第一种方法测定结果：

1）生料喂料量：$M_s = 260940$　kg/h

2）窑头煤粉用量：$M_{yr} = 7460$　kg/h

3）分解炉煤粉用量：$M_{Fr} = 11610$　kg/h

4）燃料总用量：$M_r = 19070$　kg/h

5）熟料产量：$M_{sh} = 163088$　kg/h $= 3914$　t/d（按该厂平时生产用料耗 1.6kg/kg 计算）

第二种方法计算结果：

1）理论料耗的计算：

煤灰掺入量：

$$G_A = m_r A_{ar} \alpha \frac{1}{100} = \frac{19070}{163088} \times 18.97 \times 100 \times \frac{1}{100} = 2.22\%$$

理论料耗：

$$m_{gy} = \frac{100-G_A}{100-L} = \frac{100-2.22}{100-35.31} = 1.5115\quad kg/kg$$

2）由一级旋风筒排出的飞灰量为：

$$M_f = 190379 \times 71.9 \times 10^{-3} = 13688.25\quad kg/h$$

3）由冷却机废气带走的飞灰量为：

$$M_{Lfh} = 165188.69 \times 20.07 \times 10^{-3} = 3315.34\quad kg/h$$

4）设熟料产量为 x，利用质量守恒计算熟料量。

设熟料产量为 x　kg/h，则：

$$1.5115x = 260940 - (13688.25+3315.34)$$

$$x = \frac{260940-(13688.25+3315.34)}{1.5115} = \frac{243936.41}{1.5115} = 161387\quad kg/h$$

该结果与第一种方法相比误差为：

$$\frac{163088-161387}{163088} \times 100\% = \frac{1701}{163088} \times 100\% = 1.04\%$$

可见误差很小，因此用第一种方法确定的产量是比较可靠的，由于企业进行计算时通常

采用 1.6kg/kg 的料耗，而且每月进行库存量的核算，因此，最终物料平衡和热平衡计算取熟料产量为 163088kg/h，即 3914t/d。

（2）烧成系统电耗的统计由公司电力室完成。

（3）熟料实际煤耗

$$m_r = \frac{M_r}{M_{sh}} = \frac{19070}{163088} \times 1000 = 116.93 \quad kg/t$$

（4）熟料标准煤耗

$$m'_r = m_r \times \frac{Q_{net,ar}}{7000} = 116.93 \times \frac{6079}{7000} = 101.55 \quad kg/t$$

（5）熟料单位热耗

$$q = m_r Q_{net,ar} = \frac{116.93 \times 6079}{1000} = 710.82 \quad kcal/kg = 2974.09 \quad kJ/kg$$

2. 出篦冷机熟料温度测定与计算

用水量热法测定，并用以下公式计算熟料温度

$$t_{sh} = \frac{M_{Ls}(t_{Rs} - t_{Ls})c_W + M_{sh}c_{sh2}t_{Rs}}{M_{sh}c_{sh}}$$

出篦冷机熟料温度测定与计算结果见表 8-25。

表 8-25　出篦冷机熟料温度测定

项目	符号	单位	测定次数		
			1	2	3
冷水温度（初始水温）	t_{Ls}	℃	34	34	34
环境温度	t_0	℃	36	36	36
桶重		kg	5.30	5.30	5.30
（水＋桶）重		kg	25.40	27.80	26.20
冷水质量	M_{Ls}	kg	20.10	22.50	20.90
（水＋桶＋料）重		kg	41.50	45.00	43.20
熟料重	M_{sh}	kg	16.10	17.20	17.00
热水（水料恒定）温度	t_{Rs}	℃	57.0	67.6	68.0
水的比热容	c_W	kJ/（kg·℃）	4.1816	4.1816	4.1816
熟料在 t_{Rs} 时的比热容	c_{sh2}	kJ/（kg·℃）	0.7400	0.7400	0.7400
熟料在 t_{sh} 时的比热容	c_{sh}	kJ/（kg·℃）	0.803	0.803	0.803
出冷却机熟料温度	t_{sh}	℃	202	291.2	280.35
平均熟料温度	t_{sh}	℃	258		

3. 各测点气体流量测定与计算

根据以下公式计算气体流量：

$$V = 3600 \times F \times k_d \times \sqrt{\frac{2}{\rho_t}} \times \sqrt{\Delta P_{PJ}} \quad m^3/h$$

$$\sqrt{\Delta P_{PJ}} = \frac{\sqrt{\Delta p_1} + \sqrt{\Delta p_2} + \cdots + \sqrt{\Delta P_n}}{n} \quad （\Delta P \text{ 的单位用 Pa}）$$

4. 空气过剩系数计算

依据以下公式计算空气过剩系数：

$$\alpha = \frac{N_2}{N_2 - \frac{79}{21}\left(O_2 - \frac{1}{2}CO\right)}$$

5. 各级旋风筒物料表观分解率计算

依据以下公式计算各级旋风筒物料表观分解率：

$$e = \frac{10000\ (L_1 - L_2)}{L_1\ (100 - L_2)}$$

6. 表面散热测定

依据以下公式计算表面散热：

$$Q_B = \sum Q_{Bi} = \sum \alpha_{Bi}\ (t_{Bi} - t_k)\ \times F_{Bi}$$

7. 回转窑参数计算

1）窑的发热能力

按窑头喂煤量计算：

$$Q = B \times Q_{net,ar}$$

2）截面热力强度

$$q_A = \frac{Q}{\frac{\pi}{4} \times D_f^2}$$

3）单位容积产量

$$M_{shR} = \frac{M_{sh}}{V_i}$$

回转窑参数计算的结果已经列在表 8-15 中，在此只列出使用公式。

（九）热工标定结果分析

××市××水泥有限公司 4000t/d 新型干法水泥生产线，其烧成系统由五级旋风式悬浮预热器、在线带鹅颈管的喷腾式分解炉、回转窑、四风道煤粉燃烧器和第三代充气梁推动篦式冷却机等系统组成，设计产量为 3300t/d。这条生产线自投产以来，在公司领导和工厂技术人员的共同努力下，系统运行稳定，生产正常，并取得了显著的经济效益。此次标定是对烧成系统的一次全面体检，从标定和计算结果来看，本次标定已基本达到预期目标，并能如实反映该系统目前的实际水平，现结合生产运行情况对标定结果分析如下：

1. 熟料产量

该条生产线自投产以来，产、质量均超过设计水平。标定期间，在投料量为 260.94t/h 时，熟料产量为 3914.06t/d，超过设计能力 18.6%，根据企业生产实际来看，该系统能保证长期稳定运行在 3900t/d 左右。在目前的情况下，回转窑的单位有效容积产量为 224.90kg/（m³·h）合 5.40t/（m³·d）。资料显示有效容积产量的统计平均值为 110～210kg/（m³·h），国际上的先进水平 4.91t/（m³·d），合 205kg/（m³·h）。可见本系统的产量与国内外相同规模的企业相比，其单位容积产量也属较高水平。

2. 熟料烧成热耗

熟料烧成热耗是烧成系统除熟料产量外又一重要技术经济指标，烧成热耗的高低，直接关系到水泥生产成本和工厂经济效益，为此必须引起足够的重视。影响烧成热耗的因素很多，一般有：设计合理性、窑的操作水平、操作控制参数、系统稳定运行状况、生料易烧性、熟料控制指标等。热工标定表明，熟料烧成热耗为 2974.09kJ/kg，即 710.82kcal/kg，与国内外水平相比较均处于上等水平。（国内外单位熟料热耗对照见表 8-27）

热量平衡计算中，主要热支出项有：熟料形成热、预热器出口废气带走热、冷却机余风带走热、系统表面散热及冷却机熟料带走热。其中，熟料形成热与物料的性质相关，熟料形成热占总热量比例越高，系统热效率越高。本系统回转窑的热效率为 52.68%，GB 50443《水泥工厂节能设计规范》规定规模为 2000~4000t/d 熟料的水泥厂热效率应该>50%，所以本厂的热效率符合水泥工厂节能设计规范的要求。

熟料形成热是热支出中最大的一部分，一般来说，采用普通原料配料（石灰石、黏土、铁粉）熟料形成热约为 1730~1750kJ/kg，而本厂熟料形成热仅为 1566.43kJ/kg，比一般值低 170kJ/kg 左右，热耗低的原因主要是本厂采用钢渣部分取代石灰石进行配料，生料中石灰石配比减少，碳酸盐分解吸热减少，使熟料形成热（理论热耗）减少。

预热器出口废气热损失是系统热损失最大、最关键也是各厂最关心的一部分，一般预分解窑预热器出口废气热损失为烧成热耗的四分之一左右。本次测定表明，预热器出口废气热损失只有 551.96kJ/kg，见表 8-27，与其他厂相比该部分热损失处于先进水平。

影响废气热损失的直接原因是熟料产量、出口废气量和废气温度。熟料产量高能明显降低废气热损失，而该厂熟料产量已超过设计产量 18.6%，而废气温度也只有 289℃，这比别的企业也低了很多（表 8-27），所以熟料热耗也就比别的企业低了。

3. 预热器分析

1）温度测定结果与在线记录结果的比较

预热器系统各出口温度参数见表 8-26。

表 8-26　预热器各出口气体温度测量结果与在线纪录结果对照

序号	测点位置	测定数据（℃）	操作记录（℃）	误差（℃）	相对误差（%）	备注
1	预热器出口	277	—	—	—	
2	C_1A 出口	293	299	−6	−2.05	
3	C_1B 出口	293	303	−10	−3.41	
4	C_2 出口	473	467	6	1.27	
5	C_3 出口	517	525	−8	−1.55	
6	C_4 出口	728	731	−3	−0.41	
7	C_5 出口	792	785	7	0.88	
8	分解炉出口	877	886	−9	−1.03	
9	窑尾上升烟道	1135	1138	−3	−0.26	
10	C_1 总出口	289	288	1	0.35	

说明：操作记录为测试时在现场显示仪表上该测点的温度。

在现场选择测点时，为了方便操作，预热器出口即测点 1 的位置选择在高温风机入口处（现场测点在窑尾烟室旁预热器出口管道上），而该点没有在线仪器检测。中控室所显示的预热器出口废气温度在一级旋风筒旁，所以在标定的同时，也对该点的温度进行了测试，表 8-26 最后是该点温度与现场温度仪表上数据的比较。

从表 8-26 中可看出，对于窑尾烟室、分解炉及预热器系统各级旋风筒出口气体温度而言，现场测定结果与在线记录结果有一定的误差，这些误差没有一定的规律，有正误差，也有负误差。最大误差发生在 C_1B 出口处，误差为 10℃，相对误差为 -3.41%，最小误差只有 1℃，相对误差为 0.35%，但从工程角度而言，这些误差均在允许范围之内，我们确信系统温度在线检测系统都是可靠的，能真实反映预热器系统的温度情况。

2）出预热器废气温度分析

本次测定出预热器废气温度（即 C_1 总出口）为 289℃，这在国内带五级旋风筒的预分解窑系统属上游水平（表 8-27），同时也远远高于 GB 50443《水泥工厂节能设计规范》规定的 350℃。该测点设在预热器废气管道上，距离测 C_1 旋风筒出口气体温度的测点有 5m 左右，测得 C_1A、C_1B 出口气体温度均为 293℃，即从 C_1 出口到预热器废气温度测点废气温度下降不明显。

表 8-27 熟料单位热耗及出口废气热损失对照表

序号	企业名称		熟料单位热耗 (kJ/kg)	窑废气及飞灰热损失		废气温度（℃）	备注
				(kJ/kg)	%		
1	国内	本厂	2974.09	551.96	17.14	289	2012，五级
2		××水泥厂	2877	720.46	21.53	354	2010，五级
3		××2号线	3256	764.56	22.81	340	2009，五级
4		顺昌	3459.4	786.5	22.7	338	1998，五级
5		三德	3266.5	720.6	22.1	304	1998，五级
6		新疆	3086.8	715.2	23.2	311	1994，五级
7		耀县	3501.7	817.7	23.4	349	1995，五级
8		金马	3489.3	857.8	24.6	372	2000，五级
9		鲁宏	3063.6	785.9	22.7	356	2005，五级
10		巨龙	3046.29	658.0	21.6	322	2005，五级
11	国外[①]	墨西哥	2831.2	560.39	19.79		六级
12		美国	2814.5	564.6	20.06		六级
13		泰国	2914.9	761.1	26.11		五级

①资料来于丹麦史密斯公司新型干法窑介绍。

3）预热器各测点温度分析

根据预热器及分解炉工作原理分析，表 8-28 中数据反映出各点温度基本正常。现场测定结果 C_1、C_2、C_3、C_4、C_5 出口、分解炉出口气体温度值正常，在线记录数据基本正常，没有出现温度倒挂现象（即 C_5 级筒出口气体温度高于分解炉出口气体温度）。

4）压力测定结果与在线记录结果的比较

表 8-28 预热器各出口压力测量结果与在线纪录结果对照

序号	测点位置	测定数据（℃）	操作记录（℃）	误差（℃）	相对误差（%）	备注
1	预热器出口	-5400	—	—	—	
2	C_1A 出口	-4800	-4882	82	-1.71	
3	C_1B 出口	-4800	-5084	284	-5.92	
4	C_2 出口	-4100	-4190	90	-2.20	

序号	测点位置	测定数据（℃）	操作记录（℃）	误差（℃）	相对误差（％）	备注
5	C_3 出口	-3500	-3566	66	-1.89	
6	C_4 出口	-2500	-2258	-242	9.68	
7	C_5 出口	-1900	-1908	8	-0.42	
8	分解炉出口	-900	-930	30	-3.33	
9	窑尾上升烟道	-400	—	—		
10	C_1 总出口	-4900	-5178	278	-5.67	

说明：操作记录为测试时在现场显示仪表上该测点的压力。

从表 8-28 中可看出，现场测定与在线仪表显示有一定的误差，最大误差发生在 C_4 筒的气体出口，误差为 242Pa，相对误差为 9.68％，其次发生在 C_1B 筒的气体出口，误差为 284Pa，相对误差为 5.92％。C_5 筒的气体出口负压现场测定与在线记录的误差为最小，为 8Pa，其相对误差为 0.42％。

从测定情况看，从窑尾负压到预热器出口负压呈增大趋势，这与预热器的工作状况是相符的。进行压力测试时，测孔位置为现场压力仪表的测孔，所以数据具有可比性。标定时所用测试仪器为 U 形管压力计，管内装有蒸馏水，精度为 10Pa，没有数显的仪表精确，所以存在误差属正常情况，但从误差的范围来看，测试结果与现场仪表显示结果基本吻合，表明现场压力测试仪表运行正常，均能反映系统的压力状况。但由于测孔是倾斜管道，并非完全垂直于气流方向，所以无论测试结果还是仪表显示结果应该均比实际值偏大。

4. 系统表面散热

系统表面散热通常占 10％左右，如果隔热材料选择适当，将大幅度减少表面散热损失。测定结果表明，该条生产线表面总散热损失为 286.14kJ/kg。从表 8-19 可以看出，除冷却机外，其余各部分散热损失均比较小，冷却机系统散热损失较大，建议对冷却机采取保温措施，减少系统散热损失，提高热回收利用效率。

5. 箅冷机系统分析

该生产线熟料冷却机采用的是第三代充气梁箅冷机，该冷却机的有效冷却面积为 86.992m²，每段箅床可以单独进行控制，可以很方便地根据熟料不同的温度来控制箅床的速度，从而实现优化操作的目的。

冷却风量大小直接关系到熟料的冷却效果，如果冷却风量过小，出冷却机的熟料温度将升高，二次风、三次风温度也有一定的提高，但冷却机废气温度将大幅度地上升，严重时将可能达到 400℃以上，这样对窑头收尘器将会产生严重影响。如果冷却风量过大，出冷却机熟料温度和冷却机废气温度会有所下降，但二次风、三次风温度也会下降，而且冷却风机的电耗也会上升。因此必须要求每台风机都处于最佳的工作状况，对于不同的产量，需要适当地调整，以适应熟料的冷却要求。最佳的冷却风量应该控制在 1.9～2.2Nm³/kg。标定表明，该冷却机的实际操作风量为 1.96Nm³/kg，而且从中控操作界面上看到冷却风机的开度几乎是全开状态，由于该厂熟料产量超过设计值 18.6％，所以冷却风量明显不够用，从出冷却机废气温度和出窑熟料温度都比较高也可以验证这一点。

复习思考题

1. 预分解窑系统热工测试的目的和意义是什么？
2. 水泥熟料烧成系统热工标定按其工作先后一般划分为哪三个阶段？
3. 热工标定要做哪些准备工作？
4. 热工标定测定点的选择原则是什么？
5. 水泥窑的气体温度的测量包括哪些项目？如何进行测量？
6. 回转窑二次空气的温度如何测定？测定中应注意什么？
7. 回转窑在热工测定中哪些设备需要进行表面散热量的测定？举例说明测定的步骤。
8. 为什么要对水泥窑的烟气进行分析？如何进行分析前的气体采样？

附录 A 国际制、工程制单位换算表

物理量名称	工程制单位		国际制单位			换算关系
	单位	代号	单位	代号	因次式	
长度	米	m	米	m	L	
质量	公斤力·秒²/米	$\frac{\text{kgf} \cdot \text{s}^2}{\text{m}}$	公斤(或千克)	kg	M	1kg·s²/m＝9.80665kg 1kg＝0.101972kgf·s²/m
力	公斤力	kgf	牛顿	N	LMT^{-2}	1kgf＝9.80665 1N＝0.101972kgf
时间	秒	s	秒	s	T	
压力(压强)	公斤力/米² 公斤力/厘米² 标准大气压 毫米水柱 毫米汞柱	kgf/m² kgf/cm² atm mmH₂O mmHg	帕斯卡	Pa	$L^{-1}MT^{-2}$	1kgf/m²＝1mmH₂O＝9.80665Pa 1kgf/cm²（工程大气压）＝98.0665kPa 1atm＝101.325kPa 1mmHg＝133.332Pa
密度	公斤力·秒²/米⁴	$\frac{\text{kgf} \cdot \text{s}^2}{\text{m}^4}$	公斤/米³	kg/m³	$L^{-3}M$	1kgf·s²/m⁴＝9.80665Pa·s 1kg/m²＝0.101972kgf·s/m⁴
速度	米/秒	m/s	米/秒	m/s	LT^{-1}	
动力黏度	公斤力·秒/米²	$\frac{\text{kgf} \cdot \text{s}^2}{\text{m}^4}$	帕·秒	Pa·s	L^2M^{-2}	1kgf·s/m²＝9.80665Pa·s 1Pa·s＝0.101972kgf·s/m²
运动黏度	米/秒	m/s	米/秒	m/s	LT^{-1}	
工、能、热	公斤力·米 千卡 千瓦·小时	kgf·m kcal kW·h	焦耳	W	L^2MT^{-2}	1kgf·m＝9.80665J 1kcal＝4186.8J＝4.1868kJ 1kW·h＝3600kJ
功率热流	公斤力·米/秒 千卡/时 马力	kgf·m/s kcal/h HP	瓦	W	L^2MT^{-3}	1kgf·m/s＝9.80665W 1W＝0.101972kgf·m/s 1kW＝1.359HP 1HP＝0.7355kW 1kcal/h＝1.163W
温度	度	℃	开尔文	K	θ	温差1＝1K
比热	千卡/(公斤力·度)	kcal/(kgf·℃)	焦/公斤·开	J/(kg·K)	$L^2T^{-2}\theta^{-1}$	1kcal/(kgf·℃)＝4.1868kJ/(kg·K) 1kg/(kg·K)＝0.239kcal/(kgf·℃)
导热系数	千卡/(米·时·度)	kcal/(m·h·℃)	瓦/米²·开	W/(m·K)	$LMT^{-3}\theta^{-1}$	1kcal/(m·h·℃)＝1.163W/(m·K) 1W/(m·K)＝0.8598kcal/(m·h·℃)
传热系数	千卡/(米²·时·度)	kcal/(m²·h·℃)	瓦/米²·开	W/(m²·K)	$MT^{-3}\theta^{-1}$	1kcal/(m²·h·℃)＝1.163W/(m²·K) 1W/(m²·K)＝0.8598kcal/(m²·h·℃)

注：将 m、kg、s、K 代入因次式中的 L、M、T、θ 就是国际单位制用基本量表示的关系式。

附录 B 常用材料物理参数

（一）耐火材料的物理参数

材料名称	密度 ρ（kg/m³）	最高使用温度（℃）	平均比热容 c_p [kJ/（kg·℃）]	导热系数 λ [W/（m·℃）]
黏土砖	2070	1300～1400	$0.84+0.26\times10^{-3}t$	$0.835+0.58\times10^{-3}t$
硅砖	1600～1900	1850～1950	$0.79+0.29\times10^{-3}t$	$0.92+0.7\times10^{-3}t$
高铝砖	2200～2500	1500～1600	$0.84+0.23\times10^{-3}t$	$1.52+0.18\times10^{-3}t$
镁砖	2800	2000	$0.94+0.25\times10^{-3}t$	$4.3-0.51\times10^{-3}t$
滑石砖	2100～2200	—	1.25（300）℃时	$0.69+0.63\times10^{-3}t$
莫来石砖（烧结）	2200～2400	1600～1700	$0.84+0.25\times10^{-3}t$	$1.68+0.23\times10^{-3}t$
铁矾土砖	2000～2350	1550～1800		1.3（1200时）
刚玉砖（烧结）	2600～2900	1650～1800	$0.79+0.42\times10^{-3}t$	$2.1+1.85\times10^{-3}t$
莫来石砖（电融）	2850	1600		$2.33+0.163\times10^{-3}t$
煅烧白云石砖	2600	1700	1.07（20℃～760℃）	3.23（2000℃时）
镁橄榄石砖	2700	1600～1700	1.13	8.7（400℃时）
熔融镁砖	2700～2800	—		$4.63+5.75\times10^{-3}t$
铬砖	3000～3200	—	$1.05+0.29\times10^{-3}t$	$1.2+0.41\times10^{-3}t$
铬镁砖	2800	1750	$0.71+0.39\times10^{-3}t$	1.97
碳化硅砖羿	>2650 >2500	1700～1800	$0.96+0.146\times10^{-3}t$	9～10（1000℃时） 7～8（1000时）
碳素砖	1350～1500	2000	0.837	$23+34.7\times10^{-3}t$
石墨砖	1600	2000	0.837	$162-40.5\times10^{-3}t$
锆英石砖	3300	1900	$0.54+0.125\times10^{-3}t$	$1.3+0.64\times10^{-3}t$

（二）隔热材料的物理参数

材料名称	密度 ρ（kg/m³）	允许使用温度（℃）	平均比热容 c_p [kJ/（kg·℃）]	导热系数 λ [W/（m·℃）]
轻质黏土砖	1300	1400	$0.84+0.26\times10^{-3}t$	$0.41+0.35\times10^{-3}t$
	1000	1300		$0.29+0.26\times10^{-3}t$
	800	1250		$0.26+0.23\times10^{-3}t$
	400	1150		$0.092+0.16\times10^{-3}t$
轻质高铝砖	770	1250	$0.84+0.26\times10^{-3}t$	$0.66+0.08\times10^{-3}t$
	1020	1400		
	1330	1450		
	1500	1500		
轻质硅砖	1200	1500	$0.22+0.93\times10^{-3}t$	$0.58+0.43\times10^{-3}t$
硅藻土砖	450	900	$0.113+0.23\times10^{-3}t$	$0.063+0.14\times10^{-3}t$
	650			$0.10+0.228\times10^{-3}t$
膨胀蛭石	60～280	1100	0.66	$0.058+0.256\times10^{-3}t$
水玻璃蛭石	400～450	800		$0.093+0.256\times10^{-3}t$

续表

材料名称	密度 ρ (kg/m³)	允许使用温度 (℃)	平均比热容 c_p [kJ/ (kg·℃)]	导热系数 λ [W/ (m·℃)]
硅藻土石棉粉	450	300		$0.07+0.31×10^{-3}t$
石棉绳	800		0.82	$0.073+0.31×10^{-3}t$
石棉板	1150	600		$0.16+0.17×10^{-3}t$
矿渣棉	150~180	400~500		$0.058+0.16×10^{-3}t$
矿渣棉砖	350~450	750~800	0.75	$0.07+0.51×10^{-3}t$
红砖	1750~2100	500~700	$0.80+0.31×10^{-3}t$	$0.47+0.51×10^{-3}t$
珍珠岩制品	220	1000		$0.052+0.029×10^{-3}t$
粉煤灰泡沫混凝土	500	300		$0.099+0.198×10^{-3}t$
水泥泡沫混凝土	450	250		$0.10+0.198×10^{-3}t$

（三）建筑材料的物理参数

材料名称	密度 ρ (kg/m³)	比热容 c_p [kJ/ (kg·℃)]	导热系数 λ [W/ (m·℃)]
干土	1500	—	0.138
湿土	1700	2.01	0.69
鹅卵石	1840	—	0.36
干砂	1500	0.795	0.32
湿砂	1650	2.05	1.13
混凝土	2300	0.88	1.28
轻质混凝土	800~1000	0.75	0.41
钢筋混凝土	2200~2500	0.837	$1.55+2.9×10^{-3}t$
块石砌体	1800~7000	0.88	1.28
地沥青	2110	2.09	0.7
石膏	1650	—	0.29
玻璃	2500		0.7~1.04
干木板	250	—	0.06~0.21

注：表中除钢筋混凝土的热导率是温度的函数外，其他均为20℃时的参数。

附录 C 各种气体的常数

名称	分子式	分子的相对质量 M	密度 (kg/m³)		气体热值 kJ/m³ QGW	(kcal/Nm³) QDW	kJ/kg QGW	(kcal/kg) QDW
空气	—	29	1.2922	1.2928				
氧气	O₂	32	1.4267	1.42895				
氢气	H₂	2	0.08994	0.08994	12755.1 (3050)	10789.6 (2580)	141719.6 (33888)	119897.9 (28670)
氮气	N₂	28	1.2499	1.2505				
一氧化碳	CO	28	1.2459	1.2500	12629.6 (3020)	12629.6 (3020)	10099.5 (2415)	10099.5 (2415)
二氧化碳	CO₂	44	1.9634	1.9768				
二氧化硫	SO₂	64	2.8581	2.9265				
三氧化硫	SO₃	80	—	(3.575)				
硫化氢	H₂S	34	—	1.5392	25108.7 (6004)	23143.2 (5534)	16075.6 3844	15205.8 (3636)
一氧化氮	NO	30	1.3388	1.3402				
氧化二氮	N₂O	44	1.9637	1.9878				
水蒸气	H₂O	18	—	0.804				
甲烷	CH₄	16	0.7152	0.7163	39729.0 (9500)	35802.1 (8561)	55474.2 (13265)	49991.6 (11954)
乙烷	C₂H₆	30	1.3406	1.3560	69605.2 (16644)	63712.8 (15235)	51852.6 (12399)	47465.7 (11350)
丙烷	C₃H₈	44	—	2.0037	99063.2 (23688)	91205.2 (21809)	50326.2 (12034)	46332.4 (11079)
丁烷	C₄H₁₀	58	—	2.703	128441.8 (30713)	118250.2 (28276)	49385.2 (11809)	45600.5 (10904)
戊烷	C₅H₁₂	72	—	3.457	157786.9 (37730)	146006.2 (34913)	48992.1 (11715)	45332.9 (10840)
乙炔	C₂H₂	26	1.1607	1.1709	57991.8 (13867)	56026.3 (13397)	49891.3 (11930)	48201.7 (11526)

名称	分子式	分子的相对质量 M	密度（kg/m³）		气体热值			
					kJ/m³	（kcal/Nm³）	kJ/kg	（kcal/kg）
					QGW	QDW	QGW	QDW
乙烯	C_2H_4	28	1.2506	1.2604	62960.0 (15055)	59033.1 (14116)	50276.0 (12022)	47139.5 (11272)
丙烯	C_3H_6	42	—	1.915	91853.4 (21964)	85961.0 (20555)	48895.9 (11692)	45759.4 (10942)
丁烯	C_4H_8	56	—	2.50	121307.3 (29007)	113453.5 (27129)	48431.7 (11581)	45295.2 (10831)
戊烯	C_5H_{10}	70			150635.6 (36020)	140816.3 (33672)	48113.9 (11505)	44977.4 (10755)
苯	C_6H_6	78		3.3	147311.0 (35225)	141426.9 (33818)	42246.6 (10102)	40557.0 (9698)
碳	C	12	2.26（固）				33874.2 (8100)	33874 (8100)
硫	S	32	1.96（单斜）2.07（斜方）				10455.0 (2500)	10455.0 (2500)

附录 D 各种气体的平均比热容

kJ/（kg·℃）［kcal/（kg·℃）］

t(℃)	CO$_2$	H$_2$O	空气	CO	空气中N$_2$	O$_2$	H$_2$	SO$_2$	H$_2$S	CH$_4$	C$_2$H$_2$	C$_2$H$_4$	C$_2$H$_5$	C$_3$H$_8$
0	1.606 (0.384)	1.489 (0.356)	1.296 (0.310)	1.296 (0.310)	1.296 (0.310)	1.305 (0.312)	1.280 (0.306)	1.736 (0.415)	1.464 (0.350)	1.539 (0.368)	1.869 (0.447)	1.869 (0.447)	2.196 (0525)	3.065 (0.733)
100	1.736 (0.415)	1.497 (0.385)	1.301 (0.311)	1.301 (0.311)	1.301 (0.311)	1.313 (0.314)	1.292 (0.309)	1.819 (0.435)	1.510 (0.361)	1.614 (0.386)	2.045 (0.489)	2.104 (0.503)	2.501 (0.598)	3.530 (0.844)
200	1.802 (0.431)	1.514 (0.362)	1.309 (0.313)	1.305 (0.312)	1.305 (0.312)	1.334 (0.319)	1.296 (0.310)	1.894 (0.453)	1.552 (0.371)	1.752 (0.419)	2.183 (0.522)	2.325 (0.556)	2.974 (0.668)	3.973 (0.950)
300	1.878 (0.449)	1.535 0.367	1.317 0.315	1.317 0.315	1.313 0.314	1.355 0.324	1.301 0.311	1.961 0.469	1.598 0.382	1.886 0.451	2.288 0.547	2.530 0.605	3.074 0.735	4.395 1.051
400	1.940 0.464	1.556 0.372	1.330 0.318	1.330 0.318	1.322 0.316	1.376 0.329	1.301 0.311	2.024 0.484	1.644 0.393	2.007 0.480	2.367 0.566	2.718 0.650	3.333 0.797	4.793 1.146
500	2.007 0.480	1.581 0.378	1.342 0.321	1.342 0.321	1.334 0.319	1.397 0.334	1.305 0.312	2.074 0.496	1.681 0.402	2.129 0.509	2.438 0.583	2.890 0.691	3.576 0.855	5.144 1.230
600	2.058 0.492	1.606 0.384	1.355 0.324	1.355 0.324	1.347 0.322	1.414 0.338	1.309 0.313	2.116 0.506	1.719 0.411	2.246 0.537	2.505 0.509	3.049 0.729	3.801 0.909	5.449 1.303
700	2.104 0.503	1.631 0.390	1.372 0.328	1.372 0.328	1.355 0.324	1.434 0.343	1.313 0.314	2.154 0.515	1.756 0.420	2.354 0.563	2.572 0.615	3.187 0.762	4.011 0.959	5.763 1.378
800	2.145 0.513	1.660 0.397	1.384 0.331	1.388 0.332	1.368 0.327	1.451 0.347	1.317 0.315	2.187 0.523	1.794 0.429	2.459 0.588	2.626 0.628	3.341 0.799	4.203 1.005	6.047 1.446
900	2.183 0.522	1.685 0.403	1.397 0.334	1.401 0.335	1.384 0.331	1.464 0.350	1.322 0.316	2.216 0.530	1.828 0437	2.551 0.610	2.681 0.641	3.446 0.824	4.374 1.064	6.298 1.506
1000	2.216 0.530	1.715 0.410	1.409 0.337	1.414 0.338	1.397 0.334	1.476 0.353	1.330 0.318	2.242 0.536	1.861 0.445	2.643 0.632	2.731 0.653	3.559 0.851	4.537 1.085	6.516 1.558
1100	2.233 0.534	1.748 0.418	1.422 0.340	1.426 0.341	1.405 0.336	1.489 0.356	1.334 0.319	2.258 0.540						
1200	2.258 0.540	1.777 0.425	1.434 0.343	1.439 0.344	1.418 0.339	1.501 0.359	1.338 0.320	2.279 0.545						
1300	2.292 0.548	1.802 0.431	1.443 0.345	1.451 0.347	1.430 0.342	1.510 0.361	1.347 0.322							
1400	2.313 0.553	1.823 0.436	1.455 0.348	1.460 0.349	1.439 0.344	1.518 0.363	1.355 0.324							
1500	2.334 0.558	1.848 0.442	1.464 0.350	1.468 0.513	1.447 0.346	1.531 0.366	1.363 0.326							

附录 E 烟气的物理参数

t (℃)	ρ (kg/m³)	c_p [kJ/ (kg·℃)]	$\lambda \times 10^3$ [W/ (m·℃)]	$a \times 10^{-6}$ (m²/s)	$\mu \times 10^{-6}$ (Pa·s)	$v \times 10^{-4}$ (m²/s)	Pr
0	1.295	1.042	2.28	16.9	15.8	12.20	0.72
100	0.950	1.068	3.13	30.8	20.4	21.54	0.69
200	0.748	1.097	4.01	48.9	24.5	32.80	0.67
300	0.617	1.112	4.84	59.9	28.2	45.81	0.65
400	0.525	1.151	5.70	94.3	31.7	60.38	0.64
500	0.457	1.185	6.55	121.1	34.8	76.30	0.63
600	0.405	1.214	7.42	160.9	37.9	93.61	0.62
700	0.363	1.293	8.27	183.8	40.7	112.1	0.61
800	0.330	1.264	9.15	219.7	43.4	131.8	0.60
900	0.301	1.290	10.00	258.0	45.9	152.5	0.59
1000	0.275	1.306	10.00	303.4	48.4	174.3	0.58
1100	0.257	1.323	11.75	345.5	50.7	197.1	0.57
1200	0.240	1.340	12.62	392.4	53.0	221.0	0.56

注：本表是指烟气在压力等于 101325Pa（760mmHg）时的物性参数。烟气中各气体的体积成分为：$V_{CO_2}=13\%$，$V_{H_2O}=11\%$，$V_{N_2}=76\%$。

附录 F 燃料的平均比热容

t (℃)	煤的比热容 [kJ/ (kg·℃)]						燃油的比热容 [kJ/ (kg·℃)]		
	煤的挥发分 (%)						油的容积密度 (kg/L)		
	10	15	20	25	30	35	0.8	0.9	1.0
0	0.953	0.987	1.025	1.028	1.096	1.129	1.882	1.756	1.673
10	0.966	0.999	1.037	1.075	1.112	1.146	1.889	1.773	1.690
20	0.979	1.016	1.054	1.092	1.125	1.163	1.915	1.790	1.706
30	0.991	1.033	1.071	1.108	1.142	1.179	1.932	1.807	1.723
40	1.008	1.046	1.083	1.121	1.158	1.196	1.949	1.823	1.740
50	1.025	1.062	1.100	1.138	1.175	1.213	1.966	1.840	1.756
60	1.037	1.079	1.112	1.154	1.192	1.230	1.982	1.857	1.773
70	1.050	1.087	1.129	1.167	1.209	1.246	1.999	1.874	1.790
80	1.066	1.104	1.146	1.184	1.225	1.267	2.016	1.890	1.807
90	1.079	1.121	1.158	1.200	1.242	1.284	2.032	1.907	1.823
100	1.092	1.133	1.175	1.217	1.259	1.301	2.049	1.924	1.840
110	1.108	1.150	1.192	1.234	1.276	1.317	2.066	1.940	1.857
120	1.121	1.163	1.209	1.250	1.288	1.334	2.083	1.957	1.874
130	1.138	1.179	1.225	1.267	1.305	1.351	2.099	1.974	1.890
140	1.154	1.196	1.242	1.284	1.322	1.368	2.116	1.991	1.907
150	1.167	1.209	1.255	1.296	1.338	1.384	2.133	2.007	1.924
160	1.184	1.225	1.271	1.313	1.355	1.401			
170	1.196	1.242	1.284	1.330	1.372	1.418			

附录 G 熟料矿物成分的平均比热容
kJ/（kg·℃）［kcal/（kg·℃）］

温度（℃）	C_3S	$\beta-C_2S$	$\gamma-C_2S$	C_3A	C_5A_3	CA	C_2AS
100			0.790 0.189			0.853 0.204	
200							
300	0.866 0.207		0.866 0.207	0.887 0.212	0.907 0.217	0.928 0.222	0.920 0.220
400	0.891 0.213		0.891 0.213			0.953 0.228	0.941 0.225
450	0.903 0.216		0.903 0.216			0.966 0.231	0.949 0.227
500	0.912 0.218	0.933 0.223	0.916 0.219	0.924 0.221	0.953 0.228	0.979 0.234	0.958 0.229
600	0.933 0.223	0.949 0.227	0.933 0.223		0.974 0.233	0.995 0.238	0.974 0.233
675	0.945 0.226	0.966 0.231	0.949 0.227			1.008 0.241	0.987 0.236
700	0.949 0.227	0.974 0.233		0.945 0.226	0.983 0.235	1.012 0.242	0.991 0.237
800	0.966 0.231	0.995 0.238			0.995 0.238	1.029 0.246	1.004 0.240
900	0.979 0.234	1.012 0.242		0.958 0.229	1.004 0.240	1.046 0.250	1.016 0.243
1000	0.995 0.238	1.025 0.245			0.012 0.242	1.054 0.252	1.029 0.246
1100	1.008 0.241	1.041 0.249		0.970 0.232	1.020 0.244	1.066 0.255	1.041 0.249
1200	1.012 0.242	1.054 0.252			1.029 0.246	1.071 0.256	1.054 0.252
1300	1.020 0.244	1.062 0.254		0.983 0.235	1.037 0.248	1.079 0.258	1.071 0.256
1400	1.029 0.246				1.046 0.250	1.083 0.259	
1500	1.037 0.248						

附录 H 熟料、窑灰、生料的平均比热容

kJ/（kg·℃）[kcal/（kg·℃）]

温度	比 热 容			温度	比 热 容		
℃	熟料	窑灰	生料	℃	熟料	窑灰	生料
0	0.736 (0.176)			900	0.979 (0.234)	1.046 (0.250)	(0.283)
20	0.736 (0.176)			1000	0.991 (0.237)	1.046 (0.250)	
100	0.782 (0.187)	0.836 (0.200)	0.899 (0.215)	1100	1.008 (0.241)		
200	0.824 (0.197)	0.878 (0.210)		1200	1.033 (0.247)		
300	0.861 (0.206)	0.878 (0.210)		1300	1.058 (0.253)		
400	0.895 (0.214)	0.920 (0.220)	1.058 (0.253)	1400	1.092 (0.261)		1.033 (0.247)
500	0.916 (0.219)	0.962 (0.230)		1500	1.121 (0.268)		
600	0.937 (0.224)	0.962 (0.230)					
700	0.953 (0.228)	1.004 (0.240)					
800	0.970 (0.232)	1.004 (0.240)					

附录 I　热工设备不同温差、不同风速的散热系数

（一）转动设备

散热系数 α [kJ/ (m² · h · ℃)] 风速 (m/s) 温差 Δt (℃)	0	0.24	0.48	0.69	0.90	1.20	1.50	1.75	2.0
40	45.16	50.60	56.03	61.47	66.92	75.69	84.47	93.25	102.03
50	47.67	53.11	58.54	63.98	69.42	78.61	87.40	96.18	104.54
60	50.18	56.03	61.47	66.91	71.92	81.42	89.90	98.69	107.47
70	52.69	58.54	64.40	69.83	74.85	84.05	92.83	101.61	110.39
80	54.78	61.05	66.91	72.34	77.36	86.56	95.34	104.12	112.90
90	57.29	63.56	69.83	74.85	79.87	89.07	97.85	106.63	115.83
100	59.80	66.07	72.34	77.78	82.80	92.00	100.78	109.56	118.34
110	62.31	68.58	74.85	80.29	85.31	94.50	103.29	112.07	120.85
120	64.82	71.09	77.36	82.80	88.23	97.43	106.21	114.69	123.30
130	67.32	74.01	80.29	85.70	90.74	99.94	109.14	117.50	124.19
140	70.25	76.52	82.80	88.23	93.25	102.45	111.23	120.01	124.61
150	72.34	79.03	85.72	91.16	96.18	105.38	114.58	120.85	125.45
160	74.85	81.54	88.23	93.67	99.10	108.30	115.83	121.27	125.87
170	76.94	84.05	91.16	96.60	101.61	110.81	116.25	121.69	126.28
180	79.45	86.56	93.67	99.10	104.54	111.23	116.67	122.10	126.70
190	82.00	89.07	96.18	101.61	106.63	112.07	117.09	122.52	127.12
200	84.47	92.00	99.10	104.12	107.05	112.90	117.92	122.94	127.54
210	86.98	94.50	101.61	104.54	107.89	113.32	118.34	123.36	127.90
220	89.49	97.01	102.03	105.38	108.72	114.16	118.76	123.78	128.30
230	92.00	97.85	102.49	105.79	109.14	114.58	119.18	124.19	128.79
240	94.50	98.69	102.37	106.21	109.56	114.99	119.56	124.61	129.63

（二）不转动设备

散热系数 α [kJ/ (m² · h · ℃)] 温差 Δt（℃） / 风速（m/s）	0	2.0	4.0	6.0	8.0
40	35.13	75.27	96.18	113.74	129.67
50	37.63	78.20	99.10	116.67	132.98
60	40.14	81.12	102.03	119.18	135.48
70	42.65	83.63	104.96	122.52	138.83
80	45.16	86.14	108.30	125.45	142.17
90	47.67	89.49	111.23	128.79	145.10
100	50.18	92.00	111.58	132.14	148.03
110	52.69	94.92	117.92	135.07	151.79
120	55.20	97.85	120.85	138.41	155.14
130	57.71	100.78	124.19	141.34	158.06
140	60.22	103.70	127.12	144.68	160.99
150	62.72	105.79	130.47	148.03	164.76
160	65.23	109.56	133.81		
170	67.74	112.49	136.74		
180	70.25	115.41	140.08		
190	72.76	117.92	143.01		
200	75.27	120.85	146.36		
210	77.78				
220	80.29				
230	82.80				
240	85.31				
250	87.81				

附录 J 表面散热系数的修正方法

1. 表面散热系数说明

计算回转窑、单筒冷却机等转动设备的表面散热时，查表 J-1 中的数值，并对空气冲击角的影响加以校正；计算预热器、分解炉等不转动设备的表面散热时，查表 J-2 中的数值。

表 J-1 不同温差与不同风速的散热系数 α [kJ/ (m² · h · ℃)]

温差 (℃)	风速 (m/s)								
	0	0.24	0.48	0.69	0.90	1.20	1.50	1.75	2.0
40	45.16	50.60	56.03	61.47	66.92	75.69	84.47	93.25	102.03
50	47.67	53.11	58.54	63.98	69.42	78.61	87.40	96.18	104.54
60	50.18	56.03	61.47	66.91	71.92	81.42	89.90	98.69	107.47
70	52.69	58.54	64.40	69.83	74.85	84.05	92.83	101.61	110.39
80	54.78	61.05	66.91	72.34	77.36	86.56	95.34	104.12	112.90
90	57.29	63.56	69.42	74.85	79.87	89.07	97.85	106.63	115.83
100	59.80	66.07	72.34	77.78	82.80	92.00	100.78	109.56	118.34
110	62.31	68.58	74.85	80.29	85.31	94.50	103.29	112.07	120.85
120	64.82	71.09	77.36	82.80	88.23	97.43	106.21	114.99	123.30
130	67.32	74.01	80.29	85.72	90.74	99.94	109.14	117.50	124.19
140	70.25	76.52	82.80	88.23	93.25	102.45	111.23	120.01	124.61
150	72.34	79.03	85.72	91.16	96.18	105.38	114.58	120.85	125.45
160	74.85	81.54	88.23	93.67	99.10	108.30	115.83	121.27	125.87
170	76.94	84.05	91.16	96.60	101.61	110.81	116.25	121.69	126.28
180	79.45	86.56	93.67	99.10	104.54	111.23	116.67	122.10	126.70
190	82.00	89.07	96.18	101.61	106.63	112.07	117.09	122.52	127.12
200	84.47	92.00	99.10	104.12	107.75	112.96	117.92	122.94	127.54
210	86.98	94.50	101.61	104.54	107.89	113.32	118.34	123.36	127.90
220	89.49	97.01	102.03	105.38	108.72	114.16	118.76	123.78	128.30
230	92.00	97.85	102.49	105.79	109.14	114.58	119.18	124.19	128.79
240	94.50	98.69	102.87	106.21	109.56	114.99	119.59	124.61	129.63
250	96.88	99.53	103.31	106.62	109.98	115.41	120.01	125.03	130.08
260	99.34	100.37	103.73	107.04	110.40	115.82	120.42	125.44	130.64
270	101.80	101.21	104.16	107.45	110.82	116.24	120.84	125.86	131.21
280	104.26	102.05	104.58	107.87	111.24	116.65	121.25	126.27	131.78
290	106.73	102.89	105.01	108.28	111.66	117.07	121.67	126.69	132.35
300	109.19	103.73	105.43	108.70	112.08	117.48	122.08	127.11	132.92

表 J-2 不同温差与不同风速的散热系数 α $\left[\text{kJ}/\left(\text{m}^2 \cdot \text{h} \cdot \text{℃}\right)\right]$

温差（℃）	风速（m/s）				
	0	2.0	4.0	6.0	8.0
40	35.13	75.27	96.18	113.74	129.67
50	37.63	78.20	99.10	116.67	132.98
60	40.14	81.12	102.03	119.18	135.48
70	42.65	83.63	104.96	122.52	138.83
80	45.16	86.14	108.30	125.45	142.17
90	47.67	89.49	111.23	128.79	145.10
100	50.18	92.00	114.58	132.14	148.03
110	52.69	94.92	117.92	135.07	151.79
120	55.20	97.85	120.85	138.41	155.14
130	57.71	100.78	124.19	141.34	158.06
140	60.22	103.70	127.12	144.68	160.99
150	62.72	105.79	130.47	148.03	164.76
160	65.23	109.56	133.81		
170	67.74	112.49	136.74		
180	70.25	115.41	140.08		
190	72.76	117.92	143.00		
200	75.27	120.85	146.36		
210	77.78				
220	80.29				
230	82.80				
240	85.31				
250	87.81				

2. 冲击角的校正方法

计算表面散热，当考虑空气冲击角对单窑散热系数的影响时，应采用冲击角的校正系数。冲击角校正系数与不同冲击角散热系数的关系见式（J-1）。

$$\varepsilon_\phi = \frac{\alpha_\phi}{\alpha_{90}} \tag{J-1}$$

式中 ε_ϕ——冲击角的校正系数；

α_ϕ——冲击角为平时的散热系数，kJ/（m² · h · ℃）；

α_{90}——冲击角为 90°时的散热系数，kJ/（m² · h · ℃）。

根据试验测定结果，冲击角（ϕ）与校正系数（ε_ϕ）的关系见表 J-3。

表 J-3 冲击角与校正系数的关系

ϕ	10°	15°	20°	25°	30°	35°	40°	45°	50°	55°~90°
ε_ϕ	0.75	0.80	0.83	0.86	0.90	0.93	0.96	0.97	0.98	1.00

故考虑冲击角时，单窑散热系数按式（J-2）进行。

$$\alpha_\phi = \alpha \times \varepsilon_\phi \tag{J-2}$$

式中　α——单窑的散热系数，kJ/（$m^2 \cdot h \cdot ℃$）。

　　3. 多窑并列时散热系数计算

　　多筒冷却机与窑体散热之间的相互影响，可作为多窑并列的一个特例对待，而多窑并列时的散热系数是单窑的 0.8 倍。其散热按式（J-3）进行计算。

$$\alpha' = 0.8 \times \alpha \tag{J-3}$$

附录 K 湿空气的 **I－x** 图 （$p=99.3\mathrm{kPa}$，$t=0\sim1450℃$）

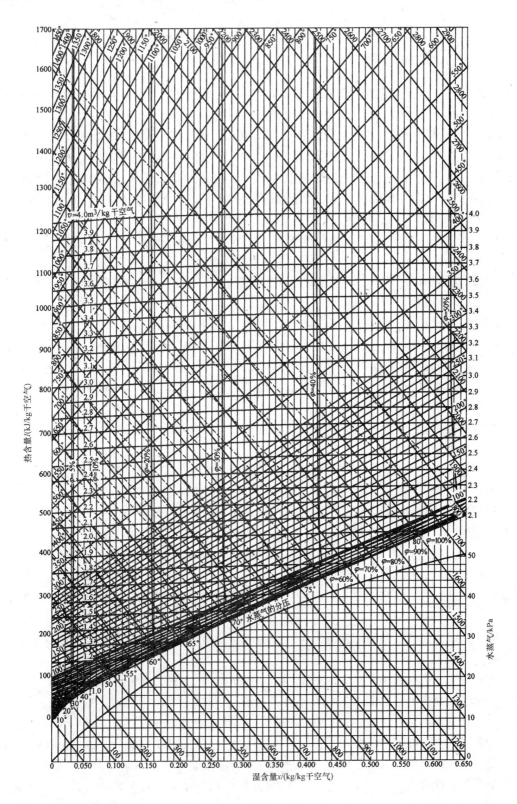

参 考 文 献

[1] 隋良志，王兆国，姚春林．水泥工业耐火材料［M］．北京：中国建材工业出版社，2005.

[2] 姜洪舟．无机非金属材料热工设备［M］．武汉：武汉理工大学出版社，2005.

[3] 谢克平．水泥新型干法中控室操作手册［M］．北京：化学工业出版社，2014.

[4] 王汉立，张振平．水泥热工设备与测试技术［M］．北京：化学工业出版社，2014.

[5] 丁奇生，王亚丽，崔素萍，等．水泥预分解窑煅烧技术及装备［M］．北京：化学工业出版社，2014.

[6] 熊会思．新型干法烧成水泥熟料设备设计、制造、安装与使用［M］．北京：中国建材工业出版社，2004.

[7] 陈全德，陈晶，崔素萍，兰明章．水泥预分解技术与热工系统工程［M］．北京：中国建材工业出版社，1998.

[8] 陈全德．新型干法水泥技术原理与应用［M］．北京：中国建材工业出版社，2004.

[9] 赵应武，过伦祥，张先成，宁沉浮，程志源．预分解窑水泥生产技术与操作［M］．北京：中国建材工业出版社，2004.

[10] 谢克平．水泥新型干法生产精细操作与管理［M］．北京：化学工业出版社，2015.

[11] 周惠群．水泥煅烧技术及设备（回转窑篇）［M］．武汉：武汉理工大学出版社，2006.

[12] 中国水泥工业中控操作技能大比武赛事委员会．中控操作员必读［M］．

[13] 刘成．水泥熟料煅烧［M］．武汉：武汉理工大学出版社，2011.

[14] 胡道和．水泥工业热工设备．武汉：武汉理工大学出版社，2003.

[15] 李海涛．新型干法水泥生产技术与设备［M］．北京：化学工业出版社，2006.

[16] 周慧群．熟料煅烧操作［M］．武汉：武汉理工大学出版社，2010.

[17] 杨克球．水泥煅烧窑炉的演变［J］．中国建材，1981（6）：42—43.

[18] 贺兰东，唐迪．新型干法水泥回转窑用耐火材料的施工［J］．耐火材料，2009，43（5）：395—396.

[19] 袁林，王杰曾．新型干法水泥窑用耐火材料的现状与发展［J］．耐火材料，2010，44（5）：383—386.

[20] 陆秉权，曾志明．新型干法水泥生产线耐火材料手册［M］．北京：中国建材工业出版社．

[21] 宋希文．耐火材料工艺学［M］．北京：化学工业出版社，2008.

[22] 肖争鸣，李坚利．水泥工艺技术［M］．北京：化学工业出版社，2006.

[23] 牟思蓉．水泥制成［M］．武汉：武汉理工大学出版社，2011.

[24] 王君伟，李祖尚．水泥生产工艺计算手册［M］．北京：中国建材工业出版社，2001.

[25] 钱景春，许晓艳．入窑煤粉水分对窑系统压力的影响［J］．水泥，2010（8）：33-34.

[26] 李卫东，杜晓光，郭孟狮，等．煤样制备条件对煤粉水分取值影响［J］．热力发电，

2011，40（7）：37-40.

[27] 毕玉森，陈国辉．煤粉细度的合理选择 [J]．中国电力，2004，37（1）：40-42.

[28] 王广强，朱荣胜，郭子然，等．φ2.8m×5m+3m 风扫式烘干煤磨的防爆改进 [J]．水泥，2006（11）：43-44.

[29] 刘飞．煤粉仓自燃的原因分析及处理 [J]．水泥，2010（2）：44-45.

[30] 王文垒．出磨煤粉水分大的解决措施 [J]．水泥，2009（6）：34-35.

[31] 曾廷祥．出磨煤粉水分偏高的原因分析 [J]．水泥工程，2007（2）：38-39.

[32] 王春昌．超细煤粉细度与制粉电耗关系试验研究报告 [R]．西安热工研究院，2002.

[33] 江旭昌．回转窑烧成系统用煤粉水分的合理控制 [J]．新世纪水泥导报，2014（4）：31-35.

[34] 黄少鹗．浅议煤粉细度的选择 [J]．水利电力机械，2004，26（3）：23-24.

[35] 王志红．煤磨水分大产量低的排查处理 [J]．水泥，2011（6）：45.

[36] 谢克平．对生产中控制煤粉水分含量的看法 [J]．水泥，2010（5）：17-18.

China Building Materials Press

我们提供

图书出版、图书广告宣传、企业/个人定向出版、设计业务、企业内刊等外包、代选代购图书、团体用书、会议、培训，其他深度合作等优质高效服务。

编辑部	宣传推广	出版咨询	图书销售	设计业务
010-88364778	010-68361706	010-68343948	010-88386906	010-68361706

邮箱：jccbs-zbs@163.com　　网址：www.jccbs.com.cn

发展出版传媒　　服务经济建设

传播科技进步　　满足社会需求